普通高等教育数学与物理类基础课程系列教材

省级一流课程建设配套教材

高等数学

（少学时）

主　编　徐厚生　孙海义

副主编　赵恩良　畅春玲

参　编　王继春　付春菊　郑　莉

　　　　隋　英　韩孺眉

主　审　靖　新

北京理工大学出版社

BEIJING INSTITUTE OF TECHNOLOGY PRESS

内容简介

本书是编者在总结了多年教学经验和辽宁省一流本科课程建设成果的基础上，为了适应“金课”建设的要求，为了适应高等数学课程教学需要和深化课程思政教学改革的需要而编写的．

全书共7章，内容包括函数与极限、导数与微分、微分中值定理与导数的应用、不定积分、定积分及其应用、常微分方程、向量代数与空间解析几何．同时，适当安排了基于软件Python的数学实验，每章章末增加一个本章自测题．书后附有数学在建筑中的应用和各章习题参考答案，以及积分表和几种常见函数的曲线．

本书适合作为大学本科建筑学、城乡规划、风景园林等专业“高等数学”课程的教材，也可以作为需要高等数学知识的科技工作者和准备考研的非数学专业本科生、大专院校的老师和其他读者的参考资料．

图书在版编目（CIP）数据

高等数学：少学时／徐厚生，孙海义主编．
北京：北京理工大学出版社，2024.7（2024.9 重印）．
ISBN 978-7-5763-4406-6

Ⅰ．O13

中国国家版本馆 CIP 数据核字第 20240RK851 号

责任编辑：封　雪　　**文案编辑**：封　雪
责任校对：周瑞红　　**责任印制**：李志强

出版发行／北京理工大学出版社有限责任公司
社　　址／北京市丰台区四合庄路6号
邮　　编／100070
电　　话／（010）68914026（教材售后服务热线）
　　　　　（010）63726648（课件资源服务热线）
网　　址／http://www.bitpress.com.cn

版 印 次／2024年9月第1版第2次印刷
印　　刷／涿州市新华印刷有限公司
开　　本／787 mm×1092 mm　1/16
印　　张／17.25
字　　数／375 千字
定　　价／49.80 元

前　言

“高等数学”是大学公共基础课程中内容较为重要的一门公共基础课，也是工科大多数专业学生的一门必修课，是学习后续课程的重要思维方法和应用工具．随着科学技术的快速发展，实际问题的规模越来越大，复杂程度越来越高，“高等数学”课程对于培养应用型人才的抽象思维能力、科学计算能力、应用数学能力具有十分重要的意义．通过本课程的学习，学生可以获得应用科学中常用的函数极限、导数与微分、微分中值定理、不定积分、定积分和定积分应用、微分方程、向量代数与空间解析几何等方面的基本概念、基本理论和基本运算技能．本课程所论及的科学思想和方法，在自然科学、工程技术、经济和社会科学等领域中具有广泛应用性．本课程是培养学生思维能力、应用能力、创新能力的重要载体，从而为学习后继课程及进一步扩大数学知识面而奠定必要的数学基础．

现有的《高等数学》教材较多，但大部分都是针对工科所有专业的普适性教材，很少有针对建筑学、城乡规划、风景园林等专业的有较强针对性的新形态教材．基于上述原因，本教材在教学改革研究与实践的基础上，通过分析传统高等数学教材中的不足，汇集了编者多年的教学体会和辽宁省一流本科课程建设成果而形成的改革教材．

本教材遵循教育部高等学校大学数学课程教学指导委员会高等数学教学基本要求，全面覆盖高等数学课程的主要内容和思想，在深刻领会基本要求的基础上，改革教学内容、方法和手段，探索创新人才培养途径，着力体现以下特点：

1. 为了打造高水平一流课程，对课程的内容、知识进行重组、筛选和优化，在“专业性”和“通识性”之间，设计和完善了金课课程理念和体系．

2. 用问题驱动、案例导入方式，介绍抽象的概念和理论．突出高等数学思想的来龙去脉，力求每个概念从实际问题或几何直观引入，揭示高等数学概念和公式的实际来源与应用，使学生更容易理解和接受．

3. 加强了应用背景的引入，与后继课程的实际问题相联系，渗透数学建模思想，介绍了数学软件 Python 及用法，增强了学生学习高等数学的兴趣．在上机实验实习题中，应用数学软件 Python 解决复杂的高等数学问题并在计算机上实现，以培养学生建模能力和创新能力．

4. 纸质内容与数字化资源一体化设计．本教材将一些容易混淆和难理解的概念以及典型例题以微课的形式通过二维码展现给学生，提高课堂教学效果．

本教材写作分工如下：前言和第 4 章由徐厚生编写，第 1 章由赵恩良编写，第 2 章由王继春编写，第 3 章由付春菊编写，第 5 章和附录Ⅲ由孙海义编写，第 6 章由韩孺眉编写，第 7 章由畅春玲编写，附录Ⅰ、Ⅳ由郑莉编写，附录Ⅱ由隋英编写，最后由徐厚生、孙海义统稿，靖新对全书进行了主审，徐厚生、孙海义、赵恩良和畅春玲对全书进行了复审．

本教材是由辽宁省教育科学“十四五”规划 2021 年度立项课题（JG21DB440）、教育部产学合作协同育人项目（220603309142131）、2021 年度辽宁省普通高等教育本科教学改革研究优质教学资源建设与共享项目（辽教办〔2021〕254 号-452）、辽宁省普通高等教育本科教学改革研究项目立项一般项目（辽教通〔2022〕166 号-395）、中国建设教育协会教学科研立项课题（2023197）、沈阳建筑大学 2023—2024 年度课程思政立项（教通字〔2023〕199 号-27）、沈阳建筑大学研究生教育教学改革研究项目（2022-xjjg-210，2023-xjjg-206）和沈阳建筑大学网络思想政治工作精品项目（党宣发〔2023〕62 号-18）的成果组成．本教材的出版，得到沈阳建筑大学教务处、北京理工大学出版社同志们的大力支持，在此表示衷心的感谢！此外，作者在写作中参考了若干已出版的有关高等数学方面的文献，谨向文献作者表示感谢．

限于笔者水平，书中难免存在不足和疏漏之处，恳请同行和读者批评指正！

编　者

目　录

第一章 函数与极限

函数是对现实世界中各种变量之间相互依存关系的一种抽象,是高等数学研究的基本对象. 本章介绍函数、极限和函数的连续性等基本概念以及它们的一些性质.

1.1 函数

1.1.1 集合与函数

1. 集合

集合是数学中各种分支的一个基本概念. 一般来讲,集合(简称数集)是指具有某种特定性质的事物的全体. 组成集合的各个事物称为集合的元素. 集合通常用大写字母 $A,B,C,\cdots$ 表示,集合中的元素用小写字母 $a,b,c,\cdots$ 表示. 并且用 $a\in A$ 表示 a 是集合 A 中的元素,$a\notin A$ 表示 a 不是集合 A 中的元素.

常用的数集有:自然数集 $\mathbf{N}$,不含 0 的自然数集 $\mathbf{N}_+$,整数集 $\mathbf{Z}$, 有理数集 $\mathbf{Q}$, 实数集 $\mathbf{R}$ 等. 如无特殊声明,高等数学课程中的集合指的是实数集或其子集.

2. 区间

区间是高等数学中比较常用的一类数集. 设 a 和 b 是实数,称数集 $(a,b)=\{x\,|\,a<x<b\}$ 为开区间;称 $[a,b]=\{x\,|\,a\leqslant x\leqslant b\}$ 为闭区间;称 $[a,b)=\{x\,|\,a\leqslant x<b\}$ 和 $(a,b]=\{x\,|\,a<x\leqslant b\}$ 为半开区间;这些区间由于其长度为有限数而称其为有限区间;而称这些区间:$[a,+\infty)=\{x\,|\,x\geqslant a\}$,$(a,+\infty)=\{x\,|\,x>a\}$,$(-\infty,b)=\{x\,|\,x<b\}$,$(-\infty,b]=\{x\,|\,x\leqslant b\}$ 及全体实数 $\mathbf{R}=(-\infty,+\infty)$ 为无限区间.

3. 邻域

设 a 和 δ 是实数且 $\delta>0$,称数集 $U(a,\delta)=\{x\,|\,|x-a|<\delta\}$ 为以 a 为中心、以 δ 为半径的邻域,简称 a 的 δ 邻域. 而称数集 $\mathring{U}(a,\delta)=\{x\,|\,0<|x-a|<\delta\}$ 为 a 的去心 δ 邻域.

4. 函数

设 D 是一个非空数集,对 D 内任意数 x,按照确定的法则 f,都有唯一确定的数值 y 与它对应,则称这种对应关系为集合 D 上的一个函数,记作

$$y=f(x),x\in D$$

其中，x 称为自变量；y 称为因变量；D 称为函数的定义域；所有函数值 $f(x)$ 构成的集合 $W=\{y\mid y=f(x),x\in D\}$ 称为函数 f 的值域.

1.1.2 函数的几种特性

1. 函数的有界性

设函数 $f(x)$ 的定义域为 D，数集 $X\subset D$. 如果存在正数 M，对任一 $x\in X$，不等式

$$|f(x)|\leqslant M$$

都成立，则称 $f(x)$ 在 X 上有界. 如果这样的 M 不存在，就称 $f(x)$ 在 X 上无界.

例如，函数 $f(x)=\sin x$ 在 $(-\infty,+\infty)$ 内，恒有

$$|\sin x|\leqslant 1$$

故 $f(x)=\sin x$ 在 $(-\infty,+\infty)$ 内有界；函数 $f(x)=x$ 在 $(-\infty,+\infty)$ 内，对于任意的常数 $M>0$，只要 $|x|>M$，则有 $|f(x)|>M$，所以 $f(x)=x$ 在 $(-\infty,+\infty)$ 内无界.

2. 函数的单调性

设函数 $f(x)$ 在区间 I 上有定义，如果对于 I 上任意两点 x_1,x_2，当 $x_1>x_2$ 时，恒有

$$f(x_1)>f(x_2)$$

则称 $f(x)$ 在区间 I 上是单调增加的；如果对于 I 上任意两点 x_1,x_2，当 $x_1>x_2$ 时，恒有

$$f(x_1)<f(x_2)$$

则称 $f(x)$ 在区间 I 上是单调减少的.

例如，函数 $y=x^3$ 在定义域 $(-\infty,+\infty)$ 内单调增加；函数 $y=x^2$ 在区间 $(-\infty,+\infty)$ 内不是单调函数，但在 $(-\infty,0]$ 上单调减少，在 $[0,+\infty)$ 内单调增加.

3. 函数的奇偶性

设函数 $f(x)$ 的定义域 D 关于原点对称. 如果对于任一 $x\in D$，恒有

$$f(-x)=f(x)$$

成立，则称 $f(x)$ 为偶函数. 如果对于任一 $x\in D$，恒有

$$f(-x)=-f(x)$$

成立，则称 $f(x)$ 为奇函数.

例如，函数 $y=x^2$ 在 $\mathbf{R}$ 上为偶函数，函数 $y=x^3$ 在 $\mathbf{R}$ 上为奇函数. 偶函数的图形关于 y 轴对称，奇函数的图形关于原点 O 对称.

4. 函数的周期性

设函数 $f(x)$ 的定义域为 D，如果存在正数 $T>0$，使得对于任一 $x\in D$，恒有

$$f(x+T)=f(x)$$

则称 $f(x)$ 是一个周期函数，T 称为 $f(x)$ 的周期. 通常我们所说的周期是指最小正周期.

例如，函数 $f(x)=\sin x$，$f(x)=\cos x$ 都以 2π 为周期；$f(x)=\tan x$ 以 π 为周期，但并不是所有的周期函数都有最小正周期. 例如，容易验证狄利克雷函数

$$D(x)=\begin{cases}1, & x\text{ 是有理数},\\ 0, & x\text{ 是无理数}\end{cases}$$

是一个周期函数，任何正有理数都是它的周期. 因为不存在最小的正有理数，所以它没有最

小正周期．

1.1.3　反函数与复合函数

1．反函数

函数 $y=f(x)$ 反映了变量 y 随 x 的变化而怎样改变．但变量间的制约关系往往是相互的，可以根据问题需要，反过来研究 x 怎样随 y 变化而变化的问题．

一般而言，设函数 $y=f(x)$ 的定义域为 D，值域为 W．对于任一 $y\in W$，如果都有唯一的 $x\in D$，使得 $f(x)=y$，则在 W 上定义了一个函数，记作 f^{-1}，即

$$x=f^{-1}(y),y\in W$$

称 f^{-1} 为函数 f 的反函数．

习惯上仍用 y 表示因变量，用 x 表示自变量，所以反函数 $x=f^{-1}(y)$ 习惯上记为 $y=f^{-1}(x)$．

函数与反函数之间有密切的联系，已知函数的性质可以推出反函数的性质．例如，反函数的定义域即为函数的值域；函数 $y=f(x)$ 是 D 上的单调函数，则反函数 $y=f^{-1}(x)$ 是 W 上的单调函数；反函数图形与原函数图形关于 $y=x$ 对称．

例 1.1.1　求函数 $y=\frac{e^x}{1+e^x}$ 的反函数．

解　由 $y=\frac{e^x}{1+e^x}$，可解得 $x=\ln\frac{y}{1-y}$，对换 x,y 的位置，即得所求的反函数 $y=\ln\frac{x}{1-x}$，其定义域为 $(0,1)$．

2．复合函数

在初等数学的学习过程中，遇到过像 $y=\sqrt{\ln x}$ 这样的函数，它是由函数 $y=\sqrt{u}$ 和 $u=\ln x$ 相互作用得到的，称它是由这两个函数构成的复合函数．

设函数 $y=f(u)$ 的定义域为 D_f，$u=g(x)$ 的定义域为 D_g，且其值域 $W_g\subset D_f$，则 y 通过变量 u 成为 x 的函数，称这两个函数为由 $u=g(x)$ 与 $y=f(u)$ 构成的复合函数，记作 $y=f[g(x)]$，u 称为中间变量．

例 1.1.2　设函数 $y=\sin u,u\in(-\infty,+\infty)$，$u=x^2,x\in(-\infty,+\infty)$，于是复合函数 $y=\sin x^2$，它的定义域是 $\mathbf{R}$.

例 1.1.3　设函数 $y=\sqrt{u},u\in[0,+\infty)$，$u=x+4,x\in(-\infty,+\infty)$，于是复合函数 $y=\sqrt{x+4}$，它的定义域是 $[-4,+\infty)$．

1.1.4　初等函数

1．基本初等函数

在初等数学中已经介绍过大量的函数．称幂函数、指数函数、对数函数、三角函数和反三角函数为**基本初等函数**．它们是用解析式表示函数的基础，下面介绍其主要性态．

(1)幂函数．

幂函数 $y=x^\alpha(x\in\mathbf{R},\alpha\neq0)$ 其定义域随 α 不同而不同．如，当 $\alpha=\frac{1}{2}$ 时，函数 $y=\sqrt{x}$ 的定义

域是$[0,+\infty)$；当$\alpha=2$时，函数$y=x^2$的定义域是$(-\infty,+\infty)$；$\alpha=3$时，函数$y=x^3$的定义域是$(-\infty,+\infty)$；当$\alpha=-\frac{1}{2}$时，$y=\frac{1}{\sqrt{x}}$的定义域是$(0,+\infty)$. 总之，不论α取什么值，幂函数在$(0,+\infty)$内总是有定义的.

主要性质：当$\alpha>0$时，幂函数$y=x^\alpha$的图形过$(0,0)$及$(1,1)$两点，在$[0,+\infty)$内单调增加；当$\alpha<0$时，其图形过点$(1,1)$，在$(0,+\infty)$内单调减少（见图1-1）.

（2）指数函数.

指数函数$y=a^x(a>0,a\neq1)$，其定义域是$(-\infty,+\infty)$，值域是$(0,+\infty)$.

主要性质：指数函数$y=a^x$的图形过点$(0,1)$且$a^x>0$；当$a>1$时，函数单调增加；当$0<a<1$时，函数单调减少；直线$y=0$是函数图形的水平渐近线（见图1-2）.

（3）对数函数.

对数函数$y=\log_a x(a>0,a\neq1)$，其定义域是$(0,+\infty)$，值域是$(-\infty,+\infty)$.

主要性质：对数函数$y=\log_a x$的图形过点$(1,0)$，$y=\log_a x$的图形总在y轴右方；当$a>1$时，函数单调增加；当$0<a<1$，函数单调减少；直线$x=0$是函数图形的铅直渐近线（见图1-3）.

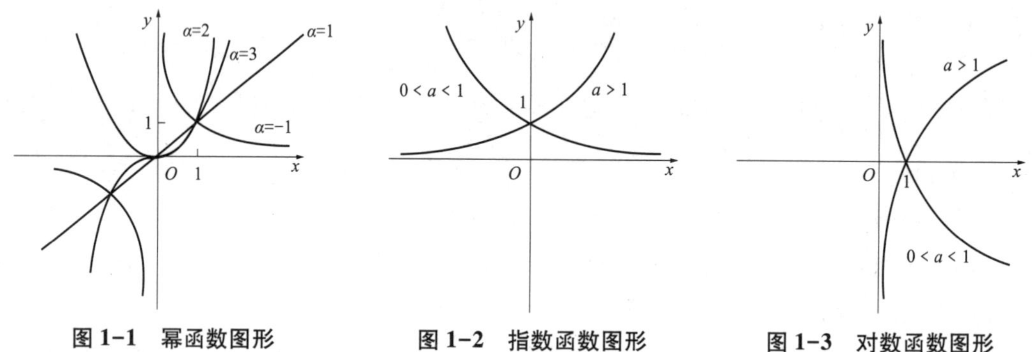

图1-1　幂函数图形　　图1-2　指数函数图形　　图1-3　对数函数图形

（4）三角函数.

①正弦函数$y=\sin x$，其定义域是$(-\infty,+\infty)$，值域是$[-1,1]$.

主要性质：正弦函数是奇函数，是以2π为周期的周期函数，函数图形关于原点对称，函数在$\left[-\frac{\pi}{2},\frac{\pi}{2}\right]$上单调增加（见图1-4）.

②余弦函数$y=\cos x$，其定义域是$(-\infty,+\infty)$，值域是$[-1,1]$.

主要性质：余弦函数是偶函数，是以2π为周期的周期函数，函数图形关于y轴对称；函数在$[0,\pi]$上单调减少（见图1-5）.

③正切函数$y=\tan x$，其定义域是$(2k-1)\frac{\pi}{2}<x<(2k+1)\frac{\pi}{2}$，$k=0,\pm1,\pm2,\cdots$，值域是$(-\infty,+\infty)$.

主要性质：正切函数是奇函数，是以π为周期的周期函数，函数图形关于原点对称；函数在区间$\left(-\frac{\pi}{2},\frac{\pi}{2}\right)$内单调增加；直线$x=k\pi+\frac{\pi}{2}(k=0,\pm1,\pm2,\cdots)$是函数图形的铅直渐近线（见图1-6）.

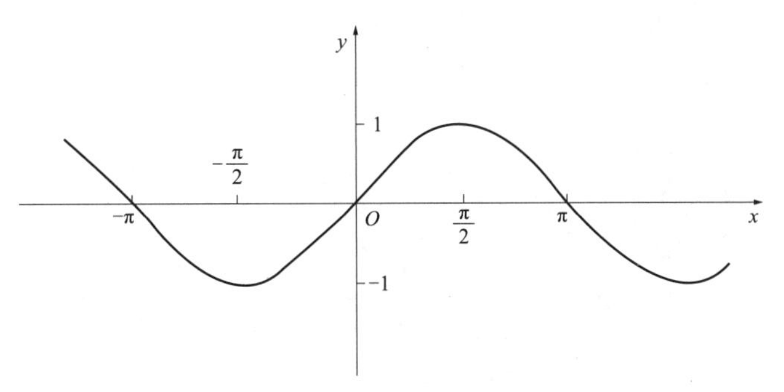

图 1-4　正弦函数图形

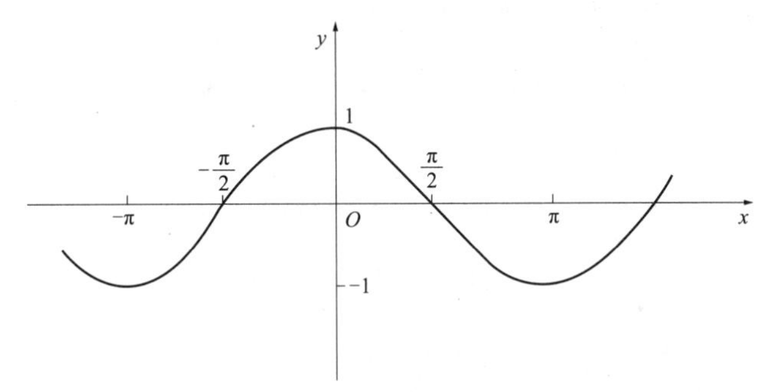

图 1-5　余弦函数图形

④ 余切函数 $y=\cot x$，其定义域是 $k\pi<x<(k+1)\pi, k=0,\pm1,\pm2,\cdots$，值域是 $(-\infty,+\infty)$.

主要性质:余切函数是奇函数,是以 π 为周期的周期函数,函数图形关于原点对称;函数在区间 $(0,\pi)$ 内单调减少;直线 $x=k\pi(k=0,\pm1,\pm2,\cdots)$ 是函数图形的铅直渐近线(见图 1-7).

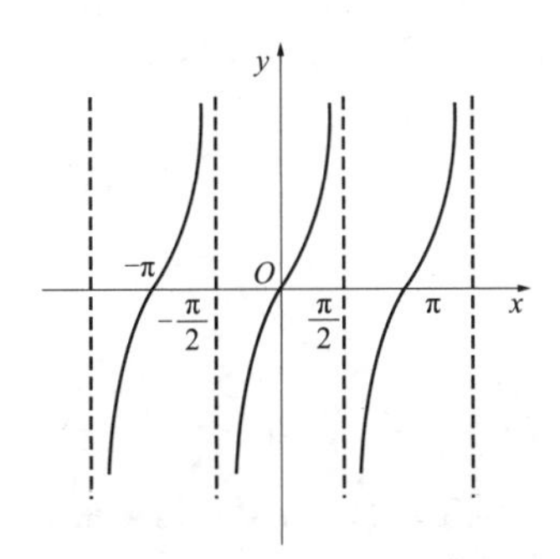

图 1-6　正切函数图形

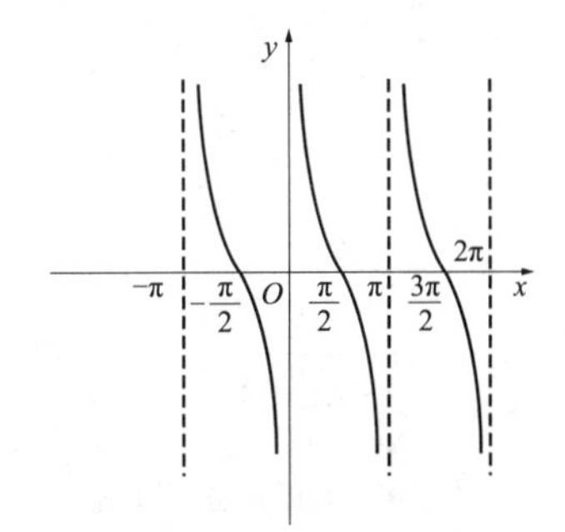

图 1-7　余切函数图形

此外,还有两个三角函数:正割函数 $\sec x=\frac{1}{\cos x}$;余割函数 $\csc x=\frac{1}{\sin x}$.

(5)反三角函数.

① 反正弦函数 $y=\arcsin x$，其定义域是 $[-1,1]$，值域是 $\left[-\frac{\pi}{2},\frac{\pi}{2}\right]$.

主要性质:反正弦函数 $y=\arcsin x$ 是奇函数,函数图形关于原点对称;函数在 $[-1,1]$ 上单调增加(见图 1-8).

②反余弦函数 $y=\arccos x$，其定义域是$[-1,1]$，值域是$[0,\pi]$.

主要性质：反余弦函数在$[-1,1]$上单调减少（见图 1-9）.

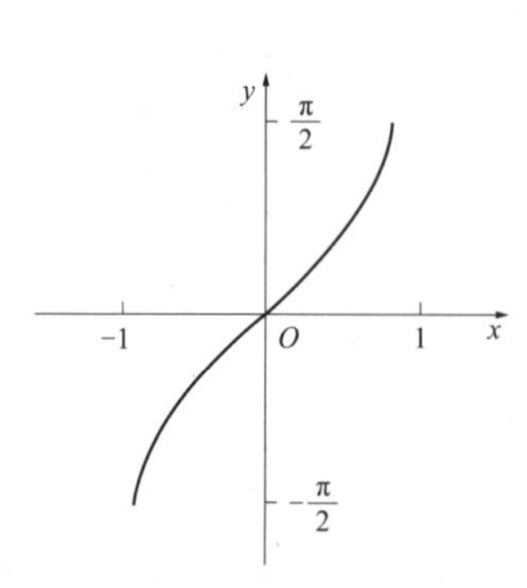

图 1-8　反正弦函数图形

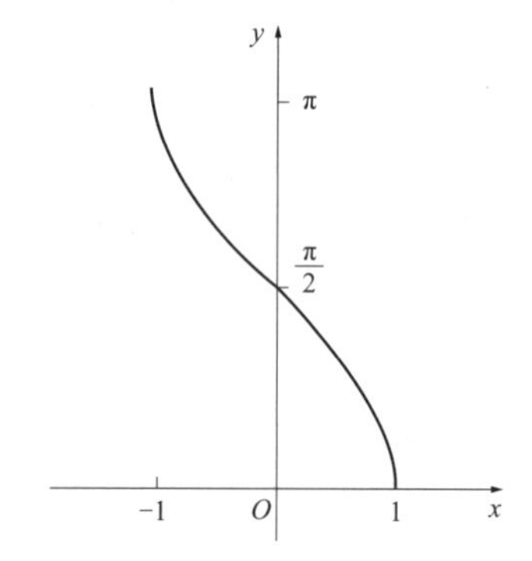

图 1-9　反余弦函数图形

③反正切函数 $y=\arctan x$，其定义域是$(-\infty,+\infty)$，值域是$\left(-\frac{\pi}{2},\frac{\pi}{2}\right)$.

主要性质：反正切函数 $y=\arctan x$ 是奇函数，函数图形关于原点对称；函数在$(-\infty,+\infty)$内单调增加；直线 $y=-\frac{\pi}{2}$ 及 $y=\frac{\pi}{2}$ 是函数图形的水平渐近线（见图 1-10）.

④反余切函数 $y=\operatorname{arccot} x$，其定义域是$(-\infty,+\infty)$，值域是$(0,\pi)$.

主要性质：反余切函数 $y=\operatorname{arccot} x$ 在$(-\infty,+\infty)$内单调减少；直线 $y=0$ 及 $y=\pi$ 是函数图形的水平渐近线（见图 1-11）.

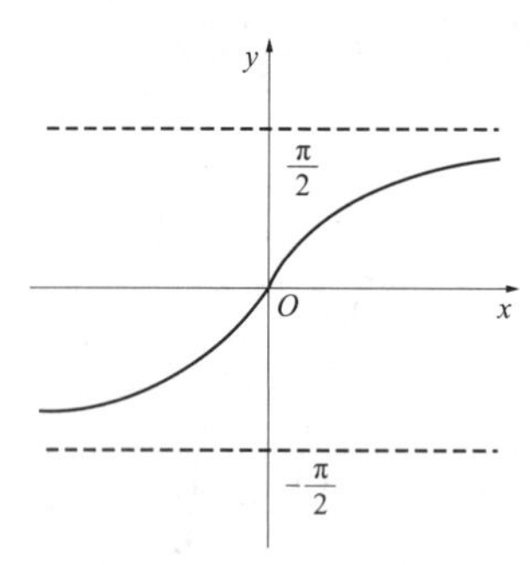

图 1-10　反正切函数图形

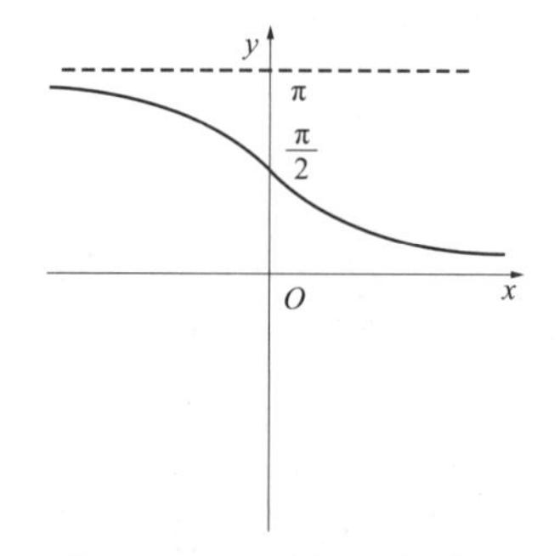

图 1-11　反余切函数图形

例 1.1.4

例 1.1.4　试问：函数 $y=2^{\sin^2 x}$ 是由哪些基本初等函数复合而成的？

解　函数 $y=2^{\sin^2 x}$ 是由 $y=2^u$，$u=v^2$，$v=\sin x$ 复合而成的，其中，u 和 v 都是中间变量.

2. 初等函数

在科学技术中遇到的函数大多是由基本初等函数构成的函数.

由常数和基本初等函数经过有限次四则运算和有限次的函数复合步骤所构成并可用一个式子表示的函数，称为初等函数. 例如 $\ln\sin^2 x$，$\sqrt[3]{\tan x}$，$\frac{2x-1}{x^2+1}$，$e^{2x}\sin(3x+1)$ 等都是初等

函数．本课程所讨论的函数绝大多数都是初等函数．

有些函数在其定义域的不同部分，函数表达式不同，这类函数通常称为分段函数．

例 1.1.5　分段函数一定不是初等函数吗？

解答　不一定．一般地说，分段函数不是初等函数，但是有些函数形式上是分段函数，实质是初等函数．例如，设函数

$$f(x)=\begin{cases}x,0\leqslant x\leqslant 1,\\2-x,1<x\leqslant 2,\end{cases}\quad g(x)=\begin{cases}-1,x>0,\\1,x<0,\end{cases}\quad h(x)=\begin{cases}-1,x<0,\\1,x\geqslant 0\end{cases}$$

因为在$[0,2]$上，$f(x)=1-|x-1|=1-\sqrt{(x-1)^2}$，所以$f(x)$为初等函数．

又因为当 $x\neq 0$ 时，$g(x)=\dfrac{-|x|}{x}=\dfrac{-\sqrt{x^2}}{x}$，所以 $g(x)$为初等函数．

由于 $h(x)$在其定义域内不能用一个式子表示，因此函数 $h(x)$不是初等函数．

例 1.1.6　函数 $y=|x|=\begin{cases}x,x\geqslant 0,\\-x,x<0\end{cases}$称为绝对值函数，其定义域为 $D=(-\infty,+\infty)$，值域为 $W=[0,+\infty)$．

例 1.1.7　函数 $y=\operatorname{sgn}x=\begin{cases}1,x>0,\\0,x=0,\\-1,x<0\end{cases}$称为符号函数．其定义域为 $D=(-\infty,+\infty)$，值域为 $W=\{-1,0,1\}$．

例 1.1.8　设 x 为任一实数．不超过 x 的最大整数称为 x 的整数部分，记作$[x]$，称函数 $y=[x]$为取整函数．它的定义域为 $D=(-\infty,+\infty)$，值域为 $W=\mathbf{Z}$，其图形如图 1-12 所示．

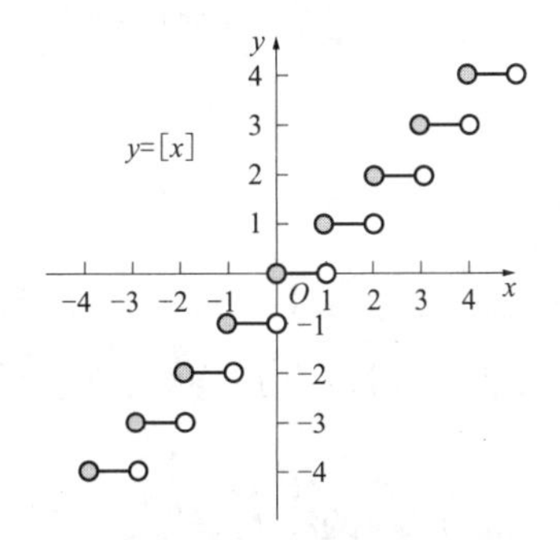

图 1-12　取整函数图形

习题 1.1

1. 试求下列函数的定义域：

(1) $y=\arcsin\dfrac{x-1}{5}+\dfrac{1}{\sqrt{25-x^2}}$；　　(2) $y=\mathrm{e}^{\frac{1}{x}}$；

(3) $y=\sqrt{x-2}+\dfrac{1}{x-3}+\ln(5-x)$；　　(4) $y=\sin\sqrt{x}$；

$$(5)f(x)=\begin{cases}\sqrt{1-x^2}, & |x|\leqslant 1,\\ x^2-1, & 1<|x|<2.\end{cases}$$

2. 已知$f(x+2)=2^{x^2+4x}-x$，求$f(x-2)$.

3. 求下列各题中由所给函数所构成的复合函数：

(1)$y=u^3,u=\sin x$； (2)$y=\sqrt[3]{u},u=2+x^2$；

(3)$y=\ln u,u=1+x^2$； (4)$y=u^4,u=e^x$.

4. 下列函数由哪些基本初等函数复合而成？

(1)$y=\cos x^2$； (2)$y=e^{\frac{1}{x}}$；

(3)$y=e^{\tan^3 x}$； (4)$y=\arcsin \ln\sqrt{x}$.

5. 设$\varphi(x)=\begin{cases}1, & |x|\leqslant 1,\\ 0, & |x|>1,\end{cases}$ $\psi(x)=\begin{cases}2-x^2, & |x|\leqslant 1,\\ 2, & |x|>1,\end{cases}$

求：(1)$\varphi[\varphi(x)]$； (2)$\varphi[\psi(x)]$.

6. 求下列函数的反函数：

(1)$y=3x+5$； (2)$y=\dfrac{x+1}{x-1}$；

(3)$y=1+\ln(x+2)$； (4)$y=\begin{cases}x, & x<1,\\ x^3, & 1\leqslant x\leqslant 2,\\ e^x, & x>2.\end{cases}$

1.2 数列的极限

1.2.1 数列极限的定义

微积分学的基本内容就是用极限的观点去观察函数的变化特征、去计算如导数和积分等量．因此，极限理论是微积分学的基础，所以有必要对它做比较详细的研究．

引例 1.2.1 割圆术

极限概念是人们在探求某些实际问题的精确解答过程中产生的，如我国古代数学家刘徽在公元 3 世纪就曾提出割圆术．其实就是极限思想在几何上的应用．在一个圆内，首先作内接正六边形，把它的面积记为A_1；再作内接正十二边形，其面积记为A_2；再作内接正二十四边形，其面积记为$A_3,\cdots$，一直下去，把内接正$6\times 2^{n-1}$边形的面积记为$A_n(n\in\mathbf{N}_+)$. 于是得到一系列内接正多边形的面积

$$A_1,A_2,A_3,\cdots,A_n,\cdots$$

构成了一列有次序的数．当n越大时，内接多边形的面积与圆的面积之差就越小，从而A_n作为圆面积的近似值也越精确．但是，无论n多大，只要n取定了，A_n就只是多边形的面积，而不是圆的面积．因此，设想n无限增大(记为$n\to\infty$，读作n趋于无穷大)，也就是内接正多边形的边数无限增加，在这一过程中，圆内接正多边形面积无限地接近于圆的面积，与此同时，A_n也无限

接近于某一确定的数值,这个值就理解为圆的面积值．这个确定的数值在数学上称为这列有次序的数(所谓数列)$A_1,A_2,A_3,\cdots,A_n,\cdots$当$n\to\infty$时的极限．这个极限精确地表达了圆的面积．这种极限的思想方法,已经成为微积分的一种基本方法．

定义 1.2.1　一般地说,如果按照某一法则,有第一个实数x_1,第二个实数$x_2,\cdots$,这样依次排列,使得任何一个正整数n对应着一个确定的实数x_n,那么,这列有次序的数

$$x_1,x_2,\cdots,x_n,\cdots$$

称为数列,简记为数列$\{x_n\}$．数列中的每一个数称为数列的项,第n项x_n称为数列的一般项．

例如

$$1,\frac{1}{2},\frac{1}{3},\cdots,\frac{1}{n},\cdots$$

$$\frac{1}{2},\frac{2}{3},\frac{3}{4},\cdots,\frac{n}{n+1},\cdots$$

$$2,4,8,\cdots,2^n,\cdots$$

$$\frac{1}{2},\frac{1}{4},\frac{1}{8},\cdots,\frac{1}{2^n},\cdots$$

$$1,-1,1,-1,\cdots,(-1)^{n+1},\cdots$$

都是数列的例子,它们的一般项依次为

$$\frac{1}{n},\frac{n}{n+1},2^n,\frac{1}{2^n},(-1)^{n+1}$$

定义 1.2.2　设$\{x_n\}$为一数列,如果存在常数a,使得对于任意给定的正数ε(无论多么小),总存在正整数N,使得当$n>N$时,不等式

$$|x_n-a|<\varepsilon$$

都成立,那么称常数a是数列$\{x_n\}$的极限,或者称数列$\{x_n\}$收敛于a,记作

$$\lim_{n\to\infty} x_n=a$$

或

$$x_n\to a(n\to\infty)$$

如果常数a不存在,则说数列$\{x_n\}$没有极限,或者称数列$\{x_n\}$是发散的,习惯上也说$\lim\limits_{n\to\infty} x_n$不存在．

注意:上面定义中正数ε可以任意给定是很重要的．由于ε的任意性,不等式$|x_n-a|<\varepsilon$才能表达出x_n与a无限接近的含义,但它一旦给定,就应该看作是不变的,以便根据它来确定正整数N. 另外,定义中的正整数N与任意给定的正数ε有关,它随ε的给定而选定;对应于一个给定的$\varepsilon>0$, N不是唯一的,假定对某个ε,N_1满足要求,那么大于N_1的任何自然数都满足要求．

数列极限$\lim\limits_{n\to\infty} x_n=a$的几何解释：将常数$a$及数列$\{x_n\}$在数轴上用它们的对应点表示出来，然后在数轴上作点$a$的$\varepsilon$邻域，即开区间$(a-\varepsilon,a+\varepsilon)$（见图 1-13）.

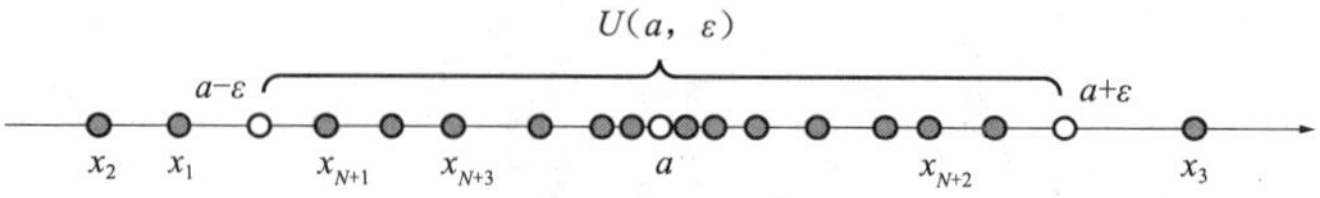

图 1-13　数列极限几何解释示意图

因不等式

$$|x_n-a|<\varepsilon$$

等价于不等式

$$a-\varepsilon<x_n<a+\varepsilon$$

所以，当$n>N$时，所有的点ε都将落入开区间$(a-\varepsilon,a+\varepsilon)$内，而只有有限个点（至多只有$N$个）在这区间以外．即无论$\varepsilon$如何小，除去有限项所对应的点以外，其余无穷项所对应的点全部落入点a的ε邻域内．

为了叙述方便，引入记号“$\forall$”表示“对于任意给定的”或“对于每一个”，记号“$\exists$”表示“存在”．因此，数列极限$\lim\limits_{n\to\infty} x_n=a$定义可简洁地表达：

$$\lim_{n\to\infty} x_n=a \Leftrightarrow \forall\,\varepsilon>0,\ \exists\text{ 正整数 }N,\ \text{当 }n>N\text{ 时，有 }|x_n-a|<\varepsilon$$

用定义去验证数列$\{x_n\}$的极限是a，关键一步是设法由任意给定的$\varepsilon>0$，找出一个相应的正整数N，使得当$n>N$时，不等式$|x_n-a|<\varepsilon$成立．

例 1.2.1　证明数列$1,\frac{1}{2},\frac{1}{3},\cdots,\frac{1}{n},\cdots$的极限是 0，即$\lim\limits_{n\to\infty}\frac{1}{n}=0$.

证明　$\forall\,\varepsilon>0$，要使$|x_n-0|=\frac{1}{n}<\varepsilon$，只要

$$n>\frac{1}{\varepsilon}$$

因此，可取$N=\left[\frac{1}{\varepsilon}\right]$，则当$n>N$时就有

$$\left|\frac{1}{n}-0\right|<\varepsilon$$

故

$$\lim_{n\to\infty}\frac{1}{n}=0$$

例 1.2.2

例 1.2.2　证明　$\lim\limits_{n\to\infty} q^{n-1}=0$　$(0\neq|q|<1)$.

证明　$\forall\,\varepsilon>0$（不妨设$0<\varepsilon<1$），要使$|x_n-0|=|q^{n-1}-0|=|q|^{n-1}<\varepsilon$，只要

$$|q|^{n-1}<\varepsilon$$

取自然对数，得

$$(n-1)\ln|q|<\ln\varepsilon$$

因为$|q|<1$，所以$\ln|q|<0$，故只要

$$n>1+\frac{\ln \varepsilon}{\ln|q|}$$

因此可取$N=\left[1+\frac{\ln \varepsilon}{\ln|q|}\right]$，则当$n>N$时，就有$|q|^{n-1}<\varepsilon$.

故

$$\lim_{n\to\infty}q^{n-1}=0 \quad (0\neq|q|<1)$$

1.2.2　数列极限的性质

定理 1.2.1(唯一性)收敛数列的极限是唯一的.

证明　反证法. 设数列$\{x_n\}$有两个极限a和b，且$a\neq b$.

由数列极限的定义，$\forall\varepsilon>0$，存在正整数N_1，当$n>N_1$时，有

$$|x_n-a|<\frac{\varepsilon}{2}$$

又存在着正整数N_2，当$n>N_2$时，有

$$|x_n-b|<\frac{\varepsilon}{2}$$

取$N=\max\{N_1,N_2\}$(这个式子表示N是N_1和N_2这两个数中最大的数)，

于是，当$n>N$时

$$|a-b|=|a-x_n+x_n-b|\leqslant|x_n-a|+|x_n-b|<\frac{\varepsilon}{2}+\frac{\varepsilon}{2}<\varepsilon$$

取$\varepsilon=\frac{1}{2}|a-b|$，由上边不等式得$|a-b|<\frac{1}{2}|a-b|$，矛盾. 说明数列$\{x_n\}$不可能有两个不同的极限.

对于数列$\{x_n\}$，如果存在着正数M，使得对一切x_n都满足不等式$|x_n|\leqslant M$，则称数列$\{x_n\}$是有界的；如果这样的正数M不存在，就说数列$\{x_n\}$是无界的.

定理 1.2.2　(有界性)收敛数列必为有界数列.

证明　设数列$\{x_n\}$收敛于a.

由数列极限的定义，对于$\varepsilon=1$，存在正整数N，当$n>N$时，有

$$|x_n-a|<1$$

成立.

于是，当$n>N$时

$$|x_n|=|(x_n-a)+a|\leqslant|x_n-a|+|a|<1+|a|$$

取$M=\max\{|x_1|,|x_2|,\cdots,|x_N|,1+|a|\}$，那么数列$\{x_n\}$中的一切$x_n$都满足不等式

$$|x_n|\leqslant M$$

故数列$\{x_n\}$是有界的.

定理 1.2.3　(保号性)如果$\lim\limits_{n\to\infty}x_n=a$，且$a>0$(或$a<0$)，那么存在正整数$N$，当$n>N$时，恒有$x_n>0$(或$x_n<0$).

证明 不妨设 $a>0$,取 $\varepsilon=\frac{a}{2}$,

由 $\lim\limits_{n\to\infty} x_n=a$ 知存在正整数 N, 当 $n>N$ 时,有

$$|x_n-a|<\frac{a}{2}$$

从而 $x_n>a-\frac{a}{2}=\frac{a}{2}>0$.

推论 1.2.1 如果数列$\{x_n\}$从某一项起有 $x_n\geqslant 0$(或 $x_n\leqslant 0$),且 $\lim\limits_{n\to\infty} x_n=a$, 那么 $a\geqslant 0$(或 $a\leqslant 0$).

数列$\{x_n\}$在保持原有顺序的情况下,任取其中无穷项所构成的新数列称为数列$\{x_n\}$的子数列,简称子列. 子数列一般记为$\{x_{n_k}\}$:$x_{n_1},x_{n_2},\cdots,x_{n_k},\cdots$,其中 $n_1<n_2<\cdots<n_k<n_{k+1}<\cdots$,而 n_k 的下标 k 是子数列的项的序号(即子数列的第 k 项的序号).

定理 1.2.4 (收敛数列与其子数列间的关系)如果数列$\{x_n\}$收敛于 a, 那么它的任一子数列也收敛,且极限也是 a.

由定理 1.2.4 可知,如果数列$\{x_n\}$有一个子数列不收敛或两个子数列收敛于不同的极限,那么数列$\{x_n\}$是发散的. 所以,可以用定理 1.2.4 去证明数列没有极限.

例 1.2.3 证明数列$\{x_n\}=\{(-1)^{n+1}\}$是发散的.

证明 因为数列 $1,-1,1,-1,\cdots,(-1)^{n+1},\cdots$的子数列$\{x_{2k-1}\}$($k=1,2,\cdots$)收敛于 1,而子数列$\{x_{2k}\}$($k=1,2,\cdots$)收敛于$-1$, 因此数列$\{x_n\}=\{(-1)^{n+1}\}$是发散的.

例 1.2.3 也说明有界数列不一定收敛,即数列有界只是数列收敛的必要条件,而不是充分条件.

习题 1.2

1. 下列各题中,哪些数列收敛,哪些数列发散? 对收敛数列,通过观察$\{x_n\}$的变化趋势,写出它们的极限:

(1)$\left\{\frac{1}{\sqrt{n}}\right\}$; (2)$\left\{1-\frac{1}{2^n}\right\}$; (3)$\left\{n-\frac{1}{n}\right\}$;

(4)$\left\{\frac{n+1}{2n+1}\right\}$; (5)$\left\{3+\frac{1}{n^2}\right\}$; (6)$\{1+(-1)^n\}$.

2. 根据数列极限的定义证明:

(1)$\lim\limits_{n\to\infty}\frac{3n+4}{2n+5}=\frac{3}{2}$; (2)$\lim\limits_{n\to\infty}\frac{1}{n^2}=0$.

3. 用极限性质判别下列结论是否正确,为什么?

(1)若$\{x_n\}$收敛,则$\lim\limits_{n\to\infty} x_n=\lim\limits_{n\to\infty} x_{n+k}$($k$ 为正整数);

(2)有界数列$\{x_n\}$必收敛;

(3)无界数列$\{x_n\}$必发散;

(4) 发散数列$\{x_n\}$必无界.

1.3　函数的极限

数列$\{x_n\}$可以看作自变量为正整数n的函数:$x_n=f(n)$,$n\in\mathbf{N}_+$,所以,数列的极限也是函数极限的一种特殊类型,即自变量n趋于无穷大时函数$x_n=f(n)$的极限. 下面介绍一般情形函数的极限.

1.3.1　函数极限的概念

1. 自变量趋于无穷大时函数的极限

当x的绝对值无限增大时称作x趋于无穷大,记作$x\to\infty$.

定义 1.3.1　设函数$f(x)$当x的绝对值大于某一正数时有定义,如果存在常数A,对于任意给定的无论多么小的正数ε,总存在正数X,使得当$|x|>X$时,有

$$|f(x)-A|<\varepsilon$$

那么称常数A为函数$f(x)$当$x\to\infty$时的极限,记作

$$\lim_{x\to\infty}f(x)=A \text{ 或 } f(x)\to A\ (x\to\infty)$$

定义 1.3.1 可表达为简洁形式

$$\lim_{x\to\infty}f(x)=A\Leftrightarrow\forall\varepsilon>0,\exists X>0,\text{当}|x|>X\text{时,有}|f(x)-A|<\varepsilon.$$

如果$x>0$且无限增大(记作$x\to+\infty$),那么只要把上面的定义中的$|x|>X$改为$x>X$,可得$\lim\limits_{x\to+\infty}f(x)=A$的定义. 同样,$x<0$而$|x|$无限增大(记作$x\to-\infty$),那么只要把$|x|>X$改为$x<-X$,可得$\lim\limits_{x\to-\infty}f(x)=A$的定义.

函数$f(x)$当$x\to\infty$时以A为极限的几何解释:

作直线$y=A+\varepsilon$及$y=A-\varepsilon$,则总存在着一个正数X,使得当$x<-X$或$x>X$时,函数$y=f(x)$的图形位于这两条直线之间(见图 1-14).

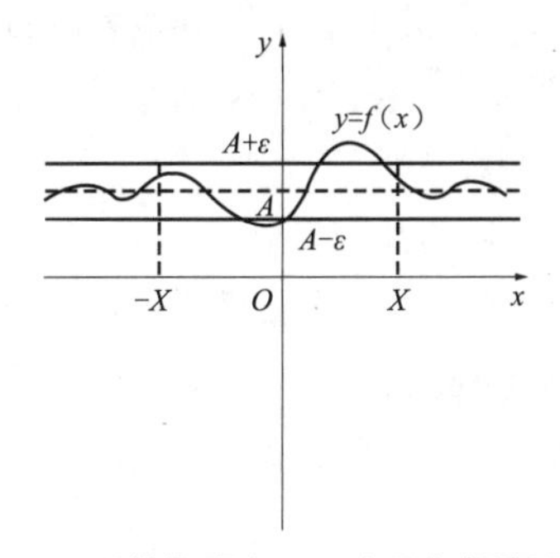

图 1-14　函数极限($x\to\infty$)几何解释示意图

由上面分析不难得到$\lim\limits_{x\to\infty}f(x)=A\Leftrightarrow\lim\limits_{x\to+\infty}f(x)=\lim\limits_{x\to-\infty}f(x)=A$

例 1.3.1 证明$\lim\limits_{x\to\infty}\dfrac{2}{x}=0.$

证明 $\forall\varepsilon>0$,要使

$$\left|\frac{2}{x}-0\right|=\frac{2}{|x|}<\varepsilon$$

只要$|x|>\dfrac{2}{\varepsilon}$. 所以,可取$X=\dfrac{2}{\varepsilon}$. 则当$|x|>X$时,有不等式$\left|\dfrac{2}{x}-0\right|<\varepsilon$成立.

因此

$$\lim_{x\to\infty}\frac{2}{x}=0$$

直线$y=0$是函数$y=\dfrac{2}{x}$图形的水平渐近线.

一般地,如果$\lim\limits_{x\to\infty}f(x)=C$,那么称直线$y=C$为函数$y=f(x)$的图形的水平渐近线.

由上面定义可以看出,数列的极限可以看作$x\to+\infty$时函数极限的特殊情况.

2. 自变量 x 趋于有限值 x_0 时函数的极限

定义 1.3.2 设函数$f(x)$在点x_0的某个去心邻域内有定义,如果存在常数A,使得对于任意给定的无论多么小的正数ε,总存在正数δ,使得当$0<|x-x_0|<\delta$时,有

$$|f(x)-A|<\varepsilon$$

那么称常数A是函数$f(x)$当$x\to x_0$时的极限,记作

$$\lim_{x\to x_0}f(x)=A\text{ 或 }f(x)\to A(x\to x_0)$$

如果这样的常数A不存在,那么称当$x\to x_0$时$f(x)$没有极限,习惯上表达成$\lim\limits_{x\to x_0}f(x)$不存在.

定义 1.3.2 可表达为简洁形式

$$\lim_{x\to x_0}f(x)=A\Leftrightarrow\forall\varepsilon>0,\exists\delta>0,\text{当 }0<|x-x_0|<\delta\text{ 时,有 }|f(x)-A|<\varepsilon.$$

注意由于定义中的正数ε是一个任意给定的无论多么小的正数,因此不等式$|f(x)-A|<\varepsilon$表达了$f(x)$与A无限接近的含义;定义中的正数δ表示了x与x_0的接近程度,它与任意给定的正数ε有关,随着ε的给定而选定;定义中$0<|x-x_0|$表示$x\neq x_0$,所以$x\to x_0$时$f(x)$有没有极限,与$f(x)$在点x_0是否有定义无关.

函数$f(x)$当$x\to x_0$时以A为极限的几何解释:

任意给定一个正数ε,作平行于x轴的两条直线$y=A+\varepsilon$及$y=A-\varepsilon$,介于这两条直线之间是一带形区域. 由定义,对于给定的正数ε,存在点x_0的一个去心δ邻域$\mathring{U}(x_0,\delta)$,当$x\in\mathring{U}(x_0,\delta)$时,即当$x\in(x_0-\delta,x_0+\delta)$,但$x\neq x_0$时,有不等式

$$|f(x)-A|<\varepsilon$$

成立,即

$$A-\varepsilon<f(x)<A+\varepsilon$$

成立,即这些点全部落在这个带形区域内(见图 1-15).

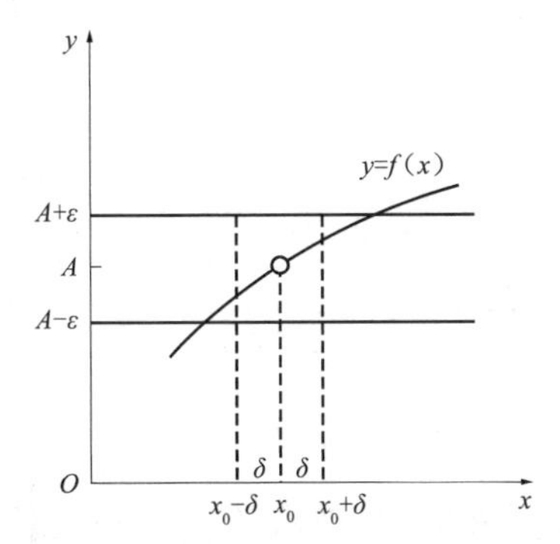

图 1-15　函数极限($x\to x_0$)几何解释示意图

例 1.3.2

例 1.3.2　证明$\lim\limits_{x\to 2}(3x-1)=5$.

证明　对$\forall\varepsilon>0$,要使

$$|3x-1-5|=3|x-2|<\varepsilon$$

只要$|x-2|<\dfrac{\varepsilon}{3}$,取$\delta=\dfrac{\varepsilon}{3}$,则当$0<|x-2|<\delta$时,有

$$|(3x-1)-5|<\varepsilon$$

成立.

从而

$$\lim_{x\to 2}(3x-1)=5$$

上面所考虑的极限$\lim\limits_{x\to x_0}f(x)=A$中$x$趋于点$x_0$的方式是任意的,它可以从$x$的左边($x<x_0$)趋于点$x_0$,也可以从$x$的右边($x>x_0$)趋于点$x_0$.

函数$f(x)$当x仅从点x_0的左边趋于x_0(记作$x\to x_0^-$)时的极限,只需把定义 1.3.2 中的$0<|x-x_0|<\delta$改为$x_0-\delta<x<x_0$,其他不变,此时,称数A为函数$f(x)$当x趋于x_0时的左极限,记作

$$\lim_{x\to x_0^-}f(x)=A\text{ 或者 }f(x_0^-)=A$$

即$\lim\limits_{x\to x_0^-}f(x)=A\Leftrightarrow\forall\varepsilon>0,\exists\delta>0$,当$x_0-\delta<x<x_0$时,有$|f(x)-A|<\varepsilon$.

类似地,把定义 1.3.2 中的$0<|x-x_0|<\delta$改为$x_0<x<x_0+\delta$,其他不变,此时,称数A为函数$f(x)$当x趋于x_0时的右极限,记作

$$\lim_{x\to x_0^+}f(x)=A\text{ 或者 }f(x_0^+)=A$$

即$\lim\limits_{x\to x_0^+}f(x)=A\Leftrightarrow\forall\varepsilon>0,\exists\delta>0$,当$x_0<x<x_0+\delta$时,有$|f(x)-A|<\varepsilon$.

左极限和右极限统称为单侧极限.

定理 1.3.1　函数$f(x)$当$x\to x_0$时极限存在的充要条件是函数在该点的左极限和右极限都存在且相等,即

$$\lim_{x\to x_0}f(x)=A\Leftrightarrow f(x_0^-)=f(x_0^+)=A$$

利用定理 1.3.1 可以证明函数在一点极限不存在:一个单侧极限不存在,或左、右极限都

存在但不相等,则可断言该点处函数极限不存在.

例 1.3.3 证明函数$f(x)=\begin{cases}x, x<2,\\0, x=2,\\3x-1, x>2,\end{cases}$ 当 $x\to2$ 时, $f(x)$的极限不存在.

证明 因为$\lim\limits_{x\to2^-}f(x)=\lim\limits_{x\to2^-}x=2$, $\lim\limits_{x\to2^+}f(x)=\lim\limits_{x\to2^+}(3x-1)=5$,所以$\lim\limits_{x\to2}f(x)$不存在.

1.3.2 函数极限的性质

与收敛数列的性质相比较,可得函数极限的一些相应的性质. 它们都可以根据函数极限的定义,运用类似于证明收敛数列性质的方法加以证明. 由于函数极限的定义按自变量的变化过程不同有各种形式,下面仅以"$\lim\limits_{x\to x_0}f(x)$"这种形式为代表给出关于函数极限性质的一些定理,并就其中的几个给出证明. 至于其他形式的极限的性质及其证明,可类似得出.

定理 1.3.2 (唯一性)如果$\lim\limits_{x\to x_0}f(x)$存在,那么这个极限唯一.

定理 1.3.3 (局部有界性) 如果$\lim\limits_{x\to x_0}f(x)=A$,那么存在常数 $M>0$ 和 $\delta>0$, 使得当 $0<|x-x_0|<\delta$ 时,有$|f(x)|\leqslant M$.

证明 根据函数极限$\lim\limits_{x\to x_0}f(x)=A$ 的定义,对于 $\varepsilon=1$,存在 $\delta>0$,当 $0<|x-x_0|<\delta$ 时,有不等式

$$|f(x)-A|<1$$

从而

$$|f(x)|\leqslant|f(x)-A|+|A|<|A|+1$$

记 $M=|A|+1$,于是有

$$|f(x)|\leqslant M$$

定理 1.3.4 (局部保号性) 如果$\lim\limits_{x\to x_0}f(x)=A$,而且 $A>0$(或 $A<0$),那么存在点 x_0 的某一去心 δ 邻域 $\mathring{U}(x_0,\delta)$,当 $x\in\mathring{U}(x_0,\delta)$,有 $f(x)>0$(或 $f(x)<0$).

证明 仅就 $A>0$ 的情形证明. 取正数 $\varepsilon\leqslant A$. 根据$\lim\limits_{x\to x_0}f(x)=A$ 的定义,存在 $\delta>0$,当 $0<|x-x_0|<\delta$ 时,有不等式

$$|f(x)-A|<\varepsilon$$

即 $A-\varepsilon<f(x)<A+\varepsilon$ 成立,因为 $A-\varepsilon\geqslant0$,所以

$$f(x)>0$$

类似可证 $A<0$ 的情形.

推论 1.3.1 如果在点 x_0 的某去心邻域内 $f(x)\geqslant0$ 或($f(x)\leqslant0$)而且$\lim\limits_{x\to x_0}f(x)=A$,那么 $A\geqslant0$(或 $A\leqslant0$).

注意这些性质对$\lim\limits_{x\to\infty}f(x)$的情形和单侧极限也是成立的.

习题 1.3

1. 根据函数极限定义证明：

(1) $\lim\limits_{x\to1}(5x-1)=4$；(2) $\lim\limits_{x\to3}\dfrac{x^2-9}{x-3}=6$.

2. 根据函数极限定义证明 $\lim\limits_{x\to\infty}\dfrac{2+x^3}{x^3}=1$.

3. 设 $f(x)=\begin{cases}2x, & x<2,\\ x-1, & x\geqslant2,\end{cases}$ 讨论当 $x\to2$ 时，$f(x)$ 的左、右极限.

4. 证明：函数 $f(x)=|x|$ 当 $x\to0$ 时极限为零.

5. 求函数 $f(x)=\dfrac{x}{x}$ 和 $\varphi(x)=\dfrac{|x|}{x}$ 当 $x\to0$ 时的左、右极限，并说明它们当 $x\to0$ 时的极限是否存在.

6. 证明函数 $f(x)$ 当 x 趋于 x_0 时的极限存在的充分必要条件是函数在该点的左、右极限都存在且相等，即 $f(x_0^-)=f(x_0^+)$.

1.4　无穷小与无穷大

在讨论函数极限时，经常有极限为零的量和极限为无穷大的量，即无穷小和无穷大. 无穷小与无穷大是函数的两种特殊的变化趋势，许多变化状态复杂的量的研究，通常可以通过相应的无穷小来研究.

1.4.1　无穷小

如果函数 $f(x)$ 当 $x\to x_0$（或 $x\to\infty$）时的极限为 0，那么称函数 $f(x)$ 为当 $x\to x_0$（或 $x\to\infty$）时的无穷小，因此，只要在上一节函数极限的定义 1.3.1 和定义 1.3.2 中，令 $A=0$ 就可以得到相应的无穷小的定义.

定义 1.4.1　设函数 $f(x)$ 在点 x_0 的某一去心邻域内有定义（或当 $|x|$ 大于某一正数时有定义）. 如果对于任意给定的正数 ε（不论多么小），总存在正数 δ（或正数 X），使得当 $0<|x-x_0|<\delta$（或 $|x|>X$）时，有

$$|f(x)|<\varepsilon$$

那么称函数 $f(x)$ 为当 $x\to x_0$（或 $x\to\infty$）时的无穷小，记作

$$\lim_{x\to x_0}f(x)=0\left(\text{或}\lim_{x\to\infty}f(x)=0\right)$$

单侧极限的无穷小可类似定义.

注意不要把无穷小与很小的数混为一谈，因为无穷小是在极限的某一过程中，函数的绝对值能小于任意给定的正数 ε. 而很小的数（如百万分之一）就不能小于任意给定的正数 ε.

但是0可以作为无穷小的唯一常数，因为如果$f(x)=0$，那么对于任意给定的正数ε，总有$|f(x)|<\varepsilon$.

例 1.4.1 因为$\lim\limits_{x\to 2}(x-2)=0$，所以函数$x-2$为当$x\to 2$时的无穷小；因为$\lim\limits_{x\to\infty}\dfrac{5}{x}=0$，所以函数$\dfrac{5}{x}$为当$x\to\infty$时的无穷小.

定理 1.4.1 极限$\lim\limits_{\substack{x\to x_0\\(x\to\infty)}}f(x)=A$的充分必要条件是$f(x)=A+\alpha$，其中$\lim\limits_{\substack{x\to x_0\\(x\to\infty)}}\alpha=0$.

证明 仅就$x\to x_0$的情形给予证明. 先证必要性. 设$\lim\limits_{x\to x_0}f(x)=A$，则$\forall\varepsilon>0$，$\exists\delta>0$，当$0<|x-x_0|<\delta$时，有

$$|f(x)-A|<\varepsilon$$

由极限定义得$\lim\limits_{x\to x_0}[f(x)-A]=0$. 令

$$\alpha=f(x)-A$$

则有

$$\lim_{x\to x_0}\alpha=0\text{，且}f(x)=A+\alpha$$

再证充分性. 设$f(x)=A+\alpha$，因为$\lim\limits_{x\to x_0}\alpha=0$. 所以，$\forall\varepsilon>0$，$\exists\delta>0$，当$0<|x-x_0|<\delta$时，有

$$|\alpha|<\varepsilon$$

即

$$|f(x)-A|<\varepsilon$$

由极限定义知

$$\lim_{x\to x_0}f(x)=A$$

类似可证$x\to\infty$时的情形.

注意该定理对单侧极限也成立.

定理 1.4.2 有限个无穷小的和还是无穷小.

证明 只需证明两个无穷小的和的情形即可. 设$\lim\limits_{x\to x_0}\alpha=0$，$\lim\limits_{x\to x_0}\beta=0$，且令

$$\gamma=\alpha+\beta$$

因为$\lim\limits_{x\to x_0}\alpha=0$，所以对$\forall\varepsilon>0$，存在$\delta_1>0$，当$0<|x-x_0|<\delta_1$时，有

$$|\alpha|<\varepsilon$$

因为$\lim\limits_{x\to x_0}\beta=0$，所以对这个$\varepsilon$，存在$\delta_2>0$，当$0<|x-x_0|<\delta_2$时，有

$$|\beta|<\varepsilon$$

取$\delta=\min\{\delta_1,\delta_2\}$（这个式子表示$\delta$是$\delta_1$和$\delta_2$中较小的数），则当$0<|x-x_0|<\delta$时，有

$$|\alpha|<\varepsilon\text{ 和 }|\beta|<\varepsilon$$

同时成立，从而有$|\gamma|=|\alpha+\beta|\leqslant|\alpha|+|\beta|<2\varepsilon$，由无穷小的定义知$\lim\limits_{x\to x_0}\gamma=0$，即$\gamma=\alpha+\beta$是$x\to x_0$时的无穷小.

类似可证$x\to\infty$的情形.

定理 1.4.3　有界函数与无穷小的乘积是无穷小.

证明　设函数 u 在点 x_0 的去心邻域 $\mathring{U}(x_0,\delta_1)$ 内有界,即 $\exists M>0$,使 $|u|\leqslant M$ 对一切 $x\in\mathring{U}(x_0,\delta_1)$ 成立. 又设 $\lim\limits_{x\to x_0}\alpha=0$,即 $\forall\varepsilon>0$, $\exists\delta_2>0$,当 $x\in\mathring{U}(x_0,\delta_2)$ 时,有

$$|\alpha|<\varepsilon$$

取 $\delta=\min\{\delta_1,\delta_2\}$,则当 $x\in\mathring{U}(x_0,\delta)$ 时

$$|u|\leqslant M \text{ 和 } |\alpha|<\varepsilon$$

同时成立,从而有

$$|u\alpha|=|u|\cdot|\alpha|<M\varepsilon$$

由无穷小的定义知 $u\alpha$ 为当 $x\to x_0$ 时的无穷小.

类似可证 $x\to\infty$ 时的情形.

推论 1.4.1　常数与无穷小的乘积是无穷小.

推论 1.4.2　有限个无穷小的乘积也是无穷小.

例 1.4.2

例 1.4.2　求极限 $\lim\limits_{x\to 0}\left(2x^2\sin\dfrac{1}{x}\right)$.

解　由于 $\left|\sin\dfrac{1}{x}\right|\leqslant 1(x\neq 0)$,故 $\sin\dfrac{1}{x}$ 在点 0 的去心邻域内是有界的. 而函数 $\lim\limits_{x\to 0}2x^2=0$,由定理 1.4.3 可知有界函数乘无穷小还是无穷小,所以 $\lim\limits_{x\to 0}\left(2x^2\sin\dfrac{1}{x}\right)$.

1.4.2　无穷大

如果函数 $f(x)$ 当 $x\to x_0$(或 $x\to\infty$)时绝对值 $|f(x)|$ 无限增大,那么称函数 $f(x)$ 为当 $x\to x_0$(或 $x\to\infty$)时的无穷大. 无穷大的精确定义如下:

定义 1.4.2　设函数 $f(x)$ 在点 x_0 的某一去心邻域内有定义(或当 $|x|$ 大于某一正数时有定义). 如果对于任意给定的正数 M(不论多么大),总存在正数 δ(或正数 X),当 $0<|x-x_0|<\delta$(或 $|x|>X$)时,有

$$|f(x)|>M$$

那么称函数 $f(x)$ 为当 $x\to x_0$(或 $x\to\infty$)时的无穷大.

函数 $f(x)$ 当 $x\to x_0$(或 $x\to\infty$)时为无穷大,按函数的定义来说,极限是不存在的,但是为了便于叙述函数的这一性态,也说"函数的极限是无穷大",记作 $\lim\limits_{x\to x_0}f(x)=\infty$(或 $\lim\limits_{x\to\infty}f(x)=\infty$).

如果在无穷大定义中,把 $|f(x)|>M$ 改成 $f(x)>M$(或 $f(x)<-M$),可以得到正无穷大和负无穷大的定义,记作 $\lim\limits_{\substack{x\to x_0\\(x\to\infty)}}f(x)=+\infty$(或 $\lim\limits_{\substack{x\to x_0\\(x\to\infty)}}f(x)=-\infty$).

注意:无穷大不是数,不可与很大的数(如百万、亿万等)混为一谈. 另外,无界和无界量也是

不同的,如数列 1,0,2,0,…,n,0,…是无界的,但它不是当 $n\to\infty$ 时的无穷大.

数列为无穷大是函数为无穷大的特殊情况.

例 1.4.3 证明$\lim\limits_{x\to 2}\dfrac{1}{x-2}=\infty$.

证明 对于任意给定的正数 M ,要使

$$\left|\frac{1}{x-2}\right|=\frac{1}{|x-2|}>M$$

只要

$$|x-2|<\frac{1}{M}$$

所以取 $\delta=\dfrac{1}{M}$,则当 $0<|x-2|<\delta$ 时,有

$$\left|\frac{1}{x-2}\right|>M$$

成立,从而

$$\lim_{x\to 2}\frac{1}{x-2}=\infty$$

定理 1.4.4 在自变量的同一变化过程中,如果$f(x)$为无穷大,则$\dfrac{1}{f(x)}$为无穷小;反之,如果$f(x)$为无穷小,且$f(x)\neq 0$,则$\dfrac{1}{f(x)}$为无穷大.

证明 仅证明自变量趋于有限值的情形:当$\lim\limits_{x\to x_0}f(x)=\infty$ 时,证明$\lim\limits_{x\to x_0}\dfrac{1}{f(x)}=0$.

对任意给定正数 ε,令 $M=\dfrac{1}{\varepsilon}$,由于$\lim\limits_{x\to x_0}f(x)=\infty$,则存在 $\delta>0$,当 $0<|x-x_0|<\delta$ 时,有

$$|f(x)|>M=\frac{1}{\varepsilon}$$

从而

$$\left|\frac{1}{f(x)}\right|<\varepsilon$$

所以由无穷小定义知

$$\lim_{x\to x_0}\frac{1}{f(x)}=0$$

反之,设$\lim\limits_{x\to x_0}f(x)=0$,且$f(x)\neq 0$,证明$\lim\limits_{x\to x_0}\dfrac{1}{f(x)}=\infty$.

对于任意给定正数 M,令 $\varepsilon=\dfrac{1}{M}$, 由于$\lim\limits_{x\to x_0}f(x)=0$,存在 $\delta>0$,当 $0<|x-x_0|<\delta$ 时,有

$$|f(x)|<\varepsilon=\frac{1}{M}$$

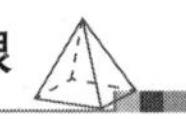

由于 $f(x)\neq 0$，从而 $\frac{1}{|f(x)|}>M$，因此由无穷大定义知

$$\lim_{x\to x_0} f(x)=\infty$$

类似可证 $x\to\infty$ 的情形．

注意：与无穷小不同的是，在自变量的同一变化过程中，两个无穷大相加或相减的结果是不确定的．因此，无穷大没有和无穷小类似的性质，须具体问题具体分析．

习题 1.4

1. 判断下列各题是否正确，并说明原因．

(1)零是无穷小；

(2)在同一极限过程中两个无穷小之和仍是无穷小；

(3)两个无穷大之和仍是无穷大；

(4)无界变量必是无穷大量；

(5)无穷大量必是无界变量．

2. 根据定义证明：

(1) $y=x-2$ 是当 $x\to 2$ 时的无穷小；

(2) $y=2x\cos\frac{1}{x}$ 是当 $x\to 0$ 时的无穷小．

3. 根据定义证明函数 $y=\frac{1+x}{x}$ 是当 $x\to 0$ 时的无穷大量．

4. 求下列极限：

(1) $\lim\limits_{x\to 0} x\cos\frac{1}{x}$；(2) $\lim\limits_{x\to\infty}\frac{\arctan x}{x}$.

1.5　极限运算法则

在本节内容的讨论中，记号 lim 下面没有标明自变量的具体变化过程，实际上，下面的定理对 $x\to x_0$、$x\to\infty$、单侧极限及数列极限都是成立的，但每个结论都在同一极限过程中成立．

定理 1.5.1　如果 $\lim f(x)=A,\lim g(x)=B$，则 $\lim[f(x)\pm g(x)]$ 存在，且

$$\lim[f(x)\pm g(x)]=A\pm B$$

证明　因为 $\lim f(x)=A,\lim g(x)=B$，则

$$f(x)=A+\alpha,g(x)=B+\beta$$

其中，α,β 都是无穷小量，于是

$$f(x)\pm g(x)=(A+\alpha)\pm(B+\beta)=(A\pm B)+(\alpha\pm\beta)$$

则 $\alpha\pm\beta$ 是无穷小量，所以有

$$\lim[f(x)\pm g(x)]=A\pm B=\lim f(x)\pm\lim g(x)$$

定理 1.5.2 如果 $\lim f(x)=A,\lim g(x)=B$，则 $\lim f(x)\cdot g(x)$存在，且

$$\lim f(x)\cdot g(x)=A\cdot B=\lim f(x)\cdot\lim g(x)$$

推论 1.5.1 如果 $\lim f(x)$存在，而 n 为正整数，则 $\lim[f(x)]^n=[\lim f(x)]^n$.

推论 1.5.2 如果 $\lim f(x)$存在，而 C 为常数，则 $\lim[Cf(x)]=C\lim f(x)$.

定理 1.5.3 如果 $\lim f(x)=A,\lim g(x)=B$，且 $B\neq 0$，则 $\lim\dfrac{f(x)}{g(x)}$存在，且

$$\lim\frac{f(x)}{g(x)}=\frac{A}{B}=\frac{\lim f(x)}{\lim g(x)}$$

定理 1.5.4 如果 $\varphi(x)\geqslant\psi(x)$，而 $\lim\varphi(x)=a,\lim\psi(x)=b$，那么 $a\geqslant b$.

证明 令 $f(x)=\varphi(x)-\psi(x)$，则 $f(x)\geqslant 0$. 进而有

$$\lim f(x)=\lim[\varphi(x)-\psi(x)]=\lim\varphi(x)-\lim\psi(x)=a-b$$

故 $a\geqslant b$.

下面介绍几种求极限的方法.

例 1.5.1 求 $\lim\limits_{x\to 2}\dfrac{x^2-1}{x^2-x+1}$.

解 $\lim\limits_{x\to 2}\dfrac{x^2-1}{x^2-x+1}=\dfrac{2^2-1}{2^2-2+1}=1.$

例 1.5.2 设 $P_n(x)=a_nx^n+a_{n-1}x^{n-1}+\cdots+a_1x+a_0$，对于任意的 $x_0\in\mathbf{R}$，证明 $\lim\limits_{x\to x_0}P_n(x)=P_n(x_0)$.

证明

$$\begin{aligned}\lim_{x\to x_0}P_n(x)&=\lim_{x\to x_0}(a_nx^n+a_{n-1}x^{n-1}+\cdots+a_1x+a_0)\\&=a_n\lim_{x\to x_0}x^n+a_{n-1}\lim_{x\to x_0}x^{n-1}+\cdots+a_1\lim_{x\to x_0}x+\lim_{x\to x_0}a_0\\&=a_nx_0^n+a_{n-1}x_0^{n-1}+\cdots+a_1x_0+a_0=P_n(x_0)\end{aligned}$$

例 1.5.3 设 $Q(x)=\dfrac{P_n(x)}{P_m(x)}$，其中 $P_n(x)$和 $P_m(x)$分别表示 x 的 n 次和 m 次多项式，$P_m(x_0)\neq 0$，证明 $\lim\limits_{x\to x_0}Q(x)=Q(x_0)$.

证明 由定理 1.5.3 和例 1.5.2 有 $\lim\limits_{x\to x_0}Q(x)=\dfrac{\lim\limits_{x\to x_0}P_n(x)}{\lim\limits_{x\to x_0}P_m(x)}=\dfrac{P_n(x_0)}{P_m(x_0)}=Q(x_0)$.

可以看出，求有理函数（多项式）或有理分式函数当 $x\to x_0$ 时的极限，只要用 x_0 代替函数中的 x 就行了，但对于有理分式函数，要求代入后分母不为零，如果分母等于零，则没有意义.

例 1.5.4 求 $\lim\limits_{x\to 2}\dfrac{x-2}{x^2-4}$.

解 当 $x\to 2$ 时，分子、分母的极限都是零，于是分子、分母不能分别取极限. 但是可以约去不为零的公因子 $x-2$. 于是 $\lim\limits_{x\to 2}\dfrac{x-2}{x^2-4}=\lim\limits_{x\to 2}\dfrac{1}{x+2}=\dfrac{1}{4}$.

当 $a_0\neq 0,b_0\neq 0$，m 和 n 为非负整数时，有

$$\lim_{x\to\infty}\frac{a_0x^m+a_1x^{m-1}+\cdots+a_m}{b_0x^n+b_1x^{n-1}+\cdots+b_n}=\begin{cases}\dfrac{a_0}{b_0},n=m,\\0,n>m,\\\infty,n<m\end{cases}$$

例如，$\lim\limits_{x\to\infty}\dfrac{x^3+5x^2+2}{7x^3+2x^2+4}=\dfrac{1}{7}$；$\lim\limits_{x\to\infty}\dfrac{x^2-2x-1}{x^3-x^2+5}=0$；$\lim\limits_{x\to\infty}\dfrac{x^3-2x^2+5}{x^2-x-1}=\infty$.

定理 1.5.5　设函数 $u=\varphi(x)$ 且 $\lim\limits_{x\to x_0}\varphi(x)=a$，但在点 x_0 的某一邻域内 $\varphi(x)\neq a$，又 $\lim\limits_{u\to a}f(u)=A$，则复合函数 $f[\varphi(x)]$ 当 $x\to x_0$ 时的极限存在，且 $\lim\limits_{x\to x_0}f[\varphi(x)]=\lim\limits_{u\to a}f(u)=A$.

由定理 1.5.5 可得下面定理成立.

定理 1.5.6　设函数 $u=\varphi(x)$ 且 $\lim\limits_{x\to x_0}\varphi(x)=a$，但在点 x_0 的某一邻域内 $\varphi(x)\neq a$，又 $\lim\limits_{u\to a}f(u)=f(a)$，则复合函数 $f[\varphi(x)]$ 当 $x\to x_0$ 时的极限存在，且 $\lim\limits_{x\to x_0}f[\varphi(x)]=f[\lim\limits_{x\to x_0}\varphi(x)]=f(a)$.

在定理 1.5.6 的条件下，求复合函数 $f[\varphi(x)]$ 的极限时，函数符号与极限符号可以交换次序.

例 1.5.5　求 $\lim\limits_{x\to2}\sqrt{\dfrac{x-2}{x^2-4}}$.

解　由定理 1.5.6 有 $\lim\limits_{x\to2}\sqrt{\dfrac{x-2}{x^2-4}}=\sqrt{\lim\limits_{x\to2}\dfrac{x-2}{x^2-4}}=\sqrt{\lim\limits_{x\to2}\dfrac{1}{x+2}}=\dfrac{1}{2}$.

例 1.5.6　求 $\lim\limits_{x\to0}\dfrac{\sqrt{1+x^2}-1}{2x}$.

解　$\lim\limits_{x\to0}\dfrac{\sqrt{1+x^2}-1}{2x}=\lim\limits_{x\to0}\dfrac{(\sqrt{1+x^2}-1)(\sqrt{1+x^2}+1)}{2x(\sqrt{1+x^2}+1)}=\lim\limits_{x\to0}\dfrac{x}{2(\sqrt{1+x^2}+1)}=0$.

例 1.5.6

数列极限作为函数极限的特殊情况，有下面定理成立：

定理 1.5.7　设有数列 $\{x_n\}$ 和 $\{y_n\}$. 如果 $\lim\limits_{n\to\infty}x_n=A$，$\lim\limits_{n\to\infty}y_n=B$，则

$\lim\limits_{n\to\infty}(x_n+y_n)=A+B$，$\lim\limits_{n\to\infty}x_n\cdot y_n=A\cdot B$，$\lim\limits_{n\to\infty}\dfrac{x_n}{y_n}=\dfrac{A}{B}$（当 $y_n\neq0$，$B\neq0$ 时）.

习题 1.5

1. 求下列极限：

(1) $\lim\limits_{n\to\infty}2n(\sqrt{n^2+1}-n)$；

(2) $\lim\limits_{n\to\infty}\dfrac{5\times3^n+4\times(-2)^n}{3^n}$；

(3) $\lim\limits_{n\to\infty}\left[\dfrac{1}{1\times2}+\dfrac{1}{2\times3}+\cdots+\dfrac{1}{n(n+1)}\right]$；

(4) $\lim\limits_{n\to\infty}\dfrac{3n^2+2n+1}{n^2+5}$.

2. 求下列极限：

(1) $\lim\limits_{x\to1}\dfrac{x^2-4x+3}{x^4-4x^2+3}$；

(2) $\lim\limits_{x\to1}\dfrac{\sqrt{x+3}-2}{x^2+2x-3}$；

(3) $\lim\limits_{x\to\infty}\left(1+\dfrac{1}{x}\right)\left(2-\dfrac{1}{x^2}\right)$；

(4) $\lim\limits_{x\to\infty}\dfrac{x^5-3x+6}{x^8-7x-1}$；

(5) $\lim\limits_{x\to\infty}\dfrac{(4x+1)^{30}(9x+2)^{20}}{(6x-1)^{50}}$；

(6) $\lim\limits_{x\to3}\dfrac{x^2+x+1}{(x-3)^2}$；

(7) $\lim\limits_{x\to\infty}\dfrac{x^3+x^2+2}{x+5}$；

(8) $\lim\limits_{x\to1}\left(\dfrac{1}{1-x}-\dfrac{1}{1-x^3}\right)$.

1.6 极限存在准则

本节给出判定极限存在的两个准则．基于这两个准则，讨论两个重要极限 $\lim\limits_{x\to0}\dfrac{\sin x}{x}=1$ 和 $\lim\limits_{x\to\infty}\left(1+\dfrac{1}{x}\right)^x=\mathrm{e}$.

1.6.1 夹逼准则

准则 1.6.1 如果数列 $\{x_n\}$，$\{y_n\}$ 及 $\{z_n\}$ 满足如下条件：

(1) $y_n\leqslant x_n\leqslant z_n\ (n=1,2,\cdots)$；

(2) $\lim\limits_{n\to\infty}y_n=a$，$\lim\limits_{n\to\infty}z_n=a$.

那么数列 $\{x_n\}$ 的极限存在，且 $\lim\limits_{n\to\infty}x_n=a$.

证明 因为 $\lim\limits_{n\to\infty}y_n=a$，$\lim\limits_{n\to\infty}z_n=a$，所以根据数列极限定义，对于任意给定的正数 ε，总存在正整数 N_1，当 $n>N_1$ 时，有

$$|y_n-a|<\varepsilon$$

又存在正整数 N_2，当 $n>N_2$ 时，有

$$|z_n-a|<\varepsilon$$

取 $N=\max\{N_1,N_2\}$，则当 $n>N$ 时，

$$|y_n-a|<\varepsilon \text{ 和 } |z_n-a|<\varepsilon$$

同时成立，即

$$a-\varepsilon<y_n<a+\varepsilon,\ a-\varepsilon<z_n<a+\varepsilon$$

同时成立．又因为 $y_n\leqslant x_n\leqslant z_n$，所以当 $n>N$ 时，有

$$a-\varepsilon<y_n\leqslant x_n\leqslant z_n<a+\varepsilon$$

即 $|x_n-a|<\varepsilon$ 成立．

因此

$$\lim_{n\to\infty}x_n=a$$

上述数列极限的夹逼准则 1.6.1 可以推广到函数极限的情形．

准则 1.6.1′　如果

(1) 当 $x\in \mathring{U}(x_0,\delta)$(或 $|x|>M$)时,有 $g(x)\leqslant f(x)\leqslant h(x)$ 成立;

(2) $\lim\limits_{\substack{x\to x_0\\(x\to\infty)}} g(x)=a$, $\lim\limits_{\substack{x\to x_0\\(x\to\infty)}} h(x)=a$,

那么 $\lim\limits_{\substack{x\to x_0\\(x\to\infty)}} f(x)$ 存在,且 $\lim\limits_{\substack{x\to x_0\\(x\to\infty)}} f(x)=a$.

上述准则 1.6.1 及准则 1.6.1′称为**夹逼准则**.

例 1.6.1　证明 $\lim\limits_{n\to\infty}\left(\dfrac{n}{n^2+\pi}+\dfrac{n}{n^2+2\pi}+\cdots+\dfrac{n}{n^2+n\pi}\right)=1$.

证明　记 $x_n=\dfrac{n}{n^2+\pi}+\dfrac{n}{n^2+2\pi}+\cdots+\dfrac{n}{n^2+n\pi}$,有 $\dfrac{n^2}{n^2+n\pi}<\dfrac{n}{n^2+\pi}+\dfrac{n}{n^2+2\pi}+\cdots+\dfrac{n}{n^2+n\pi}<\dfrac{n^2}{n^2+\pi}$

由于 $\lim\limits_{n\to\infty}\dfrac{n^2}{n^2+n\pi}=1$, $\lim\limits_{n\to\infty}\dfrac{n^2}{n^2+\pi}=1$,由夹逼准则 1.6.1 可知

$$\lim_{n\to\infty}x_n=\lim_{n\to\infty}\left(\frac{n}{n^2+\pi}+\frac{n}{n^2+2\pi}+\cdots+\frac{n}{n^2+n\pi}\right)=1$$

作为夹逼准则 1.6.1 的应用,下面证明重要极限 $\lim\limits_{x\to 0}\dfrac{\sin x}{x}=1$ 成立.

事实上,函数 $\dfrac{\sin x}{x}$ 对于一切 $x\neq 0$ 都有定义.

在图 1-16 所示的单位圆中,设圆心角 $\angle AOB=x\left(0<x<\dfrac{\pi}{2}\right)$,点 A 处的切线与 OB 的延长线相交于点 D,又 $BC\perp OA$,则 $\sin x=CB$, $x=\overset{\frown}{AB}$, $\tan x=AD$.

因为△AOB 的面积<扇形 AOB 的面积<△AOD 的面积,所以

$$\frac{1}{2}\sin x<\frac{1}{2}x<\frac{1}{2}\tan x$$

即

$$\sin x<x<\tan x$$

于是有

$$1<\frac{x}{\sin x}<\frac{1}{\cos x}$$

从而

$$\cos x<\frac{\sin x}{x}<1 \tag{1.6.1}$$

因为当 x 用 $-x$ 代替时, $\cos x$ 与 $\dfrac{\sin x}{x}$ 都不变号,所以上面不等式对于开区间 $\left(-\dfrac{\pi}{2},0\right)$ 内的一切 x 也是成立的.

下面证明 $\lim\limits_{x\to 0}\cos x=1$. 事实上,当 $0<|x|<\dfrac{\pi}{2}$ 时

$$0<|\cos x-1|=1-\cos x=2\sin^2\frac{x}{2}<2\cdot\left(\frac{x}{2}\right)^2=\frac{x^2}{2}$$

即 $0<1-\cos x<\frac{x^2}{2}$. 由准则 1.6.1′有 $\lim\limits_{x\to 0}(1-\cos x)=0$，所以 $\lim\limits_{x\to 0}\cos x=1$.

于是，由不等式(1.6.1)及准则 1.6.1′得 $\lim\limits_{x\to 0}\frac{\sin x}{x}=1$.

通过函数 $y=\frac{\sin x}{x}$ 的图形，可观察到重要极限成立(见图 1-17).

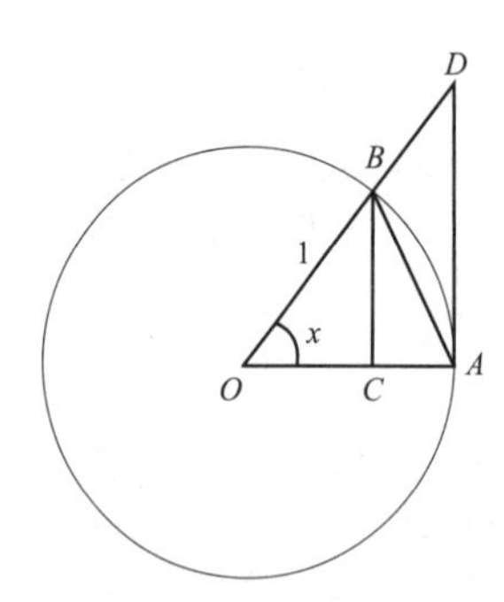

图 1-16　极限 $\lim\limits_{x\to 0}\frac{\sin x}{x}=1$ 证明示意图

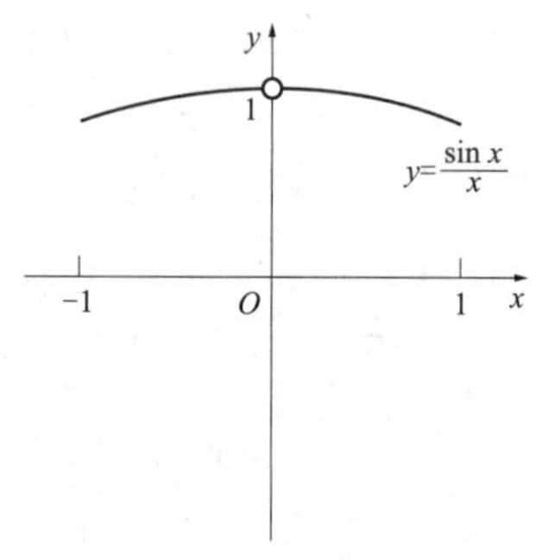

图 1-17　函数 $y=\frac{\sin x}{x}$ 的图形

例 1.6.2　求 $\lim\limits_{x\to 0}\frac{\tan 3x}{x}$.

解　$\lim\limits_{x\to 0}\frac{\tan 3x}{x}=\lim\limits_{x\to 0}\frac{\sin 3x}{3x}\cdot\frac{3}{\cos 3x}=3\cdot\lim\limits_{x\to 0}\frac{\sin 3x}{3x}=3$.

例 1.6.3

例 1.6.3　求 $\lim\limits_{x\to 0}\frac{1-\cos x}{x^2}$.

解　$\lim\limits_{x\to 0}\frac{1-\cos x}{x^2}=\lim\limits_{x\to 0}\frac{2\sin^2\frac{x}{2}}{x^2}=\frac{1}{2}\lim\limits_{x\to 0}\frac{\sin^2\frac{x}{2}}{\left(\frac{x}{2}\right)^2}=\frac{1}{2}$.

1.6.2　单调有界收敛准则

如果数列 $\{x_n\}$ 满足条件 $x_1\leqslant x_2\leqslant\cdots\leqslant x_n\leqslant x_{n+1}\leqslant\cdots$，那么称数列 $\{x_n\}$ 是**单调增加的**；如果数列 $\{x_n\}$ 满足条件 $x_1\geqslant x_2\geqslant\cdots\geqslant x_n\geqslant x_{n+1}\geqslant\cdots$，那么称数列 $\{x_n\}$ 是**单调减少的**. 单调增加和单调减少的数列统称为**单调数列**.

准则 1.6.2　单调有界数列必有极限.

准则 1.6.2 称为单调有界收敛准则.

例 1.6.4　设 $x_0=1, x_1=1+\frac{x_0}{1+x_0},\cdots,x_{n+1}=1+\frac{x_n}{1+x_n}$，证明 $\lim\limits_{n\to\infty}x_n$ 存在，并求此极限值.

解　由已知条件知 $x_1>x_0$，假设 $x_k>x_{k-1}$，则

$$x_{k+1}-x_k=\left(1+\frac{x_k}{1+x_k}\right)-\left(1+\frac{x_{k-1}}{1+x_{k-1}}\right)=\frac{x_k-x_{k-1}}{(1+x_k)(1+x_{k-1})}>0$$

由归纳法知数列$\{x_n\}$是单调增加的；

由 $x_n=1+\frac{x_{n-1}}{1+x_{n-1}}=2-\frac{1}{1+x_{n-1}}<2$，知数列$\{x_n\}$有界．因此，由准则 1.6.2 知$\lim\limits_{n\to\infty}x_n$ 存在．

令$\lim\limits_{n\to\infty}x_n=a$，则有 $a=1+\frac{a}{1+a}$，所以，$a=\frac{1\pm\sqrt{5}}{2}$，由极限的保号性，知$\lim\limits_{n\to\infty}x_n=\frac{1+\sqrt{5}}{2}$.

作为准则 1.6.2 的应用，下面讨论另一重要极限：$\lim\limits_{x\to\infty}\left(1+\frac{1}{x}\right)^x=\mathrm{e}$.

考虑 x 取正整数 n 趋于$+\infty$ 的情形，设 $x_n=\left(1+\frac{1}{n}\right)^n$，下面证明数列$\{x_n\}$单调增加并且有界．按牛顿二项式公式，有

$$\begin{aligned}x_n=\left(1+\frac{1}{n}\right)^n&=1+\frac{n}{1!}\cdot\frac{1}{n}+\frac{n(n-1)}{2!}\cdot\frac{1}{n^2}+\frac{n(n-1)(n-2)}{3!}\cdot\frac{1}{n^3}+\cdots+\\&\quad\frac{n(n-1)(n-2)\cdots(n-n+1)}{n!}\cdot\frac{1}{n^n}\\&=1+1+\frac{1}{2!}\cdot\left(1-\frac{1}{n}\right)+\frac{1}{3!}\cdot\left(1-\frac{1}{n}\right)\left(1-\frac{2}{n}\right)+\cdots+\\&\quad\frac{1}{n!}\cdot\left(1-\frac{1}{n}\right)\left(1-\frac{2}{n}\right)\cdots\left(1-\frac{n-1}{n}\right)\end{aligned}$$

类似地

$$\begin{aligned}x_{n+1}=\left(1+\frac{1}{n+1}\right)^{n+1}&=1+1+\frac{1}{2!}\cdot\left(1-\frac{1}{n+1}\right)+\frac{1}{3!}\cdot\left(1-\frac{1}{n+1}\right)\left(1-\frac{2}{n+1}\right)+\cdots+\\&\frac{1}{n!}\cdot\left(1-\frac{1}{n+1}\right)\left(1-\frac{2}{n+1}\right)\cdots\left(1-\frac{n-1}{n+1}\right)+\frac{1}{(n+1)!}\cdot\left(1-\frac{1}{n+1}\right)\left(1-\frac{2}{n+1}\right)\cdots\left(1-\frac{n}{n+1}\right)\end{aligned}$$

通过比较 x_n 和 x_{n+1} 的展开式，可以看到除前两项外，x_n 的每一项都小于 x_{n+1} 的对应项，并且 x_{n+1} 还多了最后一项，其值大于 0，因此 $x_n<x_{n+1}$，这说明数列$\{x_n\}$是单调增加的．

因为

$$x_n<1+1+\frac{1}{2!}+\frac{1}{3!}+\cdots+\frac{1}{n!}<1+1+\frac{1}{2}+\frac{1}{2^2}+\cdots+\frac{1}{2^{n-1}}=1+\frac{1-\frac{1}{2^n}}{1-\frac{1}{2}}=3-\frac{1}{2^{n-1}}<3$$

这说明数列$\{x_n\}$是有界的．根据极限存在准则 1.6.2，这个数列$\{x_n\}$的极限存在，通常用字母 e 来表示它，即$\lim\limits_{n\to\infty}\left(1+\frac{1}{n}\right)^n=\mathrm{e}$.

可以证明，当 x 取实数趋于$+\infty$ 或$-\infty$ 时，函数$\left(1+\frac{1}{x}\right)^x$ 的极限存在且都等于 e. 因此

$$\lim_{x\to\infty}\left(1+\frac{1}{x}\right)^x=\mathrm{e}\tag{1.6.2}$$

利用代换 $z=\frac{1}{x}$，则当 $x\to\infty$ 时，$z\to 0$，于是式(1.6.2)又可以写成$\lim\limits_{z\to 0}(1+z)^{\frac{1}{z}}=\mathrm{e}$.

例 1.6.5 求$\lim\limits_{x\to\infty}\left(\frac{1+x}{x}\right)^{2x}$.

解 $\lim\limits_{x\to\infty}\left(\frac{1+x}{x}\right)^{2x}=\lim\limits_{x\to\infty}\left[\left(1+\frac{1}{x}\right)^{x}\right]^{2}=\mathrm{e}^{2}$.

例 1.6.6 求$\lim\limits_{x\to 0}(1-x)^{\frac{2}{x}}$.

解 $\lim\limits_{x\to 0}(1-x)^{\frac{2}{x}}=\lim\limits_{x\to 0}\{[1+(-x)]^{\frac{1}{-x}}\}^{-2}=\mathrm{e}^{-2}$.

例 1.6.7 求$\lim\limits_{x\to 0}\frac{\ln(1+x)}{x}$.

解 由于 $\frac{\ln(1+x)}{x}=\ln(1+x)^{\frac{1}{x}}$，

故$\lim\limits_{x\to 0}\frac{\ln(1+x)}{x}=\lim\limits_{x\to 0}\ln(1+x)^{\frac{1}{x}}=\ln[\lim\limits_{x\to 0}(1+x)^{\frac{1}{x}}]=\ln \mathrm{e}=1$.

例 1.6.8

例 1.6.8 求$\lim\limits_{x\to 0}\frac{\mathrm{e}^{x}-1}{x}$.

解 令 $u=\mathrm{e}^{x}-1$，即 $x=\ln(1+u)$，则当 $x\to 0$ 时，$u\to 0$，

于是$\lim\limits_{x\to 0}\frac{\mathrm{e}^{x}-1}{x}=\lim\limits_{u\to 0}\frac{u}{\ln(1+u)}$，

利用例 1.6.7 的结果，可知$\lim\limits_{x\to 0}\frac{\mathrm{e}^{x}-1}{x}=1$.

习题 1.6

1. 求下列极限：

(1) $\lim\limits_{x\to 0}\frac{\tan 2x}{\sin 5x}$；　(2) $\lim\limits_{x\to 0}x\cot x$；　(3) $\lim\limits_{x\to 0}\frac{1-\cos 3x}{x\sin x}$；

(4) $\lim\limits_{n\to\infty}3^{n}\sin\frac{x}{3^{n}}$；　(5) $\lim\limits_{x\to 0}(1+2x)^{\frac{1}{x}}$；　(6) $\lim\limits_{x\to\infty}\left(\frac{2+x}{x}\right)^{2x}$；

(7) $\lim\limits_{x\to 0}(1+5\tan^{2}x)^{\cot^{2}x}$；　(8) $\lim\limits_{n\to\infty}\left(1-\frac{1}{n}\right)^{3n}$.

2. 利用极限存在准则证明：

(1) $\lim\limits_{n\to\infty}\left(\frac{1}{\sqrt{n^{2}+1}}+\frac{1}{\sqrt{n^{2}+2}}+\cdots+\frac{1}{\sqrt{n^{2}+n}}\right)=1$；

(2) 数列$\sqrt{2}$，$\sqrt{2+\sqrt{2}}$，$\sqrt{2+\sqrt{2+\sqrt{2}}}$，…的极限存在并求其极限.

1.7　无穷小的比较

由无穷小的性质知两个无穷小的和、差及乘积还是无穷小．但是两个无穷小的商会出现不同的情况．下面就无穷小商的极限存在或为无穷大的情况，来说明两个无穷小之间的比较．注意下面的α与β都是在自变量的同一变化过程中的无穷小，$\lim\dfrac{\beta}{\alpha}$也表示在这个变化过程中的极限．

定义 1.7.1　设α与β是同一极限过程中的无穷小．

如果$\lim\dfrac{\beta}{\alpha}=0$，那么称$\beta$是比$\alpha$**高阶的无穷小**，记作$\beta=o(\alpha)$；

如果$\lim\dfrac{\beta}{\alpha}=\infty$，那么称$\beta$是比$\alpha$**低阶的无穷小**；

如果$\lim\dfrac{\beta}{\alpha}=C\neq0$（$C$为常数），那么称$\beta$与$\alpha$是**同阶的无穷小**；

如果$\lim\dfrac{\beta}{\alpha^k}=C\neq0$（$k>0$，$C$为常数），那么称$\beta$是$\alpha$的 **$k$ 阶的无穷小**；

如果$\lim\dfrac{\beta}{\alpha}=1$，那么称$\beta$与$\alpha$是**等价的无穷小**，记作$\alpha\sim\beta$.

例如，因为$\lim\limits_{x\to0}\dfrac{x^2}{x}=0$，所以当$x\to0$时，$x^2$是比$x$高阶的无穷小，即$x^2=o(x)$.

因为$\lim\limits_{n\to\infty}\dfrac{\frac{2}{n}}{\frac{1}{n^2}}=\infty$，所以当$n\to\infty$时，$\dfrac{2}{n}$是比$\dfrac{1}{n^2}$低阶的无穷小．

因为$\lim\limits_{x\to2}\dfrac{x^2-4}{x-2}=4$，所以当$x\to2$时，$x^2-4$和$x-2$是同阶的无穷小．

因为$\lim\limits_{x\to0}\dfrac{1-\cos x}{x^2}=\dfrac{1}{2}$，所以当$x\to0$时，$1-\cos x$是$x$的 2 阶的无穷小．

因为$\lim\limits_{x\to0}\dfrac{\sin x}{x}=1$，所以当$x\to0$时，$\sin x$与$x$是等价的无穷小，即$\sin x\sim x\ (x\to0)$.

定理 1.7.1　设$\alpha\sim\alpha'$，$\beta\sim\beta'$，且$\lim\dfrac{\beta'}{\alpha'}$存在，则$\lim\dfrac{\beta}{\alpha}=\lim\dfrac{\beta'}{\alpha'}$．

证明　$\lim\dfrac{\beta}{\alpha}=\lim\left(\dfrac{\beta}{\beta'}\cdot\dfrac{\beta'}{\alpha'}\cdot\dfrac{\alpha'}{\alpha}\right)=\lim\dfrac{\beta}{\beta'}\lim\dfrac{\beta'}{\alpha'}\lim\dfrac{\alpha'}{\alpha}=\lim\dfrac{\beta'}{\alpha'}$．

推论 1.7.1　①设$\alpha\sim\alpha'$，且$\lim\dfrac{\beta}{\alpha'}$存在，则$\lim\dfrac{\beta}{\alpha}=\lim\dfrac{\beta}{\alpha'}$．

②设$\beta \sim \beta'$，且$\lim \dfrac{\beta'}{\alpha}$存在，则$\lim \dfrac{\beta}{\alpha}=\lim \dfrac{\beta'}{\alpha}$.

定理1.7.1及推论1.7.1表明，求两个无穷小之比的极限时，分子及分母或分子或分母都可以用等价无穷小代换，这样可以简化极限的计算.

当$x\to 0$时，下面各对无穷小是等价的：

$$\sin x \sim x, \tan x \sim x, \arcsin x \sim x, \arctan x \sim x$$

$$\ln(1+x) \sim x, \mathrm{e}^x-1 \sim x, 1-\cos x \sim \frac{1}{2}x^2, \sqrt[n]{1+x}-1 \sim \frac{1}{n}x$$

例1.7.1

例1.7.1 求$\lim\limits_{x\to 0}\dfrac{2\tan x}{\sin x}$.

解 因为当$x\to 0$时，$\sin x \sim x$，$\tan x \sim x$，

所以$\lim\limits_{x\to 0}\dfrac{2\tan x}{\sin x}=\lim\limits_{x\to 0}\dfrac{2x}{x}=2$.

例1.7.2 求$\lim\limits_{x\to 0}\dfrac{5\sin x}{x^3+5x}$.

解 因为当$x\to 0$时，$\sin x \sim x$，所以$\lim\limits_{x\to 0}\dfrac{5\sin x}{x^3+5x}=\lim\limits_{x\to 0}\dfrac{5x}{x(x^2+5)}=1$.

定理1.7.2 $\alpha \sim \beta$的充分必要条件是$\beta=\alpha+o(\alpha)$.

证明 必要性：设$\alpha \sim \beta$，则

$$\lim \frac{\beta-\alpha}{\alpha}=\lim \frac{\beta}{\alpha}-1=0$$

因此$\beta-\alpha=o(\alpha)$，即$\beta=\alpha+o(\alpha)$.

充分性：设$\beta=\alpha+o(\alpha)$，则$\lim \dfrac{\beta}{\alpha}=\lim \dfrac{\alpha+o(\alpha)}{\alpha}=\lim\left[1+\dfrac{o(\alpha)}{\alpha}\right]=1$，

因此$\alpha \sim \beta$.

例1.7.3 因为当$x\to 0$时，$\sin x \sim x$，$\tan x \sim x$，所以当$x\to 0$时，有

$$\sin x=x+o(x), \tan x=x+o(x)$$

习题1.7

1. 证明当$x\to 0$时，有：(1) $\arctan x \sim x$；(2) $-\dfrac{1}{2}x\tan x \sim \sqrt{1-x^2}-1$.

2. 利用等价无穷小的性质求下列极限：

(1) $\lim\limits_{x\to 0}\dfrac{\sqrt{1+x\sin x}-1}{\ln(1+x^2)}$；　(2) $\lim\limits_{x\to 0}\dfrac{\mathrm{e}^{x^4}-1}{x^2\sin x^2}$；　(3) $\lim\limits_{x\to 0}\dfrac{\tan x-\sin x}{\sin x^3}$.

3. 当$x\to 0$时，$(1-\cos x)^2$与$\sin^2 x$相比，哪一个是高阶无穷小？

4. 当$x\to 0$时，下列4个无穷小量中，哪个是比其他3个更高阶的无穷小量？

$$x^2;\quad 1-\cos x;\quad \sqrt{1-x^2}-1;\quad \ln(1+x^3).$$

5. 证明：当 $n\to\infty$ 时，$\sqrt{n+1}-\sqrt{n}$ 与 $\frac{1}{\sqrt{n}}$ 是同阶无穷小.

1.8　函数的连续性

1.8.1 函数连续性的概念

设变量 x 从 x_1 变到 x_2，称 x_2-x_1 为变量 x 的增量，记作 Δx，即 $\Delta x=x_2-x_1$. 增量 Δx 可以是正的，也可以是负的.

设函数 $y=f(x)$ 在点 x_0 的某一邻域内有定义. 当自变量 x 从 x_0 变到 $x_0+\Delta x$ 时，相应的函数 y 从 $f(x_0)$ 变到 $f(x_0+\Delta x)$，则函数 y 对应的增量为 $\Delta y=f(x_0+\Delta x)-f(x_0)$.

定义 1.8.1　设函数 $y=f(x)$ 在点 x_0 的某一邻域内有定义，如果当 $\Delta x=x-x_0\to 0$ 时，对应的函数的增量

$$\Delta y=f(x_0+\Delta x)-f(x_0)\to 0$$

即

$$\lim_{\Delta x\to 0}\Delta y=0$$

或

$$\lim_{\Delta x\to 0}[f(x_0+\Delta x)-f(x_0)]=0$$

那么称**函数** $y=f(x)$ 在点 x_0 **处是连续的**.

由于 $x=x_0+\Delta x$，因此 $\Delta x\to 0$ 就是 $x\to x_0$，而 $\Delta y=f(x_0+\Delta x)-f(x_0)=f(x)-f(x_0)$，可见，$\Delta y\to 0$ 就是 $f(x)\to f(x_0)$，因此 $\lim\limits_{\Delta x\to 0}\Delta y=0$，与 $\lim\limits_{x\to x_0}f(x)=f(x_0)$ 相当. 由此，函数 $y=f(x)$ 在点 x_0 处连续的定义还可以叙述为

定义 1.8.1′　设函数 $y=f(x)$ 在点 x_0 的某一邻域内有定义，如果函数 $f(x)$ 当 $x\to x_0$ 时的极限存在，且等于它在点 x_0 处的函数值 $f(x_0)$，即

$$\lim_{x\to x_0}f(x)=f(x_0)$$

那么称函数 $y=f(x)$ 在点 x_0 处连续.

如果 $\lim\limits_{x\to x_0^-}f(x)=f(x_0)$，那么称**函数** $y=f(x)$ 在点 x_0 **处左连续**；

如果 $\lim\limits_{x\to x_0^+}f(x)=f(x_0)$，那么称**函数** $y=f(x)$ 在点 x_0 **处右连续**.

显然，函数 $y=f(x)$ 在点 x_0 处连续的充分必要条件是 $f(x)$ 在点 x_0 处既左连续又右连续.

如果函数 $f(x)$ 在区间上每一点都连续，则称 $f(x)$ 在该**区间上连续**；函数 $f(x)$ 在闭区间 $[a,b]$ 上连续是指在开区间 (a,b) 内连续，并且在左端点 a 右连续，在右端点 b 左连续.

可以由函数连续的定义证明函数 $y=\sin x$，$y=\cos x$ 在区间 $(-\infty,+\infty)$ 内连续.

连续函数的图形是一条连续而不间断的曲线．

1.8.2　函数的间断点

设函数 $y=f(x)$ 在点 x_0 的某一邻域内（至多除了点 x_0）是有定义的，如果有下列情形之一：

① 在 $x=x_0$ 没有定义；

② 虽然在 $x=x_0$ 有定义，但是 $\lim\limits_{x\to x_0}f(x)$ 不存在；

③ 虽然在 $x=x_0$ 有定义，且 $\lim\limits_{x\to x_0}f(x)$ 存在，但 $\lim\limits_{x\to x_0}f(x)\neq f(x_0)$．

那么称 x_0 是函数 $f(x)$ 的不连续点或间断点．

间断点有以下几种常见类型：

设点 x_0 是函数 $f(x)$ 的间断点，左极限 $f(x_0^-)$ 和右极限 $f(x_0^+)$ 都存在，则称点 x_0 为函数 $f(x)$ 的**第一类间断点**，其中左极限 $f(x_0^-)$，右极限 $f(x_0^+)$ 存在并相等时，称点 x_0 为可去间断点；左极限 $f(x_0^-)$，右极限 $f(x_0^+)$ 存在但不相等时，称点 x_0 为跳跃间断点．

不是第一类间断点的任何间断点都是第二类的间断点，其中左极限 $f(x_0^-)$ 和右极限 $f(x_0^+)$ 至少有一个为无穷时，称点 x_0 为无穷间断点；当 $x\to x_0$ 时，函数值 $f(x)$ 无限地在两个不同数之间变动，称点 x_0 为振荡间断点．

例 1.8.1　函数 $f(x)=\dfrac{2(x^2-1)}{x-1}$ 在点 $x=1$ 没有定义，所以函数在点 $x=1$ 不连续，且

例 1.8.1

$$\lim_{x\to1}\frac{2(x^2-1)}{x-1}=\lim_{x\to1}2(x+1)=4$$

所以 $x=1$ 是函数的第一类间断点中的可去间断点．

如果补充定义：$f(1)=4$，则此函数在这点连续，所以 $x=1$ 是第一类间断点中的可去间断点．

例 1.8.2

例 1.8.2　函数 $f(x)=\begin{cases}3(x-1),x<0,\\0,x=0,\\4(x+1),x>0,\end{cases}$ 当 $x\to0$ 时，极限不存在．因为

$$f(0^-)=\lim_{x\to0^-}f(x)=\lim_{x\to0^-}3(x-1)=-3$$

$$f(0^+)=\lim_{x\to0^+}f(x)=\lim_{x\to0^+}4(x+1)=4$$

左极限 $f(0^-)$ 和右极限 $f(0^+)$ 都存在，但是不相等，所以 $x=0$ 是第一类间断点中的跳跃间断点．

例 1.8.3　正切函数 $f(x)=\tan x$ 在 $x=\dfrac{\pi}{2}$ 处没有定义，所以 $x=\dfrac{\pi}{2}$ 是函数的间断点．因为

$$\lim_{x\to\frac{\pi}{2}}\tan x=\infty$$

所以 $x=\dfrac{\pi}{2}$ 为函数 $\tan x$ 的第二类间断点中的无穷间断点．

例 1.8.4　函数 $f(x)=\sin\dfrac{1}{x}$ 在点 $x=0$ 处没有定义．当 $x\to0$ 时，函数值在 -1 与 1 之间无

限次地变动,所以点 $x=0$ 为函数 $f(x)=\sin\dfrac{1}{x}$ 的第二类间断点中的振荡间断点.

1.8.3 初等函数的连续性

1. 连续函数的和、差、积及商的连续性

定理 1.8.1 有限个在某点连续的函数的和(差)在该点连续.

证明 考虑两个函数的情形.设 $f(x)$,$g(x)$ 都在点 x_0 处连续,则有

$$\lim_{x\to x_0}f(x)=f(x_0),\lim_{x\to x_0}g(x)=g(x_0)$$

由极限的运算法则有 $\lim\limits_{x\to x_0}[f(x)\pm g(x)]=\lim\limits_{x\to x_0}f(x)\pm\lim\limits_{x\to x_0}g(x)=f(x_0)\pm g(x_0)$,即 $f(x)\pm g(x)$ 在点 x_0 处连续.

定理 1.8.2 有限个在某点连续的函数的乘积在该点连续.

定理 1.8.3 两个在某点连续的函数的商,当分母在该点不为零时,在该点连续.

例 1.8.5 因为函数 $\sin x$ 和 $\cos x$ 都在区间 $(-\infty,+\infty)$ 内连续,所以函数 $\tan x=\dfrac{\sin x}{\cos x}$ 和 $\cot x=\dfrac{\cos x}{\sin x}$ 在它们的定义域内是连续的.

2. 反函数与复合函数的连续性

定理 1.8.4 如果函数 $y=f(x)$ 在某个区间 I_x 上单调增加(或单调减少)且连续,那么它的反函数 $x=f^{-1}(y)$ 也在对应的区间 $I_y=\{y\mid y=f(x),x\in I_x\}$ 上单调增加(或单调减少)且连续.

例如,由于 $y=\sin x$ 在闭区间 $\left[-\dfrac{\pi}{2},\dfrac{\pi}{2}\right]$ 上单调增加且连续,因此它的反函数 $y=\arcsin x$ 在闭区间 $[-1,1]$ 上也单调增加且连续.

定理 1.8.5 设函数 $u=\varphi(x)$ 当 $x=x_0$ 时连续,且 $\varphi(x_0)=u_0$,而函数 $y=f(u)$ 在点 $u=u_0$ 处连续,那么复合函数 $y=f[\varphi(x)]$ 在点 $x=x_0$ 处也连续,即

$$\lim_{x\to x_0}f[\varphi(x)]=f[\lim_{x\to x_0}\varphi(x)]=f(u_0)=f[\varphi(x_0)]$$

例 1.8.6 讨论函数 $y=\sin\dfrac{1}{x}$ 的连续性.

解 函数 $y=\sin\dfrac{1}{x}$ 可以看作 $y=\sin u$ 和 $u=\dfrac{1}{x}$ 复合而成.因为 $\sin u$ 在区间 $(-\infty,+\infty)$ 内连续,函数 $u=\dfrac{1}{x}$ 在无限区间 $(-\infty,0)$ 和 $(0,+\infty)$ 内连续,由定理 1.8.5 可知,函数 $y=\sin\dfrac{1}{x}$ 在 $(-\infty,0)$ 和 $(0,+\infty)$ 内连续.

3. 初等函数的连续性

根据 $y=\sin x$,$y=\cos x$ 的连续性知所有的三角函数及反三角函数在它们的定义域内都是连续的.

指数函数 $y=a^x(a>0,a\neq1)$ 对一切实数 x 都有定义,在区间 $(-\infty,+\infty)$ 内单调,其值域为

$(0,+\infty)$，可以证明它在$(-\infty,+\infty)$内是连续的．

由指数函数的单调性和连续性知对数函数 $y=\log_a x(a>0,a\neq1)$ 在区间$(0,+\infty)$内单调且连续．

幂函数 $y=x^a$ 的定义域与 a 的具体数值有关．但无论 a 为何值，在区间$(0,+\infty)$内幂函数总是有定义的．并且当 $x>0$ 时，$y=x^a=a^{a\log_a x}(a>0,a\neq1)$．因此，此时的幂函数 $y=x^a$ 可看作由 $y=a^u$ 和 $u=a\log_a x$ 复合而成，根据定理 1.8.5 知它在$(0,+\infty)$内连续．若对 a 取各种值分别加以讨论，可以证明幂函数在其定义域内总是连续的．

根据初等函数的定义、基本初等函数的连续性及本节的定理可得重要结论：一切初等函数在其定义区间内都是连续的．所谓定义区间，就是包含在定义域内的区间．

如果 $f(x)$ 是初等函数，而 x_0 是其定义区间内的点，则 $\lim\limits_{x\to x_0}f(x)=f(x_0)$．这是连续函数求极限的方法．

例 1.8.7 求 $\lim\limits_{x\to1}(2x^2+e^x)$．

解 $\lim\limits_{x\to1}(2x^2+e^x)=2+e$.

例 1.8.8 求 $\lim\limits_{x\to0}\dfrac{\log_a(1+x)}{x}$．

解 $\lim\limits_{x\to0}\dfrac{\log_a(1+x)}{x}=\lim\limits_{x\to0}\log_a(1+x)^{\frac{1}{x}}=\log_a e=\dfrac{1}{\ln a}$．

例 1.8.9 求 $\lim\limits_{x\to0}\dfrac{a^x-1}{x}$．

解 令 $a^x-1=t$，则 $x=\log_a(1+t)$，当 $x\to0$ 时，$t\to0$，于是

$$\lim_{x\to0}\frac{a^x-1}{x}=\lim_{x\to0}\frac{t}{\log_a(1+t)}=\ln a$$

习题 1.8

1. 研究下列函数的连续性：

(1) $f(x)=\begin{cases}x+\dfrac{\sin x}{x}, & x<0,\\ 0, & x=0,\\ x\cos\dfrac{1}{x}, & x>0;\end{cases}$　　(2) $f(x)=\begin{cases}x^2, & 0\leqslant x\leqslant1,\\ 2-x, & 1<x\leqslant2.\end{cases}$

2. 确定常数 a,b 使下列函数连续：

(1) $f(x)=\begin{cases}\dfrac{e^{\sin 2x}-1}{x}, & x\neq0,\\ a, & x=0;\end{cases}$　　(2) $f(x)=\begin{cases}\dfrac{\ln(1+x)}{bx}, & x<0,\\ 2, & x=0,\\ \dfrac{\sin ax}{x}, & x>0.\end{cases}$

3. 下列函数在指定点处间断,说明这些间断点属于哪一类型?

(1) $f(x)=\dfrac{x^2-1}{x^2-3x+2}, x=1, x=2$;

(2) $f(x)=\cos^3\dfrac{5}{x}, x=0$;

(3) $f(x)=\begin{cases}x-1, x\leqslant 1,\\ 3-x, x>1,\end{cases} x=1$.

4. 求下列极限:

(1) $\lim\limits_{x\to\frac{\pi}{2}}\dfrac{\sin x}{x}$;

(2) $\lim\limits_{x\to 0}\sqrt{7x^2-5x+3}$;

(3) $\lim\limits_{x\to\infty}\cos\left[\ln\left(1+\dfrac{3x+4}{x^2}\right)\right]$;

(4) $\lim\limits_{x\to\infty}\mathrm{e}^{\frac{7}{x}}$;

(5) $\lim\limits_{x\to 1}\dfrac{\sqrt{5x-4}-\sqrt{x}}{x-1}$;

(6) $\lim\limits_{x\to 0}\dfrac{\left(1-\frac{1}{2}x^2\right)^{\frac{2}{3}}-1}{x\ln(1+x)}$.

1.9　闭区间上连续函数的性质

闭区间上的连续函数有许多重要的性质,这些性质从几何上观察是明显的,但是有些定理严格的数学证明超出本课程范围,本节只列举其中几个.

1.9.1　最大值和最小值定理与有界性

首先介绍最大值和最小值的概念.设函数 $f(x)$ 在区间 I 上有定义,如果有 $x_0\in I$,使得对于任意 $x\in I$,都有

$$f(x)\leqslant f(x_0)\ (f(x)\geqslant f(x_0))$$

则称 $f(x_0)$ 是函数 $f(x)$ 在区间 I 上的最大值(最小值).

定理 1.9.1　(最大和最小值定理)闭区间上的连续函数,在该区间上必有最大值和最小值.

定理 1.9.2　(有界性定理)闭区间上的连续函数一定在该区间上有界.

证明　设函数 $f(x)$ 在闭区间 $[a,b]$ 上连续.由定理 1.9.1,$f(x)$ 在闭区间 $[a,b]$ 上存在最大值 M 和最小值 m,即 $\forall x\in[a,b]$,都有 $m\leqslant f(x)\leqslant M$,因此,函数 $f(x)$ 在闭区间 $[a,b]$ 上有界.

1.9.2　零点定理和介值定理

如果 x_0 满足 $f(x_0)=0$,则称 x_0 为函数 $f(x)$ 的零点.

定理 1.9.3　(零点定理)设 $f(x)$ 在闭区间 $[a,b]$ 上连续,且 $f(a)$ 与 $f(b)$ 异号,那么在开区间 (a,b) 内至少存在一点 ξ,使 $f(\xi)=0$(见图 1-18).

定理 1.9.4　(介值定理)设 $f(x)$ 在 $[a,b]$ 上连续,且在此区间端点处函数值不同,即

$$f(a)=A, f(b)=B, \text{且 } A \neq B$$

那么,对介于 A,B 之间的任意一个数 C,在开区间(a,b)内至少存在一点 ξ,使 $f(\xi)=C\ (a<\xi<b)$(见图 1-19).

证明 设 $F(x)=f(x)-C$,则 $F(x)$在闭区间$[a,b]$上连续,且 $F(a)=A-C$ 与 $F(b)=B-C$ 异号. 根据零点定理,在(a,b)内至少存在一点 ξ,使

$$F(\xi)=0$$

即至少存在一点 $\xi \in (a,b)$使 $f(\xi)=C$.

这个定理的几何意义:在闭区间$[a,b]$上连续的函数 $y=f(x)$所对应的曲线与水平直线 $y=C$(C 介于 $f(a)$与 $f(b)$之间)至少相交于一点.

推论 1.9.1 在闭区间上连续的函数必取得介于最大值 M 和最小值 m 之间的任何值.

例 1.9.1

例 1.9.1 证明方程 $x^5-3x-1=0$ 在区间$(1,2)$内至少有一个根.

证明 设函数 $f(x)=x^5-3x-1$,显然函数 $f(x)$在闭区间$[1,2]$上连续,又

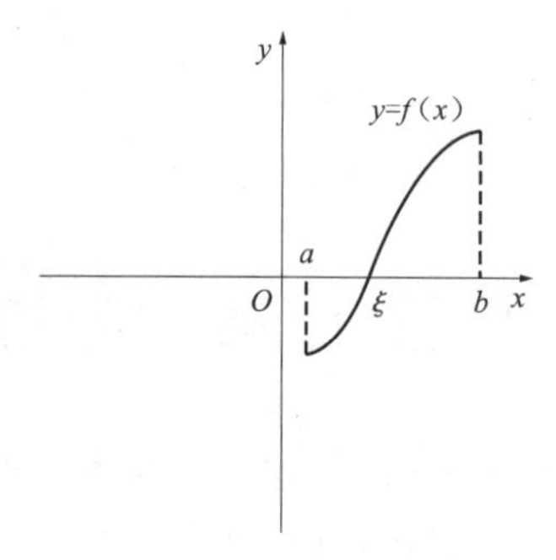

图 1-18 零点定理示意图

$$f(1)=-3<0, f(2)=25>0$$

由零点定理,在$(1,2)$内至少有一点 ξ,使得 $f(\xi)=0$, 即 $\xi^5-3\xi-1=0$.

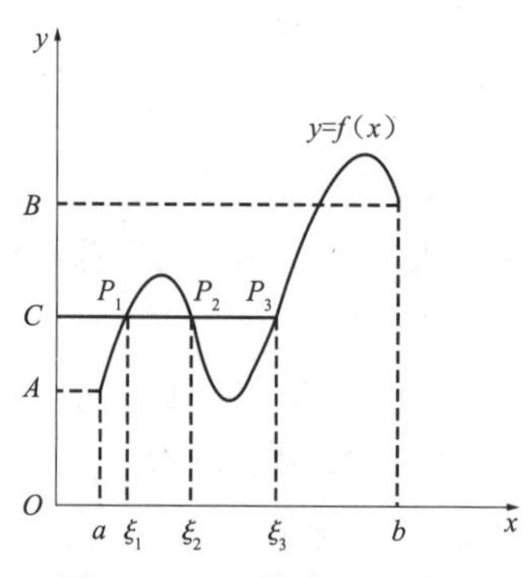

图 1-19 介值定理示意图

习题 1.9

1. 证明方程 $x^3-5x^2+2=0$ 至少有一个根介于 0 和 1 之间.
2. 证明方程 $x=a\sin x+b$,其中 $a>0,b>0$ 至少有一个正根,并且它不超过 $a+b$.

3. 设$f(x)$和$g(x)$在$[a,b]$上连续，且$f(a)<g(a)$，$f(b)>g(b)$，则在(a,b)内至少存在一点ξ，使得$f(\xi)<g(\xi)$.

本章小结

本章主要介绍函数、极限、连续等基本概念及其性质，它们是学习高等数学的基础，也是从初等数学过渡到高等数学的桥梁.

函数是微积分学的研究对象，函数概念的实质是变量之间的一种对应关系，这种关系使得当其中一个变量给定时，另一个变量就能被唯一确定，这就是函数. 函数部分重点是复合函数、反函数和分段函数及函数记号的计算. 这里要求主要掌握求函数的定义域的方法以及利用函数的概念求函数表达式的方法，这些方法都是在初等数学中所熟悉的方法.

极限理论是微积分的基础，研究函数的性质的实质是研究各类极限，如连续、导数、定积分等. 所以极限不仅是本章的重点也是本课程的重点. 在学习这部分内容时，要求会判断函数极限的存在，掌握运用极限存在准则、两个重要极限以及极限的四则运算法则求极限的方法. 注意不仅在本章中有很多求极限的方法，而且在后续章节中还要介绍一些求极限的方法(例如，利用洛必达法则、导数定义、定积分定义、收敛级数性质等求极限的方法)，读者在学习过程中，要善于适时归纳总结，以便寻求最简单的方法求极限.

由于作为本章重点内容的极限问题都可以归结为无穷小量的问题，因此无穷小的估计和分析也是极限方法的重要部分. 要求读者会确定无穷小的阶数并会比较无穷小的阶；熟记常见的等价无穷小，并会应用等价无穷小代换求极限.

连续函数或除若干点外是连续的函数是高等数学研究的主要对象. 而函数的连续性是通过极限定义的，所以判断函数的连续性及函数的间断点类型等问题本质上还是求极限. 因此，连续性也是本章的重点内容之一，要求掌握判定函数连续性的方法，并能指出所给函数的连续区间；会判断间断点的类型；注意在讨论分段函数在分界点处的连续性时，要用定义来讨论；会用闭区间上连续函数的性质判断方程根的存在，会证明相关的证明题.

由于后续各章内容仍然涉及极限、连续的概念以及闭区间上连续函数的性质等，因此学好本章内容会为后续章节的学习打下良好的基础.

思维导图如下：

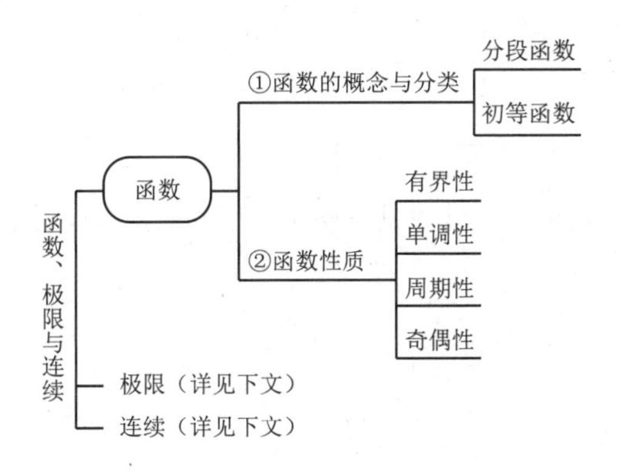

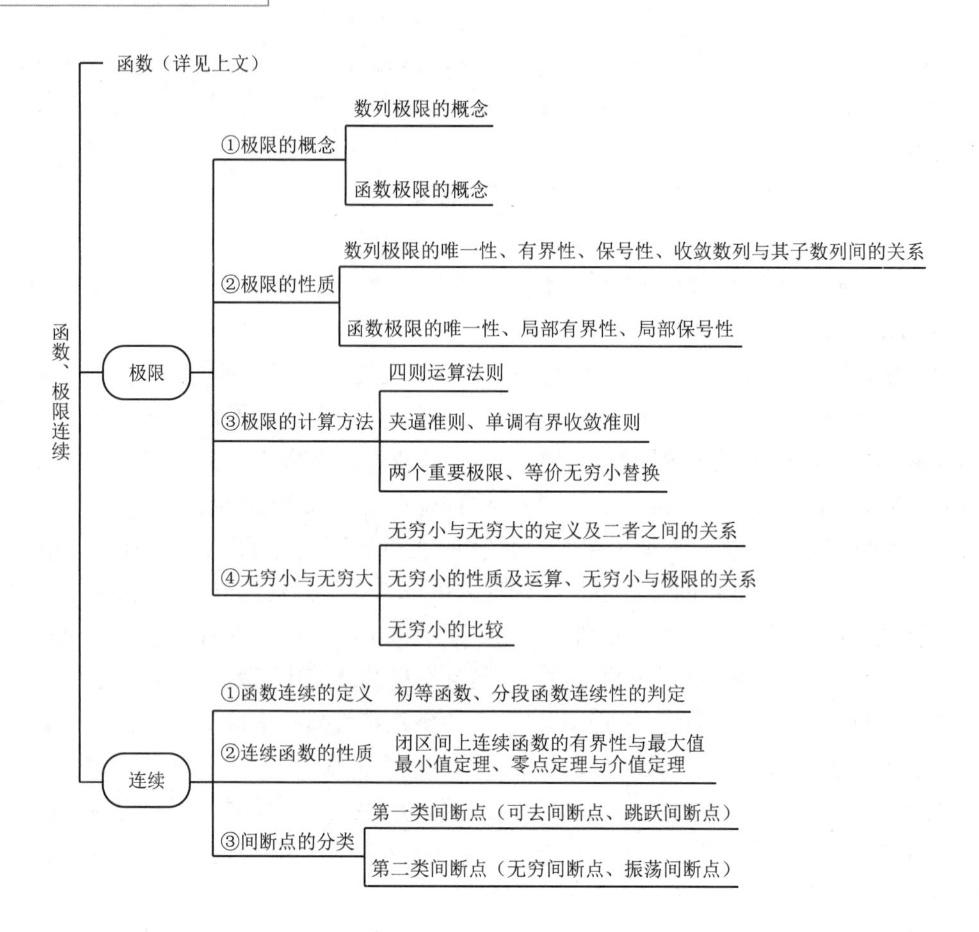

第一章　自测题

1. 填空题.

(1) 函数 $f(x)=\sqrt{x-1}+\dfrac{5}{x-2}+\lg(4-x)$ 的定义域为________________.

(2) 设 $f\left(\dfrac{x}{1-x}\right)=x$，则 $f(x)=$________________.

(3) $\lim\limits_{x\to\infty}\dfrac{(x^3+1)(5x-2)}{(x^2+1)^2}=$________________.

(4) $\lim\limits_{x\to 0}x\cot 3x=$________________.

(5) 已知当 $x\to 0$ 时，$(1+ax^2)^{\frac{1}{3}}-1$ 与 $1-\cos x$ 是等价无穷小，则常数 $a=$__________.

2. 单项选择题.

(1) 已知 $f\left(x+\dfrac{1}{x}\right)=x^2+\dfrac{1}{x^2}$，则 $f\left(\dfrac{1}{x}\right)=$（　　）.

A. $\dfrac{1}{x^2}-1$　　　　B. $\dfrac{1}{x^2}+1$

C. $\frac{1}{x^2}-2$　　D. $\frac{1}{x^2}+2$

(2) $\lim\limits_{x\to\infty}\left(\frac{x+1}{x}\right)^{3x}=$ (　　).

A. e^3　　B. e

C. 1　　D. $e^{\frac{1}{3}}$

(3)当 $x\to0$ 时,下列4个无穷小量中比其他3个更高阶的无穷小量是(　　).

A. $\arcsin x$　　B. $\sin x-\tan x$

C. $\sqrt{1-x^2}-1$　　D. $e^{x^2}-1$

(4)已知函数 $f(x)=\begin{cases}e^x, & x<0,\\ x^2+ax+b, & x\geqslant0\end{cases}$ 在 $x=0$ 处连续,则(　　).

A. $a=1,b=1$　　B. a 可取任意实数,$b=1$

C. a,b 均可取任意实数　　D. $a=1$,b 可取任意实数

(5) $x=2$ 是函数 $f(x)=\frac{x-2}{x^2-5x+6}$ 的(　　).

A. 连续点　　B. 第二类间断点

C. 跳跃间断点　　D. 可去间断点

3. 求下列极限:

(1)设 $f(x)=\begin{cases}2x+1, & x<2,\\ x^2+1, & x\geqslant2,\end{cases}$ 求 $\lim\limits_{x\to2}f(x)$.

(2)求极限:$\lim\limits_{x\to0}\frac{\ln(1+\sin x)}{\sin 2x}$.

(3)求极限:$\lim\limits_{x\to+\infty}\left(\sqrt{x^2+x}-\sqrt{x^2-x}\right)$.

(4)求极限:$\lim\limits_{n\to\infty}\frac{1+\frac{1}{2}+\frac{1}{4}+\cdots+\frac{1}{2^n}}{1+\frac{1}{3}+\frac{1}{9}+\cdots+\frac{1}{3^n}}$.

(5)求极限:$\lim\limits_{n\to\infty}\frac{2\times10^n-3\times10^{2n}}{3\times10^{n-1}+2\times10^{2n-1}}$.

4. 设 $f(x)=\begin{cases}\frac{\ln(x+1)}{x}, & x>0\\ 0, & x=0\\ \frac{\sqrt{1+x}-\sqrt{1-x}}{x}, & x<0,\end{cases}$ 讨论 $f(x)$ 在 $x=0$ 处的连续性.

5. 利用极限存在准则证明 $\lim\limits_{n\to\infty}\left(\frac{1}{\sqrt{n^2+1}}+\frac{1}{\sqrt{n^2+2}}+\cdots+\frac{1}{\sqrt{n^2+2n+1}}\right)=2$.

6. 设$\lim\limits_{x\to\infty}\left(\dfrac{x^2+1}{x+1}-ax-b\right)=0$,求常数 a,b 的值.

7. 设$f(x)$在$[0,1]$上连续,对于$\forall x\in[0,1]$,有$0\leqslant f(x)\leqslant 1$,试证在$[0,1]$上必存在一点$\xi$,使得$f(\xi)=\xi$.

8. 设$f(x)$在$[a,b]$上连续,$a<x_1<x_2<\cdots<x_n<b$,则在$[x_1,x_n]$上必有ξ,使$f(\xi)=\dfrac{1}{n}[f(x_1)+f(x_2)+\cdots+f(x_n)]$.

延展阅读

众所周知,现行的微积分原理是建立在极限理论的基础上的,例如连续函数、导数、定积分、级数的敛散性的定义都必须借助于极限理论,现简要梳理一下极限理论发展史.

极限思想东西方自古均有之,古代极限思想更多的是一种朴素的直观,数学家们并不严格区分不可分量法和穷竭法,故这里同时介绍不可分量法和穷竭法. 把这两种思想都作为极限理论的起源来考察,便于大家了解古代数学家在无穷的探索上所做的工作.

1. 中国古代极限思想

早在春秋战国时期(公元前770——公元前221年),古人就对极限有了思考. 道家的庄子在《庄子》“天下篇”中记载:“一尺之棰,日取其半,万世不竭.”意思是说,把一尺长的木棒,每天取下前一天所剩的一半,如此下去,永远也取不完. 也就是说,剩余部分会逐渐趋于零,但是永远不会是零. 而墨家有不同的观点,提出一个“非半”的命题,墨子说“非半弗,则不动,说在端”. 意思是说将一线段按一半一半地无限分割下去,就必将出现一个不能再分割的“非半”,这个“非半”就是点. 道家是“无限分割”的思想,而墨家则是无限分割最后会达到一个“不可分”的思想.

公元3世纪,我国魏晋时期的数学家刘徽在注释《九章算术》时创立了有名的“割圆术”,他创造性地将极限思想应用到数学领域. 他设圆的半径为一尺,从圆内接正六边形开始,每次把边数加倍,用勾股定理算得圆内接正十二、二十四、四十八、…边形的面积,内接正多边形的边数越多,内接多边形的面积就与圆面积越接近,正如刘徽所说:“割之弥细,所失弥少,割之又割,以至不可割,则与圆周合体,而无所失矣”. 这已经运用极限论的思想来解决求圆周率的实际问题了,“以至不可割,则与圆周合体”,这一思想是墨家“不可分”思想的实际应用.

祖暅之《缀术》有云:“缘幂势既同,则积不容异.”祖暅沿用了刘徽的思想,利用刘徽“牟合方盖”的理论去进行体积计算,得出“幂势既同,则积不容异”的结论. 意思是界于两个平行平面之间的两个立体,被任一平行于这两个平面的平面所截,如果两个截面的面积相等,则这两个立体的体积相等. 这正是“不可分”思想的延续.

2. 古希腊极限思想

公元3世纪,古希腊诡辩学家安提丰(Antiphon)在求圆面积时曾提出了用成倍扩大圆内接正多边形边数,通过内接正多边形的面积来表示圆面积的方法,即“穷竭法”. 他先作圆内接正方形,然后将边数加倍,得到圆内接正八边形,再加倍得内接正十六边形,依次继续下去,

以为这样圆与内接正多边形的差将被“穷竭”. 这是一种粗糙的极限论思想,虽然获得的结果是正确的,但在逻辑上是有问题的,谁能保证无限扩大后的正边形的边与圆周会重合呢? 这就是所谓的希腊数学家的“关于无限的困惑”. 这种边数加倍的过程可以无限制地进行,不会有所终结,因而“差”被“穷竭”的说法是不合适的.

欧多克索斯(Eudoxus)建立了严谨的穷竭法,并用它证明了一些重要的求积定理. 穷竭法的逻辑依据,是欧多克索斯推得的下述结果:“设给定两个不相等的量,如果从其中较大的量减去比它的一半大的量,再从所余的量减去比这余量的一半大的量,继续重复这一过程,必有某个余量将小于给定的较小的量”. 这个结果,现在被称为欧多克索斯原理. 欧多克索斯的穷竭法可看作微积分的第一步,但没有明确地用极限概念,也回避了“无穷小”概念. 穷竭法后来由古希腊的大科学家阿基米德(Archimedes)加以改进. 他在用穷竭法求抛物线的弓形面积时,发现这种方法似乎还不够严密,因此在获得结果后再用归谬法,从逻辑上证明了结果的正确性. 他发现第 n 个多边形的面积与抛物线弓形面积有一个差值. 由于随着 n 的增大,这个差值也将越来越小,直到不可能是一个确定的大于零的常数,但这个差值也不可能是小于零的,因此根据归谬法差值只可能等于零. 阿基米德在此提出了一个相当于现在无穷小量的概念. 同时我们可以看到阿基米德所使用的归谬法正是柯西(Cauchy)极限思想的雏形,也就是说现行极限思想只是阿基米德用来证明穷竭法结果的方法的思想,而对于分割的过程是没有体现的,也就是对于“不可分量”或“无限可分”思想没有作出解释.

随着微积分的诞生,极限作为数学中的一个概念被明确提了出来,但最初提出的极限概念是含糊不清的. 如牛顿(Newton)称变量的无穷小增量为“瞬”,有时令它非零,有时令它为零;莱布尼茨(Leibniz)的 dx,dy 也不能自圆其说,因此有人称牛顿和莱布尼茨的极限思想是神秘的极限观. 这曾引起 18 世纪许多人对微积分的攻击,对分析数学的发展带来了危机性的困难.

19 世纪初,数学家们转向微积分基础的重建,极限的概念才被置于严密的理论基础之上. 最早试图明确定义和严格处理极限概念的是英国数学家牛顿,1687 年牛顿的名著《自然哲学的数学原理》一书中,充满了无穷小思想和极限思想论证,因而有时被看作牛顿最早发表的微积分论著. 18 世纪 30 年代,柯西采用了牛顿的极限思想,提出了函数极限定义的 ε 方法,后来德国数学家维尔斯特拉斯(Weierstrass)将 ε 和 δ 联系起来,完成了极限的 ε-δ 定义.

极限理论的建立,是数学史上的里程碑,从此微积分学进入了严密化、精确化的发展阶段. 从极限的 ε-δ 定义出发,可证明微积分学中的许多命题,同时借助于极限理论可界定微积分的许多重要概念,极限理论成为近代微积分的理论基础.

第二章 导数与微分

从本章开始,我们将讨论由函数自变量变化引起的函数变化所产生的问题——导数与微分. 本章通过实例引出导数与微分的概念,介绍不同形式的函数的求导法则以及微分的计算方法.

2.1 导数的概念

在一些实际问题中,既要知道变量之间的相互依赖关系,还要讨论变量之间相对变化的快慢程度. 这在数学上就是研究函数的变化率问题,也就是即将要引入的导数的概念. 下面我们先对两个具体的实例进行分析,从中引出导数的概念.

2.1.1 引例

1. 切线问题

设曲线 C 是函数 $y=f(x)$ 的图形,$M_0(x_0,y_0)$ 是曲线 C 上的一个点(见图 2-1),则 $y_0=f(x_0)$. 在曲线 C 上任取一点 $M(x,y)$,$M\neq M_0$. 过点 M_0 与 M 的直线称为曲线 C 的割线. 于是割线 M_0M 的斜率为

$$\tan\varphi=\frac{y-y_0}{x-x_0}=\frac{f(x)-f(x_0)}{x-x_0}$$

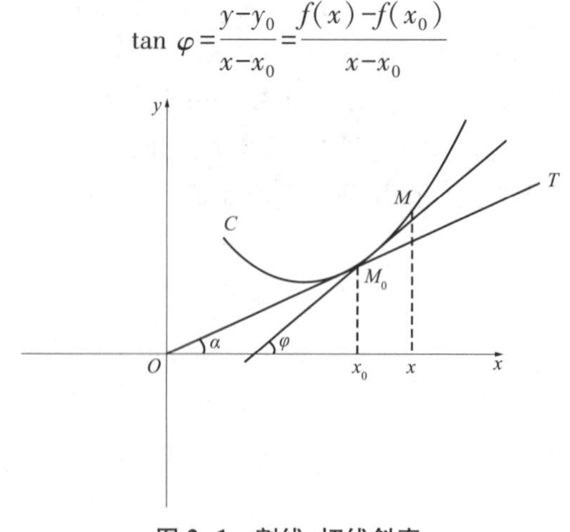

图 2-1 割线、切线斜率

其中，φ 为割线 M_0M 的倾斜角．令点 M 沿曲线 C 趋向于点 M_0，这时 $x\to x_0$，若 $\lim\limits_{x\to x_0}\dfrac{f(x)-f(x_0)}{x-x_0}$ 存在，设为 k，即

$$k=\lim_{x\to x_0}\frac{f(x)-f(x_0)}{x-x_0}$$

那么，就把过点 M_0 而以 k 为斜率的直线 M_0T 称为曲线 C 在点 M_0 处的切线．因此，切线的斜率 k 是割线斜率的极限，这里 $k=\tan\alpha$，其中，α 是切线 M_0T 的倾斜角．

2. 直线运动的速度

设物体在$[0,t]$这段时间内所经过的路程为 s，则 s 是时刻 t 的函数 $s=s(t)$，下面讨论物体在时刻 $t_0\in[0,t]$的瞬时速度 $v(t_0)$.

设物体从 t_0 到 $t_0+\Delta t$ 这段时间间隔内从 $s(t_0)$ 变到 $s(t_0+\Delta t)$，其改变量为 $\Delta s=s(t_0+\Delta t)-s(t_0)$，在这段时间内的平均速度是

$$\bar{v}=\frac{\Delta s}{\Delta t}=\frac{s(t_0+\Delta t)-s(t_0)}{\Delta t}$$

一般地，当时间间隔很小时，可以用这段时间内的平均速度 $\bar{v}$ 去近似代替 t_0 时刻的瞬时速度．显然时间间隔越小，这种近似代替的精确度就越高．当时间间隔 $\Delta t\to 0$ 时，如果极限存在，则把该极限称为动点在 t_0 时刻的瞬时速度，即

$$v(t_0)=\lim_{\Delta t\to 0}\frac{\Delta s}{\Delta t}=\lim_{\Delta t\to 0}\frac{s(t_0+\Delta t)-s(t_0)}{\Delta t}$$

类似的，还可以举出许多例子，不考虑这些量的具体意义，从抽象的数量关系来看，它们实质上都可归结为当自变量的改变量趋于 0 时，函数的增量与自变量增量之比的极限．我们把这种特殊的极限称为函数的导数，也叫作函数的变化率．

2.1.2 导数的定义

定义 2.1.1 设函数 $y=f(x)$在点 x_0 的某个领域内有定义，当自变量 x 在 x_0 处获得增量 Δx(点 $x_0+\Delta x$ 仍在该邻域内)时，函数取得增量 $\Delta y=f(x_0+\Delta x)-f(x_0)$，如果 Δy 与 Δx 之比当 $\Delta x\to 0$ 时的极限存在，那么称函数 $y=f(x)$在点 x_0 处**可导**，并称这个极限为函数 $y=f(x)$在点 x_0 处的导数，记为 $f'(x_0)$，即

$$f'(x_0)=\lim_{\Delta x\to 0}\frac{\Delta y}{\Delta x}=\lim_{\Delta x\to 0}\frac{f(x_0+\Delta x)-f(x_0)}{\Delta x} \tag{2.1.1}$$

也可记作 $y'\big|_{x=x_0}$，$\left.\dfrac{\mathrm{d}y}{\mathrm{d}x}\right|_{x=x_0}$ 或 $\left.\dfrac{\mathrm{d}f(x)}{\mathrm{d}x}\right|_{x=x_0}$.

若式(2-1-1)的极限不存在，那么称函数 $y=f(x)$在点 x_0 处**不可导**．

导数的定义式(2-1-1)也可取不同的形式，常见的有

$$f'(x_0)=\lim_{h\to 0}\frac{f(x_0+h)-f(x_0)}{h} \tag{2.1.2}$$

$$f'(x_0)=\lim_{x\to x_0}\frac{f(x)-f(x_0)}{x-x_0} \tag{2.1.3}$$

式(2-1-2)中的 h 即自变量的增量.

从定义立即可以看出,按照极限存在的充要条件,如果函数 $y=f(x)$ 在点 x_0 处可导,必有 $\lim\limits_{\Delta x\to0^-}\dfrac{\Delta y}{\Delta x}=\lim\limits_{\Delta x\to0^-}\dfrac{f(x_0+\Delta x)-f(x_0)}{\Delta x}$ 和 $\lim\limits_{\Delta x\to0^+}\dfrac{\Delta y}{\Delta x}=\lim\limits_{\Delta x\to0^+}\dfrac{f(x_0+\Delta x)-f(x_0)}{\Delta x}$ 存在且相等. 它们分别称为函数 $y=f(x)$ 在点 x_0 处的左导数和右导数,记作 $f'_-(x_0)$ 和 $f'_+(x_0)$,即

$$f'_-(x_0)=\lim_{\Delta x\to0^-}\frac{\Delta y}{\Delta x}=\lim_{\Delta x\to0^-}\frac{f(x_0+\Delta x)-f(x_0)}{\Delta x}$$

$$f'_+(x_0)=\lim_{\Delta x\to0^+}\frac{\Delta y}{\Delta x}=\lim_{\Delta x\to0^+}\frac{f(x_0+\Delta x)-f(x_0)}{\Delta x}$$

显然,函数 $y=f(x)$ 在点 x_0 处可导的充要条件是在点 x_0 处左导数和右导数都存在且相等,即 $f'_-(x_0)=f'_+(x_0)$.

如果函数 $y=f(x)$ 在区间 (a,b) 内每一点都可导,那么称函数 $y=f(x)$ 在区间 (a,b) 内可导. 这时,对于区间 (a,b) 内每一个 x 都有一个导数值 $f'(x)$ 与之对应,那么 $f'(x)$ 也是 x 的一个函数,称为函数 $y=f(x)$ 的导函数,简称导数,记为 $f'(x)$, y', $\dfrac{\mathrm{d}y}{\mathrm{d}x}$. 即

$$f'(x)=\lim_{\Delta x\to0}\frac{f(x+\Delta x)-f(x)}{\Delta x}$$

注:在上式中,虽然 x 可以取区间 (a,b) 内的任何值,但在取极限过程中,x 看作常量,Δx 是变量.

如果函数 $y=f(x)$ 在区间 (a,b) 内可导,且 $f'_+(a)$ 及 $f'_-(b)$ 都存在,那么称函数 $y=f(x)$ 在闭区间 $[a,b]$ 上可导.

显然,函数 $f(x)$ 在点 x_0 处的导数 $f'(x_0)$ 就是导函数 $f'(x)$ 在点 $x=x_0$ 处的函数值,即 $f'(x_0)=f'(x)\big|_{x=x_0}$.

下面根据定义求一些简单函数的导数.

例 2.1.1　求函数 $f(x)=C$(C 为常数)的导数.

解　$f'(x)=\lim\limits_{\Delta x\to0}\dfrac{f(x+\Delta x)-f(x)}{\Delta x}=\lim\limits_{\Delta x\to0}\dfrac{C-C}{\Delta x}=0$,即 $(C)'=0$.

例 2.1.2　求函数 $f(x)=\sin x$ 的导数.

解

$$f'(x)=\lim_{\Delta x\to0}\frac{f(x+\Delta x)-f(x)}{\Delta x}=\lim_{\Delta x\to0}\frac{\sin(x+\Delta x)-\sin x}{\Delta x}$$

$$=\lim_{\Delta x\to0}\frac{1}{\Delta x}\cdot2\cos\left(x+\frac{\Delta x}{2}\right)\sin\frac{\Delta x}{2}$$

$$=\lim_{\Delta x\to0}\cos\left(x+\frac{\Delta x}{2}\right)\cdot\frac{\sin\frac{\Delta x}{2}}{\frac{\Delta x}{2}}=\cos x,$$

即 $(\sin x)'=\cos x$.

用同样的方法,可以求出 $(\cos x)'=-\sin x$.

例 2.1.3　求函数 $f(x)=a^x(a>0,a\neq1)$ 的导数.

解　$f'(x)=\lim\limits_{\Delta x\to0}\dfrac{f(x+\Delta x)-f(x)}{\Delta x}=\lim\limits_{\Delta x\to0}\dfrac{a^{x+\Delta x}-a^x}{\Delta x}$

$$=a^x\lim_{\Delta x\to0}\frac{a^{\Delta x}-1}{\Delta x}=a^x\lim_{\Delta x\to0}\frac{\mathrm{e}^{\Delta x\cdot\ln a}-1}{\Delta x}$$

$$=a^x\lim_{\Delta x\to0}\frac{\Delta x\cdot\ln a}{\Delta x}=a^x\ln a,$$

即 $(a^x)'=a^x\ln a$.

特别地,当 $a=\mathrm{e}$ 时,有 $(\mathrm{e}^x)'=\mathrm{e}^x$. 这是指数函数 e^x 的一个重要特性.

还可以求出幂函数的导数 $(x^a)'=ax^{a-1}$,其中 a 为任意给定的实数.

例如,$(x^3)'=3x^{3-1}=3x^2$,$(\sqrt{x})'=(x^{\frac{1}{2}})'=\dfrac{1}{2}x^{\frac{1}{2}-1}=\dfrac{1}{2}x^{-\frac{1}{2}}=\dfrac{1}{2\sqrt{x}}$.

2.1.3　导数的几何意义

由引例中切线问题的讨论可知:当割线 M_0M 趋于极限位置 M_0T 时,角 φ 也趋于极限位置 α,从而割线的斜率就趋于切线的斜率,即 $\tan\alpha=\lim\limits_{x\to x_0}\tan\varphi=\lim\limits_{x\to x_0}\dfrac{f(x)-f(x_0)}{x-x_0}=f'(x_0)$.

因此,导数的几何意义就是函数 $y=f(x)$ 在点 x_0 处的导数 $f'(x_0)$,在几何上表示曲线 $y=f(x)$ 在点 $M_0(x_0,y_0)$ 处的切线的斜率,即 $f'(x_0)=\tan\alpha$,其中,α 是切线的倾斜角(见图 2-2).

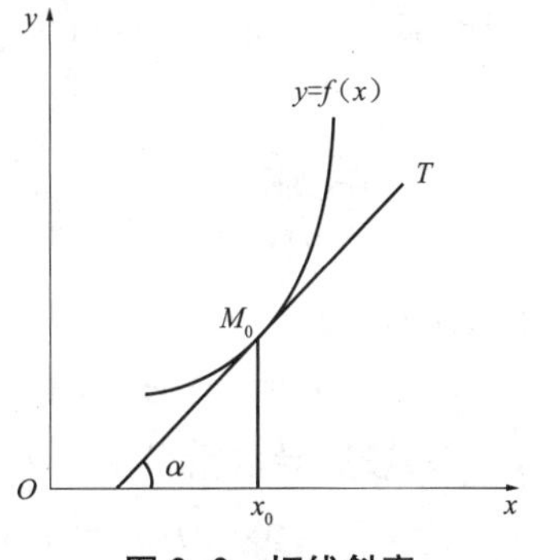

图 2-2　切线斜率

根据导数的几何意义并应用直线的点斜式方程,可知曲线 $y=f(x)$ 在点 $M_0(x_0,y_0)$ 处的切线方程为 $y-y_0=f'(x_0)(x-x_0)$,法线方程为

$$y-y_0=-\frac{1}{f'(x_0)}(x-x_0)\quad(f'(x_0)\neq0)$$

例 2.1.4　求曲线 $y=\mathrm{e}^x$ 在点(0,1)处的切线斜率,并写出在该点处的切线方程和法线方程.

解　根据导数的几何意义知道,所求切线的斜率为 $k_1=y'|_{x=0}=\mathrm{e}^x|_{x=0}=1$,从而所求切线方程为 $y-1=1\cdot(x-0)$,即 $x-y+1=0$.

所求法线的斜率为 $k_2=-\dfrac{1}{k_1}=-1$,于是所求法线方程为 $x+y-1=0$.

2.1.4 函数可导性与连续性的关系

下面根据导数的定义来讨论函数在一点处可导与函数在该点连续之间的关系.

定理 2.1.1 如果函数 $y=f(x)$ 在点 x_0 处可导,那么函数在点 x_0 处是连续的.

证明 因为函数 $y=f(x)$ 在点 x_0 处可导,所以由导数定义,有

$$\lim_{\Delta x\to 0}\Delta y=\lim_{\Delta x\to 0}\frac{\Delta y}{\Delta x}\cdot\Delta x=\lim_{\Delta x\to 0}\frac{\Delta y}{\Delta x}\cdot\lim_{\Delta x\to 0}\Delta x=f'(x_0)\cdot 0=0$$

由连续定义可知,$y=f(x)$ 在点 x_0 处是连续的. 所以,如果函数 $y=f(x)$ 在点 x_0 处可导,则函数在该点必连续,即函数连续是可导的必要条件.

例 2.1.5

但是,需要指出函数在某点连续却不一定在该点可导,即连续不是可导的充分条件. 举例说明如下.

例 2.1.5 讨论函数 $f(x)=|x|$ 在 $x=0$ 处的连续性及可导性.

解 因为 $f(x)=|x|=\begin{cases}x, & x\geqslant 0,\\ -x, & x<0,\end{cases}$ 所以 $f(0^-)=\lim\limits_{x\to 0^-}(-x)=0$, $f(0^+)=\lim\limits_{x\to 0^+}x=0$,而 $f(0)=0$,故 $f(x)=|x|$ 在 $x=0$ 处连续.

而函数 $f(x)$ 的左导数、右导数分别为

$$f'_-(0)=\lim_{x\to 0^-}\frac{f(x)-f(0)}{x-0}=\lim_{x\to 0^-}\frac{-x}{x}=-1, f'_+(0)=\lim_{x\to 0^+}\frac{f(x)-f(0)}{x-0}=\lim_{x\to 0^+}\frac{x}{x}=1$$

由此可见 $f'_-(0)\neq f'_+(0)$,所以 $f(x)=|x|$ 在点 $x=0$ 处不可导.

由本例可得结论:函数在某点连续却不一定在该点可导.

习题 2.1

1. 根据导数的定义,求下列函数的导数:

(1) $y=x^2+x+1$;　　(2) $y=\cos(x+3)$.

2. 下列各题中均假定 $f'(x_0)$ 存在,按照导数定义求下列极限:

(1) $\lim\limits_{\Delta x\to 0}\dfrac{f(x_0-\Delta x)-f(x_0)}{\Delta x}$;　　(2) $\lim\limits_{h\to 0}\dfrac{f(x_0+h)-f(x_0-h)}{h}$;

(3) $\lim\limits_{h\to 0}\dfrac{f(x_0+5h)-f(x_0)}{h}$;　　(4) $\lim\limits_{x\to x_0}\dfrac{f(x)-f(x_0)}{x-x_0}$;

(5) 若 $f(0)=0$,求 $\lim\limits_{x\to x_0}\dfrac{f(x)}{x}$.

3. 讨论函数 $y=\begin{cases}x^2\sin\dfrac{1}{x}, & x\neq 0,\\ 0, & x=0,\end{cases}$ 在 $x=0$ 处的连续性与可导性.

2.2　函数的求导法则

上节中,我们从定义中导出了几个基本初等函数的导数,但这种推导是很繁杂的,所以从本节开始将转而讨论求导法则. 利用这些法则,我们就能比较方便地求出常见的初等函数的导数.

2.2.1　函数的和、差、积、商的求导法则

定理 2.2.1　如果函数 $u(x)$,$v(x)$ 在点 x 处可导,那么它们的和、差、积、商(除分母为零的点外)都在点 x 处可导,且

(1) $[u(x)\pm v(x)]'=u'(x)\pm v'(x)$;

(2) $[u(x)\cdot v(x)]'=u'(x)v(x)+u(x)v'(x)$;

(3) $[Cu(x)]'=Cu'(x)$(C 为常数);

(4) $\left[\dfrac{u(x)}{v(x)}\right]'=\dfrac{u'(x)v(x)-u(x)v'(x)}{v^2(x)}$.

证明　在这里仅证明(1),其他的运算法则可同样证明.

$$\begin{aligned}[u(x)\pm v(x)]'&=\lim_{\Delta x\to 0}\frac{[u(x+\Delta x)\pm v(x+\Delta x)]-[u(x)\pm v(x)]}{\Delta x}\\&=\lim_{\Delta x\to 0}\frac{u(x+\Delta x)-u(x)}{\Delta x}\pm\lim_{\Delta x\to 0}\frac{v(x+\Delta x)-v(x)}{\Delta x}\\&=u'(x)\pm v'(x).\end{aligned}$$

定理中的法则(1)可推广到个 n 可导函数的情形.

例 2.2.1　设 $y=x^2+\sin x$,求 y'.

解　$y'=(x^2+\sin x)'=(x^2)'+(\sin x)'=2x+\cos x$.

例 2.2.2　设 $y=5\sqrt{x}+e^x(\sin x+\cos x)$,求 y'和 $y'(1)$.

解　
$$\begin{aligned}y'&=(5\sqrt{x})'+(e^x)'(\sin x+\cos x)+e^x(\sin x+\cos x)'\\&=\frac{5}{2\sqrt{x}}+e^x(\sin x+\cos x)+e^x(\cos x-\sin x)\\&=\frac{5}{2\sqrt{x}}+2e^x\cos x.\end{aligned}$$

所以,$y'(1)=\dfrac{5}{2}+2e\cos 1$.

例 2.2.3　设 $y=\tan x$,求 y'.

解　
$$\begin{aligned}y'=(\tan x)'&=\left(\frac{\sin x}{\cos x}\right)'=\frac{(\sin x)'\cos x-\sin x(\cos x)'}{\cos^2 x}\\&=\frac{\cos^2 x+\sin^2 x}{\cos^2 x}=\frac{1}{\cos^2 x}=\sec^2 x.\end{aligned}$$

即 $(\tan x)'=\sec^2 x$.

同样可求出$(\cot x)'=-\csc^2 x$.

例 2.2.4 设$y=\sec x$,求y'.

解 $y'=(\sec x)'=\left(\dfrac{1}{\cos x}\right)'=\dfrac{(1)'\cos x-1(\cos x)'}{\cos^2 x}=\dfrac{\sin x}{\cos^2 x}=\sec x\tan x.$

即$(\sec x)'=\sec x\tan x$.

同样可求出$(\csc x)'=-\csc x\cot x$.

2.2.2 反函数的求导法则

定理 2.2.2 如果函数$x=\varphi(y)$在区间I_y内单调、可导且$\varphi'(y)\neq 0$,那么它的反函数$y=f(x)$在区间$I_x=\{x|x=\varphi(y),y\in I_y\}$内也可导,且$f'(x)=\dfrac{1}{\varphi'(y)}$.

定理证明从略.

定理的结论可简单地说成:反函数的导数等于直接函数导数的倒数.

例 2.2.5 设$y=\arcsin x$,求y'.

解 由于$y=\arcsin x$的直接函数为$x=\sin y$,而$\sin y$在$\left(-\dfrac{\pi}{2},\dfrac{\pi}{2}\right)$内满足反函数的求导法则的条件,故有$(\arcsin x)'=\dfrac{1}{(\sin y)'}=\dfrac{1}{\cos y}=\dfrac{1}{\sqrt{1-x^2}}$.

同样可求出$(\arccos x)'=-\dfrac{1}{\sqrt{1-x^2}}$.

例 2.2.6 设$y=\arctan x$,求y'.

解 由于$y=\arctan x$的直接函数为$x=\tan y$,而$\tan y$在$\left(-\dfrac{\pi}{2},\dfrac{\pi}{2}\right)$内满足反函数的求导法则的条件,故有$(\arctan x)'=\dfrac{1}{(\tan y)'}=\dfrac{1}{\sec^2 y}=\dfrac{1}{1+x^2}$.

同样可求出$(\operatorname{arccot} x)'=-\dfrac{1}{1+x^2}$.

例 2.2.7 $y=\log_a x$,求y'.

解 由于$y=\log_a x,x\in(0,+\infty)$为$x=a^y,y\in(-\infty,+\infty)$的反函数,而$a^y$在$(-\infty,+\infty)$内满足反函数的求导法则的条件,故有$(\log_a x)'=\dfrac{1}{(a^y)'}=\dfrac{1}{a^y\ln a}=\dfrac{1}{x\ln a}$.

特别是当$a=\mathrm{e}$时,可得自然对数的导数公式$(\ln x)'=\dfrac{1}{x}$.

2.2.3 复合函数的求导法则

到现在为止,已经讨论了基本初等函数的导数和导数的四则运算法则,为了进一步讨论初等函数的求导问题,下面给出复合函数的求导法则.

定理 2.2.3 如果函数$u=\varphi(x)$在点x可导,而$y=f(u)$在对应点u可导,那么复合函数

$y=f[\varphi(x)]$在点 x 可导,并且$\frac{\mathrm{d}y}{\mathrm{d}x}=f'(u)\cdot\varphi'(x)$或$\frac{\mathrm{d}y}{\mathrm{d}x}=\frac{\mathrm{d}y}{\mathrm{d}u}\cdot\frac{\mathrm{d}u}{\mathrm{d}x}$.

这就是说,函数 y 对自变量 x 的导数,等于 y 对中间变量 u 的导数乘以中间变量 u 对自变量 x 的导数.

定理证明从略.

例 2.2.8 设 $y=\sqrt[3]{x^2-4}$,求$\frac{\mathrm{d}y}{\mathrm{d}x}$.

解 $y=\sqrt[3]{x^2-4}$可看作由 $y=u^{\frac{1}{3}}$,$u=x^2-4$ 复合而成,因此

$$\frac{\mathrm{d}y}{\mathrm{d}x}=\frac{\mathrm{d}y}{\mathrm{d}u}\cdot\frac{\mathrm{d}u}{\mathrm{d}x}=\frac{1}{3}u^{-\frac{2}{3}}\cdot 2x=\frac{2x}{3\sqrt[3]{(x^2-4)^2}}$$

例 2.2.9 设 $y=\ln\sin x$,求$\frac{\mathrm{d}y}{\mathrm{d}x}$.

解 $y=\ln\sin x$ 可看作由 $y=\ln u$,$u=\sin x$ 复合而成,因此

$$\frac{\mathrm{d}y}{\mathrm{d}x}=\frac{\mathrm{d}y}{\mathrm{d}u}\cdot\frac{\mathrm{d}u}{\mathrm{d}x}=\frac{1}{u}\cdot\cos x=\frac{\cos x}{\sin x}=\cot x$$

复合函数的求导法则可以推广到多个中间变量的情形,例如,设 $y=f(u)$,$u=\psi(v)$,$v=\varphi(x)$,那么复合函数 $y=f\{\psi[\varphi(x)]\}$ 的导数为$\frac{\mathrm{d}y}{\mathrm{d}x}=f'(u)\cdot\psi'(v)\cdot\varphi'(x)$.

利用复合函数的求导公式计算导数的关键是,适当地选取中间变量,将所给函数拆成两个基本初等函数的复合,然后利用复合函数的求导法则,求出所给函数的导数.

例 2.2.10 设 $y=\tan^2\frac{1}{x}$,求$\frac{\mathrm{d}y}{\mathrm{d}x}$.

例 2.2.10

解 由于 $y=\tan^2\frac{1}{x}$可看作由 $y=u^2$,$u=\tan v$,$v=\frac{1}{x}$复合而成,因此

$$\begin{aligned}\frac{\mathrm{d}y}{\mathrm{d}x}&=\frac{\mathrm{d}y}{\mathrm{d}u}\cdot\frac{\mathrm{d}u}{\mathrm{d}v}\cdot\frac{\mathrm{d}v}{\mathrm{d}x}=2u\cdot\sec^2 v\cdot\left(-\frac{1}{x^2}\right)\\&=2\tan\frac{1}{x}\cdot\sec^2\frac{1}{x}\cdot\left(-\frac{1}{x^2}\right)=-\frac{2}{x^2}\tan\frac{1}{x}\sec^2\frac{1}{x}\end{aligned}$$

需要指出的是,对复合函数的分解比较熟练后,利用复合函数的求导法则求导时,可以不必写出中间变量,只要在心中默记就可以了.

例 2.2.11 设 $y=\arctan\frac{1+x}{1-x}$,求$\frac{\mathrm{d}y}{\mathrm{d}x}$.

解 $\frac{\mathrm{d}y}{\mathrm{d}x}=\frac{1}{1+\left(\frac{1+x}{1-x}\right)^2}\left(\frac{1+x}{1-x}\right)'=\frac{(1-x)^2}{(1-x)^2+(1+x)^2}\cdot\frac{2}{(1-x)^2}=\frac{1}{1+x^2}$.

例 2.2.12 设 $y=\ln|x|$,求$\frac{\mathrm{d}y}{\mathrm{d}x}$.

解 $y=\begin{cases}\ln x, & x>0,\\ \ln(-x), & x<0.\end{cases}$

当 $x>0$ 时，$\dfrac{dy}{dx}=(\ln x)'=\dfrac{1}{x}$；

当 $x<0$ 时，$\dfrac{dy}{dx}=[\ln(-x)]'=\dfrac{1}{-x}\cdot(-x)'=-\dfrac{1}{x}\cdot(-1)=\dfrac{1}{x}$.

从而只要 $x\neq0$，总有 $(\ln|x|)'=\dfrac{1}{x}$.

基本初等函数的导数公式在初等函数的求导运算中起着重要的作用，学习者必须熟练地掌握它们，为了便于查阅，现在把这些导数公式归纳如下.

(1) $(C)'=0$；

(2) $(x^{\mu})'=\mu x^{\mu-1}$；

(3) $(\sin x)'=\cos x$；

(4) $(\cos x)'=\sin x$；

(5) $(\tan x)'=\sec^2 x$；

(6) $(\cot x)'=-\csc^2 x$；

(7) $(\sec x)'=\sec x\tan x$；

(8) $(\csc x)'=-\csc x\cot x$；

(9) $(a^x)'=a^x\ln a$；

(10) $(e^x)'=e^x$；

(11) $(\log_a x)'=\dfrac{1}{x\ln a}$；

(12) $(\ln x)'=\dfrac{1}{x}$；

(13) $(\arcsin x)'=\dfrac{1}{\sqrt{1-x^2}}$；

(14) $(\arccos x)'=-\dfrac{1}{\sqrt{1-x^2}}$；

(15) $(\arctan x)'=\dfrac{1}{1+x^2}$；

(16) $(\text{arccot } x)'=-\dfrac{1}{1+x^2}$.

习题 2.2

1. 求下列函数的导数：

(1) $y=3x^2-\dfrac{2}{x^2}+5$；　(2) $y=\dfrac{x^5+\sqrt{x}+1}{x^3}$；　(3) $y=xe^x$；

(4) $y=\dfrac{x+1}{x-1}$；　(5) $y=(5x+1)(2x^2-3)$；　(6) $y=\dfrac{2}{x^2-1}$.

2. 求下列函数在给定点处的导数值：

(1) $f(t)=\dfrac{1-\sqrt{t}}{1+\sqrt{t}}$，　求 $f'(4)$；

(2) $f(x)=\dfrac{3}{5-x}+\dfrac{x^2}{5}$，　求 $f'(0)$ 和 $f'(2)$.

2.3 高阶导数

一般而言，函数 $y=f(x)$ 的导数叫一阶导数，而 $y'=f'(x)$ 仍是 x 的函数. 我们把 $y'=f'(x)$

的导数(如果存在)称为函数 $y=f(x)$ 的二阶导数,记作 y'' 或 $\frac{d^2y}{dx^2}$,即

$$y''=(y')' \text{或} \frac{d^2y}{dx^2}=\frac{d}{dx}\left(\frac{dy}{dx}\right)$$

同理,二阶导数的导数称为三阶导数,三阶导数的导数称为四阶导数,…,$(n-1)$ 阶导数的导数称为 n 阶导数,分别记作 $y^{(3)},y^{(4)},\cdots,y^{(n)}$,或 $\frac{d^3y}{dx^3},\frac{d^4y}{dx^4},\cdots,\frac{d^ny}{dx^n}$.

函数 $y=f(x)$ 具有 n 阶导数,也常说成函数 $y=f(x)$ 为 n 阶可导,二阶及二阶以上的导数统称为**高阶导数**.

由此可见,求高阶导数就是多次接连地对函数进行求导. 所以,仍可用前面学过的求导方法来计算高阶导数.

例 2.3.1 求幂函数 $y=x^n$ 的 n(n 为正整数)阶导数.

解 $y'=nx^{n-1}$;$y''=n(n-1)x^{n-2}$;$y'''=n(n-1)(n-2)x^{n-3}$;…;$y^{(n)}=n!$.

因此,设 $P_n(x)=a_0x^n+a_1x^{n-1}+\cdots+a_{n-1}x+a_n$ 为 n 次多项式,则 $P_n^{(n)}(x)=a_0n!$,$P_m^{(n+1)}(x)=0$.

例 2.3.2 求指数函数 $y=e^{ax}$ 的 n(n 为正整数)阶导数.

解 $y'=ae^{ax}$;$y''=a^2e^{ax}$;…;$y^{(n)}=a^ne^{ax}$.

例 2.3.3 求函数 $y=\frac{1}{ax+b}$ 的 n(n 为正整数)阶导数.

解 $y=(ax+b)^{-1}$;$y'=-a(ax+b)^{-2}$;$y''=(-1)(-2)a^2(ax+b)^{-3}$;…;

$$y^{(n)}=(-1)^nn!\ a^n(ax+b)^{-(n+1)}=\frac{(-1)^nn!\ a^n}{(ax+b)^{n+1}}.$$

例 2.3.4 求对数函数 $y=\ln(ax+b)$ 的 n(n 为正整数)阶导数.

解 $y'=\frac{a}{ax+b}=a(ax+b)^{-1}$;$y''=-a^2(ax+b)^{-2}$;$y'''=(-1)(-2)a^3(ax+b)^{-3}$;…;$y^{(n)}=$

$$(-1)^{n-1}(n-1)!\ a^n(ax+b)^{-n}=\frac{(-1)^{n-1}(n-1)!\ a^n}{(ax+b)^n}(n\geqslant1).$$

例 2.3.5 求正弦函数 $y=\sin x$ 的 n(n 为正整数)阶导数.

例 2.3.5

解 $y'=\cos x=\sin\left(x+\frac{\pi}{2}\right)$;$y''=\cos\left(x+\frac{\pi}{2}\right)=\sin\left(x+\frac{\pi}{2}+\frac{\pi}{2}\right)=\sin\left(x+2\cdot\frac{\pi}{2}\right)$;

$y'''=\cos x\left(x+2\cdot\frac{\pi}{2}\right)=\sin\left(x+3\cdot\frac{\pi}{2}\right)$;$y^{(4)}=\cos x\left(x+3\cdot\frac{\pi}{2}\right)=\sin\left(x+4\cdot\frac{\pi}{2}\right)$;…;

一般地,可得 $y^{(n)}=\sin\left(x+n\cdot\frac{\pi}{2}\right)(n=1,2,\cdots)$.

用同样的方法,可以求出$(\cos x)^{(n)}=\cos\left(x+n\cdot\frac{\pi}{2}\right)(n=1,2,\cdots)$.

对于高阶导数,有以下的运算法则:

(1)$[u(x)\pm v(x)]^{(n)}=u^{(n)}(x)\pm v^{(n)}(x)$;

(2)$[u(x)\cdot v(x)]^{(n)}=\sum\limits_{k=0}^{n}C_n^k u^{(n-k)}(x)v^{(k)}(x)$.

例 2.3.6 $y=x^2e^{2x}$,求$y^{(20)}$.

解 设$u=e^{2x}$,$v=x^2$,则$u^{(k)}=2^k e^{2k}(k=1,2,\cdots,20)$,$v'=2x$,$v''=2$,$v^{(k)}=0$ $(k=3,4,\cdots,20)$,代入莱布尼茨公式,得

$$\begin{aligned}y^{(20)}&=(x^2e^{2x})^{(20)}=2^{20}e^{2x}\cdot x^2+20\cdot 2^{19}e^{2x}\cdot 2x+\frac{20\cdot 19}{2!}2^{18}e^{2x}\cdot 2\\&=2^{20}e^{2x}(x^2+20x+95)\end{aligned}$$

习题 2.3

1. 求下列函数的二阶导数:

(1)$y=\frac{1}{x^3+1}$; (2)$y=\tan x$; (3)$y=xe^{x^2}$.

2. 设$y=(x+3)(2x+5)^2(3x+7)^3$,求$y^{(6)}$.

3. 设$y=x^3e^{3x}$,求$y^{(20)}$.

4. 设$f(x)=e^{2x-1}$,求$f''(0)$.

2.4 隐函数及由参数方程所确定的函数的导数

2.4.1 函数的导数

等号左端是因变量的符号,而右端是含有自变量的式子,当自变量取定义域内任一值时,由这式子能确定对应的函数值.用这种方式表达的函数,称为显函数.例如$y=\cos x$,$y=\ln x+\sqrt{1-x^2}$等.其特点:因变量在等号一边,而另一边是含有自变量的式子.而在实际问题中也常常会遇到这样的函数两个变量间的关系是由一个方程给定的,函数关系隐含在方程中,例如,方程$x+y^3-1=0$表示一个函数,因为当变量x在$(-\infty,+\infty)$内取值时,变量y有确定的值与之对应,例如,当$x=0$时,$y=1$;又当$x=-1$时,$y=\sqrt[3]{2}$,等等,这样的函数称为**隐函数**.

有时隐函数可以化成显函数,叫作隐函数的**显化**.但有时隐函数的显化是比较困难的,甚至是不可能的,但在实际问题中,有时需要计算隐函数的导数,因此,我们希望有一种方法,不管隐函数能否显化,都能直接由方程算出它所确定的隐函数的导数来.下面讨论隐函数的求导问题.

设 $y=y(x)$ 是由方程 $F(x,y)=0$ 确定的隐函数，将 $y=y(x)$ 代入方程中，得到恒等式 $F[x,y(x)]\equiv 0$.

利用复合函数的求导法则，等式两边对自变量 x 求导数，视 y 为中间变量，就可以求得 y 对 x 的导数 $\frac{dy}{dx}$.

求隐函数的导数实质上是复合函数求导法则的应用，下面举例说明.

例 2.4.1　求由方程 $x^2y+3x^3-5y^3-7=0$ 所确定的隐函数 $y=y(x)$ 的导数 $\frac{dy}{dx}$.

例 2.4.1

解　因方程中 y 是 x 的函数，方程两边对 x 求导，由导数的四则运算法则和复合函数求导法则有 $2xy+x^2y'+9x^2-15y^2y'=0$，解出 y'，得 $\frac{dy}{dx}=\frac{2xy+9x^2}{15y^2-x^2}$.

例 2.4.2　求由方程 $x+y=\sin y$ 所确定的隐函数 $y=y(x)$ 的二阶导数 $\frac{d^2y}{dx^2}$.

解　方程两边对 x 求导，有 $1+y'=y'\cos y$，从而 $\frac{dy}{dx}=\frac{1}{\cos y-1}$. 下面求 $\frac{d^2y}{dx^2}$.

方法一　方程 $1+y'=y'\cos y$ 两边同时对 x 求导，有 $y''=y''\cos y-(y')^2\sin y$，从而 $\frac{d^2y}{dx^2}=\frac{(y')^2\sin y}{\cos y-1}=\frac{\sin y}{(\cos y-1)^3}$.

方法二　由 $\frac{dy}{dx}=\frac{1}{\cos y-1}$，得 $\frac{d^2y}{dx^2}=-\frac{(\cos y-1)'}{(\cos y-1)^2}=\frac{y'\cdot\sin y}{(\cos y-1)^2}=\frac{\sin y}{(\cos y-1)^3}$.

例 2.4.3　求曲线 $x^2+xy+y^2=4$ 在点 $(2,-2)$ 处的切线方程.

解　先求切线的斜率，即 $y'(2)$. 为此，在方程两边对 x 求导，有 $2x+y+xy'+2yy'=0$. 从而 $y'=-\frac{-(2x+y)}{x+2y}$，所以在点 $(2,-2)$ 处 $y'(2)=1$.

于是，曲线在点 $(2,-2)$ 处的切线方程为 $y-(-2)=1\times(x-2)$，即 $y-x+4=0$.

下面介绍一种求导数的方法——对数求导法. 这种方法是先在 $y=f(x)$ 的两边取对数，然后再求出 y 的导数. 在某些场合，利用这种方法求导数比通常的方法简便些. 下面通过例子来说明这种方法.

例 2.4.4　求 $y=x^{\sin x}(x>0)$ 的导数.

解　这个函数是幂指函数，为了求这个函数的导数，可以先在等式两边取对数，得 $\ln y=\sin x\cdot\ln x$.

上式两边对 x 求导，注意到 $y=y(x)$，得 $\frac{1}{y}y'=\cos x\cdot\ln x+\sin x\cdot\frac{1}{x}$，于是

$$y'=y\left(\cos x\cdot\ln x+\sin x\cdot\frac{1}{x}\right)=x^{\sin x}\left(\cos x\cdot\ln x+\sin x\cdot\frac{1}{x}\right)$$

例 2.4.5 求 $y=\sqrt{\dfrac{(x-1)(x-2)}{(x-3)(x-4)}}$ 的导数.

解 先在等式两边取对数,得 $\ln y=\dfrac{1}{2}[\ln(x-1)+\ln(x-2)-\ln(x-3)-\ln(x-4)]$. 上式两边对 x 求导,得 $\dfrac{1}{y}y'=\dfrac{1}{2}\left(\dfrac{1}{x-1}+\dfrac{1}{x-2}-\dfrac{1}{x-3}-\dfrac{1}{x-4}\right)$,于是

$$y'=\frac{1}{2}\sqrt{\frac{(x-1)(x-2)}{(x-3)(x-4)}}\left(\frac{1}{x-1}+\frac{1}{x-2}-\frac{1}{x-3}-\frac{1}{x-4}\right)$$

2.4.2 由参数方程所确定的函数的导数

若参数方程

$$\begin{cases}x=\varphi(t),\\ y=\psi(t)\end{cases}\tag{2.4.1}$$

确定了 x 与 y 间的函数关系,则称此函数为由参数方程(2.4.1)所确定的函数.

在式(2.4.1)中,设函数 $x=\varphi(t)$ 存在反函数 $t=\varphi^{-1}(x)$,那么参数方程(2.4.1)所确定的函数 $y=y(x)$ 可以看成函数 $y=\psi(t)$,$t=\varphi^{-1}(x)$ 复合而成的函数 $y=\psi[\varphi^{-1}(x)]$. 设 $y=\psi(t)$,$x=\varphi(t)$ 都可导,且 $\varphi'(t)\neq 0$,那么根据复合函数的求导法则和反函数的求导公式,就可以得到

$$\frac{\mathrm{d}y}{\mathrm{d}x}=\frac{\mathrm{d}y}{\mathrm{d}t}\cdot\frac{\mathrm{d}t}{\mathrm{d}x}=\frac{\mathrm{d}y}{\mathrm{d}t}\cdot\frac{1}{\dfrac{\mathrm{d}x}{\mathrm{d}t}}=\frac{\psi'(t)}{\varphi'(t)}$$

即 $\dfrac{\mathrm{d}y}{\mathrm{d}x}=\dfrac{\psi'(t)}{\varphi'(t)}$.

这就是参数方程(2.4.1)所确定的函数 $y=y(x)$ 的导数公式.

如果 $x=\varphi(t)$,$y=\psi(t)$ 还具有二阶导数,那么从上式又可求得函数的二阶导数公式:

$$\begin{aligned}\frac{\mathrm{d}^2y}{\mathrm{d}x^2}&=\frac{\mathrm{d}}{\mathrm{d}x}\left(\frac{\mathrm{d}y}{\mathrm{d}x}\right)=\frac{\mathrm{d}}{\mathrm{d}t}\left[\frac{\psi'(t)}{\varphi'(t)}\right]\cdot\frac{\mathrm{d}t}{\mathrm{d}x}=\frac{\psi''(t)\varphi'(t)-\psi'(t)\varphi''(t)}{[\varphi'(t)]^2}\cdot\frac{1}{\varphi'(t)}\\&=\frac{\psi''(t)\varphi'(t)-\psi'(t)\varphi''(t)}{[\varphi'(t)]^3}\end{aligned}$$

例 2.4.6 已知椭圆的参数方程为 $\begin{cases}x=a\cos t,\\ y=b\sin t,\end{cases}$ 求椭圆在 $t=\dfrac{\pi}{4}$ 相应点处的切线方程.

解 当 $t=\dfrac{\pi}{4}$ 时,$x=a\cos\dfrac{\pi}{4}=\dfrac{\sqrt{2}}{2}a$,$y=\dfrac{\sqrt{2}}{2}b$,曲线在相应点处的切线斜率为

$$\left.\frac{\mathrm{d}y}{\mathrm{d}x}\right|_{t=\frac{\pi}{4}}=\left.\frac{(b\sin t)'}{(a\cos t)'}\right|_{t=\frac{\pi}{4}}=\left.\frac{b\cos t}{-a\sin t}\right|_{t=\frac{\pi}{4}}=-\frac{b}{a}$$

于是切线方程为 $y-\dfrac{\sqrt{2}}{2}b=-\dfrac{b}{a}\left(x-\dfrac{\sqrt{2}}{2}a\right)$,即 $bx+ay-\sqrt{2}ab=0$.

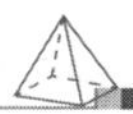

例 2.4.7　计算由参数方程$\begin{cases}x=a(t-\sin t),\\y=a(1-\cos t)\end{cases}$所确定的函数 $y=y(x)$ 的二阶导数.

解　$\dfrac{\mathrm{d}y}{\mathrm{d}x}=\dfrac{\dfrac{\mathrm{d}y}{\mathrm{d}t}}{\dfrac{\mathrm{d}x}{\mathrm{d}t}}=\dfrac{a\sin t}{a(1-\cos t)}=\dfrac{\sin t}{1-\cos t}=\cot\dfrac{t}{2}(t\neq 2n\pi,n\in\mathbf{Z})$,

$$\frac{\mathrm{d}^2y}{\mathrm{d}x^2}=\frac{\mathrm{d}}{\mathrm{d}x}\left(\cot\frac{t}{2}\right)=-\frac{1}{\sin^2\frac{t}{2}}\cdot\frac{1}{a(1-\cos t)}=-\frac{1}{a(1-\cos t)^2}(t\neq 2n\pi,n\in\mathbf{Z}).$$

习题 2.4

1. 求由下列方程所确定的隐函数的导数$\dfrac{\mathrm{d}y}{\mathrm{d}x}$:

(1) $y^2-2xy+9=0$;　　(2) $x^3+y^3-3axy=0$;

(3) $xy=\mathrm{e}^{x+y}$;　　(4) $y=1-x\mathrm{e}^y$.

2. 求下列参数方程所确定的函数的导数$\dfrac{\mathrm{d}y}{\mathrm{d}x}$:

(1) $\begin{cases}x=\dfrac{t^2}{2},\\y=1-t;\end{cases}$　　(2) $\begin{cases}x=\theta(1-\sin\theta),\\y=\theta\cos\theta.\end{cases}$

3. 求曲线$\begin{cases}x=2\mathrm{e}^t,\\y=\mathrm{e}^{-t}\end{cases}$在 $t=0$ 相应的点处的切线方程和法线方程.

2.5　函数的微分

2.5.1　微分的定义

前面几节研究了导数,所谓函数 $y=f(x)$ 的导数 $f'(x)$,就是讨论由自变量 x 的变化引起函数 y 变化的快慢程度(变化率),即当 $\Delta x\to 0$ 时,$\dfrac{\Delta y}{\Delta x}$的极限. 在许多问题中,由于函数式比较复杂,当自变量取得一个微小改变量 Δx 时,相应函数的改变量 Δy 的精确计算也比较复杂. 这样就引发人们考虑能否借助$\dfrac{\Delta y}{\Delta x}$的极限(即导数)及 Δx 来近似地表达 Δy. 由此引出微分学的另一个基本概念——微分.

先讨论一个实际问题. 一块正方形金属薄片加热后,其边长由 x_0 变到 $x_0+\Delta x$,如图 2-3 所示,此薄片的面积 A 的改变量为

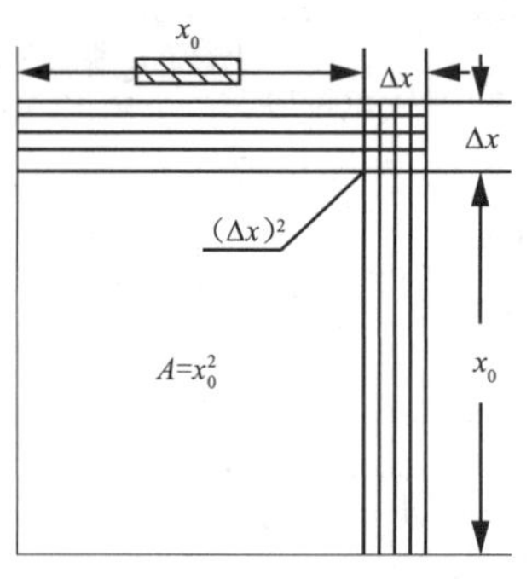

图 2-3 面积与面积增量

$$\Delta A=(x_0+\Delta x)^2-x_0^2=2x_0\Delta x+(\Delta x)^2$$

它包含两部分:第一部分 $2x_0\Delta x$ 是 Δx 的线性函数(其中 $2x_0$ 是与 Δx 无关的常数),而第二部分$(\Delta x)^2$,在图中是带有交叉斜线的小正方形的面积,当 $\Delta x\to 0$ 时,第二部分$(\Delta x)^2$ 是比 Δx 高阶的无穷小,即$(\Delta x)^2=o(\Delta x)$. 由此可见,如果边长改变很微小,即当$|\Delta x|$很小时,面积的改变量可以近似地用第一部分来代替. 于是给出下述定义.

定义 2.5.1 设函数 $y=f(x)$ 在点 x_0 的增量 Δy 可以表示为 Δx 的线性函数 $A\Delta x$(A 是常数)与较 Δx 高阶的无穷小量之和,即

$$\Delta y=A\Delta x+o(\Delta x) \tag{2.5.1}$$

则称函数 $f(x)$ 在点 x_0 可微,式(2.5.1)中的 $A\Delta x$ 称为函数 $f(x)$ 在点 x_0 的微分,记作

$$df(x)\big|_{x=x_0}=A\Delta x \text{ 或 } dy\big|_{x=x_0}=A\Delta x$$

由定义可见,函数的微分与增量仅相差一个较 Δx 高阶的无穷小量. 因此,当$|\Delta x|$很小时,$\Delta y\approx dy$,或者 $f(x_0+\Delta x)=f(x_0)+\Delta y\approx f(x_0)+df(x_0)$.

函数 $f(x)$ 在点 x_0 的可导与可微分有如下关系:

定理 2.5.1 函数 $f(x)$ 在点 x_0 可微的充要条件是函数 $f(x)$ 在点 x_0 可导,且 $df(x)\big|_{x=x_0}=f'(x_0)\Delta x$.

证明 必要性 若函数 $f(x)$ 在点 x_0 可微,将式(2.5.1)两端除以 Δx,并取极限后有

$$f'(x_0)=\lim_{\Delta x\to 0}\frac{\Delta y}{\Delta x}=\lim_{\Delta x\to 0}\left(A+\frac{o(\Delta x)}{\Delta x}\right)=A$$

这就证明了函数 $f(x)$ 在点 x_0 可导,且导数等于 A.

充分性 若函数 $f(x)$ 在点 x_0 可导,则由 $f'(x_0)=\lim\limits_{\Delta x\to 0}\frac{\Delta y}{\Delta x}$,可得$\frac{\Delta y}{\Delta x}=f'(x_0)+\alpha$($\alpha$ 为 $\Delta x\to 0$ 时的无穷小量),即 $\Delta y=f'(x_0)\Delta x+\alpha\Delta x=f'(x_0)\Delta x+o(\Delta x)$. 从而函数 $f(x)$ 在点 x_0 可微,且有

$$df(x)\big|_{x=x_0}=f'(x_0)\Delta x$$

定理表明,一元函数的可导性与可微性是等价的,同时还给出了函数 $f(x)$ 在点 x_0 的微分与导数的关系式.

函数 $y=f(x)$ 在任意点 x 的微分称为函数的微分,记作 $df(x)$ 或 dy,即 $dy=f'(x)\Delta x$. 把 x

换成 x_0 即为函数在点 x_0 的微分 .

当 $y=f(x)=x$ 时,由 $dy=f'(x)\Delta x$ 可得,$dx=\Delta x$. 可见,**自变量 x 的微分** dx 即为 Δx,于是 $dy=f'(x)\Delta x$ 可改写为 $dy=f'(x)dx$. 从而有 $\frac{dy}{dx}=f'(x)$,这就是说,函数的微分 dy 与自变量的微分 dx 之商等于该函数的导数 . 因此,导数也称为微商 .

例 2.5.1　求函数 $y=x^2$ 当 $x=1$,$\Delta x=0.01$ 时的改变量及微分 .

解　$\Delta y=(1+0.01)^2-1^2=0.0201$;

$dy=2xdx=2x\Delta x$,当 $x=1$,$\Delta x=0.01$ 时,$dy\big|_{x=1}=2x\big|_{x=1}\Delta x\big|_{\Delta x=0.01}=0.02$.

例 2.5.2　求函数 $y=\ln x$ 的微分 dy 及 $dy\big|_{x=3}$.

解　由于 $y'=\frac{1}{x}$,于是有 $dy=\frac{1}{x}dx$,$dy\big|_{x=3}=\frac{1}{x}\Big|_{x=3}dx=\frac{1}{3}dx$.

2.5.2　微分的几何意义

在直角坐标系中,函数 $y=f(x)$ 的图形是一条曲线 . 对于某一固定的 x_0 值,曲线上有一个确定点 $M(x_0,y_0)$,当自变量 x 有微小改变量 Δx 时,就得到曲线上另一点 $N(x_0+\Delta x,y_0+\Delta y)$. 从图 2-4 可知,过点 M 作曲线的切线 MT,它的倾斜角为 α. 则

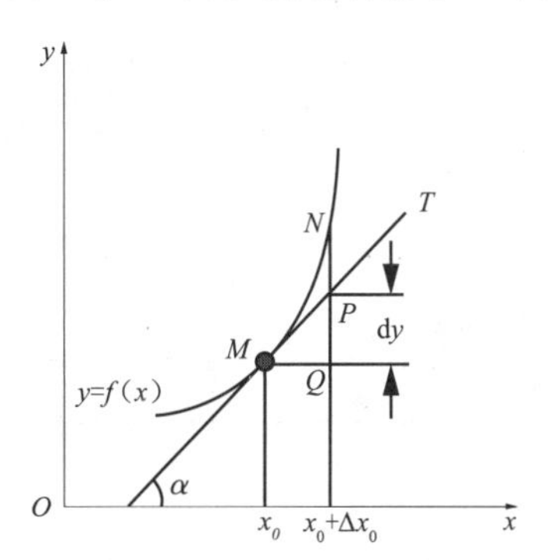

图 2-4　函数的微分

$$PQ=MQ\tan\alpha=\Delta xf'(x_0)$$

即 $dy=QP$.

由此可见,当 Δy 是曲线 $y=f(x)$ 上点的纵坐标的增量时,dy 就是曲线上相应点的切线纵坐标的增量 .

2.5.3　基本初等函数的微分公式与微分运算法则

由微分与导数的关系式 $dy=f'(x)dx$ 可知,计算函数 $f(x)$ 的微分实际上可以归结为计算导数 $f'(x)$,所以与导数的基本公式和运算法则相对应,可以建立微分的基本公式和运算法则 . 通常把计算导数与计算微分的方法都称作微分法 .

1. 基本初等函数的微分公式

由基本初等函数的导数公式,可以直接写出基本初等函数的微分公式 . 为了便于对照,列表如下:

导数公式	微分公式
$(x^{\mu})'=\mu x^{\mu-1}$	$\mathrm{d}(x^{\mu})=\mu x^{\mu-1}\mathrm{d}x$
$(\sin x)'=\cos x$	$\mathrm{d}(\sin x)=\cos x\mathrm{d}x$
$(\cos x)'=-\sin x$	$\mathrm{d}(\cos x)=-\sin x\mathrm{d}x$
$(\tan x)'=\sec^2 x$	$\mathrm{d}(\tan x)=\sec^2 x\mathrm{d}x$
$(\cot x)'=-\csc^2 x$	$\mathrm{d}(\cot x)=-\csc^2 x\mathrm{d}x$
$(\sec x)'=\sec x\tan x$	$\mathrm{d}(\sec x)=\sec x\tan x\mathrm{d}x$
$(\csc x)'=-\csc x\cot x$	$\mathrm{d}(\csc x)=-\csc x\cot x\mathrm{d}x$
$(a^x)'=a^x\ln a$	$\mathrm{d}(a^x)=a^x\ln a\mathrm{d}x$
$(\mathrm{e}^x)'=\mathrm{e}^x$	$\mathrm{d}(\mathrm{e}^x)=\mathrm{e}^x\mathrm{d}x$
$(\log_a x)'=\dfrac{1}{x\ln a}$	$\mathrm{d}(\log_a x)=\dfrac{1}{x\ln a}\mathrm{d}x$
$(\ln x)'=\dfrac{1}{x}$	$\mathrm{d}(\ln x)=\dfrac{1}{x}\mathrm{d}x$
$(\arcsin x)'=\dfrac{1}{\sqrt{1-x^2}}$	$\mathrm{d}(\arcsin x)=\dfrac{1}{\sqrt{1-x^2}}\mathrm{d}x$
$(\arccos x)'=-\dfrac{1}{\sqrt{1-x^2}}$	$\mathrm{d}(\arccos x)=-\dfrac{1}{\sqrt{1-x^2}}\mathrm{d}x$
$(\arctan x)'=\dfrac{1}{1+x^2}$	$\mathrm{d}(\arctan x)=\dfrac{1}{1+x^2}\mathrm{d}x$
$(\mathrm{arccot}\, x)'=-\dfrac{1}{1+x^2}$	$\mathrm{d}(\mathrm{arccot}\, x)=-\dfrac{1}{1+x^2}\mathrm{d}x$

2. 微分四则运算法则

由函数和、差、积、商的求导法则，可推得相应的微分法则，为了便于对照，列成下表（表中 $u=u(x)$，$v=v(x)$ 都可导）.

函数和、差、积、商的求导法则	函数和、差、积、商的微分法则
$(u\pm v)'=u'\pm v'$	$\mathrm{d}(u\pm v)=\mathrm{d}u\pm\mathrm{d}v$
$(Cu)'=Cu'$	$\mathrm{d}(Cu)=C\mathrm{d}u$
$(uv)'=u'v+uv'$	$\mathrm{d}(uv)=v\mathrm{d}u+u\mathrm{d}v$
$\left(\dfrac{u}{v}\right)'=\dfrac{u'v-uv'}{v^2}(v\neq 0)$	$\mathrm{d}\left(\dfrac{u}{v}\right)=\dfrac{v\mathrm{d}u-u\mathrm{d}v}{v^2}(v\neq 0)$

例 2.5.3 设 $y=x^2+\ln x+3^x$，求 $\mathrm{d}y$.

解 $\mathrm{d}y=\mathrm{d}(x^2+\ln x+3^x)=2x\mathrm{d}x+\dfrac{1}{x}\mathrm{d}x+3^x\ln 3\mathrm{d}x=\left(2x+\dfrac{1}{x}+3^x\ln 3\right)\mathrm{d}x.$

例 2.5.4

例 2.5.4　设 $y=e^{1-3x}\cos x$,求 dy.

解　$dy=d(e^{1-3x}\cos x)=\cos x de^{1-3x}+e^{1-3x}d\cos x$

$=\cos x\cdot e^{1-3x}\cdot(-3)dx+e^{1-3x}\cdot(-\sin x)dx$

$=-e^{1-3x}(3\cos x+\sin x)dx.$

3. 复合函数的微分法则

设 $y=f(u)$,$u=\varphi(x)$,则复合函数 $y=f[\varphi(x)]$ 的微分为 $dy=\frac{dy}{dx}\cdot dx=\frac{dy}{du}\cdot\frac{du}{dx}\cdot dx$,即 $dy=f'[\varphi(x)]\varphi'(x)dx$.

由于 $u=\varphi(x)$,$du=\varphi'(x)dx$,因此,复合函数 $y=f[\varphi(x)]$ 的微分公式也可以写成

$$dy=f'(u)du$$

由此可见,无论是 u 自变量还是中间变量,$y=f(u)$ 的微分 dy 总可以用 $f'(u)$ 与 du 的乘积来表示,这一性质称为**微分形式不变性**.

例 2.5.5　设 $y=e^{\sin^2 x}$,求 dy.

解　$dy=de^{\sin^2 x}=e^{\sin^2 x}d\sin^2 x=e^{\sin^2 x}\cdot 2\sin x d\sin x$

$=e^{\sin^2 x}\cdot 2\sin x\cdot\cos x dx=e^{\sin^2 x}\sin 2x dx.$

2.5.4　微分在近似计算中的应用

在工程问题上,往往利用微分把一些复杂的计算公式改用简单的近似公式来代替.

如果 $y=f(x)$ 在点 x_0 处的导数 $f'(x_0)\neq 0$,且当 $|\Delta x|$ 很小时有

$$\Delta y=f(x_0+\Delta x)-f(x_0)\approx f'(x_0)\Delta x$$

$$f(x_0+\Delta x)\approx f'(x_0)\Delta x$$

例 2.5.6　求 $\sin 29.5°$ 的近似值.

解　设 $f(x)=\sin x$,$f'(x)=\cos x$,$x_0=30°=\frac{\pi}{6}$,$\Delta x=-0.5°=-\frac{\pi}{360}$,

$\sin 29.5°\approx\sin\frac{\pi}{6}+\cos\frac{\pi}{6}\times\left(-\frac{\pi}{360}\right)=\frac{1}{2}-\frac{\sqrt{3}}{2}\times\frac{\pi}{360}\approx 0.4924.$

而实际上,应用数学软件计算可得 $\sin 29.5°$ 的精确解为 $\sin 29.5°=0.492\,423\,560\,103\cdots$

例 2.5.7　求 $\sqrt[3]{8.02}$ 的近似值.

解　设 $f(x)=\sqrt[3]{x}$,$f'(x)=\frac{1}{3}x^{-\frac{2}{3}}$,$x_0=8$,$\Delta x=0.02$,于是有

$\sqrt[3]{8.02}\approx\sqrt[3]{8}+\frac{1}{3}\times 8^{-\frac{2}{3}}\times 0.02=2+\frac{1}{12}\times 0.02\approx 2.0017$. ($\sqrt[3]{8.02}=2.001\,665\,279\,704\cdots$)

习题 2.5

1. 将适当的函数填入括号内,使等式成立:

(1) d (　　) = $2dx$;　(2) d (　　) = $3xdx$;　(3) d (　　) = $\frac{1}{1+x}dx$;

(4) d (　　) $=e^{-2x}\mathrm{d}x$;　　(5) d (　　) $=\dfrac{1}{\sqrt{x}}\mathrm{d}x$;　　(6) d (　　) $=\sec^2 3x\mathrm{d}x$.

2. 填空题.

(1) 已知 $y=\tan^2(1+2x^2)$，则 $\mathrm{d}y=$ ______________ $\mathrm{d}(1+2x^2)$；

(2) 设 $|x|<\dfrac{\pi}{2}$，则 $\mathrm{d}(\sin\sqrt{\cos x})=$ ______________ $\mathrm{d}\cos x$.

本章小结

本章主要讲述导数与微分的概念以及求法. 首先介绍了导数的概念，包括左导数、右导数、区间可导以及导数的几何意义，连续可导之间的关系；其次介绍了基本初等函数的导数公式与求导法则；再次介绍了高阶导数的概念以及常用的高阶导数求导公式；最后介绍了微分的概念求法以及几何意义.

思维导图如下：

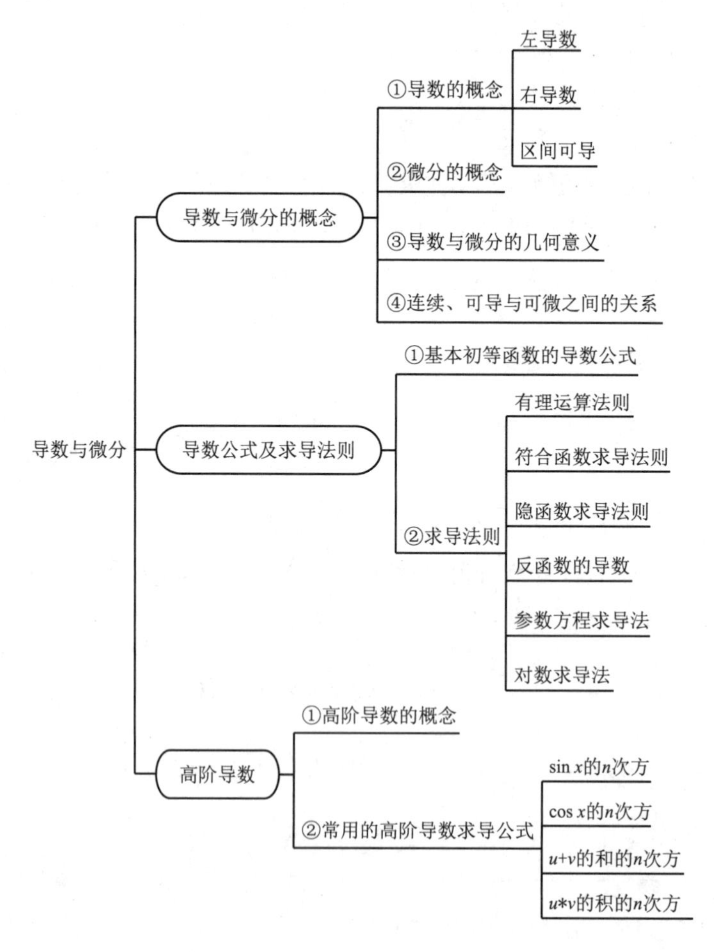

第二章　自测题

1. 填空题．

(1)若$f(0)=0$,则$\lim\limits_{x\to 0}\dfrac{f(x)}{x}=$________________．

(2)$y=\cos(4-3x)$,则$y'=$______________．

(3)$(e^x)^{(n)}=$____________________．

(4)已知$y=\sin(1+2x^2)$,则$dy=$___________________$d(1+2x^2)$．

(5)$y=\dfrac{\sin 2x}{x}$,则y'______________________．

2. 单项选择题．

(1)函数$f(x)$在点x_0处可导(可微)是$f(x)$在点x_0处连续的(　　)条件,$f(x)$在点x_0处连续是$f(x)$在点x_0处可导(可微)的(　　)条件．

A. 充分,必要　　B. 必要,充分

C. 充要,充分　　D. 充分,充要

(2)设$y=\sin x$,则$y^{(8)}(0)$的值为(　　)．

A. 0　　B. 1

C. -1　　D. 不存在

(3)设函数$f(x)$在$x=0$处可导,且$f(0)=0$,则$\lim\limits_{x\to 0}\dfrac{x^2f(x)-2f(x^3)}{x^3}=$(　　)．

A. $-2f'(0)$　　B. $-f'(0)$

C. $f'(0)$　　D. 0

(4)设函数$y=\tan x$,则$y'=$(　　)．

A. $\sec^2 x$　　B. $\csc^2 x$

C. $\tan x\cdot\sec x$　　D. $\cot x\cdot\csc x$

(5)$d(\ln x)=$(　　)．

A. $\dfrac{1}{x}dx$　　B. $\dfrac{-1}{x}dx$

C. $\dfrac{1}{|x|}dx$　　D. $\dfrac{1}{x}$

3. 计算下列导数:

(1)$y=x^4$;　　(2)$y=\dfrac{x^5+\sqrt{x}+1}{x^3}$;

(3)$y=\arcsin(2x+3)$;　　(4)$y=e^{\frac{x}{2}}(x^2+1)$;

(5)$y=\ln(x+\sqrt{x^2+a^2})$．

4. 求曲线$y=x-\dfrac{1}{x}$与x轴交点处的切线方程和法线方程．

5. 求由方程 $y^2-2xy+9=0$ 所确定的隐函数的导数$\frac{dy}{dx}$.

6. 设 $y=e^x\cos x$，证明：$y''-2y'+2y=0$.

7. 设 $e^{xy}+y\ln x=\cos 2x$，利用一阶微分形式变性，求 y'.

延展阅读

微分和积分的思想在古代就已经产生了．作为微分学基础的极限理论来说，早在古代已有比较清楚的论述．比如我国的庄周所著的《庄子》一书的“天下篇”中，记有“一尺之棰，日取其半，万世不竭．”三国时期的刘徽在他的割圆术中提到“割之弥细，所失弥小，割之又割，以至于不可割，则与圆周和体而无所失矣．”这些都是朴素的、也是很典型的极限概念．到了 17 世纪，有许多科学问题需要解决，这些问题也就成了促使微积分产生的因素．归结起来，大约有四种主要类型的问题：第一类是研究运动的时候直接出现的，也就是求即时速度的问题．第二类问题是求曲线的切线的问题．第三类问题是求函数的最大值和最小值问题．第四类问题是求曲线长、曲线围成的面积、曲面围成的体积、物体的重心、一个体积相当大的物体作用于另一物体上的引力．对于前三类问题，其实就是微分问题．

1. 早期导数概念——特殊的形式

大约在 1629 年，法国数学家费马研究了作曲线的切线和求函数极值的方法；1637 年左右，他写了一篇手稿《求最大值与最小值的方法》. 在作切线时，他构造了差分 $f(A+E)-f(A)$，发现的因子 E 就是我们现在所说的导数 $f'(A)$.

2. 17 世纪——广泛使用的“流数术”

17 世纪生产力的发展推动了自然科学和技术的发展，在前人创造性研究的基础上，大数学家牛顿、莱布尼茨等从不同的角度开始系统地研究微积分．牛顿的微积分理论被称为“流数术”，他称变量为流量，称变量的变化率为流数，相当于我们所说的导数．牛顿的有关“流数术”的主要著作是《求曲边形面积》《运用无穷多项方程的计算法》和《流数术和无穷级数》，流数理论的实质概括如下：他的重点在于一个变量的函数而不在于多变量的方程；在于自变量的变化与函数的变化的比的构成；最在于决定这个比当变化趋于零时的极限．

3. 19 世纪导数——逐渐成熟的理论

1750 年达朗贝尔在为法国科学家院出版的《百科全书》第四版写的“微分”条目中提出了关于导数的一种观点，可以用现代符号简单表示：$\frac{dy}{dx}$. 1823 年，柯西在他的《无穷小分析概论》中定义导数：如果函数 $y=f(x)$ 在变量 x 的两个给定的界限之间保持连续，并且我们为这样的变量指定一个包含在这两个不同界限之间的值，那么是使变量得到一个无穷小增量．19 世纪 60 年代以后，魏尔斯特拉斯创造了 $\varepsilon-\delta$ 语言，对微积分中出现的各种类型的极限重加表达，导数的定义也就获得了今天常见的形式．

第三章 微分中值定理与导数的应用

上一章中,我们学习了导数的概念及其计算方法,本章中,我们将应用导数来研究函数及其曲线的一些性态,并由此解决一些实际问题,为此,作为导数的应用的理论基础,我们先介绍微分学的几个中值定理.

3.1 微分中值定理

我们先讲罗尔中值定理,然后根据它推出拉格朗日中值定理和柯西中值定理.

3.1.1 罗尔中值定理

首先,观察图 3-1,其中连续曲线弧 $\widehat{AB}$ 是函数 $y=f(x)(x\in[a,b])$ 的图形,此图形的两个端点的纵坐标相等,即 $f(a)=f(b)$,且除了端点外处处有不垂直 x 轴的切线. 可以发现在曲线弧的最高点或最低点 C 处,曲线有水平的切线. 如果记点 C 的横坐标为 ξ,那么就有 $f'(\xi)=0$. 这就是下面要讨论的第一个定理.

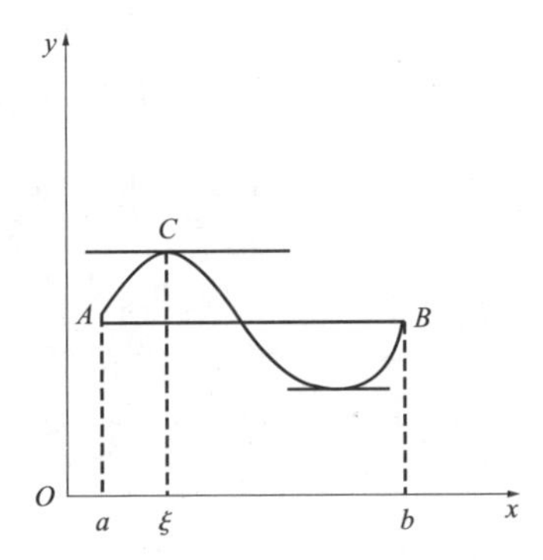

图 3-1 罗尔中值定理示意图

定理 3.1.1(罗尔中值定理)如果函数 $f(x)$ 满足:

(1)在闭区间 $[a,b]$ 上连续;

(2)在开区间 (a,b) 内可导;

(3)在区间端点处的函数值相等,即 $f(a)=f(b)$,那么在 (a,b) 内至少存在一点 ξ,使得

$f'(\xi)=0$.

证明 由于$f(x)$在闭区间$[a,b]$上连续,从而$f(x)$在$[a,b]$上必能取得最大值M与最小值m. 这只有以下两种情形.

(1)$M=m$. 这时$f(x)$在$[a,b]$上必为常数$f(x)=M$,因此,有$f'(x)=0$. 故可任取一点$\xi\in(a,b)$,有$f'(\xi)=0$.

(2)$M>m$. $f(x)$在$[a,b]$上不恒为常数,由于$f(a)=f(b)$,故M与m中至少有一个不等于$f(a)$,无妨假定$M\neq f(a)$(若$m\neq f(a)$,证明完全类似).

那么必定在(a,b)内至少有一点ξ,使得$f(\xi)=M$. 下面证明$f'(\xi)=0$.

因为$f'(\xi)$存在,从而在该点的左右导数都存在且相等,即$f'_+(\xi)=f'_-(\xi)=f'(\xi)$.

由于$f(\xi)\geqslant f(x)$,故有$f(\xi+\Delta x)-f(\xi)\leqslant 0$.

当$\Delta x>0$时,$\dfrac{f(\xi+\Delta x)-f(\xi)}{\Delta x}\leqslant 0$,于是有

$$f'_+(\xi)=\lim_{\Delta x\to 0^+}\frac{f(\xi+\Delta x)-f(\xi)}{\Delta x}\leqslant 0$$

罗尔中值定理的条件是充分的

当$\Delta x<0$时,$\dfrac{f(\xi+\Delta x)-f(\xi)}{\Delta x}\geqslant 0$,于是有

$$f'_-(\xi)=\lim_{\Delta x\to 0^-}\frac{f(\xi+\Delta x)-f(\xi)}{\Delta x}\geqslant 0$$

所以$f'_+(\xi)=f'_-(\xi)=f'(\xi)=0$.

因为导数表示切线的斜率,故切线为水平直线.

定义 3.1.1 使导数为零的点(即$f'(x_0)=0$),称x_0为函数$f(x)$的**驻点**(**或稳定点**,**临界点**).

例 3.1.1 验证罗尔中值定理对函数$f(x)=x-x^3$在区间$[0,1]$上的正确性.

解 函数$f(x)=x-x^3$在区间$[0,1]$上连续,在$(0,1)$内可导,且$f(0)=f(1)=0$,由罗尔中值定理知,至少存在一点$\xi\in(0,1)$使$f'(\xi)=0$,即$f'(\xi)=1-3\xi^2=0$,于是解得$\xi=\dfrac{1}{\sqrt{3}}\in(0,1)$.

3.1.2 拉格朗日中值定理

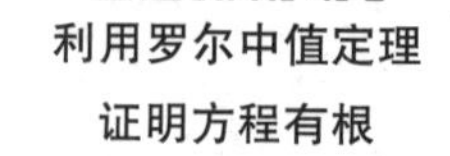

利用罗尔中值定理证明方程有根

定理 3.1.2 (拉格朗日中值定理)如果函数$f(x)$满足:

(1)在闭区间$[a,b]$上连续;

(2)在开区间(a,b)内可导.

那么在(a,b)内至少有一点ξ(即$a<\xi<b$),使等式

$$f(b)-f(a)=f'(\xi)(b-a) \tag{3.1.1}$$

成立.

这个定理从几何图形上看显然是正确的. 式(3.1.1)可改写为

$$\frac{f(b)-f(a)}{b-a}=f'(\xi) \qquad (3.1.2)$$

由图 3-2 可看出,$\frac{f(b)-f(a)}{b-a}$为弦 AB 的斜率,而$f'(\xi)$为曲线在点 C 处的切线斜率．显然如果连续曲线 $y=f(x)$的弧 $\overset{\frown}{AB}$ 上除端点外处处有不垂直于 x 轴的切线,那么这个弧上至少有一点 C,使曲线在点 C 处的切线平行于弦 AB.

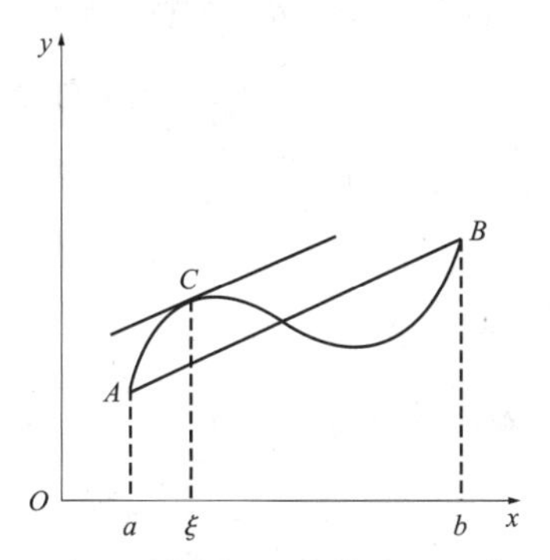

图 3-2　拉格朗日中值定理示意图

证明　作函数

$$\varphi(x)=\frac{f(b)-f(a)}{b-a}x-f(x)$$

显然 $\varphi(x)$满足罗尔中值定理中条件(1)与条件(2),且

$$\varphi(a)=\frac{af(b)-af(a)-bf(a)+af(a)}{b-a}=\frac{af(b)-bf(a)}{b-a}$$

$$\varphi(b)=\frac{bf(b)-bf(a)-bf(b)+af(b)}{b-a}=\frac{af(b)-bf(a)}{b-a}$$

于是在$[a,b]$上 $\varphi(x)$满足罗尔中值定理条件,故在(a,b)内至少存在一点 ξ,使得 $\varphi'(\xi)=0$,即

$$\frac{f(b)-f(a)}{b-a}-f'(\xi)=0$$

由此得

$$f(b)-f(a)=f'(\xi)(b-a)$$

显然,式(3.1.1)对于 $b<a$ 也成立．式(3.1.1)称为**拉格朗日中值公式**．拉格朗日中值定理在微分学中占有重要地位,有时也把这个定理称为**微分中值定理**．

由拉格朗日中值定理,可得下面的推论．

推论 3.1.1　如果$f(x)$在$[a,b]$上连续,在(a,b)内可导,且$f'(x)\equiv 0$,那么$f(x)$在$[a,b]$上是一个常数．

证明　在$[a,b]$上任取两点 x_1 及 x_2,且 $x_1<x_2$,则$f(x)$在闭区间$[x_1,x_2]$上连续,在开区间(x_1,x_2)内可导,应用式(3.1.1)得

$$f(x_2)-f(x_1)=f'(\xi)(x_2-x_1) \quad (x_1<\xi<x_2)$$

注意到：$f'(x)\equiv 0, x\in(a,b)$，从而 $f'(\xi)=0$，因此，$f(x_2)-f(x_1)=0$，即

$$f(x_2)=f(x_1)$$

由于 x_1 及 x_2 选取的任意性，知 $f(x)$ 在 $[a,b]$ 上为常数．

注意　把上述定理中的闭区间 $[a,b]$ 换成其他区间，结论仍然成立．

例 3.1.2　试在抛物线 $f(x)=x^2$ 上的两点 $A(1,1)$ 和 $B(3,9)$ 之间的弧段上求一点，使过此点的切线平行于弦 AB.

解　函数 $f(x)=x^2$ 在区间 $[1,3]$ 上连续，在 $(1,3)$ 内可导，且 $f'(x)=2x$，由拉格朗日中值定理的几何意义知，在曲线弧上至少有一点 (ξ,ξ^2)，在该点处的切线平行于弦 AB，即有 $f'(\xi)=\dfrac{f(3)-f(1)}{3-1}$，即 $2\xi=\dfrac{3^2-1^2}{2}$，解得 $\xi=2$，故所求点为 $(2,4)$.

例 3.1.3　证明恒等式：$\arctan x+\operatorname{arccot} x=\dfrac{\pi}{2}$.

证明　设 $f(x)=\arctan x+\operatorname{arccot} x$，对于任意 $x\in(-\infty,+\infty)$，

$$f'(x)=\frac{1}{1+x^2}-\frac{1}{1+x^2}=0$$

由推论 3.1.1 得 $f(x)=C$. 又 $f(1)=\dfrac{\pi}{2}$，所以对于任意 $x\in(-\infty,+\infty)$，

$$\arctan x+\operatorname{arccot} x=\frac{\pi}{2}$$

例 3.1.4　证明：对于任意的 $a,b\in\mathbf{R}$，有 $|\arctan a-\arctan b|\leqslant|a-b|$ 成立．

证明　设 $f(x)=\arctan x$，则对于任意 $x\in(-\infty,+\infty)$，有 $f'(x)=\dfrac{1}{1+x^2}$，故对于任意的 a，$b\in\mathbf{R}$，在以 a,b 为端点的区间应用拉格朗日中值定理，有

$$f(a)-f(b)=f'(\xi)(a-b)=\frac{1}{1+\xi^2}(a-b)$$

其中，ξ 介于 a,b 之间，又因为 $f'(x)=\dfrac{1}{1+x^2}\leqslant 1$，从而有 $|\arctan a-\arctan b|\leqslant|a-b|$，证闭.

3.1.3　柯西中值定理

前面讲了拉格朗日中值定理，把拉格朗日定理给予推广，这就是下面要介绍的定理．

定理 3.1.3　（柯西中值定理）如果函数 $f(x)$ 和 $F(x)$ 满足：

（1）在闭区间 $[a,b]$ 上连续；

（2）在开区间 (a,b) 内可导；

（3）对任一 $x\in(a,b)$，$F'(x)\neq 0$，

那么在 (a,b) 内至少有一点 ξ，使等式

$$\frac{f(b)-f(a)}{F(b)-F(a)}=\frac{f'(\xi)}{f'(\xi)} \tag{3.1.3}$$

成立．

证明　作函数 $\varphi(x)=\dfrac{f(b)-f(a)}{F(b)-F(a)}F(x)-f(x)$，显然 $\varphi(x)$ 满足罗尔中值定理中条件(1)与条件(2)，且

$$\varphi(a)=\frac{f(b)-f(a)}{F(b)-F(a)}F(a)-f(a)=\frac{f(b)F(a)-f(a)F(b)}{F(b)-F(a)}$$

$$\varphi(b)=\frac{f(b)-f(a)}{F(b)-F(a)}F(b)-f(b)=\frac{f(b)F(a)-f(a)F(b)}{F(b)-F(a)}=\varphi(a)$$

于是，在 $[a,b]$ 上 $\varphi(x)$ 满足罗尔中值定理条件，故在 (a,b) 内至少存在一点 ξ，使得

$$\varphi'(\xi)=\frac{f(b)-f(a)}{F(b)-F(a)}f'(\xi)-f'(\xi)=0$$

即

$$\frac{f(b)-f(a)}{F(b)-F(a)}=\frac{f'(\xi)}{f'(\xi)}$$

显然，当 $F(x)=x$ 时，这个定理就变成了拉格朗日中值定理．因此拉格朗日中值定理是柯西中值定理的一种特殊情形．

习题 3.1

1. 验证罗尔中值定理对函数 $f(x)=\ln\cos x$ 在区间 $\left[-\dfrac{\pi}{3},\dfrac{\pi}{3}\right]$ 上的正确性．

2. 试证明对函数 $f(x)=px^2+qx+r$ 应用拉格朗日中值定理时所求得的点 ξ 总是位于区间的正中间．

3. 对函数 $f(x)=\sin x$ 及 $F(x)=\cos x$ 在区间 $\left[0,\dfrac{\pi}{2}\right]$ 上验证柯西中值定理的正确性，并求 ξ.

4. 证明恒等式：$\arcsin x+\arccos x=\dfrac{\pi}{2}$ $(-1\leqslant x\leqslant 1)$.

5. 若方程 $a_0x^n+a_1x^{n-1}+\cdots+a_{n-1}x=0$ 有一个正根 $x=x_0$，证明方程
$$a_0nx^{n-1}+a_1(n-1)x^{n-2}+\cdots+a_{n-1}=0$$
必有一个小于 x_0 的正根．

6. 证明方程 $f(x)=x^5+x-1$ 只有一个正根．

7. 设 $a>b>0,n>1$，证明：$nb^{n-1}(a-b)<a^n-b^n<na^{n-1}(a-b)$.

8. 设函数 $f(x)$ 在 $[0,\pi]$ 上连续，在 $(0,\pi)$ 内可导，证明：存在一点 $\xi\in(0,\pi)$，使 $\sin\xi f'(\xi)+\cos\xi f(\xi)=0$.

3.2　泰勒公式

不论在近似计算还是在理论分析中，人们希望能用一个简单的函数来近似地表达一个比较复杂的函数，这样做将带来很大的方便．一般说来，最简单的函数是多项式，但是怎样从一

个函数的本身得出我们需要的多项式呢？

设$f(x)$是已给定的函数．人们希望能找到一个在点x_0附近与$f(x)$相当接近的n次多项式$P_n(x)$，要怎样才能使这个多项式$P_n(x)$与$f(x)$在点x_0很接近呢？显然，这两个函数的图像在点x_0应当相切，即$P_n(x_0)=f(x_0)$，$P_n'(x_0)=f'(x_0)$，再注意到二阶导数是表示一阶导数切线斜率的变化率的，因此除了上述条件外，还应有$P_n''(x_0)=f''(x_0)$，则$f(x)$和$P_n(x)$的图像的切线在点x_0的变化率也是相同的，因而在点x_0附近两者的切线也将保持较接近的位置．一般说来，如果$f(x)$和$P_n(x)$在点x_0的值以及直到n阶导数都相同，则它们在点x_0的附近就有很高的接近程度．设

$$P_n(x)=a_0+a_1(x-x_0)+a_2(x-x_0)^2+\cdots+a_n(x-x_0)^n \tag{3.2.1}$$

近似地表达$f(x)$，$P_n(x)$在点x_0的函数值及它的n阶导数在点x_0的值依次与$f(x_0)$，$f'(x_0)$，…，$f^{(n)}(x_0)$相等，即

$$P_n(x_0)=f(x_0),\ P_n'(x_0)=f'(x_0),\ \cdots,\ P_n^{(n)}(x_0)=f^{(n)}(x_0) \tag{3.2.2}$$

按上述等式确定多项式(3.2.1)中的系数$a_0,a_1,\cdots,a_n$. 为此，对式(3.2.1)求各阶导数，再分别代入以上等式，得

$$a_0=f(x_0),a_1=f'(x_0),a_2=\frac{1}{2!}f''(x_0),\cdots,a_n=\frac{f^{(n)}(x_0)}{n!}$$

从而

$$P_n(x)=f(x_0)+f'(x_0)(x-x_0)+\frac{f''(x_0)}{2!}(x-x_0)^2+\cdots+\frac{f^{(n)}(x_0)}{n!}(x-x_0)^n$$

即为所求的n次多项式，称为$f(x)$按$(x-x_0)$的幂展开的n次近似多项式．

$P_n(x)$是$f(x)$的近似多项式，不等于$f(x)$. 它们之差

$$R_n(x)=f(x)-P_n(x)$$

称为**余项**，因此

$$f(x)=P_n(x)+R_n(x)$$

下面的定理从理论上论证了上述结果的正确性．

定理 3.2.1　（泰勒中值定理）如果函数$f(x)$在点x_0的某个开区间(a,b)内具有直到$(n+1)$阶导数，那么对任意$x\in(a,b)$，都有

$$f(x)=f(x_0)+f'(x_0)(x-x_0)+\frac{f''(x_0)}{2!}(x-x_0)^2+\cdots+\frac{f^{(n)}(x_0)}{n!}(x-x_0)^n+R_n(x) \tag{3.2.3}$$

其中

$$R_n(x)=\frac{f^{(n+1)}(\xi)}{(n+1)!}(x-x_0)^{n+1}(\xi\text{ 是 }x_0\text{与 }x\text{ 之间的某个值}) \tag{3.2.4}$$

证明　要证明的是式(3.2.4)，由条件知，$R_n(x)$在(a,b)内具有直到$(n+1)$阶导数，且

$$R_n(x_0)=R'_n(x_0)=\cdots=R_n^{(n)}(x_0)=0$$

反复利用柯西中值定理，得

$$\frac{R_n(x)}{(x-x_0)^{n+1}}=\frac{R_n(x)-R_n(x_0)}{(x-x_0)^{n+1}-0}=\frac{R_n'(\xi_1)}{(n+1)(\xi_1-x_0)^n}=\frac{R_n'(\xi_1)-R_n'(x_0)}{(n+1)(\xi_1-x_0)^n-0}=\cdots=\frac{R_n^{(n+1)}(\xi)}{(n+1)!}$$

其中 ξ 在 x_0 与 ξ_n 之间，因而也在 x_0 与 x 之间.

注意到

$$R_n^{(n+1)}(x)=[f(x)-P_n(x)]^{(n+1)}=f^{(n+1)}(x)([P_n(x)]^{(n+1)}=0)$$

从而

$$\frac{R_n(x)}{(x-x_0)^{n+1}}=\frac{R_n^{(n+1)}(\xi)}{(n+1)!}=\frac{f^{(n+1)}(\xi)}{(n+1)!}$$

故有

$$R_n(x)=\frac{f^{(n+1)}(\xi)}{(n+1)!}(x-x_0)^{n+1}(\xi\text{ 在 }x_0\text{与 }x\text{ 之间})$$

式(3.2.3)称为函数 $f(x)$ 按 $(x-x_0)$ 的幂展开到 n 阶的**泰勒公式**，而 $R_n(x)$ 的表达式(3.2.4)称为**拉格朗日余项**.

当 $n=0$ 时，泰勒公式变成拉格朗日中值公式

$$f(x)=f(x_0)+f'(\xi)(x-x_0)(\xi\text{ 在 }x_0\text{与 }x\text{ 之间})$$

因此，泰勒中值定理是拉格朗日中值定理的推广.

由泰勒中值定理可知，以多项式 $P_n(x)$ 近似表达函数 $f(x)$ 时，其误差为 $|R_n(x)|$. 如果对某个固定的 n，当 $x\in(a,b)$ 时，$|f^{(n+1)}(x)|\leqslant M$，则有估计式如下：

$$|R_n(x)|=\left|\frac{f^{(n+1)}(\xi)(x-x_0)^{n+1}}{(n+1)!}\right|\leqslant\frac{M}{(n+1)!}|x-x_0|^{n+1}$$

因此

$$\lim_{x\to x_0}\frac{R_n(x)}{(x-x_0)^n}=0$$

由此可见，当 $x\to x_0$ 时误差 $|R_n(x)|$ 是比 $(x-x_0)^n$ 高阶的无穷小，称为佩亚诺余项，即

$$R_n(x)=o((x-x_0)^n)$$

因此，n 阶泰勒公式也可写成

$$f(x)=f(x_0)+f'(x_0)(x-x_0)+\cdots+\frac{f^{(n)}(x_0)}{n!}(x-x_0)^n+o((x-x_0)^n)$$

如果 $x_0=0$，则 ξ 在 0 与 x 之间. 令 $\xi=\theta x(0<\theta<1)$，即得带有拉格朗日余项的麦克劳林公式

$$f(x)=f(0)+f'(0)x+\frac{f''(0)}{2!}x^2+\cdots+\frac{f^{(n)}(0)}{n!}x^n+\frac{f^{(n+1)}(\theta x)}{(n+1)!}x^{n+1}$$

带有佩亚诺余项的麦克劳林公式

$$f(x)=f(0)+f'(0)x+\frac{f''(0)}{2!}x^2+\cdots+\frac{f^{(n)}(0)}{n!}x^n+o(x^n)$$

由此可得近似公式

$$f(x)\approx f(0)+f'(0)x+\frac{f''(0)}{2!}x^2+\cdots+\frac{f^{(n)}(0)}{n!}x^n$$

其误差相应地变成

$$|R_n(x)| \leqslant \frac{M}{(n+1)!}|x|^{n+1}$$

下面求一些初等函数的展开式.

例 3.2.1 求函数 $f(x)=\mathrm{e}^x$ 的 n 阶麦克劳林公式.

解 因为

$$f'(x)=f''(x)=\cdots=f^{(n)}(x)=\mathrm{e}^x$$

所以

$$f(0)=f'(0)=\cdots=f^{(n)}(0)=1$$

注意到 $f^{(n+1)}(\theta x)=\mathrm{e}^{\theta x}$，于是带有拉格朗日余项的 n 阶麦克劳林公式为

$$\mathrm{e}^x=1+x+\frac{x^2}{2!}+\cdots+\frac{x^n}{n!}+\frac{\mathrm{e}^{\theta x}}{(n+1)!}x^{n+1} \quad (0<\theta<1)$$

因此

$$\mathrm{e}^x \approx 1+x+\frac{x^2}{2!}+\cdots+\frac{x^n}{n!}$$

这时产生的误差为

$$|R_n(x)|=\left|\frac{\mathrm{e}^{\theta x}}{(n+1)!}x^{n+1}\right|<\frac{\mathrm{e}^{|x|}}{(n+1)!}|x|^{n+1} \quad (0<\theta<1)$$

另外，带有佩亚诺余项的 n 阶麦克劳林公式为

$$\mathrm{e}^x=1+x+\frac{x^2}{2!}+\cdots+\frac{x^n}{n!}+o(x^n)$$

例 3.2.2 求函数 $f(x)=\sin x$ 的 n 阶麦克劳林公式.

解 因为

$$f^{(n)}(x)=\sin\left(x+n\cdot\frac{\pi}{2}\right)$$

所以

$$f^{(n)}(0)=\sin\left(n\cdot\frac{\pi}{2}\right)=\begin{cases}0, & n=2m,\\ (-1)^{m-1}, & n=2m-1\end{cases}$$

即 $f(0)=0, f'(0)=1, f''(0)=0, f'''(0)=-1, \cdots, f^{(2m-1)}(0)=(-1)^{m-1}, f^{(2m)}(0)=0.$

因此有

$$\sin x=x-\frac{x^3}{3!}+\frac{x^5}{5!}-\cdots+(-1)^{m-1}\frac{x^{2m-1}}{(2m-1)!}+R_{2m}(x)$$

其中

$$R_{2m}(x)=\frac{\sin\left[\theta x+(2m+1)\cdot\frac{\pi}{2}\right]}{(2m+1)!}x^{2m+1}=(-1)^m\frac{\cos\theta x}{(2m+1)!}x^{2m+1} \quad (0<\theta<1)$$

或者 $R_{2m}(x)=o(x^{2m-1})$.

如果 $m=1$，则得近似公式

$$\sin x \approx x$$

这时误差为

$$|R_2| = \left| -\frac{\cos \theta x}{3!} x^3 \right| \leqslant \frac{|x|^3}{6} \quad (0<\theta<1)$$

类似地，还可以得到

$$\cos x = 1-\frac{x^2}{2!}+\frac{x^4}{4!}-\cdots+(-1)^m \frac{x^{2m}}{(2m)!}+R_{2m+1}(x)$$

其中

$$R_{2m+1}(x) = \frac{\cos\left[\theta x+2(m+1)\cdot\frac{\pi}{2}\right]}{(2m+2)!}x^{2m+2} = (-1)^{m+1}\frac{\cos \theta x}{(2m+2)!}x^{2m+2} \quad (0<\theta<1)$$

或者 $R_{2m+1}(x)=o(x^{2m})$；

$$\ln(1+x) = x-\frac{x^2}{2}+\frac{x^3}{3}-\cdots+(-1)^{n-1}\frac{x^n}{n}+R_n(x)$$

其中

$$R_n(x) = \frac{(-1)^n}{(n+1)(1+\theta x)^{n+1}}x^{n+1} \quad (0<\theta<1)\text{，或者 } R_n(x)=o(x^n)$$

$$(1+x)^\alpha = 1+\alpha x+\frac{\alpha(\alpha-1)}{2!}x^2+\cdots+\frac{\alpha(\alpha-1)\cdots(\alpha-n+1)}{n!}x^n+R_n(x)$$

其中

$$R_n(x) = \frac{\alpha(\alpha-1)\cdots(\alpha-n+1)(\alpha-n)}{(n+1)!}(1+\theta x)^{\alpha-n-1}x^{n+1} \quad (0<\theta<1)$$

或者 $R_n(x)=o(x^n)$.

例 3.2.3　利用带有佩亚诺余项的麦克劳林公式，求极限 $\lim\limits_{x\to 0}\frac{\cos x-e^{-\frac{x^2}{2}}}{x^4}$.

解　由于分母是 x^4，我们只需将分子中的 $\cos x$ 和 $e^{-\frac{x^2}{2}}$ 分别用带有佩亚诺余项的 4 阶麦克劳林公式表示，即

利用麦克劳林公式求极限

$$\cos x = 1-\frac{x^2}{2!}+\frac{x^4}{4!}+o(x^4) = 1-\frac{x^2}{2}+\frac{x^4}{24}+o(x^4)$$

$$e^{-\frac{x^2}{2}} = 1+\left(-\frac{x^2}{2}\right)+\frac{1}{2!}\left(-\frac{x^2}{2}\right)^2+o(x^4) = 1-\frac{x^2}{2}+\frac{x^4}{8}+o(x^4)$$

于是

$$\cos x-e^{-\frac{x^2}{2}} = 1-\frac{x^2}{2}+\frac{x^4}{24}+o(x^4)-\left[1-\frac{x^2}{2}+\frac{x^4}{8}+o(x^4)\right] = -\frac{1}{12}x^4+o(x^4)$$

对上式作运算时，把两个比 x^4 高阶的无穷小的代数和仍记作 $o(x^4)$，故

$$\lim_{x\to 0}\frac{\cos x-e^{-\frac{x^2}{2}}}{x^4}=\lim_{x\to 0}\frac{-\frac{1}{12}x^4+o(x^4)}{x^4}=-\frac{1}{12}$$

习题 3.2

1. 按 $x-1$ 的幂展开多项式 $f(x)=x^2-3x+1$.
2. 求函数 $f(x)=\tan x$ 的带有佩亚诺余项的 2 阶麦克劳林公式.
3. 利用带有佩亚诺余项的麦克劳林公式,求下列极限:

(1) $\lim\limits_{x\to 0}\dfrac{\sin x-x\cos x}{\sin^3 x}$;　(2) $\lim\limits_{x\to 0}\dfrac{1+\frac{1}{2}x^2-\sqrt{1+x^2}}{(\cos x-e^{x^2})\sin x^2}$.

3.3　洛必达法则

如果当 $x\to a$(或 $x\to\infty$)时,两个函数 $f(x)$ 和 $F(x)$ 都趋于零或都趋于无穷大,那么极限 $\lim\limits_{\substack{x\to a\\(x\to\infty)}}\dfrac{f(x)}{F(x)}$ 可能存在,也可能不存在. 经常把这种极限叫作**未定式**,并分别简记为 $\dfrac{0}{0}$ 或 $\dfrac{\infty}{\infty}$. 对于这类极限,即使它存在也不能用"商的极限运算法则"计算. 下面将根据柯西中值定理来推出求这类极限的一种简便且重要的方法.

定理 3.3.1 （**洛必达法则**）如果

(1) $\lim\limits_{x\to a}f(x)=0,\lim\limits_{x\to a}F(x)=0$;

(2) 在点 a 的某去心邻域内,$f'(x)$ 和 $f'(x)$ 都存在且 $F'(x)\neq 0$;

(3) $\lim\limits_{x\to a}\dfrac{f'(x)}{F'(x)}$ 存在(或为无穷大),

那么

$$\lim_{x\to a}\frac{f(x)}{F(x)}=\lim_{x\to a}\frac{f'(x)}{F'(x)}$$

证明　因为求 $\dfrac{f(x)}{F(x)}$ 当 $x\to a$ 时的极限与 $f(a)$ 及 $F(a)$ 无关,所以可以假定 $f(a)=F(a)=0$,那么在以 x 及 a 为端点的区间上应用柯西中值定理,有

$$\frac{f(x)}{F(x)}=\frac{f(x)-f(a)}{F(x)-F(a)}=\frac{f'(\xi)}{F'(\xi)}(\xi \text{ 在 } x \text{ 与 } a \text{ 之间})$$

令 $x\to a$,对上式两端取极限. 注意到 $x\to a$ 时 $\xi\to a$,因此有

$$\lim_{x\to a}\frac{f(x)}{F(x)}=\lim_{\xi\to a}\frac{f'(\xi)}{F'(\xi)}$$

再由条件(3)可知

$$\lim_{\xi\to a}\frac{f'(\xi)}{F'(\xi)}=\lim_{x\to a}\frac{f'(x)}{F'(x)}$$

证毕.

如果$\frac{f'(x)}{F'(x)}$当$x\to a$时仍为$\frac{0}{0}$型未定式,且这时$f'(x)$、$F'(x)$还能满足定理中$f(x)$、$F(x)$所要满足的条件,则可继续再用洛必达法则,即

$$\lim_{x\to a}\frac{f(x)}{F(x)}=\lim_{x\to a}\frac{f'(x)}{F'(x)}=\lim_{x\to a}\frac{f''(x)}{F''(x)}$$

且可依次继续下去.

例 3.3.1　求$\lim\limits_{x\to 0}\frac{\sin 2x}{\sin 3x}$.

解　这是$\frac{0}{0}$型未定式.

$$\lim_{x\to 0}\frac{\sin 2x}{\sin 3x}=\lim_{x\to 0}\frac{2\cos 2x}{3\cos 3x}=\frac{2}{3}$$

例 3.3.2　求$\lim\limits_{x\to 1}\frac{x^2+x-2}{x^2-1}$.

解　这是$\frac{0}{0}$型未定式.

$$\lim_{x\to 1}\frac{x^2+x-2}{x^2-1}=\lim_{x\to 1}\frac{2x+1}{2x}=\frac{3}{2}$$

注意:上式中的$\lim\limits_{x\to 1}\frac{2x+1}{2x}$已不是未定式,不能对它应用洛必达法则,否则要导致错误结果.在应用洛必达法则的过程中,要特别注意检查所求的极限是否是未定式,如果不是未定式,就不能应用洛必达法则.

例 3.3.3　求$\lim\limits_{x\to 0}\frac{x-\sin x}{(1-\cos x)x}$.

解　这是$\frac{0}{0}$型未定式.

$$\lim_{x\to 0}\frac{x-\sin x}{(1-\cos x)x}=\lim_{x\to 0}\frac{x-\sin x}{\frac{x^2}{2}\cdot x}=2\lim_{x\to 0}\frac{x-\sin x}{x^3}=2\lim_{x\to 0}\frac{1-\cos x}{3x^2}=\frac{2}{3}\lim_{x\to 0}\frac{\frac{x^2}{2}}{x^2}=\frac{1}{3}$$

这里,当$x\to 0$时,$1-\cos x\sim\frac{x^2}{2}$.

从本例可以看到,在计算极限的过程中,有时无穷小用其等价无穷小替代,可以简化计算,在求极限时要注意掌握和使用这种方法.

对于洛必达法则的应用范围,下面不加证明地指出两点.

(1)在定理中将$x\to a$改为$x\to\pm\infty$,洛必达法则仍然成立.

(2)将定理中条件(1)改为 $\lim\limits_{\substack{x\to a\\(x\to\infty)}} f(x)=\lim\limits_{\substack{x\to a\\(x\to\infty)}} F(x)=\infty$ 结论仍然成立,因此洛必达法则既适用于$\dfrac{0}{0}$型未定式,又适用于$\dfrac{\infty}{\infty}$型的未定式.

例 3.3.4 求 $\lim\limits_{x\to+\infty}\dfrac{\ln\left(1+\dfrac{2}{x}\right)}{\operatorname{arccot} x}$.

解 这是$\dfrac{0}{0}$型未定式.

$$\lim_{x\to+\infty}\frac{\ln\left(1+\dfrac{2}{x}\right)}{\operatorname{arccot} x}=\lim_{x\to+\infty}\frac{\dfrac{1}{1+\dfrac{2}{x}}\cdot\left(-\dfrac{2}{x^2}\right)}{-\dfrac{1}{1+x^2}}=\lim_{x\to+\infty}\frac{1}{1+\dfrac{2}{x}}\cdot\frac{2(1+x^2)}{x^2}=2$$

例 3.3.5 求 $\lim\limits_{x\to+\infty}\dfrac{\ln x}{x^3}$.

解 这是$\dfrac{\infty}{\infty}$型未定式.

$$\lim_{x\to+\infty}\frac{\ln x}{x^3}=\lim_{x\to+\infty}\frac{\dfrac{1}{x}}{3x^2}=\lim_{x\to+\infty}\frac{1}{3x^3}=0$$

例 3.3.6 求 $\lim\limits_{x\to+\infty}\dfrac{x^3}{e^{2x}}$.

解 这是$\dfrac{\infty}{\infty}$型未定式. 相继应用洛必达法则 3 次,得

$$\lim_{x\to+\infty}\frac{x^3}{e^{2x}}=\lim_{x\to+\infty}\frac{3x^2}{2e^{2x}}=\lim_{x\to+\infty}\frac{6x}{4e^{2x}}=\lim_{x\to+\infty}\frac{6}{8e^{2x}}=0$$

除了$\dfrac{0}{0}$和$\dfrac{\infty}{\infty}$型未定式外,还有多种未定式:$\infty-\infty$,$0\cdot\infty$,∞^0,0^0,1^∞. 它们往往都可以化成$\dfrac{0}{0}$或$\dfrac{\infty}{\infty}$型未定式,然后用洛必达法则来求.

例 3.3.7 求 $\lim\limits_{x\to0}\left(\dfrac{1}{x}-\dfrac{1}{e^x-1}\right)$.

解 这是$\infty-\infty$型未定式.

$$\lim_{x\to0}\left(\frac{1}{x}-\frac{1}{e^x-1}\right)=\lim_{x\to0}\frac{e^x-1-x}{x(e^x-1)}=\lim_{x\to0}\frac{e^x-1-x}{x^2}=\lim_{x\to0}\frac{e^x-1}{2x}=\lim_{x\to0}\frac{e^x}{2}=\frac{1}{2}$$

这里,当 $x\to0$ 时,$e^x-1\sim x$.

例 3.3.8 求极限 $\lim\limits_{x\to0^+} xe^{\frac{1}{x}}$.

解 这是 $0\cdot\infty$ 型未定式. 因为

$$xe^{\frac{1}{x}}=\frac{e^{\frac{1}{x}}}{\frac{1}{x}}$$

当 $x\to0^+$ 时,上式右端是$\frac{\infty}{\infty}$型未定式,应用洛必达法则,得

$$\lim_{x\to0^+}xe^{\frac{1}{x}}=\lim_{x\to0^+}\frac{e^{\frac{1}{x}}}{\frac{1}{x}}=\lim_{x\to0^+}\frac{e^{\frac{1}{x}}\cdot\left(-\frac{1}{x^2}\right)}{-\frac{1}{x^2}}=\lim_{x\to0^+}e^{\frac{1}{x}}=+\infty$$

例 3.3.9 求 $\lim\limits_{x\to0^+}x^{\sin x}$.

解 这是 0^0 型未定式. 因为 $y=x^{\sin x}=e^{\ln x^{\sin x}}=e^{\sin x\ln x}$,于是有

$$\lim_{x\to0^+}x^{\sin x}=e^{\lim\limits_{x\to0^+}\sin x\ln x}=e^{\lim\limits_{x\to0^+}\frac{\ln x}{\csc x}}=e^{\lim\limits_{x\to0^+}\frac{\frac{1}{x}}{-\csc x\cot x}}=e^{-\lim\limits_{x\to0^+}\frac{\sin^2x}{x\cos x}}=e^{-\lim\limits_{x\to0^+}\frac{\sin x}{\cos x}}=e^0=1$$

例 3.3.10 求极限$\lim\limits_{x\to0^+}(\cot x)^{\frac{1}{\ln x}}$.

解 这是∞^0型未定式.

$$\lim_{x\to0^+}(\cot x)^{\frac{1}{\ln x}}=e^{\lim\limits_{x\to0^+}\frac{\ln(\cot x)}{\ln x}}=e^{\lim\limits_{x\to0^+}\frac{\frac{1}{\cot x}(-\csc^2x)}{\frac{1}{x}}}=e^{-\lim\limits_{x\to0^+}\frac{x\tan x}{\sin^2x}}=e^{-\lim\limits_{x\to0^+}\frac{x\cdot x}{x^2}}=e^{-1}$$

这里,当 $x\to0$ 时,$\tan x\sim x,\sin x\sim x$.

最后需要特别指出的是,如果 $\lim\frac{f'(x)}{F'(x)}$不存在且不是∞,并不表明 $\lim\frac{f(x)}{F(x)}$一定不存在,只表明洛必达法则失效,这时应该用别的办法来求极限.

例 3.3.11 求 $\lim\limits_{x\to\infty}\frac{x-\sin x}{x+\sin x}$.

正确使用洛必达法则

解 使用洛必达法则,得

$$\lim_{x\to\infty}\frac{x-\sin x}{x+\sin x}=\lim_{x\to\infty}\frac{1-\cos x}{1+\cos x}=\lim_{x\to\infty}\frac{2\sin^2\frac{x}{2}}{2\cos^2\frac{x}{2}}=\lim_{x\to\infty}\tan^2\frac{x}{2}$$

极限不存在,但

$$\lim_{x\to+\infty}\frac{x-\sin x}{x+\sin x}=\lim_{x\to+\infty}\frac{1-\frac{1}{x}\sin x}{1+\frac{1}{x}\sin x}=\frac{1-0}{1+0}=1$$

习题 3.3

1. 用洛必达法则求下列极限：

(1) $\lim\limits_{x\to\infty}\dfrac{\ln(1+2x)}{x}$；　(2) $\lim\limits_{x\to 0}\dfrac{e^x-e^{-x}}{\tan x}$；

(3) $\lim\limits_{x\to 1}\dfrac{\ln x^2}{(x-1)^2}$；　(4) $\lim\limits_{x\to 0^+}\dfrac{\ln\tan 5x}{\ln\tan 2x}$；

(5) $\lim\limits_{x\to 2}\left(\dfrac{2}{x^2-4}-\dfrac{1}{x-2}\right)$；　(6) $\lim\limits_{x\to\frac{\pi}{2}}(\sec x-\tan x)$；

(7) $\lim\limits_{x\to 0}x\cot 3x$；　(8) $\lim\limits_{x\to+\infty}x\ln\left(1+\dfrac{3}{x}\right)$；

(9) $\lim\limits_{x\to\infty}\left(1+\dfrac{2}{x}\right)^x$；　(10) $\lim\limits_{x\to 1}x^{\frac{1}{1-x}}$；

(11) $\lim\limits_{x\to 0^+}x^{\tan x}$；　(12) $\lim\limits_{x\to+\infty}x^{\frac{1}{\ln(1+x^2)}}$.

2. 验证下列极限存在，并求出极限值，但不能用洛必达法则得出．

(1) $\lim\limits_{x\to\infty}\dfrac{x+\cos x}{x-\sin x}$；　(2) $\lim\limits_{x\to 0}\dfrac{x^3\sin\dfrac{1}{x}}{\arctan x}$.

3.4　函数的单调性与曲线的凹凸性

3.4.1　函数的单调性

前面我们讲过函数的单调性，但没有给出行之有效的判别方法．下面我们利用导数来对函数的单调性进行研究．下面的定理指明了导数的符号与函数增减性之间的关系．

定理 3.4.1　设函数 $y=f(x)$ 在 $[a,b]$ 上连续，在 (a,b) 内可导．

(1) 如果在 (a,b) 内 $f'(x)>0$，那么 $y=f(x)$ 在 $[a,b]$ 上是单调增加的；

(2) 如果在 (a,b) 内 $f'(x)<0$，那么 $y=f(x)$ 在 $[a,b]$ 上是单调减少的．

证明　仅证(1)，可同样证明(2).

在 $[a,b]$ 上任取两点 x_1,x_2，且 $x_1<x_2$，由拉格朗日中值定理得

$$f(x_2)-f(x_1)=f'(\xi)(x_2-x_1)\quad(x_1<\xi<x_2)$$

由 $f'(x)>0$，得 $f'(\xi)>0$，$x_2-x_1>0$，故有

$$f(x_2)-f(x_1)>0$$

即 $f(x_2)>f(x_1)$.

由 x_1,x_2 选取的任意性知，$f(x)$ 在 $[a,b]$ 上是单调增加的．

如果 $f'(x)$ 在 (a,b) 内的某点 $x=c$ 处等于零而在其余各点处均为正(负)，那么函数 $f(x)$ 在

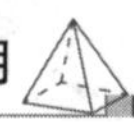

区间$[a,c]$和区间$[c,b]$上都是单调增加(减少)的. 显然,如果$f'(x)$在(a,b)内等于零的点为有限多个,只要它在其余各点保持定号,那么$f(x)$在$[a,b]$上仍是单调的,即得如下推论.

推论 3.4.1　设函数$y=f(x)$在$[a,b]$上连续,在(a,b)内可导.

(1)如果在(a,b)内$f'(x)\geqslant 0$,且等号仅在有限多个点处成立,那么函数$y=f(x)$在$[a,b]$上单调增加;

(2)如果在(a,b)内$f'(x)\leqslant 0$,且等号仅在有限多个点处成立,那么函数$y=f(x)$在$[a,b]$上单调减少.

注意:如果把上述定理及推论中的闭区间换成其他各种区间(包括无穷区间),那么结论也成立.

例 3.4.1　研究函数$y=x^3-3x+1$的单调性.

解　函数$y=x^3-3x+1$的定义域为$(-\infty,+\infty)$,$y'=3x^2-3=3(x^2-1)=3(x+1)(x-1)$.

虽然函数不是单调的,但可以利用驻点划分函数的定义区间,这样就可以使函数在各个部分区间上单调.

令$y'=0$,得$x_1=-1$,$x_2=1$.

用这两个根把区间$(-\infty,+\infty)$分成三个区间:$(-\infty,-1]$,$[-1,1]$,$[1,+\infty)$,详见表3.1.

表 3.1　例 3.4.1 函数单调区间划分表

x	$(-\infty,-1]$	$[-1,1]$	$[1,+\infty)$
$f'(x)$	+	−	+
$f(x)$	↗	↘	↗

其中符号↗和↘分别表示函数$f(x)$在相应区间上是单调增加的和单调减少的. 由表3.1可知,函数$f(x)$在区间$[-1,1]$上是单调减少的,而在$(-\infty,-1]$与$[1,+\infty)$上是单调增加的.

这里顺便指出:如果函数在定义的区间上还存在不可导的点,则划分函数的定义区间的分点,除驻点外,还应包括这些导数不存在的点以及函数没有定义的点.

例 3.4.2　讨论函数$y=|x-1|=\begin{cases}x-1, x\geqslant 1,\\ -x+1, x<1\end{cases}$的单调性.

解　函数的定义域为$(-\infty,+\infty)$.

$$y'=\begin{cases}1, x>1,\\ -1, x<1\end{cases}$$

当$x=1$时,函数的导数不存在.

在$(-\infty,1)$内$y'<0$,所以函数在$(-\infty,1)$内单调减少;在$(1,+\infty)$内$y'>0$,所以函数在$(1,+\infty)$内单调增加.

利用函数的单调性可以证明一些不等式.

例 3.4.3 证明：当 $x>0$ 时，$1+\frac{x}{2}>\sqrt{1+x}$.

证明 作函数 $f(x)=1+\frac{x}{2}-\sqrt{1+x}$，则

$$f'(x)=\frac{1}{2}-\frac{1}{2\sqrt{1+x}}=\frac{\sqrt{1+x}-1}{2\sqrt{1+x}}>0 \quad (x>0)$$

因此，在 $[0,+\infty)$ 内 $f(x)$ 是单调增加的，而 $f(0)=0$，故当 $x>0$ 时，$f(x)>f(0)=0$，

即

$$1+\frac{x}{2}-\sqrt{1+x}>0$$

也就是

$$1+\frac{x}{2}>\sqrt{1+x}$$

3.4.2 曲线的凹凸与拐点

首先看下面的例子.

函数 $y=x^2$ 与 $y=x^{\frac{1}{2}}$，它们在区间 $[0,1]$ 上都是上升的，但它们的图形却有显著的不同.

$y=x^2$ 是（向上）凹的，而 $y=x^{\frac{1}{2}}$ 是（向上）凸的（见图 3-3）. 因此我们有必要研究曲线的凹凸性，首先给出曲线凹凸的定义.

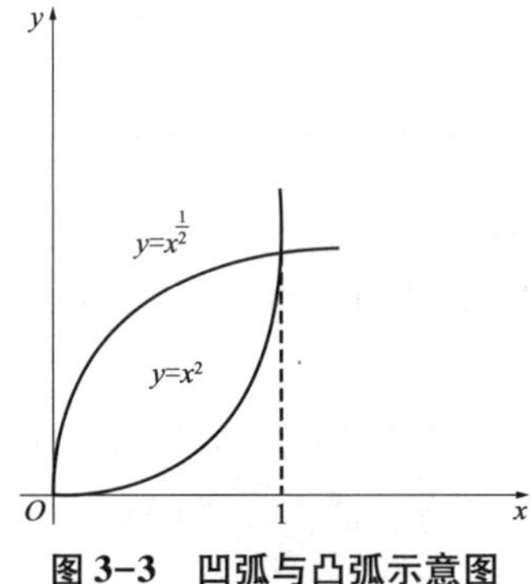

图 3-3 凹弧与凸弧示意图

定义 3.4.1 设 $f(x)$ 在闭区间 $[a,b]$ 上连续，若对于 (a,b) 内任意两点 x_1,x_2 恒有

$$f\left(\frac{x_1+x_2}{2}\right)>\frac{f(x_1)+f(x_2)}{2}$$

那么称 $f(x)$ 在 $[a,b]$ 上的图形是凸的（或凸弧）（见图 3-4(a)）；如果恒有

$$f\left(\frac{x_1+x_2}{2}\right)<\frac{f(x_1)+f(x_2)}{2}$$

那么称 $f(x)$ 在 $[a,b]$ 上的图形是凹的（或凹弧）（见图 3-4(b)）.

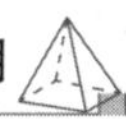

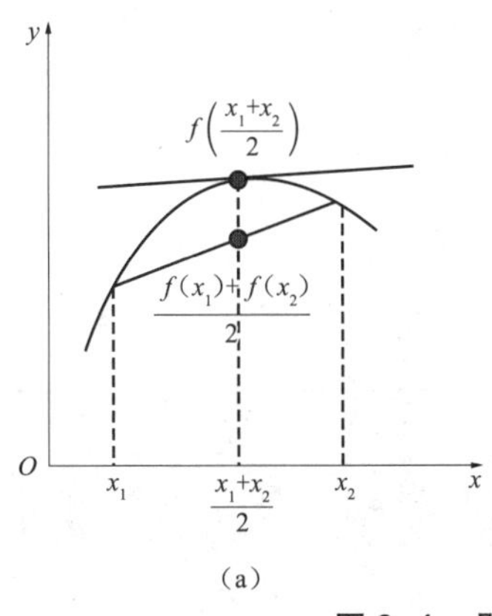

(a)

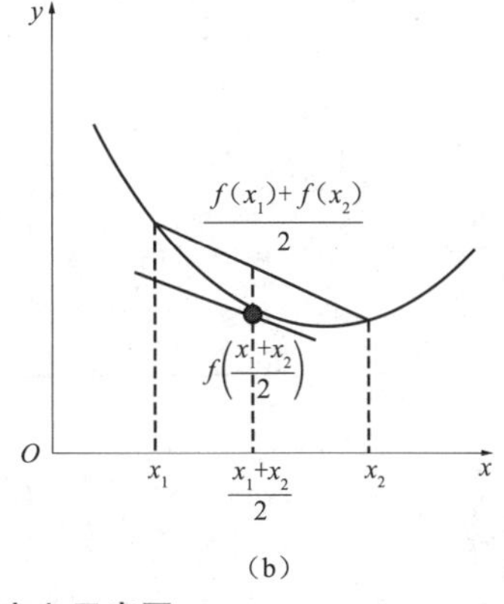

(b)

图 3-4　凸弧与凹弧的定义示意图

从几何上看,若$f(x)$在闭区间$[a,b]$上是凸的,那么连接曲线上的任意两点$(x_1,f(x_1))$,$(x_2,f(x_2))$间的弦之中点位于曲线上相应点(具有相同横坐标的点)的下面,或者曲线在弦之上,而位于切线之下.

如果函数$f(x)$在(a,b)内具有二阶导数,那么可以利用二阶导数的符号来判定曲线的凹凸,这就是下面的曲线凹凸的判定定理.

定理 3.4.2　设$f(x)$在$[a,b]$上连续,在(a,b)内具有一阶和二阶导数,则

(1)若在(a,b)内$f''(x)<0$,那么$f(x)$在$[a,b]$上的图形是凸的;

(2)若在(a,b)内$f''(x)>0$,那么$f(x)$在$[a,b]$上的图形是凹的.

证明从略.

若在点x_0的某一邻域内,曲线在点x_0的一侧是凸的,另一侧是凹的,则曲线上的点$(x_0,f(x_0))$称为曲线$y=f(x)$的**拐点**. 拐点就是曲线上的凹弧与凸弧的分界点.

从拐点的定义和曲线凹凸的判定定理可以推出,若函数具有二阶导数,点$(x_0,f(x_0))$是拐点,其横坐标x_0一定满足$f''(x_0)=0$;如果在点x_0的两侧异号,则点$(x_0,f(x_0))$是曲线的拐点. 因此求曲线$f(x)$的拐点,只要讨论$f''(x)$的零点. 同时,$f''(x)$不存在的点x_1,点$(x_1,f(x_1))$也可能是曲线的拐点. 这些点是不是拐点,只需看$f''(x)$在这些点的近旁的符号是否变号.

例 3.4.4　求曲线$y=3x^4-4x^3+1$的拐点及凹凸区间.

解　函数的定义域为$(-\infty,+\infty)$

$$y'=12x^3-12x^2$$

$$y''=36x^2-24x=36x\left(x-\frac{2}{3}\right)$$

令$y''=0$,得$x_1=0,x_2=\frac{2}{3}$.

用$x_1=0$及$x_2=\frac{2}{3}$把函数的定义域$(-\infty,+\infty)$分成三个部分区间:$(-\infty,0]$,$\left(0,\frac{2}{3}\right)$,$\left[\frac{2}{3},+\infty\right)$,详见表 3.2.

表 3.2　例 3.4.4 函数凹凸区间划分表

x	$(-\infty,0)$	0	$\left(0,\frac{2}{3}\right)$	$\frac{2}{3}$	$\left(\frac{2}{3},+\infty\right)$
y''	+	0	−	0	+
y	凹	1	凸	$\frac{11}{27}$	凹

一阶导定单调
二阶导定凹凸

因此曲线 $y=f(x)$ 在 $(-\infty,0]$、$\left[\frac{2}{3},+\infty\right)$ 上是凹的，在 $\left[0,\frac{2}{3}\right]$ 上是凸的，点 $(0,1)$，$\left(\frac{2}{3},\frac{11}{27}\right)$ 均为曲线的拐点 .

例 3.4.5　求曲线 $y=\sqrt[3]{x}$ 的拐点 .

解　函数的定义域为 $(-\infty,+\infty)$，当 $x\neq0$ 时，$y'=\frac{1}{3\sqrt[3]{x^2}}$，$y''=\frac{2}{9x\sqrt[3]{x^2}}$. 详见表 3.3.

表 3.3　例 3.4.5 函数凹凸区间划分表

x	$(-\infty,0)$	0	$(0,+\infty)$
y''	+	不存在	−
y	凹	0	凸

因此点 $(0,0)$ 是曲线的一个拐点 .

习题 3.4

1. 判定函数 $f(x)=x-\arctan x$ 的单调性 .
2. 判定函数 $f(x)=1-x-\cos x$ 的单调性 .
3. 确定下列函数的单调区间：

(1) $f(x)=2x^3-3x^2-12x+5$；

(2) $f(x)=x+\frac{1}{x}\,(x>0)$；

(3) $f(x)=x\arctan x-\frac{1}{2}\ln(1+x^2)$；

(4) $f(x)=\ln(x+\sqrt{4+x^2})$.

4. 证明下列不等式成立：

(1) 当 $x>0$ 时，$x^2+\ln(1+x)^2>2x$；

(2) 当 $0<x<\frac{\pi}{2}$ 时，$\tan x>x+\frac{x^3}{3}$；

(3) 当 $x>4$ 时，$2^x>x^2$.

5. 验证方程 $\sin x=x$ 只有一个实根.

6. 求下列函数图形的凹区间、凸区间，若有拐点，求出其拐点：

(1) $f(x)=e^{\frac{1}{x}}(x>0)$；

(2) $f(x)=2\ln(1+x^2)$.

7. m、n 为何值时，点 $(1,4)$ 是曲线 $y=mx^3+nx^2$ 的拐点？

3.5　函数的极值与最值

3.5.1　函数的极值及其求法

首先给出函数极值的定义.

定义 3.5.1　设函数 $f(x)$ 在点 x_0 的某邻域 $U(x_0)$ 内有定义，如果对于去心邻域 $\mathring{U}(x_0)$ 内的任一点 x 有

$$f(x)<f(x_0)\quad(\text{或} f(x)>f(x_0))$$

那么就称函数在点 x_0 处有**极大值** $f(x_0)$（或**极小值** $f(x_0)$），x_0 称为**极大值点**（或**极小值点**）.

函数的极大值与极小值统称为函数的**极值**，极大值点、极小值点统称为**极值点**. 如图 3-5 所示，函数 $f(x)$ 在点 x_1、x_3、x_6 处均取得极大值，而在点 x_2、x_4 处均取得极小值. 从图 3-5 可以看到，极小值 $f(x_4)$ 大于极大值 $f(x_1)$. 这是因为极值是一个局部性概念，是在一个邻域内的最小值或最大值，而不是在整个区间的最小值或最大值.

从图 3-5 中还可看到，在函数取得极值处，曲线的切线是水平的. 但曲线上有水平切线的地方，函数不一定取得极值. 例如图中 $x=x_5$ 处，曲线上有水平的切线，但 $f(x_5)$ 不是极值.

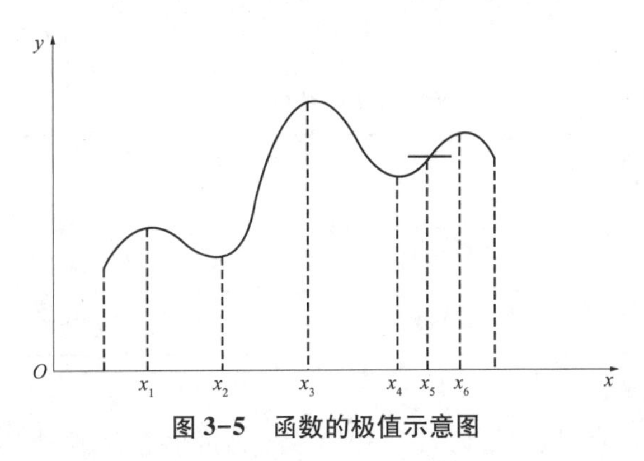

图 3-5　函数的极值示意图

下面讨论函数取得极值的必要条件和充分条件.

定理 3.5.1 （必要条件）设函数 $f(x)$ 在点 x_0 处可导，且在点 x_0 处取得极值，那么 $f'(x_0)=0$.

此定理的证明同罗尔中值定理中第二种情形证明相同，故此证明从略.

因此，定理 3.5.1 说的是：可导函数 $f(x)$ 的极值点必定是它的驻点，但反过来，函数的驻点却不一定是极值点. 例如，$f(x)=x^3$，$f'(x)=3x^2$，$f'(0)=0$. 但函数是单调增加的，不可能存在极值. 此外，函数在它的导数不存在的点处也可能取得极值. 例如，函数 $f(x)=|x|$ 在点 $x=0$ 处不可导，但函数在该点取得极小值.

怎样判定函数在驻点或不可导的点处是否取得极值？下面的定理给出判定极值的充分条件.

定理 3.5.2 （第一充分条件）设函数 $f(x)$ 在点 x_0 处连续，且在点 x_0 的某去心邻域 $\mathring{U}(x_0,\delta)$ 内可导.

(1) 若 $x\in(x_0-\delta,x_0)$，$f'(x)>0$，而 $x\in(x_0,x_0+\delta)$ 时，$f'(x)<0$，那么 $f(x)$ 在点 x_0 处取得极大值；

(2) 若 $x\in(x_0-\delta,x_0)$，$f'(x)<0$，而 $x\in(x_0,x_0+\delta)$ 时，$f'(x)>0$，那么 $f(x)$ 在点 x_0 处取得极小值.

证明 就情形(1)来说，根据函数单调性的判定法，函数 $f(x)$ 在 $(x_0-\delta,x_0)$ 内单调增加，而在 $(x_0,x_0+\delta)$ 内单调减小，又由于函数 $f(x)$ 在点 x_0 连续，故当 $x\in\mathring{U}(x_0,\delta)$ 时，总有 $f(x)<f(x_0)$. 所以，$f(x_0)$ 是 $f(x)$ 的一个极大值.

类似地可证明情形(2).

定理 3.5.2 说明，如果函数 $f(x)$ 在点 x_0 处有定义且连续，而且 $f'(x)$ 在点 x_0 的两侧的符号相反，则点 x_0 一定是极值点，否则就不是极值点.

例 3.5.1 求出函数 $y=(x-1)\sqrt[3]{x^2}$ 的极值.

解

$$y'=\frac{5}{3}x^{\frac{2}{3}}-\frac{2}{3}x^{-\frac{1}{3}}=\frac{5x-2}{3\sqrt[3]{x}}$$

令 $y'=0$，得驻点 $x=\frac{2}{5}$；$x=0$ 为函数的不可导点，详见表 3.4.

表 3.4 例 3.5.1 函数单调区间划分表

x	$(-\infty,0)$	0	$\left(0,\frac{2}{5}\right)$	$\frac{2}{5}$	$\left(\frac{2}{5},+\infty\right)$
y'	+	不存在	−	0	+
y	↗	极大值点	↘	极小值点	↗

因此，$x=0$ 为极大值点，极大值为 $f(0)=0$；$x=\frac{2}{5}$ 为极小值点，极小值为

$$f\left(\frac{2}{5}\right)=-\frac{3}{5}\sqrt[3]{\frac{4}{25}}$$

当函数$f(x)$在驻点处的二阶导数存在且不为零时,也可用下面定理来判定$f(x)$在驻点处取得极大值还是极小值.

定理 3.5.3　(第二充分条件)设$f'(x_0)=0$, $f''(x_0)\neq0$,那么

(1)当$f''(x_0)<0$时,函数$f(x)$在点x_0处取得极大值;

(2)当$f''(x_0)>0$时,函数$f(x)$在点x_0处取得极小值.

证明　证情形(1),由于$f''(x_0)<0$,按二阶导数的定义有

$$f''(x_0)=\lim_{x\to x_0}\frac{f'(x)-f'(x_0)}{x-x_0}<0$$

由于$f'(x_0)=0$,故有

$$f''(x_0)=\lim_{x\to x_0}\frac{f'(x)}{x-x_0}<0$$

根据函数极限的性质(保号性定理),当x在点x_0的足够小的去心邻域内时,有

$$\frac{f'(x)}{x-x_0}<0$$

从而知道,对于此去心邻域内的x来说,$f'(x)$与$x-x_0$符号相反.因此,当$x-x_0<0$时,$f'(x)>0$;当$x-x_0>0$,即$x>x_0$时,$f'(x)<0$.于是根据定理3.5.2知道,$f(x)$在点x_0处取得极大值.

类似地可证明情形(2).

定理3.5.3提供了利用函数$f(x)$的二阶导数的符号判别驻点是否为极值的方法,从实用上看,定理3.5.3较定理3.5.2简便.但此时要求也严格了,它不仅要求$f'(x)$存在,还需要$f''(x)$也存在,对于某些驻点,其二阶导数值为零,此时这种方法失效,只能用定理3.5.2判断.

例 3.5.2　求函数$y=(x^2-1)^3+1$的极值.

解　$y'=6x(x^2-1)^2$,令$y'=0$,得驻点:$x_1=0$, $x_2=-1$, $x_3=1$.

$$y''=6(x^2-1)(5x^2-1)$$

当$x_1=0$时,$y''(0)=6>0$,故y在点$x=0$处取得极小值$f(0)=0$.

当$x_2=-1$时,$y''(-1)=0$.由于在点$x_2=-1$的足够小的邻域内都有$f'(x)<0$,故函数在点$x_2=-1$处取不到极值;当$x_3=1$时,$y''(1)=0$,同上讨论相同,在点$x_3=1$处函数也取不到极值.

3.5.2　最大值和最小值问题

在实践中常会遇到在一定条件下怎样使材料最省、效率最高、性能最好、进程最快等问题.在许多场合,这类问题可归结为求一个函数在给定区间上的最大值或最小值.

如果$f(x)$在$[a,b]$上连续,则它一定有最大值和最小值.如何求得呢?若$f(x)$在(a,b)内某点x_0取得最大值(或最小值),则这个最大值(或最小值)同时也是点x_0的极大值(或极

小值），也就是说应在极值点上取得．但同时最大值（或最小值）也可能在区间$[a,b]$的端点取得．因此，可用如下方法求$f(x)$在$[a,b]$上的最大值和最小值．

设$f(x)$在(a,b)内所有可能的极值点为$x_1,\cdots,x_n$，则

$$f(a),f(x_1),\cdots,f(x_n),f(b)$$

中最大的便是$f(x)$在$[a,b]$上的最大值，最小的便是$f(x)$在$[a,b]$上的最小值．

例 3.5.3 求函数$f(x)=(x-1)\sqrt[3]{x^2}$在$\left[-1,\frac{1}{2}\right]$上的最大值和最小值．

解 由于$f'(x)=\frac{5x-2}{3\sqrt[3]{x}}$，于是$x_1=\frac{2}{5}$，$x_2=0$可能是函数的极值点．由于$f(0)=0$，$f\left(\frac{2}{5}\right)=-\frac{3}{5}\sqrt[3]{\frac{4}{25}}$，$f(-1)=-2$，$f\left(\frac{1}{2}\right)=-\frac{1}{4}\sqrt[3]{2}$．因此，在$\left[-1,\frac{1}{2}\right]$上$f(x)$的最大值为$f(0)=0$，最小值为$f(-1)=-2$.

在实际应用问题中，往往根据问题本身的性质可以断定可导函数$f(x)$确有最大值（或最小值），而且一定在其定义区间的内部取得．这时，如果方程$f'(x)=0$在定义的区间内部只有一个根x_0，那么$f(x_0)$就是所要求的最大值（或最小值）.

例 3.5.4 将一块边长为a的正方形铁皮，从每个角截去同样的小方块，然后把四边折起来，做成一个无盖的盒子，问：截去多少，方能使做成的盒子的容积最大？

解 如图 3-6 所示，设截去的小方块边长为x，则做成的盒子的容积为

$$V=(a-2x)^2x,0<x<\frac{a}{2}$$

$$V'=(a-2x)^2-4(a-2x)x=(a-2x)(a-6x)$$

令$V'=0$，得$x_1=\frac{a}{6}$，$x_2=\frac{a}{2}$（舍去）.

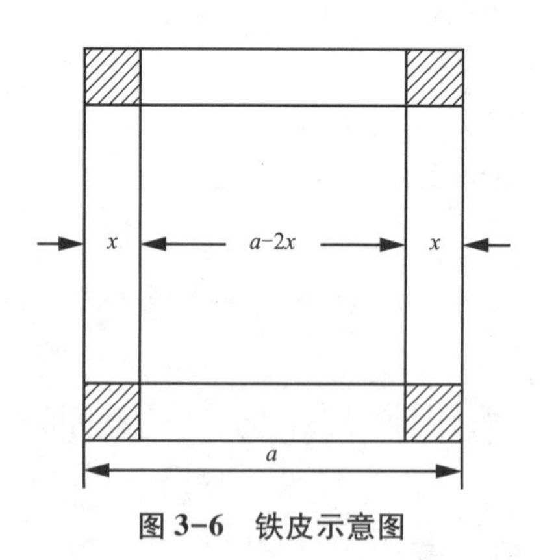

图 3-6 铁皮示意图

由于盒子的最大容积是客观存在的，而且在区间$\left(0,\frac{a}{2}\right)$内部只上有一个驻点$x=\frac{a}{6}$，因此可知，当$x=\frac{a}{6}$时，$V$取得最大值，即盒子的容积最大．

习题 3.5

1. 求下列函数的极值：

(1) $f(x)=2x^3-6x^2-18x+1$；

(2) $f(x)=x-\ln(1+x)+3$；

(3) $f(x)=e^x\cos x(0\leqslant x\leqslant 2\pi)$；

(4) $f(x)=2x^3-3x^2-4$.

2. a 为何值时，函数 $f(x)=a\sin x+\dfrac{1}{3}\sin 3x$ 在 $x=\dfrac{\pi}{3}$ 处取得极值？是极大值还是极小值？并求极值.

3. 求下列函数的最大值、最小值：

(1) $f(x)=\sqrt{5-4x}, -1\leqslant x\leqslant 1$；

(2) $f(x)=x^4-2x^2+3, -1\leqslant x\leqslant 1$；

(3) $f(x)=2x^3-3x^2-12x+5, -2\leqslant x\leqslant 1$.

4. 某小区需建一个面积为 288m^2 的矩形花坛，一边可用原来的石条围沿，另三边需要砌新石条围沿，问：花坛的长和宽各为多少时，才能使材料最省？

5. 要做一个圆锥形漏斗，其母线长为 $10\sqrt{3}$ cm，要使其体积最大，其高应为多少？

3.6　函数图形的描绘

为了了解一个函数的性态特征，需要作出其图形，因为根据图形便可清楚地看出两个变量 x 与 y 之间的变化状况．逐点描迹是函数作图的基本方法，然而单纯地使用这种方法，就需要对许多 x 值计算相应的函数值，这样做不仅计算量大，而且即使描的点很多，对函数的了解仍然是肤浅和粗糙的．有了前面几节的知识，现在可以考虑函数的作图问题了．函数图形的描绘一般步骤如下：

(1) 确定函数 $y=f(x)$ 的定义域及函数所具有的某些特性（如奇偶性、周期性等），并求出函数的一阶导数 $f'(x)$ 和二阶导数 $f''(x)$.

(2) 求出 $f''(x)=0$ 在定义域内的全部实根及函数 $f(x)$ 的间断点、$f'(x)$ 和 $f''(x)$ 不存在的点，以这些点为分点，把函数的定义域分成几个区间.

(3) 确定在这些区间中 $f'(x)$ 和 $f''(x)$ 的符号，明确函数图形的升降、凹凸、极值点和拐点.

(4) 确定函数图形的水平、铅直渐近线.

(5) 描点作图，求出一些特殊点处的函数值，例如，与坐标轴的交点、极值点、拐点. 有时为了把图形描绘得准确些，还需要补充一些点，连接这些点便可画出函数 $y=f(x)$ 的图形.

注意：作图要掌握“两点一线”，两点是指极值点与拐点，一线是指曲线的渐近线.

例 3.6.1　描绘函数 $f(x)=e^{-\frac{1}{x}}$ 的图形.

解 函数的定义域为$(-\infty,0)\cup(0,+\infty)$.

$$f'(x)=\frac{1}{x^2}e^{-\frac{1}{x}},\ f''(x)=\frac{1-2x}{x^4}e^{-\frac{1}{x}}$$

令$y''=0$,得$x=\frac{1}{2}$,详见表3.5.

表3.5 例3.6.1函数单调、凹凸区间划分表

x	$(-\infty,0)$	$\left(0,\frac{1}{2}\right)$	$\frac{1}{2}$	$\left(\frac{1}{2},+\infty\right)$
$f'(x)$	+	+		+
$f''(x)$	+	+	0	-
$f(x)$	凹↗	凹↗	拐点$\left(\frac{1}{2},f\left(\frac{1}{2}\right)\right)$	凸↗

由于$\lim\limits_{x\to\infty}y=1$,故$y=1$为水平渐近线．$\lim\limits_{x\to0^+}y=0$,$\lim\limits_{x\to0^-}y=+\infty$,$x=0$为铅直渐近线.$f\left(\frac{1}{2}\right)=0.14$,为了准确作出其图形,还可以补充一些点,如$f(-2)=e^{\frac{1}{2}}\approx1.6$,$f(-1)=e\approx2.7$,$f\left(-\frac{1}{2}\right)=e^2\approx7.4$,$f(1)=\frac{1}{e}\approx0.4$,如图3-7所示．

例3.6.2 作出函数$f(x)=1+\frac{36x}{(x+3)^2}$的图形．

解 函数的定义域为$(-\infty,-3)\cup(-3,+\infty)$.

$$f'(x)=\frac{36(3-x)}{(x+3)^3},\quad f''(x)=\frac{72(x-6)}{(x+3)^4}$$

令$f'(x)=0$,得$x_1=3$; $f''(x)=0$,得$x_2=6$,$x=-3$,为函数的间断点,详见表3.6.

表3.6 例3.6.2函数单调、凹凸区间划分表

x	$(-\infty,-3)$	$(-3,3)$	3	$(3,6)$	6	$(6,+\infty)$
$f'(x)$	-	+	0	-		-
$f''(x)$	-	-		-	0	+
$f(x)$	凸↘	凸↗	极大值4	凸↘	拐点$\left(6,\frac{11}{3}\right)$	凹↘

$\lim\limits_{x\to\infty}f(x)=1$,$f(x)=1$为水平渐近线;$\lim\limits_{x\to-3}f(x)=-\infty$,$x=-3$为铅直渐近线.

这里$f(3)=4$,$f(6)=\frac{11}{3}$,$f(0)=1$,为了准确作出其图形,还可以补充一些点,如$f(-1)=-8$,$f(-9)=-8$,$f(-15)=-\frac{11}{4}$,如图3-8所示．

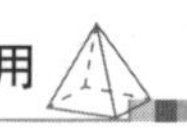

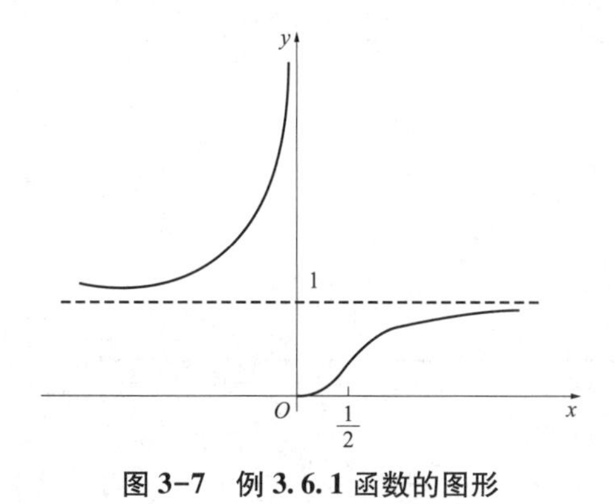

图 3-7　例 3.6.1 函数的图形

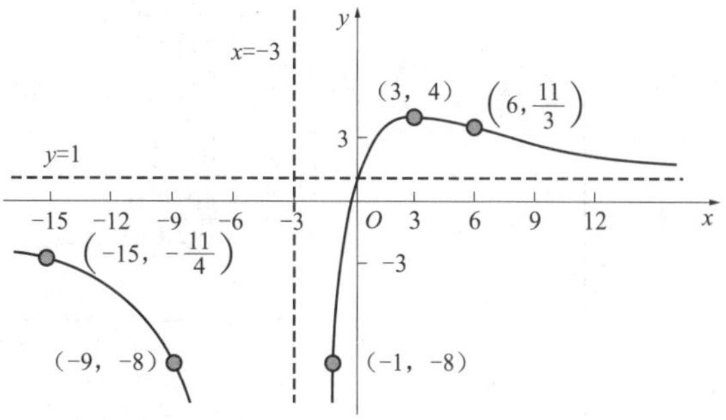

图 3-8　例 3.6.2 函数的图形

习题 3.6

1. 描绘函数 $f(x)=2x^3-3x^2-12x+5$ 的图形．

2. 描绘函数 $f(x)=x+\dfrac{1}{x}(x>0)$ 的图形．

本章小结

本章的主要内容是微分中值定理与导数的应用．

微分中值定理包括罗尔中值定理、拉格朗日中值定理和柯西中值定理，另外，泰勒中值定理也属微分中值定理的范畴．拉格朗日中值定理是微分中值定理的核心，罗尔中值定理是拉格朗日中值定理当 $f(a)=f(b)$ 时的特殊情况，柯西中值定理和泰勒中值定理均是拉格朗日中值定理的推广．其中，柯西中值定理是拉格朗日中值定理从一个函数到两个函数下的推广；而泰勒中值定理均是拉格朗日中值定理在高阶下的推广，泰勒中值定理当 $n=0$ 时成为拉格朗日中值定理．泰勒中值定理体现了用一个多项式去逼近函数的思想．

导数的一个应用是研究函数及其曲线的性态．函数的许多重要性质如单调性、凹凸性、极值、最值等均可由函数增量与自变量增量间的关系来表述，微分中值定理建立了函数增量、自变量增量和函数导数间的联系，由此可以用导数来判断函数单调性、凹凸性和求极值、拐点．中值定理是沟通函数及其导数的桥梁，是应用导数的局部性质研究函数在区间上整体性质的重要工具．

导数的另一个应用是研究未定式的极限．由柯西中值定理推导出的洛必达法则是解决未定式极限问题的有效方法，它可以解决 $\dfrac{0}{0}$、$\dfrac{\infty}{\infty}$ 型未定式的极限问题．其他形如 $0\cdot\infty$、$\infty-\infty$、1^{∞}、0^0、∞^0 型的未定式极限，要通过变换转化为 $\dfrac{0}{0}$ 或 $\dfrac{\infty}{\infty}$ 这两种基本型后应用洛必达法则解决．

思维导图如下：

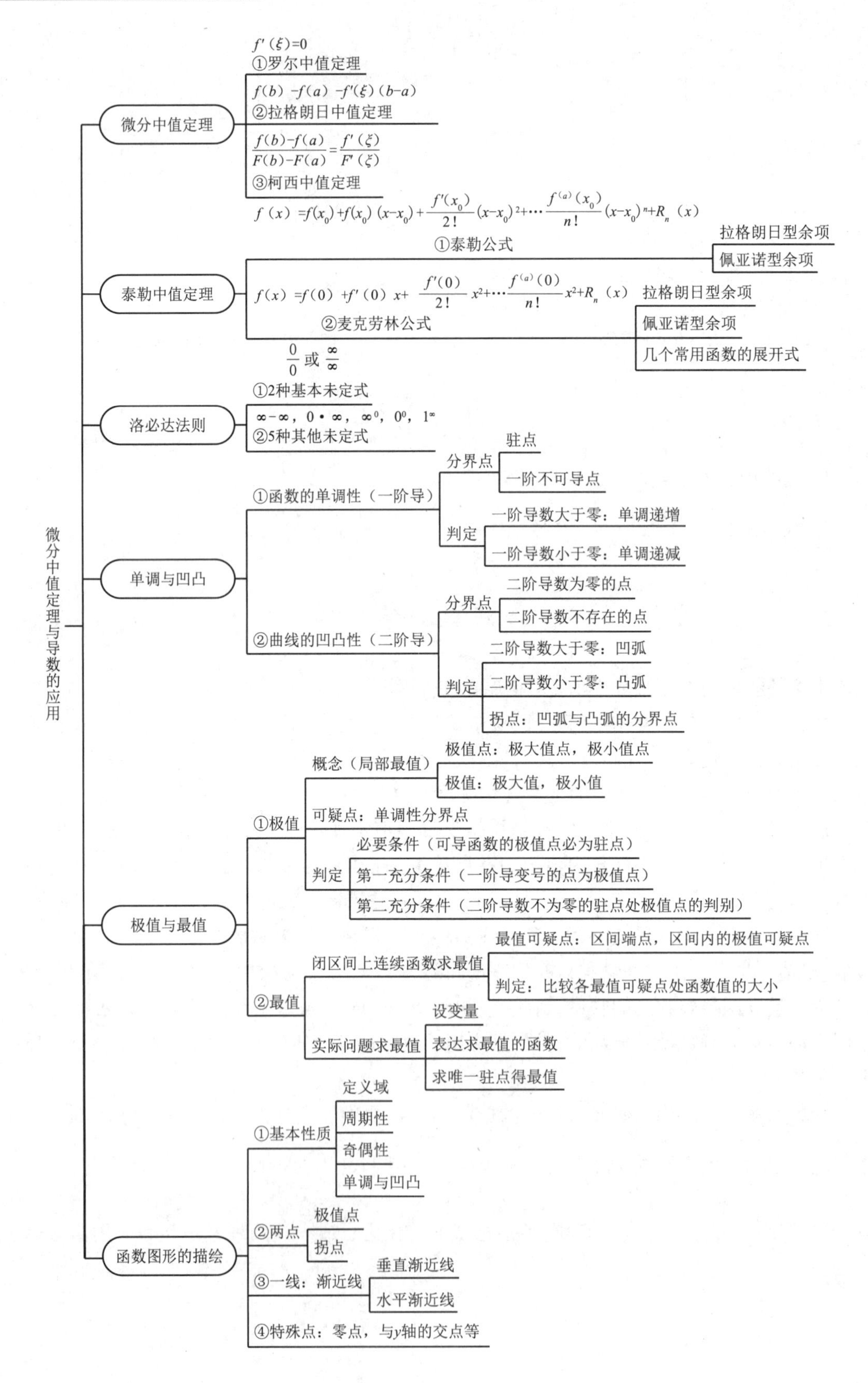

微分中值定理与导数的应用
微分中值定理
$f'(\xi)=0$
①罗尔中值定理
$f(b)-f(a)=f'(\xi)(b-a)$
②拉格朗日中值定理
$\frac{f(b)-f(a)}{F(b)-F(a)}=\frac{f'(\xi)}{F'(\xi)}$
③柯西中值定理
泰勒中值定理
$f(x)=f(x_0)+f(x_0)(x-x_0)+\frac{f'(x_0)}{2!}(x-x_0)^2+\cdots\frac{f^{(a)}(x_0)}{n!}(x-x_0)^n+R_n(x)$
①泰勒公式
拉格朗日型余项
佩亚诺型余项
$f(x)=f(0)+f'(0)x+\frac{f'(0)}{2!}x^2+\cdots\frac{f^{(a)}(0)}{n!}x^2+R_n(x)$
②麦克劳林公式
拉格朗日型余项
佩亚诺型余项
几个常用函数的展开式
洛必达法则
$\frac{0}{0}$ 或 $\frac{\infty}{\infty}$
①2种基本未定式
$\infty-\infty$，$0\cdot\infty$，∞^0，0^0，1^∞
②5种其他未定式
单调与凹凸
①函数的单调性（一阶导）
分界点
驻点
一阶不可导点
判定
一阶导数大于零：单调递增
一阶导数小于零：单调递减
②曲线的凹凸性（二阶导）
分界点
二阶导数为零的点
二阶导数不存在的点
判定
二阶导数大于零：凹弧
二阶导数小于零：凸弧
拐点：凹弧与凸弧的分界点
极值与最值
①极值
概念（局部最值）
极值点：极大值点，极小值点
极值：极大值，极小值
可疑点：单调性分界点
判定
必要条件（可导函数的极值点必为驻点）
第一充分条件（一阶导变号的点为极值点）
第二充分条件（二阶导数不为零的驻点处极值点的判别）
②最值
闭区间上连续函数求最值
最值可疑点：区间端点，区间内的极值可疑点
判定：比较各最值可疑点处函数值的大小
实际问题求最值
设变量
表达求最值的函数
求唯一驻点得最值
函数图形的描绘
①基本性质
定义域
周期性
奇偶性
单调与凹凸
②两点
极值点
拐点
③一线：渐近线
垂直渐近线
水平渐近线
④特殊点：零点，与y轴的交点等

第三章　自测题

1. 填空题.

(1) $\lim\limits_{x\to 0}\left(\dfrac{1}{x^2}-\dfrac{1}{x\tan x}\right)=$________.

(2) 函数 $f(x)=x^3-3x+4$ 在闭区间________单调减少.

(3) 函数 $f(x)=xe^x$ 在 $x=$________取得极小值.

(4) 曲线 $f(x)=e^{-\frac{1}{x}}$ 的拐点为________.

(5) 函数 $f(x)=x+2\cos x$ 在区间 $\left[0,\dfrac{\pi}{2}\right]$ 上的最大值为________.

2. 单选题.

(1) 关于曲线 $f(x)=\ln x$ 的渐近线,下述结论中正确的是(　　).

A. 只有水平渐近线

B. 只有铅直渐近线

C. 既有水平渐近线,又有铅直渐近线

D. 既没有水平渐近线,也没有铅直渐近线

(2) 设 $f(x)$ 有二阶连续导数,且 $f'(0)=0$, $\lim\limits_{x\to 0}\dfrac{f''(x)}{|x|}=1$,则(　　).

A. $f(0)$ 是 $f(x)$ 的极大值

B. $f(0)$ 是 $f(x)$ 的极小值

C. $(0,f(0))$ 是曲线 $y=f(x)$ 的拐点

D. $f(0)$ 不是 $f(x)$ 的极值, $(0,f(0))$ 也不是曲线 $y=f(x)$ 的拐点

(3) 设函数 $f(x)$ 在 $[0,1]$ 上满足 $f''(x)>0$,则下列不等式成立的是(　　).

A. $f'(1)>f(1)-f(0)>f'(0)$

B. $f'(1)>f'(0)>f(1)-f(0)$

C. $f(1)-f(0)>f'(1)>f'(0)$

D. $f'(1)>f(0)-f(1)>f'(0)$

(4) 设 $\lim\limits_{x\to 2}\dfrac{f(x)-f(2)}{(x-2)^2}=-1$,则 $f(x)$ 在点 $x=2$(　　).

A. 可导且 $f'(2)=-1$　　　　B. 不可导

C. 取极大值　　　　D. 取极小值

(5) 已知函数 $y=f(x)$ 对一切 x 满足 $xf''(x)+3x[f'(x)]^2=1-e^{-x}$,若 $f'(x_0)=0$　$(x_0\neq 0)$,则(　　).

A. $f(x_0)$ 是 $f(x)$ 的极大值

B. $f(x_0)$ 是 $f(x)$ 的极小值

C. $(x_0,f(x_0))$ 是曲线 $y=f(x)$ 的拐点

D. $f(x_0)$不是$f(x)$的极值，$(x_0,f(x_0))$也不是曲线$y=f(x)$的拐点

(6)使函数$f(x)=\sqrt{x^2(1-x^2)}$适合罗尔中值定理条件的区间是(　　).

A. $[0,1]$　　B. $[-1,1]$

C. $\left[-\frac{3}{5},\frac{4}{5}\right]$　　D. $\left[-\frac{5}{13},\frac{12}{13}\right]$

(7)方程$x^3-3x+1=0$在区间$(0,1)$内(　　).

A. 无实根　　B. 有唯一实根

C. 有2个实根　　D. 有3个实根

(8)点$(0,1)$是曲线$f(x)=ax^3+bx^2+1$的拐点，则必有(　　).

A. $a=1,b=-3$　　B. a任意，$b=0$

C. $a=1,b=0$　　D. a任意，$b=-3a$

(9)曲线$f(x)=e^{-x^2}+1$的拐点情况是(　　).

A. 没有拐点　　B. 有3个拐点

C. 有2个拐点　　D. 有1个拐点.

(10)曲线$f(x)=x^2-x^3+1$在区间$\left(0,\frac{1}{3}\right)$内的特性是(　　).

A. 函数单调递减，曲线是凹弧　　B. 函数单调递减，曲线是凸弧

C. 函数单调递增，曲线是凸弧　　D. 函数单调递增，曲线是凹弧

3. 主观题.

(1)设$f(x)$在$[0,1]$上连续，在$(0,1)$内可导且$f(1)=0$，证明方程$xf'(x)+2f(x)=0$在$(0,1)$内至少有一实根.

(2)证明：若函数$f(x)$在$(-\infty,+\infty)$内满足关系式$f'(x)=f(x)$，且$f(0)=1$，则$f(x)=e^x$.

(3)设$0<\alpha<\beta<\frac{\pi}{2}$，证明：$\frac{\beta-\alpha}{\cos^2\alpha}<\tan\beta-\tan\alpha<\frac{\beta-\alpha}{\cos^2\beta}$.

(4)求函数$f(x)=\arctan x$的带有佩亚诺余项的3阶麦克劳林公式.

(5)求下列极限：

①$\lim\limits_{x\to0}\frac{e^{x^2}-1}{\cos 2x-1}$；　　②$\lim\limits_{x\to0^+}\frac{\ln\cot x}{\ln x}$；

③$\lim\limits_{x\to0}\left[\frac{1}{\ln(1+x)}-\frac{1}{x}\right]$；　　④$\lim\limits_{x\to+\infty}\left(\frac{2}{\pi}\arctan x\right)^x$.

(6)求函数$f(x)=3x-x^3+\sin 2$的单调增区间.

(7)求函数$f(x)=3x-x^3+\sin 2$的凹凸区间与拐点.

(8)求函数$f(x)=(x-2)^3(x+3)^2$在闭区间$[-2,2]$上的最值.

(9)一个直径为$2r$的半圆形的窗框下，连接一个高为a的长方形窗框，框架总长等于定值2. 问：圆半径r与长方形高a各为多少时，总面积最大?

延展阅读

微分中值定理是微分学的基本定理之一．人们对微分中值定理的认识可以追溯到公元前古希腊时代．古希腊数学家在几何研究中得到如下结论:“过抛物线弓形的顶点的切线必平行于抛物线弓形的底”,这正是拉格朗日中值定理的特殊情况．希腊著名数学家阿基米德(Archimedes)巧妙地利用这一结论,求出抛物线弓形的面积．

人们对微分中值定理的研究,从微积分建立之时就开始了．1637 年,著名的法国数学家费马在《求最大值和最小值的方法》中给出费马定理,在教科书中,人们通常将它称为费马定理．1691 年,法国数学家罗尔在《方程的解法》一文中给出多项式形式的罗尔中值定理．1797 年,法国数学家拉格朗日在《解析函数论》一书中给出拉格朗日中值定理,并给出最初的证明．对微分中值定理进行系统研究的是法国数学家柯西．他是数学分析严格化运动的推动者,他的 3 部巨著《分析教程》《无穷小计算教程概论》(1823 年)、《微分计算教程》(1829 年)以严格化为其主要目标,对微积分理论进行了重构．他首先赋予中值定理以重要作用,使其成为微分学的核心定理．在《无穷小计算教程概论》中,柯西首先严格地证明了拉格朗日中值定理,又在《微分计算教程》中将其推广为广义中值定理——柯西中值定理．从而发现了最后一个微分中值定理．

微分中值定理在微积分理论系统中占有重要的地位．它是研究函数的重要工具和微分学的重要组成部分．例如,柯西利用微分中值定理给洛必达法则以严格的证明．

洛必达法则是由法国数学家洛必达在其 1696 年出版的《用于理解曲线的无穷小分析》一书中首次提出来的,在这部世界上第一部系统的微积分教程中,洛必达给出了求分子分母同趋于零的分式的极限的法则,后人称之为“洛必达法则”．

中值定理是微积分的组成部分,但是微积分的产生除了前人的努力和众多的历史原因外,当时最直接的原因应归结为 16—17 世纪 4 类问题对数学工具的迫切需要:求曲线的切线,求变速运动的瞬时速度,求某种条件下的最大值和最小值,求不规则图形的面积、体积、弧长、重心、转动惯量等．因此,极值问题是导致微积分产生的几类基本问题之一,它们最初都是从当时的科学技术发展过程中提出的．

17 世纪初,德国天文学家、数学家开普勒(Kepler)开始对于求函数最大值和最小值问题进行研究,他在酒桶体积的测量中提出了一个确定最佳比例的问题,这启发他考虑很多有关极大、极小值的问题．他的方法是通过列表,从观察中得出结果．他发现:当体积接近极大值时,由于尺寸的变化所产生的体积变化越来越小．这正是在极值点处导数为零这一命题的原始形式．费马在《求极大值与极小值的方法》(1636 年以前)中把求切线与求极值的方法统一了起来,这对后来牛顿、莱布尼茨创立统一的基本方法——微分法有很大启发．直到 1671 年,牛顿在《流数法与无穷级数》中正式将极大值和极小值问题作为一个基本问题加以叙述和处理．1684 年,莱布尼茨发表了《一种求极大、极小值与切线的新方法》,这是数学史上第一篇公开发表的微积分学论文．

人们对微分中值定理的研究,大约经历了两百多年的时间．从费马定理开始,经历了从特殊到一般,从直观到抽象,从强条件到条件的发展阶段．人们正是在这一发展过程中,逐渐认识到微分中值定理的普遍性的．

第四章 不定积分

微分学的基本问题是已知一个函数,求它的导数.但在实际问题中往往也会遇到与之相反的问题:已知一个函数的导数,求它原来的函数,由此产生了积分学.积分学包含不定积分和定积分两部分.本章将研究不定积分的概念、性质和基本积分方法.

4.1 不定积分的概念与性质

4.1.1 原函数与不定积分的概念

1. 原函数的定义

定义 4.1.1 如果在区间 I 上,可导函数 $F(x)$ 的导函数为 $f(x)$,即

$$F'(x)=f(x) \quad 或 \quad dF(x)=f(x)dx \quad (x\in I)$$

则称函数 $F(x)$ 是函数 $f(x)$(或 $f(x)dx$)在区间 I 上的**原函数**.

例如,因 $(\sin x)'=\cos x, x\in(-\infty,+\infty)$,故 $\sin x$ 是 $\cos x$ 在 $(-\infty,+\infty)$ 内的一个原函数.因为 $(\sin x+C)'=\cos x$(C 为任意常数),所以 $\sin x+C$ 也是 $\cos x$ 在 $(-\infty,+\infty)$ 内的原函数.

关于原函数,我们围绕下面 3 个问题加以研究:

(1)一个函数具备什么条件,其原函数一定存在?

(2)如果某函数存在原函数,那么它的原函数是否唯一?

(3)原函数如果不唯一,同一函数的不同原函数之间存在什么关系?

对于第 1 个问题,我们将在第 5 章详细讨论,这里只给出如下结论:

定理 4.1.1(原函数存在定理) 如果函数 $f(x)$ 在区间 I 上连续,那么在区间 I 上存在可导函数 $F(x)$,使

$$F'(x)=f(x), x\in I$$

即连续函数必有原函数.

对于第 2 个问题,从上面的例子不难发现:

如果函数 $f(x)$ 在区间 I 上存在原函数 $F(x)$,那么它的原函数不是唯一的.

因为对于任何常数 C,都有

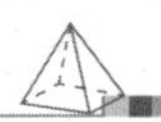

$$[F(x)+C]'=F'(x)=f(x)\ (x\in I)$$

即 $F(x)+C$ 也是 $f(x)$ 的原函数．所以如果 $f(x)$ 有一个原函数，那么它就有无穷多个原函数．

对于第 3 个问题，设 $G(x)$ 是 $f(x)$ 的另一个原函数，即当 $x\in I$ 时

$$G'(x)=f(x)$$

于是

$$[G(x)-F(x)]'=G'(x)-F'(x)=f(x)-f(x)=0$$

由第 3 章中微分中值定理的推论得

$$G(x)-F(x)=C\quad (C\text{ 为常数})$$

即

$$G(x)=F(x)+C$$

这表明 $G(x)$ 与 $F(x)$ 只相差一个常数，即 $f(x)$ 的任何其他原函数与 $F(x)$ 之间只相差一个常数．因此，当 C 为任意常数时，表达式

$$F(x)+C$$

就可表示 $f(x)$ 的全体原函数．

2. 不定积分的定义

定义 4.1.2 在区间 I 上，函数 $f(x)$ 的全体原函数 $F(x)+C$ 称为 $f(x)$（或 $f(x)\mathrm{d}x$）在区间 I 上的不定积分，记作 $\int f(x)\mathrm{d}x$，即

$$\int f(x)\mathrm{d}x=F(x)+C$$

其中，"$\int$"称为**积分号**；$f(x)$ 称为**被积函数**；$f(x)\mathrm{d}x$ 称为**被积表达式**；x 称为**积分变量**；C 称为**积分常数**．

由此可知，求 $f(x)$ 的不定积分，就是求 $f(x)$ 的全体原函数，而求所有的原函数，就变成只求 $f(x)$ 的一个原函数，再加上积分常数 C 即可．

例 4.1.1 求 $\int \frac{1}{1+x^2}\mathrm{d}x$.

解 因为 $(\arctan x)'=\frac{1}{1+x^2}$，所以

$$\int \frac{1}{1+x^2}\mathrm{d}x=\arctan x+C$$

例 4.1.2 求 $=\int \frac{1}{x}\mathrm{d}x$.

解 当 $x>0$ 时，$(\ln x)'=\frac{1}{x}$，$\int \frac{1}{x}\mathrm{d}x=\ln x+C$.

当 $x<0$ 时，$[\ln(-x)]'=\frac{1}{-x}\cdot(-1)=\frac{1}{x}$，$\int \frac{1}{x}\mathrm{d}x=\ln(-x)+C$.

综上所述，有$\int \frac{1}{x}\mathrm{d}x=\ln|x|+C$.

3. 不定积分的几何意义

例 4.1.3 设曲线通过点(1,2)，且其上任一点处的切线斜率等于这点横坐标的两倍，求此曲线方程.

解 设曲线方程为$y=F(x)$，由题意知，$F'(x)=2x$，即$F(x)$是函数$y=2x$的一个原函数.因$\int 2x\mathrm{d}x=x^2+C$，故必有$F(x)=x^2+C$.

又曲线过点(1,2)，将点(1,2)代入$F(x)=x^2+C$，求得$C=1$. 所以，所求曲线方程为$y=x^2+1$.

函数$f(x)$的任意一个原函数$F(x)$的图形称为$f(x)$的一条积分曲线，其方程为$y=F(x)$. $f(x)$的全体原函数$F(x)+C$的图形称为$f(x)$的积分曲线族，方程为$y=F(x)+C$或$y=\int f(x)\mathrm{d}x$.

上例即是求函数$2x$的通过点(1,2)的那条积分曲线. 显然，这条积分曲线可由另一条积分曲线(如$y=x^2$)沿y轴方向平移而得(见图4-1).

因此，不定积分$\int f(x)\mathrm{d}x$在几何上表示$f(x)$的积分曲线族$y=F(x)+C$. 这族曲线可由一条积分曲线$y=F(x)$经上下平行移动而得. 即在积分曲线族上横坐标相同的点处，所有积分曲线的切线都是互相平行的(见图4-2).

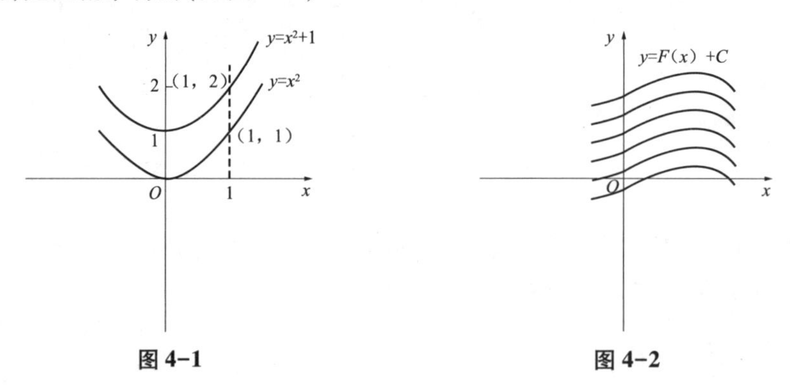

图 4-1　　图 4-2

4.1.2 基本积分表

由于积分运算与微分运算是互逆的运算，因此由导数的基本公式就可以得到相应的基本积分公式.

(1) $\int k\mathrm{d}x=kx+C$;

(2) $\int x^{\alpha}\mathrm{d}x=\frac{1}{\alpha+1}x^{\alpha+1}+C \quad (\alpha\neq-1)$;

(3) $\int \frac{1}{x}\mathrm{d}x=\ln|x|+C$;

(4) $\int a^x \mathrm{d}x = \frac{a^x}{\ln a} + C \quad (a>0, a \neq 1)$;

(5) $\int \mathrm{e}^x \mathrm{d}x = \mathrm{e}^x + C$;

(6) $\int \sin x \mathrm{d}x = -\cos x + C$;

(7) $\int \cos x \mathrm{d}x = \sin x + C$;

(8) $\int \frac{1}{\cos^2 x} \mathrm{d}x = \int \sec^2 x \mathrm{d}x = \tan x + C$;

(9) $\int \frac{1}{\sin^2 x} \mathrm{d}x = \int \csc^2 x \mathrm{d}x = -\cot x + C$;

(10) $\int \sec x \tan x \mathrm{d}x = \sec x + C$;

(11) $\int \csc x \cot x \mathrm{d}x = -\csc x + C$;

(12) $\int \frac{1}{1+x^2} \mathrm{d}x = \arctan x + C$;

(13) $\int \frac{1}{\sqrt{1-x^2}} \mathrm{d}x = \arcsin x + C$.

基本积分表是求不定积分的基础,必须熟记,熟练掌握.

4.1.3　不定积分的性质

性质 4.1.1　如果函数 $F(x)$ 是函数 $f(x)$ 的一个原函数,那么

(1) $\left(\int f(x) \mathrm{d}x\right)' = f(x)$ 或 $\mathrm{d}\left(\int f(x) \mathrm{d}x\right) = f(x) \mathrm{d}x$;

(2) $\int F'(x) \mathrm{d}x = F(x) + C$ 或 $\int \mathrm{d}F(x) = F(x) + C$.

证明　由于 $F'(x) = f(x)$,故有

(1) $\left(\int f(x) \mathrm{d}x\right)' = (F(x) + C)' = F'(x) = f(x)$;

(2) $\int F'(x) \mathrm{d}x = \int f(x) \mathrm{d}x = F(x) + C$.

由性质 4.1.1 可见,除可能相差一个常数外,微分运算与积分运算是互逆的. 当对同一个函数既进行微分运算又进行积分运算时,或者运算抵消,或者运算抵消后差一个常数,可表述为:“先积后微,形式不变;先微后积,差个常数.”

性质 4.1.2　如果为不为零的常数,那么

$$\int kf(x) \mathrm{d}x = k \int f(x) \mathrm{d}x \tag{4.1.1}$$

证明　因为 $\left(k\int f(x) \mathrm{d}x\right)' = k\left(\int f(x) \mathrm{d}x\right)' = kf(x)$,

$$\left(\int kf(x)\mathrm{d}x\right)'=kf(x)$$

并且式(4.1.1)两边均含有任意常数,它们都是 $kf(x)$ 的全体原函数,所以

$$\int kf(x)\mathrm{d}x=k\int f(x)\mathrm{d}x$$

性质 4.1.2 说明:不定积分中不为零的常数因子可以提到积分号外面来.

性质 4.1.3 $\int[f(x)+g(x)]\mathrm{d}x=\int f(x)\mathrm{d}x+\int g(x)\mathrm{d}x.$ (4.1.2)

证明 因 $\left[\int f(x)\mathrm{d}x+\int g(x)\mathrm{d}x\right]'=\left[\int f(x)\mathrm{d}x\right]'+\left[\int g(x)\mathrm{d}x\right]'$

$$=f(x)+g(x)$$

即式(4.1.2)右端是 $f(x)+g(x)$ 的原函数,由于它有两个积分号,形式上有两个任意常数,但两个任意常数之和仍为任意常数,故实际上只含一个任意常数. 因此式(4.1.2)右端是 $f(x)+g(x)$ 的不定积分,即

$$\int[f(x)+g(x)]\mathrm{d}x=\int f(x)\mathrm{d}x+\int g(x)\mathrm{d}x$$

性质 4.1.3 结合性质 4.1.2 说明:两个函数代数和的不定积分,等于它们不定积分的代数和. 对于有限个函数的情形,性质 4.1.3 的结论也是成立的.

利用基本积分公式及不定积分的性质,可以求一些简单函数的不定积分.

例 4.1.4 求 $\int x^2\sqrt{x}\mathrm{d}x.$

解 将被积函数化为 x^a 的形式,利用基本积分表中式(2),得

$$\int x^2\sqrt{x}\mathrm{d}x=\int x^{\frac{5}{2}}\mathrm{d}x=\frac{x^{\frac{5}{2}+1}}{\frac{5}{2}+1}+C=\frac{2}{7}x^{\frac{7}{2}}+C$$

例 4.1.5 求 $\int 3^x\mathrm{e}^x\mathrm{d}x.$

解 由于 $3^x\mathrm{e}^x=(3\mathrm{e})^x$. 利用基本积分表中式(4),得

$$\int 3^x\mathrm{e}^x\mathrm{d}x=\int(3\mathrm{e})^x\mathrm{d}x=\frac{(3\mathrm{e})^x}{\ln(3\mathrm{e})}+C=\frac{3^x\mathrm{e}^x}{1+\ln 3}+C$$

例 4.1.6 求 $\int\left(\frac{1}{x}+2^x-3\sin x\right)\mathrm{d}x.$

解 $\int\left(\frac{1}{x}+2^x-3\sin x\right)\mathrm{d}x=\int\frac{1}{x}\mathrm{d}x+\int 2^x\mathrm{d}x-3\int\sin x\mathrm{d}x$

$$=\ln|x|+\frac{2^x}{\ln 2}+3\cos x+C.$$

注意:(1)分项积分后,每个不定积分的结果都会有一个任意常数,由于任意常数之和仍是任意常数,因此最后结果只写出一个任意常数就可以了.

(2)积分结果是否正确,可以通过对结果求导,看其导数是否等于被积函数加以验证.

例 4.1.7　求 $\int \frac{1+2x^2}{x^2(1+x^2)}\mathrm{d}x$.

解　首先将被积函数作适当恒等变形,化为基本积分公式表中的类型,再积分.

$$\int \frac{1+2x^2}{x^2(1+x^2)}\mathrm{d}x=\int \frac{x^2+(1+x^2)}{x^2(1+x^2)}\mathrm{d}x=\int \left(\frac{1}{1+x^2}+\frac{1}{x^2}\right)\mathrm{d}x$$

$$=\arctan x-\frac{1}{x}+C$$

例 4.1.8　求 $\int \cos^2\frac{x}{2}\mathrm{d}x$.

解　利用三角恒等式将被积函数作恒等变形,再积分.

$$\int \cos^2\frac{x}{2}\mathrm{d}x=\int \frac{1}{2}(1+\cos x)\mathrm{d}x=\frac{1}{2}\left(\int \mathrm{d}x+\int \cos x\mathrm{d}x\right)$$

$$=\frac{1}{2}(x+\sin x)+C$$

例 4.1.9　求

$$\int \frac{1}{\sin^2 x\cos^2 x}\mathrm{d}x.$$

解　$$\int \frac{1}{\sin^2 x\cos^2 x}\mathrm{d}x=\int \frac{\sin^2 x+\cos^2 x}{\sin^2 x\cos^2 x}\mathrm{d}x=\int \left(\frac{1}{\cos^2 x}+\frac{1}{\sin^2 x}\right)\mathrm{d}x$$

$$=\tan x=\cot x+C.$$

例 4.1.10

例 4.1.10　设 $f(x)=x+\sqrt{x}\ (x>0)$,求 $\int f'(x^2)\mathrm{d}x$.

解　由 $f(x)=x+\sqrt{x}$,得　$f'(x)=1+\frac{1}{2\sqrt{x}}$, $f'(x^2)=1+\frac{1}{2x}$,

于是

$$\int f'(x^2)\mathrm{d}x=\int \left(1+\frac{1}{2x}\right)\mathrm{d}x=x+\frac{1}{2}\ln x+C$$

注:这种通过对被积函数进行恒等变形,直接利用不定积分性质和基本积分公式求解积分的方法称为“直接积分法”.

习题 4.1

1. 求下列不定积分:

(1) $\int \frac{\sqrt[3]{x^2}+\sqrt{x}}{\sqrt{x}}\mathrm{d}x$;　　(2) $\int \frac{1+2x^2}{x^2(1+x^2)}\mathrm{d}x$;

(3) $\int \frac{\mathrm{e}^{2x}-1}{\mathrm{e}^x-1}\mathrm{d}x$;　　(4) $\int \frac{2\times 3^x-5\times 2^x}{3^x}\mathrm{d}x$.

2. 求下列不定积分:

(1) $\int \csc x(\csc x-\cot x)\mathrm{d}x$;　　(2) $\int \frac{\mathrm{d}x}{\sin^2 x\cos^2 x}$;

(3) $\int \frac{\cos 2x}{\sin^2 x\cos^2 x}\mathrm{d}x$;　　(4) $\int \frac{\cos 2x}{\cos x-\sin x}\mathrm{d}x$.

4.2 换元积分法

利用基本积分表与积分的性质,所能计算的不定积分是非常有限的,因此有必要进一步来研究不定积分的求法.本节把复合函数的微分法反过来用于求不定积分,利用中间变量的代换,得到复合函数的积分法,称为换元积分法.

4.2.1 第一类换元积分法(凑微分法)

先看下面的例子.

例 4.2.1 求 $\int \cos 3x\mathrm{d}x$.

解 本题不能直接利用基本积分公式求解.基本积分公式中只有 $\int \cos u\mathrm{d}u=\sin u+C$,关键是如何把不定积分中的微分形式 $\cos 3x\mathrm{d}x$,凑成基本积分公式中的微分形式.

因为 $\cos 3x\mathrm{d}x=\frac{1}{3}\cos 3x\mathrm{d}(3x)$,令 $u=3x$,则有

$$\int \cos 3x\mathrm{d}x=\frac{1}{3}\int \cos 3x\mathrm{d}(3x)=\frac{1}{3}\int \cos u\mathrm{d}u=\frac{1}{3}\sin u+C=\frac{1}{3}\sin 3x+C$$

我们将这种凑微分的积分换元法称为第一类换元积分法.

定理 4.2.1 设函数 $F(u)$ 是函数 $f(u)$ 的一个原函数,$u=\varphi(x)$ 可导,那么 $F[\varphi(x)]$ 是 $f[\varphi(x)]\varphi'(x)$ 的原函数,即

$$\int f[\varphi(x)]\varphi'(x)\mathrm{d}x=\int f(u)\mathrm{d}u\bigg|_{u=\varphi(x)}=F[\varphi(x)]+C \tag{4.2.1}$$

证明 因为 $F'(u)=f(u)$,由复合函数求导法知

$$\frac{\mathrm{d}}{\mathrm{d}x}F[\varphi(x)]=F'[\varphi(x)]\varphi'(x)=f[\varphi(x)]\varphi'(x)$$

根据不定积分的定义,得

$$\begin{aligned}\int f[\varphi(x)]\varphi'(x)\mathrm{d}x&=F[\varphi(x)]+C=[F(u)+C]_{u=\varphi(x)}\\&=\int f(u)\mathrm{d}u\bigg|_{u=\varphi(x)}\end{aligned}$$

式(4.2.1)称为不定积分的第一换元积分公式.此式在运用时还可方便地表述为

$$\int f[\varphi(x)]\varphi'(x)\mathrm{d}x=\int f[\varphi(x)]\mathrm{d}\varphi(x)$$

$$=\int f(u)\,\mathrm{d}u=F(u)+C=F[\varphi(x)]+C$$

运用第一类换元积分法的关键在于将被积函数凑成“$f[\varphi(x)]\mathrm{d}\varphi(x)$”的形式，由于它是将被积表达式通过微分变形直接凑为基本积分表中的形式，因此这种积分法也称“凑微分法”.

例 4.2.2　求 $\int(2x+1)^8\mathrm{d}x$.

解　$\int(2x+1)^8\mathrm{d}x=\dfrac{1}{2}\int(2x+1)^8\cdot 2\mathrm{d}x=\dfrac{1}{2}\int(2x+1)^8\mathrm{d}(2x+1)$

$$\xlongequal{u=2x+1}\frac{1}{2}\int u^8\mathrm{d}u=\frac{1}{2}\cdot\frac{1}{9}u^9+C=\frac{1}{18}(2x+1)^9+C.$$

例 4.2.3　求 $\int\sin x\cos x\,\mathrm{d}x$.

例 4.2.3

解

方法 1　设 $u=\sin x$，则 $\mathrm{d}u=\cos x\mathrm{d}x$，

原式 $=\int u\mathrm{d}u=\dfrac{1}{2}u^2+C=\dfrac{1}{2}\sin^2x+C.$

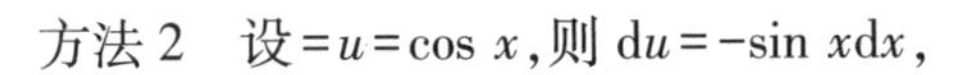
方法 2　设 $=u=\cos x$，则 $\mathrm{d}u=-\sin x\mathrm{d}x$，

原式 $=-\int u\mathrm{d}u=-\dfrac{1}{2}u^2+C=-\dfrac{1}{2}\cos^2x+C.$

方法 3　原式 $=\dfrac{1}{2}\int\sin 2x\mathrm{d}x$，设 $u=2x$，则 $\mathrm{d}u=2\mathrm{d}x$，

原式 $=\dfrac{1}{4}\int\sin u\mathrm{d}u=-\dfrac{1}{4}\cos u+C=-\dfrac{1}{4}\cos 2x+C.$

注意：

(1) 运用不同的方法求得的不定积分结果可能形式上不一致，可以通过对结果进行求导的方式验证其正确性.

(2) 在对换元积分法熟悉以后，可不必写出中间变量 u.

(3) 一般地，第一类换元积分法适合于被积函数为两个函数乘积的形式，其中一个简单因式是另一个复杂因式中一部分的导数，从而利用凑微分法.

例 4.2.4　求 $\int\dfrac{1}{3+2x}\mathrm{d}x$.

解　$\int\dfrac{1}{3+2x}\mathrm{d}x=\dfrac{1}{2}\int\dfrac{1}{3+2x}\cdot 2\mathrm{d}x=\dfrac{1}{2}\int\dfrac{1}{3+2x}\mathrm{d}(3+2x)=\dfrac{1}{2}\ln|3+2x|+C.$

例 4.2.5　求 $\int\dfrac{\sin\sqrt{x}}{\sqrt{x}}\mathrm{d}x$.

解　$\int\dfrac{\sin\sqrt{x}}{\sqrt{x}}\mathrm{d}x=2\int\sin\sqrt{x}\,\mathrm{d}\sqrt{x}=-2\cos\sqrt{x}+C.$

例 4.2.6 求 $\int \tan x\mathrm{d}x$.

解 $\int \tan x\mathrm{d}x=\int \frac{\sin x}{\cos x}\mathrm{d}x=-\int \frac{1}{\cos x}\mathrm{d}\cos x=-\ln|\cos x|+C.$

同理,可得

$$\int \cot x\mathrm{d}x=\ln|\sin x|+C$$

例 4.2.7 求 $\int \frac{x}{\sqrt{1+x^2}}\mathrm{d}x$.

解 $\int \frac{x}{\sqrt{1+x^2}}\mathrm{d}x=\frac{1}{2}\int \frac{1}{\sqrt{1+x^2}}\mathrm{d}x^2=\frac{1}{2}\int (1+x^2)^{-\frac{1}{2}}\mathrm{d}(1+x^2)=\sqrt{1+x^2}+C.$

例 4.2.8 求 $\int \frac{1}{a^2+x^2}\mathrm{d}x$.

解 $\int \frac{1}{a^2+x^2}\mathrm{d}x=\frac{1}{a^2}\int \frac{1}{1+\left(\frac{x}{a}\right)^2}\mathrm{d}x=\frac{1}{a^2}\int \frac{a}{1+\left(\frac{x}{a}\right)^2}\mathrm{d}\left(\frac{x}{a}\right)=\frac{1}{a}\arctan\frac{x}{a}+C.$

例 4.2.9 求 $\int \frac{1}{\sqrt{a^2-x^2}}\mathrm{d}x$.

解 $\int \frac{1}{\sqrt{a^2-x^2}}\mathrm{d}x=\frac{1}{a}\int \frac{1}{\sqrt{1-\left(\frac{x}{a}\right)^2}}\mathrm{d}x=\int \frac{1}{\sqrt{1-\left(\frac{x}{a}\right)^2}}\mathrm{d}\,\frac{x}{a}=\arcsin\frac{x}{a}+C.$

例 4.2.10 求 $\int \frac{1}{a^2-x^2}\mathrm{d}x\quad(a>0)$.

解
$$\begin{aligned}\int \frac{1}{a^2-x^2}\mathrm{d}x&=\frac{1}{2a}\int \frac{(a-x)+(a+x)}{(a-x)(a+x)}\mathrm{d}x=\frac{1}{2a}\int\left(\frac{1}{a+x}+\frac{1}{a-x}\right)\mathrm{d}x\\&=\frac{1}{2a}\left[\int \frac{1}{a+x}\mathrm{d}(a+x)-\int \frac{1}{a-x}\mathrm{d}(a-x)\right]\\&=\frac{1}{2a}[\ln|a+x|-\ln|a-x|]+C=\frac{1}{2a}\ln\left|\frac{a+x}{a-x}\right|+C.\end{aligned}$$

例 4.2.11 求 $\int \mathrm{e}^x\cos \mathrm{e}^x\mathrm{d}x$.

解 $\int \mathrm{e}^x\cos \mathrm{e}^x\mathrm{d}x=\int \cos \mathrm{e}^x\mathrm{d}\mathrm{e}^x=\sin \mathrm{e}^x+C.$

例 4.2.12 求 $\int \frac{1}{x^2+4x+8}\mathrm{d}x$.

解 $\int \frac{1}{x^2+4x+8}\mathrm{d}x=\int \frac{1}{2^2+(x+2)^2}\mathrm{d}(x+2)=\frac{1}{2}\arctan\frac{x+2}{2}+C.$

从以上例子可见,第一类换元积分法是一种有效的积分法,运用时,不仅要熟悉基本积分公式,还要熟悉一些常用的“凑微分”形式,如表 4.1 所示 .

表 4.1　常用的“凑微分”形式

$\mathrm{d}x=\frac{1}{a}\mathrm{d}(ax)\ (a\neq0)$	$\mathrm{d}x=\frac{1}{a}\mathrm{d}(ax+b)\ (a\neq0)$
$x\mathrm{d}x=\frac{1}{2}\mathrm{d}x^2$	$x^2\mathrm{d}x=\frac{1}{3}\mathrm{d}x^3$
$\frac{1}{\sqrt{x}}\mathrm{d}x=2\mathrm{d}\sqrt{x}$	$\cos x\mathrm{d}x=\mathrm{d}\sin x$
$\cos^2x=1-\sin^2x=1-u$	$\frac{1}{x}\mathrm{d}x=\mathrm{d}\ln x$
$\mathrm{e}^x\mathrm{d}x=\mathrm{d}\mathrm{e}^x$	$\frac{1}{1+x^2}\mathrm{d}x=\mathrm{d}\arctan x$
$\frac{1}{\sqrt{1-x^2}}\mathrm{d}x=\mathrm{d}\arcsin x$	$\sec^2x\mathrm{d}x=\mathrm{d}\tan x$

例 4.2.13　求 $\int\cos^2x\mathrm{d}x$.

解　$\int\cos^2x\mathrm{d}x=\frac{1}{2}\int(1+\cos 2x)\mathrm{d}x=\frac{1}{2}\int\mathrm{d}x+\frac{1}{4}\int\cos 2x\mathrm{d}(2x)=\frac{1}{2}x+\frac{1}{4}\sin 2x+C.$

例 4.2.14　求 $\int\sec x\mathrm{d}x$.

解

$$\begin{aligned}\int\sec x\mathrm{d}x&=\int\frac{\mathrm{d}x}{\cos x}=\int\frac{\cos x\mathrm{d}x}{\cos^2x}\int\frac{\mathrm{d}(\sin x)}{(1+\sin x)(1-\sin x)}\\&=\frac{1}{2}\int\left(\frac{1}{1+\sin x}+\frac{1}{1-\sin x}\right)\mathrm{d}(\sin x)\\&=\frac{1}{2}\int\frac{1}{1+\sin x}\mathrm{d}(1+\sin x)-\frac{1}{2}\int\frac{1}{1-\sin x}\mathrm{d}(1-\sin x)\\&=\frac{1}{2}\ln|1+\sin x|-\frac{1}{2}\ln|1-\sin x|+C=\frac{1}{2}\ln\left|\frac{1+\sin x}{1-\sin x}\right|+C\\&=\frac{1}{2}\ln\left|\frac{(1+\sin x)^2}{\cos^2x}\right|+C=\ln|\sec x+\tan x|+C.\end{aligned}$$

类似地,有

$$\int\csc x\mathrm{d}x=\ln|\csc x-\cot x|+C$$

例 4.2.15　求 $\int\sin^2x\cos^3x\mathrm{d}x$.

解

$$\begin{aligned}\int\sin^2x\cos^3x\mathrm{d}x&=\int\sin^2x\cos^2x\cos x\mathrm{d}x=\int\sin^2x(1-\sin^2x)\mathrm{d}\sin x\\&=\int(\sin^2x-\sin^4x)\mathrm{d}\sin x=\frac{1}{3}\sin^3x-\frac{1}{5}\sin^5x+C.\end{aligned}$$

例 4.2.16 求 $\int \sin 2x\cos 3x\mathrm{d}x$.

解 利用三角学中的积化和差公式，可得

$$\int \sin 2x\cos 3x\mathrm{d}x=\frac{1}{2}\int(\sin 5x-\sin x)\mathrm{d}x=-\frac{1}{10}\cos 5x+\frac{1}{2}\cos x+C.$$

例 4.2.17 求 $\int \frac{1}{1+\mathrm{e}^x}\mathrm{d}x$.

解
$$\int \frac{1}{1+\mathrm{e}^x}\mathrm{d}x=\int \frac{1+\mathrm{e}^x-\mathrm{e}^x}{1+\mathrm{e}^x}\mathrm{d}x=\int\left(1-\frac{\mathrm{e}^x}{1+\mathrm{e}^x}\right)\mathrm{d}x$$
$$=\int \mathrm{d}x-\int\frac{1}{1+\mathrm{e}^x}\mathrm{d}(1+\mathrm{e}^x)=x-\ln(1+\mathrm{e}^x)+C.$$

注：求积分时，经常用这种加项、减项法．

例 4.2.18 求 $\int \sec^6 x\mathrm{d}x$.

解
$$\int \sec^6 x\mathrm{d}x=\int \sec^4 x\cdot\sec^2 x\mathrm{d}x=\int(1+\tan^2 x)^2\mathrm{d}(\tan x)$$
$$=\int(1+2\tan^2 x+\tan^4 x)\mathrm{d}(\tan x)=\tan x+\frac{2}{3}\tan^3 x+\frac{1}{5}\tan^5 x+C.$$

例 4.2.19 设 $f'(\sin^2 x)=\cos^2 x$，求 $f(x)$.

解 令 $u=\sin^2 x$，则 $\cos^2 x=1-\sin^2 x=1-u$，$f'(u)=1-u$，
于是

$$f(u)=\int(1-u)\mathrm{d}u=u-\frac{1}{2}u^2+C$$

即 $f(x)=x-\frac{1}{2}x^2+C$.

4.2.2 第二类换元积分法

第一类换元积分法的要点：选择适当的变量 $u=\varphi(x)$，将被积表达式 $g(x)\mathrm{d}x$ 分解并变形为 $f[\varphi(x)]\varphi'(x)\mathrm{d}x$，再转化为 $f[\varphi(x)]\mathrm{d}\varphi(x)$．但是，有时不易找出凑微分形式，可以设法作一个变量代换 $x=\varphi(t)$，把积分 $\int f(x)\mathrm{d}x$ 化为 $\int f[\varphi(t)]\varphi'(t)\mathrm{d}t$ 的形式，而后者能在基本积分公式表中找到或较易积分．这就是第二类换元积分法．

定理 4.2.2 设函数 $x=\varphi(t)$ 单调、可导，且 $\varphi'(t)\neq 0$．如果 $\int f[\varphi(t)]\varphi'(t)\mathrm{d}t=F(t)+C$，那么有

$$\int f(x)\mathrm{d}x=F[\varphi^{-1}(x)]+C \tag{4.2.2}$$

其中，$t=\varphi^{-1}(x)$ 是 $x=\varphi(t)$ 的反函数．

证明 由已知条件，可得 $F'(t)=f[\varphi(t)]\varphi'(t)=f(x)\cdot\frac{\mathrm{d}x}{\mathrm{d}t}$，利用复合函数求导法则及反

函数的求导公式,推出

$$\frac{\mathrm{d}}{\mathrm{d}x}F[\varphi^{-1}(x)]=\frac{\mathrm{d}F(t)}{\mathrm{d}x}=\frac{\mathrm{d}F(t)}{\mathrm{d}t}\cdot\frac{\mathrm{d}t}{\mathrm{d}x}=F'(t)\cdot\frac{\mathrm{d}t}{\mathrm{d}x}=f(x)\cdot\frac{\mathrm{d}x}{\mathrm{d}t}\cdot\frac{\mathrm{d}t}{\mathrm{d}x}=f(x)$$

即 $F[\varphi^{-1}(x)]$是$f(x)$的原函数,故

$$\int f(x)\mathrm{d}x=F[\varphi^{-1}(x)]+C$$

式(4.2.2)称为第二类换元积分公式.使用时可方便地表述为

$$\int f(x)\mathrm{d}x\xlongequal{x=\varphi(t)}\int f[\varphi(t)]\varphi'(t)\mathrm{d}t=F(t)+C=F[\varphi^{-1}(x)]+C$$

下面我们举例说明几类常见的第二类换元积分法.

1. 根式代换法

当被积函数中含有$\sqrt[n]{ax+b}$的根式时,可选择新的积分变量$t=\sqrt[n]{ax+b}$,解出$x=\frac{1}{a}(t^n-b)$,则$\mathrm{d}x=\frac{n}{a}t^{n-1}\mathrm{d}t$,代入积分中,除去根式,使被积函数有理化,这种方法称为根式代换法.

例 4.2.20　求$\int\frac{1}{1+\sqrt{x}}\mathrm{d}x$.

解　令$t=\sqrt{x}$,于是$x=t^2$,$\mathrm{d}x=2t\mathrm{d}t$,从而有

$$\begin{aligned}\int\frac{1}{1+\sqrt{x}}\mathrm{d}x&=\int\frac{1}{1+t}\cdot 2t\mathrm{d}t=2\int\left(1-\frac{1}{1+t}\right)\mathrm{d}t=2t-2\ln|1+t|+C\\&=2\sqrt{x}-2\ln(1+\sqrt{x})+C\end{aligned}$$

例 4.2.21　求$\int\frac{1}{\sqrt{x}(1+\sqrt[3]{x})}\mathrm{d}x$.

解　令$t=\sqrt[6]{x}$,于是$x=t^6$,$\mathrm{d}x=6t^5\mathrm{d}t$,从而有

$$\begin{aligned}\int\frac{1}{\sqrt{x}(1+\sqrt[3]{x})}\mathrm{d}x&=\int\frac{1}{t^3(1+t^2)}\cdot 6t^5\mathrm{d}t=6\int\left(1-\frac{1}{1+t^2}\right)\mathrm{d}t=6(t-\arctan t)+C\\&=6\sqrt[6]{x}-6\arctan\sqrt[6]{x}+C\end{aligned}$$

例 4.2.22　求$\int\frac{1}{\sqrt{1+\mathrm{e}^x}}\mathrm{d}x$.

解　令$t=\sqrt{1+\mathrm{e}^x}$,于是有$\mathrm{e}^x=t^2-1$,$x=\ln(t^2-1)$,$\mathrm{d}x=\frac{2t}{t^2-1}\mathrm{d}t$,

$$\begin{aligned}\int\frac{1}{\sqrt{1+\mathrm{e}^x}}\mathrm{d}x&=\int\frac{2}{t^2-1}\mathrm{d}t=\int\left(\frac{1}{t-1}-\frac{1}{t+1}\right)\mathrm{d}t\\&=\ln\left|\frac{t-1}{t+1}\right|+C=2\ln\left(\sqrt{1+\mathrm{e}^x}-1\right)-x+C\end{aligned}$$

2. 倒代换法

当被积函数中分母含有高次方幂项时,往往令$x=\frac{1}{t}$,这种方法称为倒代换法,利用它可

以消去被积函数分母中的变量因子.

例 4.2.23 求 $\int \frac{1}{x(x^7+2)}dx$.

解 令 $x=\frac{1}{t},t\neq 0$,于是有 $dx=-\frac{1}{t^2}dt$,

$$\int \frac{1}{x(x^7+2)}dx = \int \frac{t}{\left(\frac{1}{t}\right)^7+2}\cdot\left(-\frac{1}{t^2}\right)dt=-\int \frac{t^6}{1+2t^7}dt$$

$$=-\frac{1}{14}\ln|1+2t^7|+C=-\frac{1}{14}\ln|2+x^7|+\frac{1}{2}\ln|x|+C$$

3. 三角代换法

当被积函数中含有下述根式时,可以利用三角函数进行代换来化去根式.

(1)当被积函数中含有$\sqrt{a^2-x^2}$时,可令 $x=a\sin t\left(-\frac{\pi}{2}<t<\frac{\pi}{2}\right)$;

(2)当被积函数中含有$\sqrt{x^2+a^2}$时,可令 $x=a\tan t\left(-\frac{\pi}{2}<t<\frac{\pi}{2}\right)$;

(3)当被积函数中含有$\sqrt{x^2-a^2}$时,可令 $x=a\sec t\left(0<t<\frac{\pi}{2}\right)$.

这种通过三角函数换元求积分的换元法,称为三角代换法.

例 4.2.24 求 $\int \sqrt{a^2-x^2}\,dx \quad (a>0)$.

例 4.2.24

解 令 $x=a\sin t$,则 $dx=a\cos t dt,\sqrt{a^2-x^2}=a\cos t$,于是有

$$\int \sqrt{a^2-x^2}\,dx=a^2\int \cos^2 t dt=\frac{a^2}{2}\int(1+\cos 2t)dt$$

$$=\frac{a^2}{2}(t+\sin t\cos t)+C$$

为将积分结果中的 t,代回原变量,根据所设 $\sin t=\frac{x}{a}$作出一个直角三角形,称为辅助三角形,如图 4-3 所示. 由辅助三角形可知 $t=\arcsin\frac{x}{a},\cos t=\frac{\sqrt{a^2-x^2}}{a}$,所以

$$\int \sqrt{a^2-x^2}\,dx=\frac{a^2}{2}\arcsin\frac{x}{a}+\frac{x}{2}\sqrt{a^2-x^2}+C$$

例 4.2.25 求 $\int \frac{1}{\sqrt{x^2+a^2}}dx \quad (a>0)$.

解 令 $x=a\tan t$,则 $dx=a\sec^2 t dt$,于是有

$$\int \frac{1}{\sqrt{x^2+a^2}}dx=\int \frac{a\sec^2 t}{a\sec t}dt=\int \sec t dt=\ln|\sec t+\tan t|+C_1$$

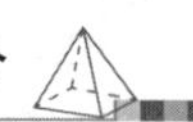

根据所设，作辅助三角形如图 4-4 所示，有 $\sec t=\frac{\sqrt{x^2+a^2}}{a}$，因此

$$\int\frac{1}{\sqrt{x^2+a^2}}dx=\ln|\sec t+\tan t|+C_1=\ln\left|\frac{x}{a}+\frac{\sqrt{x^2+a^2}}{a}\right|+C_1$$
$$=\ln\left|x+\sqrt{x^2+a^2}\right|+C$$

其中 $C=C_1-\ln a$.

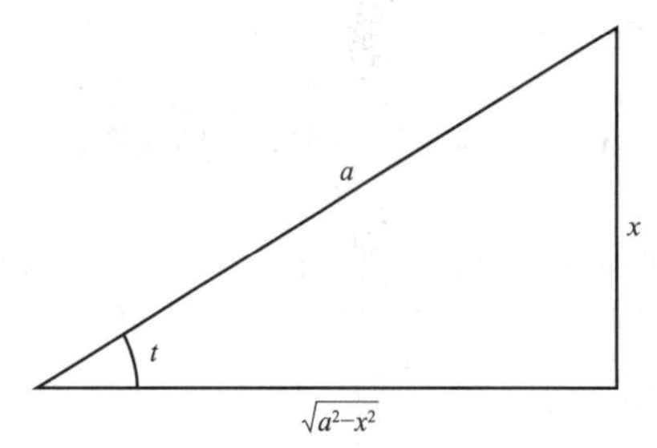

图 4-3　例 4.2.24 回代时的辅助三角形

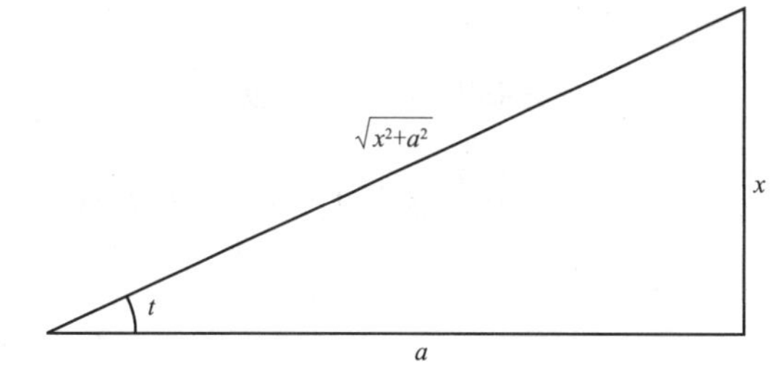

图 4-4　例 4.2.25 回代时的辅助三角形

例 4.2.26　求 $\int\frac{1}{\sqrt{x^2-a^2}}dx\quad(a>0)$.

解　令 $x=a\sec t$，则 $dx=a\sec t\tan t dt$，于是有

$$\int\frac{1}{\sqrt{x^2-a^2}}dx=\int\frac{a\sec t\tan t}{a\tan t}dt=\int\sec tdt=\ln|\sec t+\tan t|+C_1$$

根据所设作辅助三角形，如图 4-5 所示，有 $\tan t=\frac{\sqrt{x^2-a^2}}{a}$，因此

$$\int\frac{1}{\sqrt{x^2-a^2}}dx=\ln|\sec t+\tan t|+C_1=\ln\left|\frac{x}{a}+\frac{\sqrt{x^2-a^2}}{a}\right|+C_1=\ln\left|x+\sqrt{x^2-a^2}\right|+C$$

其中 $C=C_1-\ln a$.

例 4.2.27　求 $\int x^3\sqrt{4-x^2}dx$.

解　令 $x=2\sin t$，则 $dx=2\cos tdt$，于是有

$$\int x^3\sqrt{4-x^2}dx=\int(2\sin t)^3\sqrt{4-4\sin^2 t}\cdot 2\cos tdt$$
$$=32\int\sin^3 t\cos^2 tdt=32\int\sin t(1-\cos^2 t)\cos^2 tdt$$
$$=-32\int(\cos^2 t-\cos^4 t)d\cos t$$
$$=-32\times\left(\frac{1}{3}\cos^3 t-\frac{1}{5}\cos^5 t\right)+C$$

根据所设作辅助三角形，如图 4-6 所示，有 $\cos t=\frac{\sqrt{4-x^2}}{2}$，因此

$$\int x^3\sqrt{4-x^2}\,\mathrm{d}x=-\frac{4}{3}\left(\sqrt{4-x^2}\right)^3+\frac{1}{5}\left(\sqrt{4-x^2}\right)^5+C$$

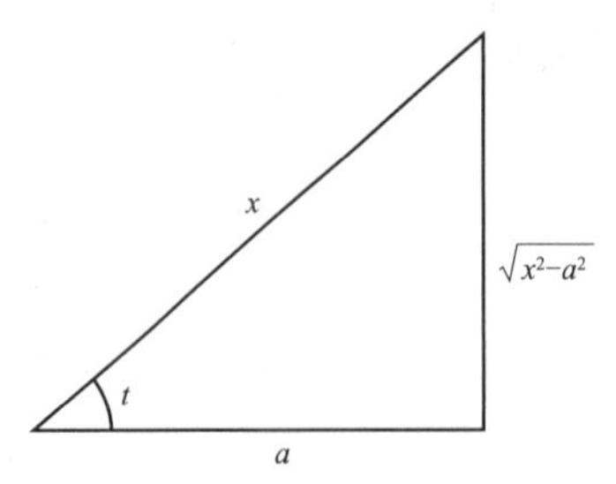

图 4-5　例 4.2.26 回代时的辅助三角形

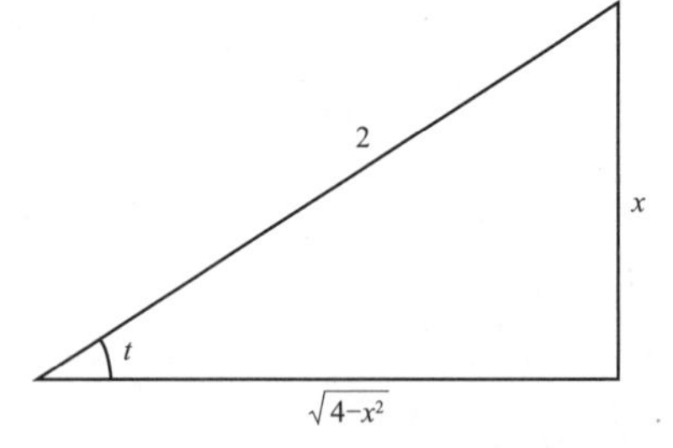

图 4-6　例 4.2.27 回代时的辅助三角形

在本节例题中，有些积分的结果以后会经常用到，可以作为公式使用，请大家牢记．

(14) $\int \tan x\,\mathrm{d}x=-\ln|\cos x|+C$;

(15) $\int \cot x\,\mathrm{d}x=\ln|\sin x|+C$;

(16) $\int \sec x\,\mathrm{d}x=\ln|\sec x+\tan x|+C$;

(17) $\int \csc x\,\mathrm{d}x=\ln|\csc x-\cot x|+C$;

(18) $\int \frac{1}{a^2+x^2}\mathrm{d}x=\frac{1}{a}\arctan\frac{x}{a}+C$;

(19) $\int \frac{1}{x^2-a^2}\mathrm{d}x=\frac{1}{2a}\ln\left|\frac{x-a}{x+a}\right|+C$;

(20) $\int \frac{1}{\sqrt{a^2-x^2}}\mathrm{d}x=\arcsin\frac{x}{a}+C$;

(21) $\int \frac{1}{\sqrt{x^2\pm a^2}}\mathrm{d}x=\ln\left|x+\sqrt{x^2\pm a^2}\right|+C$.

例 4.2.28　求 $\int \frac{\cos x}{\sin x\sqrt{3-\cos 2x}}\mathrm{d}x$.

解

$$\begin{aligned}\int \frac{\cos x}{\sin x\sqrt{3-\cos 2x}}\mathrm{d}x &= \int \frac{1}{\sin x\sqrt{2(\sin^2 x+1)}}\mathrm{d}\sin x\\ &= \int \frac{1}{\sin^2 x\sqrt{2\left(1+\frac{1}{\sin^2 x}\right)}}\mathrm{d}\sin x\\ &= -\frac{1}{\sqrt{2}}\int \frac{1}{\sqrt{1+\frac{1}{\sin^2 x}}}\mathrm{d}\frac{1}{\sin x}\\ &= -\frac{1}{\sqrt{2}}\ln\left|\frac{1+\sqrt{1+\sin^2 x}}{\sin x}\right|+C\end{aligned}$$

此例利用了 $\int \frac{1}{\sqrt{x^2+a^2}}dx=\ln\left|x+\sqrt{x^2+a^2}\right|+C.$

习题 4.2

1. 求 $\int \sin^2 x\cos x dx$.

2. 设 $\int f(x)dx=\sin x+C$,求 $\int \frac{(\arcsin x)}{\sqrt{1-x^2}}dx$.

3. 计算下列不定积分:

(1) $\int \frac{\cos\sqrt{x}}{\sqrt{x}}dx$;　　(2) $\int \frac{x^2}{\sqrt{1-x^6}}dx$;

(3) $\int \cot^5 x\csc^2 x dx$;　　(4) $\int \frac{1}{x}\ln^{\frac{3}{2}} x dx$;

(5) $\int \frac{1}{\ln(\sin x)}\cdot\frac{\cos x}{\sin x}dx$;　　(6) $\int (2x-3)^{10}dx$;

(7) $\int \frac{dx}{e^x(1+e^x)}$;　　(8) $\int \cos^4 x dx$.

4. 计算下列不定积分:

(1) $\int \frac{\sqrt{x^2-a^2}}{x}dx(x>a>0)$;　　(2) $\int x^2\sqrt{4-x^2}dx$;

(3) $\int \frac{dx}{x^2\sqrt{x^2+1}}$;　　(4) $\int \frac{x^4}{\sqrt{x^{10}-2}}dx$.

4.3　分部积分法

分部积分法是另一种求不定积分的常用方法,它是利用两个函数乘积的求导法则而得到的一种求积分的方法,主要用于求两个不同函数乘积的不定积分.

设函数 $u=u(x)$,$v=v(x)$具有连续导数,由

$$(uv)'=u'v+uv'$$

移项得

$$uv'=(uv)'-u'v$$

两边对 x 求不定积分,于是有

$$\int uv'dx=uv-\int vu'dx$$

即

$$\int udv=uv-\int vdu$$

此式称为分部积分公式，利用分部积分公式计算不定积分的方法，称为分部积分法．其特点是将左边的积分$\int u\mathrm{d}v$换成了右边的积分$\int v\mathrm{d}u$. 因此，当被积函数为乘积形式，经适当选择u及$\mathrm{d}v$后，如果积分$\int v\mathrm{d}u$比积分$\int u\mathrm{d}v$容易求得，就可以试用分部积分公式．其一般有下列3种类型：

4.3.1　右端积分变简单的类型

例 4.3.1　求$\int x\mathrm{e}^x\mathrm{d}x$.

解　令$u=x$，$\mathrm{e}^x\mathrm{d}x=\mathrm{d}\mathrm{e}^x=\mathrm{d}v$. 由分部积分公式可得

$$\int x\mathrm{e}^x\mathrm{d}x=\int x\mathrm{d}\mathrm{e}^x=x\mathrm{e}^x-\int \mathrm{e}^x\mathrm{d}x=x\mathrm{e}^x-\mathrm{e}^x+C$$

此例中，若将u与v互换，即将$\int x\mathrm{e}^x\mathrm{d}x$写成$\frac{1}{2}\int \mathrm{e}^x\mathrm{d}x^2$，则后者并不能起到化难为易的作用．

注意：由此可知，运用分部积分法时，关键在于适当选择u和$\mathrm{d}v$. 一般选取u和$\mathrm{d}v$的原则如下：

(1)v容易求出；

(2)积分$\int v\mathrm{d}u$比积分$\int u\mathrm{d}v$更容易求出．

例 4.3.2　求$\int x^2\ln x\mathrm{d}x$.

$$\int x^2\ln x\mathrm{d}x=\frac{1}{3}\int \ln x\mathrm{d}(x^3)=\frac{1}{3}x^3\ln x-\frac{1}{3}\int x^3\cdot\frac{1}{x}\mathrm{d}x$$
$$=\frac{1}{3}x^3\ln x-\frac{1}{9}x^3+C.$$

例 4.3.3

例 4.3.3　求$\int \arcsin x\mathrm{d}x$.

解　被积函数虽然只有一项，但我们可以将其看成多项式1与反三角函数乘积的形式．令$u=\arcsin x$，$\mathrm{d}x=\mathrm{d}v$，于是有

$$\int \arcsin x\mathrm{d}x=x\arcsin x-\int\frac{x}{\sqrt{1-x^2}}\mathrm{d}x$$
$$=x\arcsin x+\frac{1}{2}\int(1-x^2)^{-\frac{1}{2}}\mathrm{d}(1-x^2)$$
$$=x\arcsin x+\sqrt{1-x^2}+C.$$

注意：

(1)从以上各例可知，当被积函数是两种不同类型函数的乘积时，可尝试运用分部积分法．其中，选择u和$\mathrm{d}v$时，可按照反三角函数、对数函数、幂函数、三角函数、指数函数（即“反、对、幂、三、指”）的顺序，把排在前面的那类函数选作u，剩余部分选作$\mathrm{d}v$.

(2)对分部积分法计算比较熟悉之后,就不必具体写出函数 u 与 v,而直接利用分部积分公式进行计算,并且分部积分公式还可以连续多次使用.

例 4.3.4　求 $\int x^2\cos x\mathrm{d}x$.

解　$\int x^2\cos x\mathrm{d}x=\int x^2\mathrm{d}\sin x=x^2\sin x-\int\sin x\cdot 2x\mathrm{d}x=x^2\sin x+2\int x\mathrm{d}\cos x$

$$=x^2\sin x+2x\cos x-2\int\cos x\mathrm{d}x=x^2\sin x+2x\cos x-2\sin x+C.$$

4.3.2　右端变为含有原积分的类型

有的不定积分经过分部积分之后,并没有直接求出该不定积分的结果,但是右端变为部分项含有原积分的形式,利用类似解方程的方法,从等式中解出所求的不定积分.

例 4.3.5　求 $\int e^x\sin x\mathrm{d}x$.

解　$\int e^x\sin x\mathrm{d}x=\int\sin x\mathrm{d}(e^x)=e^x\sin x-\int e^x\cos x\mathrm{d}x$

$$=e^x\sin x-\int\cos x\mathrm{d}(e^x)=e^x\sin x-e^x\cos x-\int e^x\sin x\,\mathrm{d}x.$$

$$\int e^x\sin x\mathrm{d}x=\frac{1}{2}e^x(\sin x-\cos x)+C$$

注意:此方法通常称为“三指循环”.

例 4.3.6　求 $\int\sec^3x\mathrm{d}x$.

解　$\int\sec^3x\mathrm{d}x=\int\sec x\sec^2x\mathrm{d}x=\int\sec x\mathrm{d}\tan x=\sec x\tan x-\int\tan x\mathrm{d}\sec x$

$$=\sec x\tan x-\int\sec x\tan^2x\mathrm{d}x=\sec x\tan x-\int\sec x(\sec^2x-1)\mathrm{d}x$$

$$=\sec x\tan x-\int\sec^3x\mathrm{d}x+\int\sec x\mathrm{d}x$$

$$=\sec x\tan x+\ln|\sec x+\tan x|-\int\sec^3x\mathrm{d}x,$$

移项得

$$2\int\sec^3x\mathrm{d}x=\sec x\tan x+\ln|\sec x+\tan x|+C_1$$

即

$$\int\sec^3x\mathrm{d}x=\frac{1}{2}(\sec x\tan x+\ln|\sec x+\tan x|)+C$$

其中 $C=\frac{1}{2}C_1$.

注:计算不定积分时,有时需要综合运用换元积分法与分部积分法.

例 4.3.7　求 $\int e^{\sqrt{x}}\mathrm{d}x$.

解 设$\sqrt{x}=t$，则 $x=t^2$，$dx=2tdt$，于是

$$\int e^{\sqrt{x}}dx=\int 2te^t dt=2(t-1)e^t+C=2(\sqrt{x}-1)e^{\sqrt{x}}+C$$

例 4.3.8 求$\int\sqrt{x^2-a^2}dx(a>0)$

解 令 $x=a\sec t$，则 $dx=a\sec t\tan tdt$，于是有

$$\begin{aligned}\int\sqrt{x^2-a^2}dx&=\int a\tan t\cdot a\sec t\cdot\tan tdt=a^2\int\tan^2 t\sec tdt\\&=a^2\int\tan td(\sec t)=a^2\tan t\sec t-a^2\int\sec^3 tdt\\&=\frac{a^2}{2}(\tan t\sec t-\ln|\sec t+\tan t|)+C_1\end{aligned}$$

利用辅助三角形，将变量 t 回代为变量 x，有

$$\int\sqrt{x^2-a^2}dx=\frac{x}{2}\sqrt{x^2-a^2}-\frac{a^2}{2}\ln\left|x+\sqrt{x^2-a^2}\right|+C$$

其中 $C=C_1+\frac{a^2}{2}\ln a$.

例 4.3.9 设$\frac{\sin x}{x}$是$f(x)$的原函数，求$\int xf'(x)dx$.

解 利用分部积分公式，有

$$\int xf'(x)dx=\int xdf(x)=xf(x)-\int f(x)dx=xf(x)-\frac{\sin x}{x}+C$$

又因为$\frac{\sin x}{x}$是$f(x)$的原函数，所以$f(x)=\left(\frac{\sin x}{x}\right)'=\frac{x\cos x-\sin x}{x^2}$，

于是有

$$\int xf'(x)dx=\frac{x\cos x-\sin x}{x}-\frac{\sin x}{x}+C=\cos x-\frac{2\sin x}{x}+C$$

习题 4.3

1. 求下列不定积分：

(1) $\int x\sin xdx$；　　(2) $\int x\ln xdx$；

(3) $\int x\arctan xdx$；　　(4) $\int\arctan xdx$.

2. 求下列不定积分：

(1) $\int e^{2x}\cos xdx$；　　(2) $\int\sin\sqrt{x}dx$；

(3) $\int\ln xdx$；　　(4) $\int\frac{x\ln(x+\sqrt{1+x^2})}{\sqrt{1+x^2}}dx$.

4.4　有理函数与三角函数有理式的积分

4.4.1　有理函数的积分

设有两个多项式

$$P_n(x)=a_0x^n+a_1x^{n-1}+\cdots+a_{n-1}x+a_n$$
$$Q_m(x)=b_0x^m+b_1x^{m-1}+\cdots+b_{m-1}x+b_m$$

称多项式的商$\frac{P_n(x)}{Q_m(x)}$为有理函数,其中 m 和 n 都是正整数或零,$a_0,a_1,\cdots,a_n;b_0,b_1,\cdots,b_m$ 都是实数,并且 $a_0\neq0,b_0\neq0$. 当 $n\geqslant m$ 时,称$\frac{P_n(x)}{Q_m(x)}$为假分式;当 $n<m$ 时,称$\frac{P_n(x)}{Q_m(x)}$为真分式. 当有理函数是假分式时,可以用多项式的除法把假分式化为一个多项式与一个真分式之和.

由于多项式的积分容易求出,因此讨论有理函数的积分,只需要讨论真分式的积分. 根据代数学的知识,真分式的分母即多项式 $Q_m(x)$ 可在实数范围内分解成一次因式和二次质因式的乘积,分解的结果只含两种类型的因式:一种是$(x-a)^k$,另一种是$(x^2+px+q)^l$,其中 $p^2-4q<0,k,l$ 为正整数.

通常把形如$\frac{A}{x-a},\frac{A}{(x-a)^k},\frac{Mx+N}{x^2+px+q},\frac{Mx+N}{(x^2+px+q)^k}$的真分式称为部分分式,其中 A,M,N,a,p,q 为实数. $k>1$ 为正整数,且 $p^2-4q<0$.

怎样将真分式分解成几个部分分式的代数和?下面我们不加证明地给出这种分解法的一般规律.

(1)分母中如果有因式$(x-a)^k,k\geqslant1$,则可以分解为

$$\frac{A_1}{(x-a)^k}+\frac{A_2}{(x-a)^{k-1}}+\cdots+\frac{A_k}{x-a}$$

其中 $A_1,A_2,\cdots,A_k$ 都是常数. 当 $k=1$ 时,分解后为$\frac{A}{x-a}$.

(2)分母中如果有因式$(x^2+px+q)^k,k\geqslant1$,且 $p^2-4q<0$,则可以分解为

$$\frac{M_1x+N_1}{(x^2+px+q)^k}+\frac{M_2x+N_2}{(x^2+px+q)^{k-1}}+\cdots+\frac{M_kx+N_k}{x^2+px+q}$$

其中 M_k,N_k 都是常数$(k=1,2,\cdots,k)$. 当 $k=1$ 时,分解后为$\frac{Mx+N}{x^2+px+q}$.

下面通过例子来说明这种分解方法.

例 4.4.1　求$\int\frac{x+3}{x^2-5x+6}\mathrm{d}x$.

例 4.4.1

解 设$\frac{x+3}{x^2-5x+6}=\frac{x+3}{(x-2)(x-3)}=\frac{A}{x-2}+\frac{B}{x-3}$,则有 $x+3=A(x-3)+B(x-2)$,令 $x=2$,得 $A=-5$;令 $x=3$,得 $B=6$.

$$原式=\int\left(\frac{6}{x-3}-\frac{5}{x-2}\right)dx$$
$$=\int\frac{6}{x-3}dx-\int\frac{5}{x-2}dx=6\ln|x-3|-5\ln|x-2|+C.$$

例 4.4.2 求$\int\frac{x^3+x^2+x+3}{x^2+1}dx$.

解 $\frac{x^3+x^2+x+3}{x^2+1}=\frac{x(x^2+1)+(x^2+1)+2}{x^2+1}=x+1+\frac{2}{x^2+1}$,

$$原式=\int\left(x+1+\frac{2}{x^2+1}\right)dx=\frac{1}{2}x^2+x+2\arctan x+C.$$

例 4.4.3 求$\int\frac{1}{(1+2x)(x^2+1)}dx$.

解 设$\frac{1}{(1+2x)(x^2+1)}=\frac{A}{1+2x}+\frac{Bx+C}{x^2+1}$,

$1=A(x^2+1)+(Bx+C)(1+2x)=(A+2B)x^2+(B+2C)x+(A+C)$,

$$\begin{cases}A+2B=0,\\ B+2C=0,\\ A+C=1,\end{cases} 解得\ A=\frac{4}{5},B=-\frac{2}{5},C=\frac{1}{5},$$

$$原式=\frac{4}{5}\int\frac{1}{1+2x}dx+\frac{1}{5}\int\frac{-2x+1}{x^2+1}dx$$
$$=\frac{2}{5}\int\frac{2}{1+2x}dx-\frac{1}{5}\int\frac{2x}{x^2+1}dx+\frac{1}{5}\int\frac{1}{x^2+1}dx$$
$$=\frac{2}{5}\ln|1+2x|-\frac{1}{5}\ln(x^2+1)+\frac{1}{5}\arctan x+C.$$

例 4.4.4 求$\int\frac{3x-2}{x^2-2x+5}dx$.

解 被积函数为有理函数,但由于分子是一次因式,分母是二次因式,且分母的导数是一次因式,故可以把分子拆成两部分之和:一部分是分母导数乘上一个常数因子;另一部分是常数,即 $3x-2=\frac{3}{2}(2x-2)+1$,从而有

$$\int\frac{3x-2}{x^2-2x+5}dx=\int\frac{3\cdot\frac{1}{2}(2x-2)+3-2}{x^2-2x+5}dx$$
$$=\frac{3}{2}\int\frac{1}{x^2-2x+5}d(x^2-2x+5)-\int\frac{1}{(x-1)^2+4}dx$$

$$=\frac{3}{2}\ln|x^2-x+5|-\frac{1}{2}\arctan\frac{x-1}{2}+C$$

用待定系数法求有理函数的不定积分，理论上虽可行，但计算较为烦琐．在求有理函数的积分时，应根据被积函数的特点，尽量选择其他简单的方法，尽可能避免用待定系数法．

一般地，求有理函数的积分，可按下列步骤进行：

(1)当有理函数为假分式时，用多项式除法将其化为一个多项式与一个真分式之和．

(2)将真分式分解成部分分式之和，求待定系数．可用比较同类项系数解方程组的方法，或用赋值法，有时两种方法可以灵活地混合使用．

(3)求出多项式及部分分式的不定积分．

4.4.2 三角函数有理式的积分举例

由三角函数和常数经过有限次四则运算构成的函数称为三角函数有理式．任何三角函数都可由 $\sin x$ 和 $\cos x$ 来表示，因此三角函数有理式可化为含有 $\sin x$ 和 $\cos x$ 的有理式．

作变量代换 $\tan\frac{x}{2}=t$，则 $x=2\arctan t$，$dx=\frac{2}{1+t^2}dt$，于是有

$$\sin x=\frac{2\tan\frac{x}{2}}{1+\tan^2\frac{x}{2}}=\frac{2t}{1+t^2},\qquad \cos x=\frac{1-\tan^2\frac{x}{2}}{1+\tan^2\frac{x}{2}}=\frac{1-t^2}{1+t^2}$$

从而含有 $\sin x$ 和 $\cos x$ 的有理式可化为 t 的有理函数．因此，三角函数有理式的积分都可化为有理函数的积分．代换 $\tan\frac{x}{2}=t$ 称为“万能代换”．

例 4.4.5 求 $\int\frac{1+\sin x}{\sin x(1+\cos x)}dx$.

解 令 $\tan\frac{x}{2}=t$，则有 $\sin x=\frac{2t}{1+t^2}$，$\cos x=\frac{1-t^2}{1+t^2}$，$dx=\frac{2}{1+t^2}dt$，于是有

$$\int\frac{1+\sin x}{\sin x(1+\cos x)}dx=\int\frac{(1+t)^2}{2t}dt=\frac{1}{2}\int\left(t+2+\frac{1}{t}\right)dt=\frac{1}{4}t^2+t+\frac{1}{2}\ln|t|+C$$

$$=\frac{1}{4}\tan^2\frac{x}{2}+\tan\frac{x}{2}+\frac{1}{2}\ln\left|\tan\frac{x}{2}\right|+C$$

注：三角函数有理式的积分都可以用万能代换化为有理函数的积分，但有时计算比较复杂，因此对于某些特殊的三角函数有理式的积分，应注意利用三角恒等式、凑微分法等其他方法求解．例如，

$$\int\frac{\sin x}{1+\sin x}dx=\int\frac{\sin x(1-\sin x)}{\cos^2x}dx=\int\frac{\sin x}{\cos^2x}dx-\int\tan^2x\,dx$$

$$=\int\sec x\tan x\,dx-\int(\sec^2x-1)\,dx=\sec x-\tan x+x+C$$

4.4.3 可化为有理函数的积分

例 4.4.6 求 $\int \frac{\sqrt{x-1}}{x}dx$.

解 设 $\sqrt{x-1}=t$，则 $x=t^2+1$，$dx=2tdt$，于是

$$原式=\int \frac{t}{t^2+1}\cdot 2tdt=2\int \frac{t^2}{t^2+1}dt=2\int \left(1-\frac{1}{1+t^2}\right)dt=2(t-\arctan t)+C$$

$$=2(\sqrt{x-1}-\arctan\sqrt{x-1})+C.$$

习题 4.4

1. 求 $\int \frac{x^3-x^2-4x+2}{x^2-2x-3}dx$.
2. 求 $\int \frac{x^2+1}{(x^2-1)(x+1)}dx$.
3. 求 $\int \frac{1}{x(x^2+1)}dx$.
4. 求 $\int \frac{1-\cos x}{1+\cos x}dx$.

4.5 积分表的使用

把常用的积分公式汇集成表，称为积分表（详见附录Ⅲ）. 积分表是按被积函数的类型排列的，使用时可根据被积函数的类型，在积分表中查出相应的公式．有时，被积函数还需经过适当的变换，化成积分表中所列的形式，然后再查表．

例 4.5.1 查表求 $\int \frac{1}{x(3+2x)}dx$.

解 被积函数属于含有 $a+bx$ 因子的积分．在附录Ⅲ积分表中查到式（5），于是有

$$\int \frac{1}{x(3+2x)}dx=-\frac{1}{3}\ln\left|\frac{3+2x}{x}\right|+C$$

例 4.5.2 查表求 $\int \frac{1}{1+\sin^2 x}dx$.

解 此积分不能在积分表中直接查到．先将被积函数作恒等变形，再利用积分表求积分．

方法 1 $\int \frac{1}{1+\sin^2 x}dx=\int \frac{2}{3-\cos 2x}dx=\int \frac{1}{3-\cos 2x}d2x$

在附录Ⅲ积分表中查到式（104），于是有

$$\int \frac{1}{1+\sin^2 x}dx=\frac{1}{\sqrt{2}}\arctan(\sqrt{2}\tan x)+C$$

方法 2　用公式$\sin^2x+\cos^2x=1$,将 $1+\sin^2x$ 变形为$\cos^2x+2\sin^2x$,得

$$\int\frac{1}{1+\sin^2x}\mathrm{d}x=\int\frac{1}{\cos^2x+2\sin^2x}\mathrm{d}x$$

在附录Ⅰ积分表中查到式(105),于是有

$$\int\frac{1}{1+\sin^2x}\mathrm{d}x=\int\frac{1}{\cos^2x+2\sin^2x}\mathrm{d}x=\frac{1}{\sqrt{2}}\arctan(\sqrt{2}\ \tan x)+C$$

例 4.5.3　查表求$\int x^3\mathrm{e}^{-2x}\mathrm{d}x$.

解　被积函数含有指数函数,在附录Ⅲ积分表中查到式(125):

$$\int x^n\mathrm{e}^{ax}\mathrm{d}x=\frac{1}{a}x^n\mathrm{e}^{ax}-\frac{n}{a}\int x^{n-1}\mathrm{e}^{ax}\mathrm{d}x$$

于是有

$$\int x^3\mathrm{e}^{-2x}\mathrm{d}x=-\frac{1}{2}x^3\mathrm{e}^{-2x}+\frac{3}{2}\int x^2\mathrm{e}^{-2x}\mathrm{d}x$$

重复运用式(125),得

$$\begin{aligned}\int x^3\mathrm{e}^{-2x}\mathrm{d}x&=-\frac{1}{2}x^3\mathrm{e}^{-2x}+\frac{3}{2}\times\left(-\frac{1}{2}x^2\mathrm{e}^{-2x}+\int x\mathrm{e}-2x\mathrm{d}x\right)\\&=-\frac{1}{2}x^3\mathrm{e}^{-2x}-\frac{3}{4}x^2\mathrm{e}^{-2x}+\frac{3}{2}\times\left(-\frac{1}{2}x\mathrm{e}^{-2x}+\frac{1}{2}\int\mathrm{e}-2x\mathrm{d}x\right)\\&=-\frac{1}{2}x^3\mathrm{e}^{-2x}-\frac{3}{4}x^2\mathrm{e}^{-2x}-\frac{3}{4}x\mathrm{e}^{-2x}+\frac{3}{4}\left(-\frac{1}{2}\mathrm{e}^{-2x}\right)+C\\&=-\mathrm{e}^{-2x}\left(\frac{1}{2}x^3+\frac{3}{4}x^2+\frac{3}{4}x+\frac{3}{8}\right)+C\end{aligned}$$

习题 4.5

1. 求$\int\frac{\sqrt{x^2-a^2}}{x}\mathrm{d}x\quad(x>a>0)$.

2. 求$\int x^2\sqrt{4-x^2}\,\mathrm{d}x$.

3. 求$\int\frac{\mathrm{d}x}{x^2\sqrt{x^2+1}}$.

4. 求$\int\frac{x^4}{\sqrt{x^{10}-2}}\mathrm{d}x$.

本章小结

不定积分和定积分是积分学的两个基本问题,本章介绍不定积分,它是下一章计算定积分的基础．不定积分研究的问题：已知导函数$f'(x)$如何求原函数$f(x)$？因此，不定积分是导数（或微分）的逆运算，但不定积分的计算要比求导数困难得多，借助于导数公式和求导法则，可以得到不定积分的计算方法．

不定积分的计算是本章的重点，也是难点，本章主要介绍了计算不定积分的两种方法，即换元法和分部积分法，可以解决相当多的不定积分的计算问题，所以要掌握好这两种方法．

不定积分换元法按照换元前后新旧积分变量之间的关系可分为两类：第一类换元法和第二类换元法．而分部积分法常用于求两种不同类型函数乘积的积分，应用时恰当地选取u和dv是关键．

本章还介绍了一些特殊类型函数的不定积分的计算方法，使用这些程序化的方法来计算相应类型的不定积分总是有效的（但不一定是最简单的）．要会求简单有理函数、三角函数有理式及简单无理函数的不定积分．

不定积分计算方法的多样性和局限性，使得不定积分的计算非常灵活且有一定的技巧，因此在学习本章时要注意根据被积函数的特点总结不定积分的类型及其解法，并通过大量练习达到融会贯通的程度．

在计算不定积分时，不论采用何种计算方法，最终都归结为基本积分公式中的情形，因此，基本积分公式是不定积分计算的基础，必须熟记．注意，不定积分的计算结果是被积函数的一族（不是一个）原函数，所以在书写时不要丢掉任意常数C．还应知道，任何初等函数都在定义区间上连续，因而在定义区间上其不定积分一定存在，但是由于许多初等函数的原函数不是初等函数，因此也会遇到不定积分存在但是“积不出来”的情况，如$\int e^{-x^2}dx$等都是“积不出来”的．

思维导图如下：

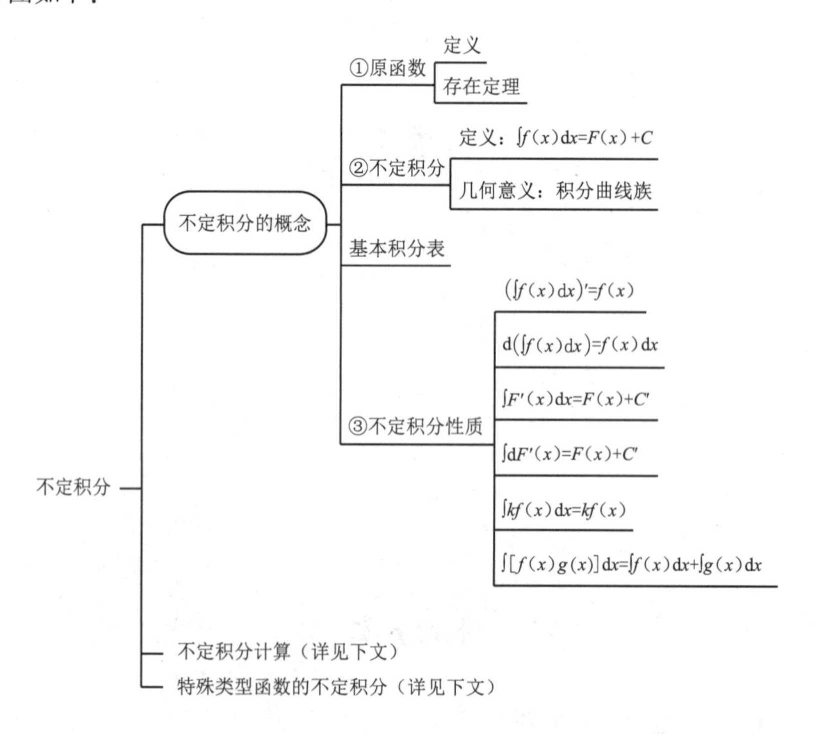

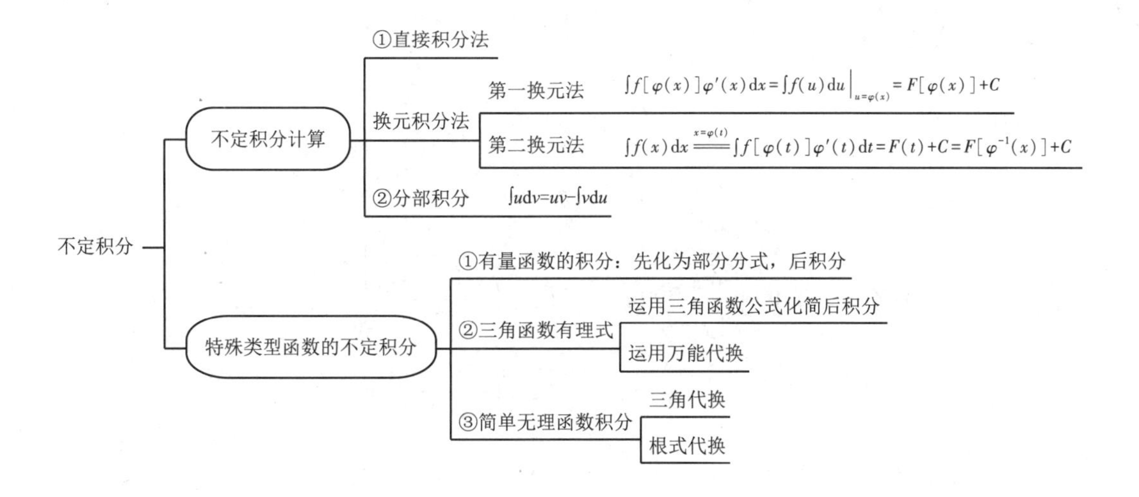

第四章　自测题

1. 填空题.

(1)设 $f(x)=\mathrm{e}^{-x}$,则 $\int\frac{f'(\ln x)}{x}\mathrm{d}x=$________________;

(2) $\int\sin\sqrt{x}\,\mathrm{d}x=$________________;

(3) $\int\frac{\mathrm{d}x}{\sqrt{x(4-x)}}=$________________;

(4) $\int|x-1|\mathrm{d}x=$________________.

2. 单项选择题.

(1)若 $F_1(x),F_2(x)$ 为区间 I 内的连续函数 $f(x)$ 的两个不同的原函数,且 $f(x)\neq0$,则在区间 I 内必有(　　).

A. $F_1(x)+F_2(x)=C$　　B. $F_1(x)\cdot F_2(x)=C$

C. $F_1(x)=CF_2(x)$　　D. $F_1(x)-F_2(x)=C$

(2) $\int f(x)\mathrm{d}x=F(x)+C,x=at+b$,则 $\int f(t)\mathrm{d}x=($　　$)$.

A. $F(x)+C$　　B. $aF\left(\frac{x-b}{a}\right)+C$

C. $\frac{1}{a}F\left(\frac{x-b}{a}\right)+C$　　D. $F(at+b)+C$

(3)下列等式中正确的是(　　).

A. $\int f'(x)\mathrm{d}x=f(x)$　　B. $\int\mathrm{d}f(x)=f(x)$

C. $\frac{\mathrm{d}}{\mathrm{d}x}\int f(x)\mathrm{d}x=f(x)$　　D. $\mathrm{d}\int f(x)\mathrm{d}x=f(x)$

(4) $\int f'(2x)\mathrm{d}x=($　　$)$.

A. $2f(2x)+C$　　　　B. $\frac{1}{2}f(x)+C$

C. $f(2x)+C$　　　　D. $\frac{1}{2}f(2x)+C$

3. 计算不定积分 . (1) $\int \frac{\ln x}{x\sqrt{1+\ln x}}\mathrm{d}x$；　(2) $\int \frac{\sqrt{\ln(x+\sqrt{1+x^2})+5}}{\sqrt{1+x^2}}\mathrm{d}x$.

4. 计算不定积分 . (1) $\int \frac{1}{1+\sqrt{1-x^2}}\mathrm{d}x$；　(2) $\int \frac{x^2}{(x-1)^{100}}\mathrm{d}x$.

5. 计算不定积分 . (1) $\int (\arcsin x)^2\mathrm{d}x$；　(2) $\int x^2\arccos x\mathrm{d}x$.

6. 计算不定积分 . (1) $\int \frac{x(1-x^2)}{1+x^4}\mathrm{d}x$；　(2) $\int \frac{x^3+1}{x^3-5x^2+6x}\mathrm{d}x$.

7. 计算不定积分 . (1) $\int \frac{1}{1+\sin x}\mathrm{d}x$；　(2) $\int \frac{1}{\sin^2 x+3\cos^2 x}\mathrm{d}x$.

8. 设 $f'(\mathrm{e}^x)=a\sin x+b\cos x$($a,b$ 为不同时为零的常数)，求 $f(x)$.

延展阅读

不定积分和下一章要研究的定积分是交织在一起、共同产生和发展起来的，它们共同构成了微积分的重要组成部分——积分学．积分学的起源实际上可以追溯到古代，它要比微分学还要早很多，如早期的阿基米德、刘徽、祖冲之父子和后期的费马、巴罗等前人的工作，为人们后来建立一般的积分学奠定了夯实的基础．到了 17 世纪上半叶，一系列前驱性的工作沿着不同的方向向微积分的大门逼近，但所有这些努力还不足以标志微积分作为一门独立的科学的诞生．因此，就需要有人站在更高的高度将以往个别的贡献和分散的努力综合为统一的理论，牛顿和莱布尼茨正是在这样的时刻出现了，时代的需要与个人的才识，使他们分别在不同地方几乎同一时刻独立完成了微积分创立中最后也是最关键的一步．

1666 年，牛顿完成了他在微积分学方面的开创性论文《流数短论》，在这篇论文中，牛顿不仅讨论了如何借助于反微分来解决积分问题，即微积分基本定理，牛顿称流数的逆流为流量，是要由给定的流数来确定流量；他把面积问题和体积问题解释为变化率问题的反问题，从而解决了这些问题．另外，牛顿在《流数短论》中采用的一个基本方法就是代换法，它对于微分等价于链式法则，对于积分(牛顿称之为反微分)等价于换元积分法．在完成于 1671 年的《流数法与无穷级数》中的第八个问题，牛顿正式引入了换元积分法．

正如牛顿的积分以不定积分为主，但同时也熟悉定积分一样，对于不定积分莱布尼茨也是很清楚的．他在 1673 年年末或 1674 年年初发明了一般的变换法，包括链式法则、换元积分法和分部积分法．在 1677 年的一篇修改稿中，莱布尼茨明确将积分 $\int y\mathrm{d}x$ 等同于高为 y、宽为

dx 的一些无穷小矩形之和，接着他就引入了微积分基本定理，并将求积分问题化为反切线问题．1686 年，莱布尼茨发表了他的第一篇积分学论文《深奥的几何与不可分量及无限的分析》，这篇论文初步论述了积分或求积问题与微分或切线问题的互逆关系，文中莱布尼茨创造的微分符号 dx、dy 及积分号 $\int$（表示的是“sum”的首字母 s 的拉长）第一次出现于印刷出版物上，并一直沿用至今．

牛顿和莱布尼茨的超越前人的贡献主要在于给出了一般无穷小算法，发现了微分和积分之间的互逆关系，这一深刻的数学思想已成为人类文明中的瑰宝．微积分出现以后，它与天文学、力学、几何学等相结合，形成了微分方程、变分法、微分几何、级数理论等新的数学分支．

第五章 定积分及其应用

本章讨论积分学的另一个基本问题——定积分及其应用．定积分是积分学的基本问题之一．本章先讨论定积分的定义和性质，然后介绍定积分的常见计算方法和反常积分，最后讨论定积分的应用．

5.1 定积分的概念与性质

定积分的定义是本章的重点，也是难点．定积分是一种特殊形式的和式的极限，定积分的计算结果是一个确定的数，并且有明确的几何意义．下面，我们先从几何与运动学问题出发引出定积分的定义，然后讨论它的几何意义与性质．

5.1.1 定积分的概念

1. 曲边梯形的面积

实际生活、生产中我们经常遇到一些诸如湖面的面积、大坝横截面积等不规则图形面积的计算问题，究其本质都可以归结成下面要研究的曲边梯形的面积问题．

设 $y=f(x)$ 在区间 $[a,b]$ 上非负、连续．由直线 $x=a,x=b,y=0$ 及曲线 $y=f(x)$ 所围成的图形称为**曲边梯形**（见图 5-1），其中曲线弧称为**曲边**．

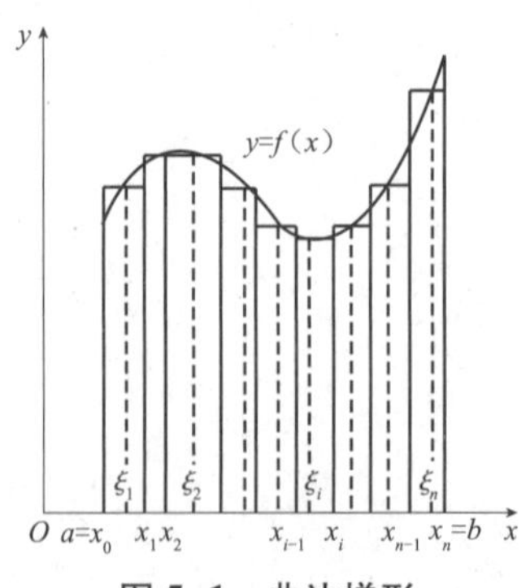

图 5-1 曲边梯形

由于曲边梯形高 $f(x)$ 在其底区间 $[a,b]$ 上是变动的，故它的面积不能直接利用矩形面积公式计算．但由于曲边梯形的高 $f(x)$ 在区间 $[a,b]$ 上是连续变化的，在很小的一段区间上变化很小,可看成近似不变,因此,可以求出每一个小曲边梯形面积的近似值,我们把大曲边梯形分成若干个小曲边梯形,最后用极限的方法即可求出大曲边梯形的面积 A. 具体步骤如下:

(1)分割:在区间$[a,b]$中任意插入若干个分点,把$[a,b]$分成 n 个小区间$[x_0,x_1]$,$[x_1,x_2]$,…,$[x_{n-1},x_n]$,每个小区间的长度为 $\Delta x_i=x_i-x_{i-1}(i=1,2,\cdots,n)$. 经过每一个分点作平行于 y 轴的直线段,把曲边梯形分成 n 个窄曲边梯形,并记它们的面积分别为 $\Delta A_1,\Delta A_2,\cdots,\Delta A_n$.

(2)求近似值:在每个小区间$[x_{i-1},x_i]$上任取一点 ξ_i,以 $f(\xi_i)$为高,$[x_{i-1},x_i]$为底的小矩形面积来近似代替同底的小曲边梯形的面积,即

$$\Delta A_i \approx f(\xi_i)\Delta x_i \quad (i=1,2,\cdots,n)$$

(3)求和:将 n 个小矩形的面积加起来,就得到原来曲边梯形面积 A 的一个近似值,即

$$A=\sum_{i=1}^{n}\Delta A_i \approx \sum_{i=1}^{n}f(\xi_i)\Delta x_i$$

(4)取极限:把$[a,b]$区间无限细分,为了保证每一个小区间长度趋近于零,我们让小区间长度中的最大值趋于零,记 $\lambda=\max\{\Delta x_1,\Delta x_2,\cdots,\Delta x_n\}$,当 $\lambda\to 0$ 时,式的极限就是曲边梯形的面积 A,即

$$A=\lim_{\lambda\to 0}\sum_{i=1}^{n}f(\xi_i)\Delta x_i$$

2. 变速直线运动的路程

设有一质点做变速直线运动,在时刻 t 的速度 $v=v(t)$是一已知的连续函数,我们来计算质点从时刻 T_1 到时刻 T_2 所通过的路程 S.

采用上面求曲边梯形面积的类似方法.

(1)分割:在$[T_1,T_2]$上任意插入 $n-1$ 个分点

$$T_1=t_0<t_1<t_2<\cdots<t_{n-1}<t_n=T_2$$

把$[T_1,T_2]$分成 n 个时间间隔$[t_{i-1},t_i]$$(i=1,2,\cdots,n)$,每段时间间隔的长为 $\Delta t_i=t_i-t_{i-1}(i=1,2,\cdots,n)$.

(2)求近似值:在$[t_{i-1},t_i]$上任取一点 $\tau_i(i=1,2,\cdots,n)$,作乘积 $v(\tau_i)\Delta t_i(i=1,2,\cdots,n)$,为时间间隔$[t_{i-1},t_i]$$(i=1,2,\cdots,n)$上所通过路程的近似值,即

$$\Delta S_i \approx v(\tau_i)\Delta t_i$$

(3)求和:$S=\sum_{i=1}^{n}\Delta S_i \approx \sum_{i=1}^{n}v(\tau_i)\Delta t_i$.

(4)取极限:令 $\lambda=\max\{\Delta t_1,\Delta t_2,\cdots,\Delta t_n\}$,

$$S=\lim_{\lambda\to 0}\sum_{i=1}^{n}v(\tau_i)\Delta t_i$$

5.1.2　定积分的定义

在实际问题中许多问题都归结为这样一个和式的极限,把这类问题经过数学抽象地加以概括,这就是下面引入的定积分定义.

定义 5.1.1 设函数$f(x)$在$[a,b]$上有界，在$[a,b]$上任意插入若干个分点

$$a=x_0<x_1<x_2<\cdots<x_{n-1}<x_n=b$$

把区间$[a,b]$分成n个小区间

$$[x_0,x_1],[x_1,x_2],\cdots,[x_{n-1},x_n]$$

各个小区间的长度依次为

$$\Delta x_1=x_1-x_0,\Delta x_2=x_2-x_1,\cdots,\Delta x_n=x_n-x_{n-1}$$

在每个小区间$[x_{i-1},x_i]$上任取一点$\xi_i(x_{i-1}\leqslant\xi_i\leqslant x_i)$，作乘积$f(\xi_i)\Delta x_i(i=1,2,\cdots,n)$，并求和

$$S=\sum_{i=1}^{n}f(\xi_i)\Delta x_i$$

记$\lambda=\max\{\Delta x_1,\Delta x_2,\cdots,\Delta x_n\}$，如果不论对区间$[a,b]$怎样划分，也不论在小区间$[x_{i-1},x_i]$上点$\xi_i$怎样选取，当$\lambda\to0$时，和$S$总趋于确定的极限$I$，这时我们称这个极限$I$为函数$f(x)$在区间$[a,b]$上的**定积分**（简称**积分**），记作$\int_a^b f(x)\mathrm{d}x$，即

$$\int_a^b f(x)\mathrm{d}x=I=\lim_{\lambda\to0}\sum_{i=1}^{n}f(\xi_i)\Delta x_i \tag{5.1.1}$$

其中，$f(x)$称为**被积函数**；$f(x)\mathrm{d}x$称为**被积表达式**；x称为**积分变量**；a称为**积分下限**；b称为**积分上限**；$[a,b]$叫作**积分区间**；$\sum_{i=1}^{n}f(\xi_i)\Delta x_i$称为$f(x)$的**积分和**．如果$f(x)$在$[a,b]$上的定积分存在，就称$f(x)$在$[a,b]$上可积．

注意：$f(x)$在$[a,b]$上的定积分完全由被积函数$f(x)$和积分区间$[a,b]$所确定，它与积分变量采用什么字母表示是无关的，例如：把x改写成字母t或u，其积分I不变，即

$$\int_a^b f(x)\mathrm{d}x=\int_a^b f(t)\mathrm{d}t=\int_a^b f(u)\mathrm{d}u$$

按照定积分的定义，前面所举的例子可以分别表示如下：

由$y=f(x)\geqslant0,y=0,x=a,x=b$所围图形的面积

$$A=\int_a^b f(x)\mathrm{d}x$$

质点以速度$v=v(t)$做直线运动时，从时刻$t_1=T_1$到时刻$t=T_2$通过的路程

$$S=\int_{T_1}^{T_2}v(t)\mathrm{d}t$$

对于定积分，有这样一个重要问题：函数$f(x)$在$[a,b]$上满足怎样的条件，$f(x)$在$[a,b]$上一定可积？这个问题我们不作深入讨论，只给出以下两个充分条件．

定理 5.1.1 设$f(x)$在区间$[a,b]$上连续，则$f(x)$在$[a,b]$上可积．

定理 5.1.2 设$f(x)$在区间$[a,b]$上有界，且只有有限个间断点，则$f(x)$在$[a,b]$上可积．

下面讨论定积分的几何意义．当$f(x)\geqslant0$时，$\int_a^b f(x)\mathrm{d}x$表示由$y=f(x),y=0,x=a,x=b$所围图形的面积；如果$f(x)\leqslant0$，由$y=f(x),y=0,x=a,x=b$所围图形在x轴下方，$\int_a^b f(x)\mathrm{d}x$

的值是曲边梯形面积的负值;如果$f(x)$在$[a,b]$上的某一些区间取正,另一些区间取负,$\int_a^b f(x)\mathrm{d}x$表示x轴上方图形面积减去x轴下方图形面积所得的差,即定积分的几何意义为曲边梯形面积的代数和．如图5-2所示,这几个曲边梯形面积为S_1,S_2,S_3,则有

$$\int_a^b f(x)\mathrm{d}x = S_1 - S_2 + S_3$$

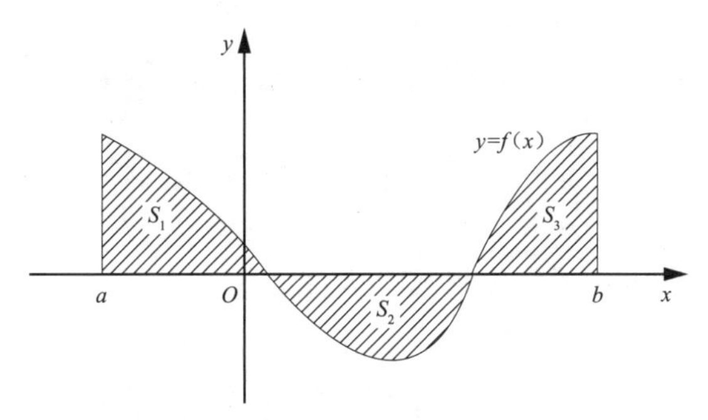

图5-2　定积分的几何意义示意图

例5.1.1　利用定积分的定义计算$\int_0^1 x\mathrm{d}x$.

解　因为被积函数$f(x)=x$在积分区间$[0,1]$上连续,而连续函数是可积的,所以积分与区间$[0,1]$的分法及点ξ_i的取法无关．为了便于计算,不妨把区间$[0,1]$ n等分,分点为$x_i=\frac{i}{n}$,$i=1,2,\cdots,n-1$;每个小区间$[x_{i-1},x_i]$的长度$\Delta x_i=\frac{1}{n}$,$i=1,2,\cdots,n$;取$\xi_i=x_i$,$i=1,2,\cdots,n$. 于是,得

例5.1.1

$$\begin{aligned}\sum_{i=1}^{n} f(\xi_i)\Delta x_i &= \sum_{i=1}^{n} \xi_i \Delta x_i = \sum_{i=1}^{n} x_i \Delta x_i \\ &= \sum_{i=1}^{n} \frac{i}{n}\cdot\frac{1}{n} = \frac{n(n+1)}{2n^2}\end{aligned}$$

当$\lambda\to 0$时,即$n\to\infty$时,取极限得

$$\int_0^1 x\mathrm{d}x = \lim_{\lambda\to 0}\sum_{i=1}^{n}\xi_i\Delta x_i = \lim_{n\to\infty}\frac{n(n+1)}{2n^2} = \frac{1}{2}$$

而由定积分的几何意义,$y=x$,x轴,$x=0$,$x=1$所围图形面积为$\frac{1}{2}$.

5.1.3　定积分的性质

对定积分作以下两点规定:

(1) $\int_a^b f(x)\mathrm{d}x = -\int_b^a f(x)\mathrm{d}x$.　　(5.1.2)

(2)特别地,当$a=b$时

$$\int_a^a f(x)\mathrm{d}x = 0 \tag{5.1.3}$$

下面讨论定积分的性质，下列各性质中积分上下限的大小，如不特别指明，均不加限制，并假定各性质中所列出的定积分都是存在的．

性质 5.1.1 $\int_a^b [f(x) \pm g(x)]\mathrm{d}x = \int_a^b f(x)\mathrm{d}x \pm \int_a^b g(x)\mathrm{d}x.$ (5.1.4)

证明

$$\begin{aligned}\int_a^b [f(x) \pm g(x)]\mathrm{d}x &= \lim_{\lambda \to 0} \sum_{i=1}^n [f(\xi_i) \pm g(\xi_i)]\Delta x_i \\ &= \lim_{\lambda \to 0} \sum_{i=1}^n f(\xi_i)\Delta x_i \pm \lim_{\lambda \to 0} \sum_{i=1}^n g(\xi_i)\Delta x_i \\ &= \int_b^b f(x)\mathrm{d}x \pm \int_b^b g(x)\mathrm{d}x\end{aligned}$$

性质 5.1.2 $\int_a^b k f(x)\mathrm{d}x = k\int_a^b f(x)\mathrm{d}x$ （k 是常数）． (5.1.5)

性质 5.1.3 设 $a<c<b$，则

$$\int_a^b f(x)\mathrm{d}x = \int_a^c f(x)\mathrm{d}x + \int_c^b f(x)\mathrm{d}x \tag{5.1.6}$$

证明 因为函数 $f(x)$ 在区间 $[a,b]$ 上可积，所以不论把 $[a,c]$ 怎样分，积分和的极限总是不变的，因此使 c 永远是个分点．那么，$[a,b]$ 上的积分和等于 $[a,c]$ 上的积分和加上 $[c,b]$ 上的积分和，记为

$$\sum_{[a,\ b]} f(\xi_i)\Delta x_i = \sum_{[a,\ c]} f(\xi_i)\Delta x_i + \sum_{[c,\ b]} f(\xi_i)\Delta x_i$$

$\lambda \to 0$ 取极限，得

$$\int_a^b f(x)\mathrm{d}x = \int_a^c f(x)\mathrm{d}x + \int_c^b f(x)\mathrm{d}x$$

这个性质表明定积分对于积分区间具有“可加性”，这种积分区间的“可加性”，如图 5-3 所示．事实上，这个性质可以推广，即不论 a、b、c 大小如何，性质 5.1.3 结论仍然成立．

性质 5.1.4 如果在区间 $[a,b]$ 上 $f(x) \equiv 1$，则

$$\int_a^b 1\mathrm{d}x = \int_a^b \mathrm{d}x = b - a \tag{5.1.7}$$

如图 5-4 所示，这个性质的证明请读者自己完成．

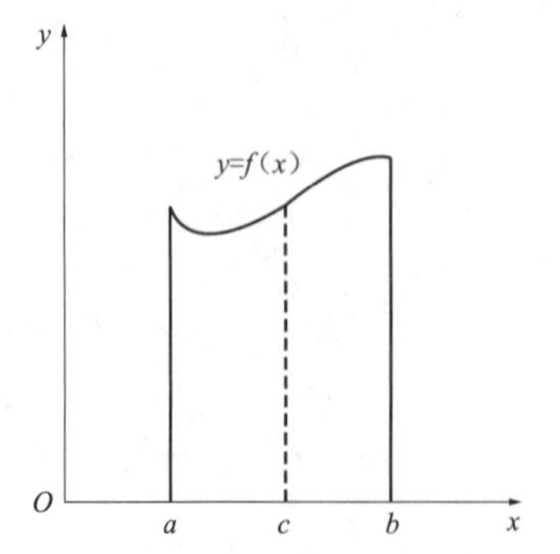

图 5-3 定积分区间可加性示意图

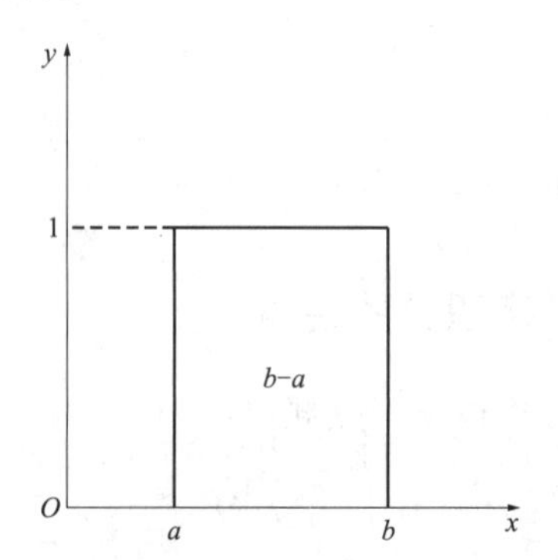

图 5-4 被积函数为 1 时对应的积分图形

性质 5.1.5 如果在区间$[a,b]$上,$f(x)\geqslant 0$,则

$$\int_a^b f(x)\mathrm{d}x \geqslant 0 \quad (a<b) \tag{5.1.8}$$

证明 因为$f(x)\geqslant 0$,所以

$$f(\xi_i)\geqslant 0 \quad (i=1,2,\cdots,n)$$

又由于$\Delta x_i\geqslant 0(i=1,2,\cdots,n)$,因此

$$\sum_{i=1}^{n} f(\xi_i)\Delta x_i \geqslant 0$$

令$\lambda=\max\{\Delta x_1,\cdots,\Delta x_n\}\to 0$,由保号性定理便得要证明的不等式.

推论 5.1.1 如果在区间$[a,b]$上,$f(x)\leqslant g(x)$,则

$$\int_a^b f(x)\mathrm{d}x \leqslant \int_a^b g(x)\mathrm{d}x \quad (a<b) \tag{5.1.9}$$

证明 设$h(x)=g(x)-f(x)\geqslant 0$,由性质 5.1.5 得

$$\int_a^b [g(x)-f(x)]\mathrm{d}x \geqslant 0$$

再由性质 5.1.1,便得要证的不等式.

推论 5.1.2 $\left|\int_a^b f(x)\mathrm{d}x\right| \leqslant \int_a^b |f(x)|\mathrm{d}x \quad (a<b).$ (5.1.10)

证明

$$-|f(x)|\leqslant f(x)\leqslant |f(x)|$$

由推论 5.1.1 及性质 5.1.2 得

$$-\int_a^b |f(x)|\mathrm{d}x \leqslant \int_a^b f(x)\mathrm{d}x \leqslant \int_a^b |f(x)|\mathrm{d}x$$

即

$$\left|\int_a^b f(x)\mathrm{d}x\right| \leqslant \int_a^b |f(x)|\mathrm{d}x$$

性质 5.1.6 (定积分的估值不等式)设M及m分别是函数$f(x)$在区间$[a,b]$上的最大值及最小值,则

$$m(b-a) \leqslant \int_a^b f(x)\mathrm{d}x \leqslant M(b-a) \tag{5.1.11}$$

证明 如图 5-5 所示,因为$m\leqslant f(x)\leqslant M$,由推论 5.1.1 得

$$\int_a^b m\mathrm{d}x \leqslant \int_a^b f(x)\mathrm{d}x \leqslant \int_a^b M\mathrm{d}x$$

由性质 5.1.2 及性质 5.1.4 即得所要证的不等式.

这个性质说明,由被积函数在积分区间上的最大值及最小值,可以估计积分值的大致范围.

例如,定积分$\int_{\frac{1}{2}}^{1} x^2\mathrm{d}x$,它的被积函数$f(x)=x^2$在积分区间$\left[\frac{1}{2},1\right]$上的最小值$m=\frac{1}{4}$,最大值$M=1$,由性质 5.1.6,得

$$\frac{1}{4}\times\left(1-\frac{1}{2}\right) \leqslant \int_{\frac{1}{2}}^{1} x^2\mathrm{d}x \leqslant 1\times\left(1-\frac{1}{2}\right)$$

即

$$\frac{1}{8} \leqslant \int_{\frac{1}{2}}^{1} x^2 \mathrm{d}x \leqslant \frac{1}{2}$$

性质 5.1.7(定积分中值定理)　如果函数 $f(x)$ 在闭区间 $[a,b]$ 上连续,则在积分区间 $[a,b]$ 上至少存在一点 ξ,使下式成立:

$$\int_a^b f(x)\mathrm{d}x = f(\xi)(b-a) \quad (a \leqslant \xi \leqslant b) \tag{5.1.12}$$

这个公式叫作积分中值公式.

证明　由性质 5.1.6 得

$$m \leqslant \frac{1}{b-a}\int_a^b f(x)\mathrm{d}x \leqslant M$$

根据闭区间上连续函数的介质定理,在 $[a,b]$ 上至少存在一点 ξ,使函数 $f(x)$ 在点 ξ 处的值与这个确定的数值相等,即

$$\frac{1}{b-a}\int_a^b f(x)\mathrm{d}x = f(\xi)$$

即 $\int_a^b f(x)\mathrm{d}x = f(\xi)(b-a)$ (ξ 在 a 与 b 之间),不论 $a<b$ 或 $a>b$ 都成立.

这个公式叫作积分中值定理,如图 5-6 所示.

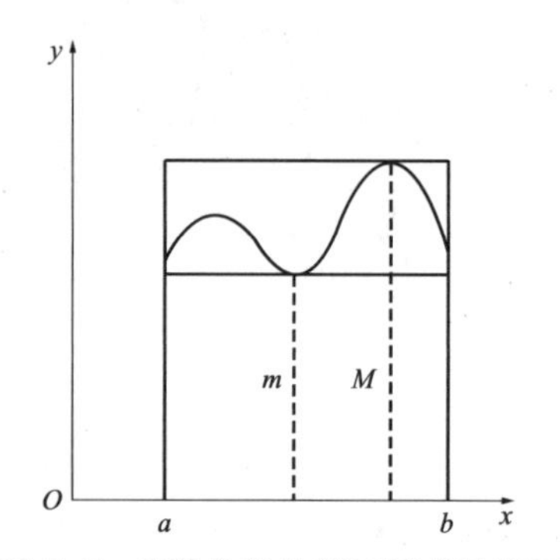

图 5-5　定积分的估值不等式示意图

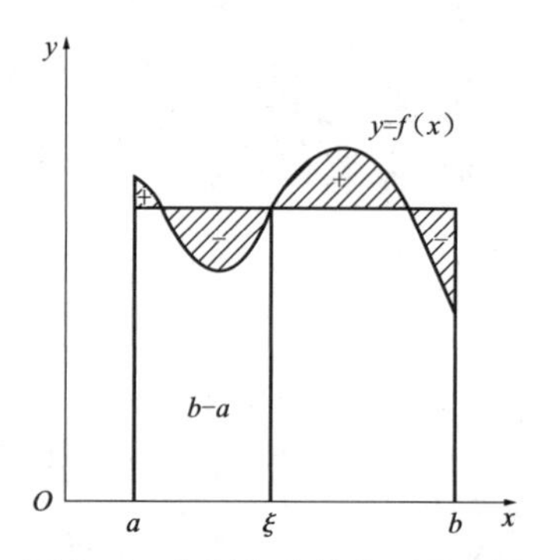

图 5-6　定积分中值定理示意图

这个性质的几何意义:如果 $y=f(x)$ 是 $[a,b]$ 上的一条连续曲线,总可以适当地选取数 $f(\xi)$,使得由 $y=f(\xi)$,$y=0$,$x=a$,$x=b$ 所围长方形的面积 $f(\xi)(b-a)$ 恰好等于由 $y=f(x)$,$y=0$,$x=a$,$x=b$ 所围图形面积. 图中正负号是 $f(x)$ 相对于长方形凸出和凹进的部分.

例 5.1.2　选择题: $\int_{\frac{1}{2}}^{2} |\ln x| \mathrm{d}x =$ ________.

A. $\int_{\frac{1}{2}}^{1} \ln x\mathrm{d}x + \int_{1}^{2} \ln x\mathrm{d}x$　　B. $-\int_{\frac{1}{2}}^{1} \ln x\mathrm{d}x + \int_{1}^{2} \ln x\mathrm{d}x$

C. $\int_{\frac{1}{2}}^{1} \ln x\mathrm{d}x - \int_{1}^{2} \ln x\mathrm{d}x$　　D. $-\int_{\frac{1}{2}}^{1} \ln x\mathrm{d}x - \int_{1}^{2} \ln x\mathrm{d}x$

解　根据被积函数的正负和性质 5.1.3 可知,选 B.

例 5.1.3　估计积分值 $\int_{\frac{1}{2}}^{1} x^4 \mathrm{d}x$ 的大小.

解　因为$f(x)=x^4$在$\left(\frac{1}{2},\ 1\right)$内单调增加,所以

$$f\left(\frac{1}{2}\right)\leqslant f(x)\leqslant f(1)$$

即

$$\frac{1}{16}\leqslant f(x)\leqslant 1$$

由性质 5.1.6

$$\frac{1}{16}\times\left(1-\frac{1}{2}\right)\leqslant\int_{\frac{1}{2}}^{1}x^4\mathrm{d}x\leqslant 1\times\left(1-\frac{1}{2}\right)$$

从而

$$\frac{1}{32}\leqslant\int_{\frac{1}{2}}^{1}x^4\mathrm{d}x\leqslant\frac{1}{2}$$

例 5.1.4　比较下面两个积分值的大小:

$$I_1=\int_1^{\mathrm{e}}\ln x\mathrm{d}x,\ I_2=\int_1^{\mathrm{e}}(\ln x)^2\mathrm{d}x$$

解　当$1\leqslant x\leqslant \mathrm{e}$时,$0\leqslant\ln x\leqslant 1$,所以$\ln x\geqslant(\ln x)^2$.

根据推论 5.1.1 有

$$\int_1^{\mathrm{e}}\ln x\mathrm{d}x\geqslant\int_1^{\mathrm{e}}(\ln x)^2\mathrm{d}x$$

习题 5.1

1. 估计下列各定积分的值:

(1) $\int_1^2\frac{x}{x^2+1}\mathrm{d}x$;　　(2) $\int_1^0 \mathrm{e}^{x^2}\mathrm{d}x$.

2. 根据定积分的性质,比较积分大小:

(1) $\int_1^2 x^2\mathrm{d}x$和$\int_1^2 x^3\mathrm{d}x$;　　(2) $\int_0^1 x\mathrm{d}x$和$\int_0^1\ln(1+x)\mathrm{d}x$.

5.2　微积分基本公式

定积分的定义本身给出了计算定积分的方法,显然这种方法较复杂,因此,有必要寻求计算定积分的新方法.

5.2.1　积分上限的函数及其导数

设函数$f(\cdot)$在区间$[a,b]$上连续,x为$[a,b]$上的任意一点,考查定积分

$$\int_a^x f(t)\mathrm{d}t$$

如果上限 x 在区间$[a,b]$上任意变动,则对于每一个取定的 x 值,定积分总有一个对应值,所以它在$[a,b]$上定义了一个函数叫作**积分上限的函数**或**变上限函数**,记为

$$\Phi(x)=\int_a^x f(t)\mathrm{d}t$$

函数 $\Phi(x)$具有如下重要性质:

定理 5.2.1 如果函数$f(x)$在区间$[a,b]$上连续,则积分上限的函数

$$\Phi(x)=\int_a^x f(t)\mathrm{d}t$$

在$[a,b]$上可导,并且它的导数是

$$\Phi'(x)=\frac{\mathrm{d}}{\mathrm{d}x}\int_a^x f(t)\mathrm{d}t=f(x)\,(a\leqslant x\leqslant b) \tag{5.2.1}$$

证明 若 $x\in(a,b)$,$x+\Delta x\in(a,b)$,则 $\Phi(x)$在 $x+\Delta x$ 处的函数值为

$$\Phi(x+\Delta x)=\int_a^{x+\Delta x} f(t)\mathrm{d}t$$

如图 5-7 所示.

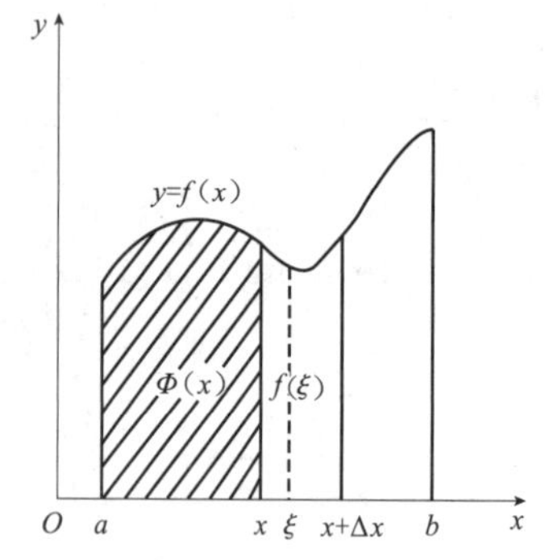

图 5-7 积分上限的函数几何表示

$$\begin{aligned}\Delta\Phi&=\Phi(x+\Delta x)-\Phi(x)\\&=\int_a^{x+\Delta x} f(t)\mathrm{d}t-\int_a^x f(t)\mathrm{d}t\\&=\int_a^x f(t)\mathrm{d}t+\int_x^{x+\Delta x} f(t)\mathrm{d}t-\int_a^x f(t)\mathrm{d}t\\&=\int_x^{x+\Delta x} f(t)\mathrm{d}t\end{aligned}$$

由积分中值定理得

$$\Delta\Phi=f(\xi)\Delta x,\xi\in[x,x+\Delta x]$$

$$\lim_{\Delta x\to 0}\frac{\Delta\Phi}{\Delta x}=\lim_{\Delta x\to 0}f(\xi)$$

$$\Delta x\to 0,\xi\to x$$

由$f(x)$的连续性得

$$\Phi'(x)=\lim_{\Delta x\to 0}\frac{\Delta\Phi}{\Delta x}=\lim_{\Delta x\to 0}f(\xi)=\lim_{\xi\to x}f(\xi)=f(x)$$

若 $x=a$，取 $\Delta x>0$，则同理可证 $\Phi_+'(a)=f(a)$；若 $x=b$，取 $\Delta x<0$，则同理可证 $\Phi_-'(b)=f(b)$.

定理 5.2.2　如果函数 $f(x)$ 在区间 $[a,b]$ 上连续，则函数

$$\Phi(x)=\int_a^x f(t)\,\mathrm{d}t \tag{5.2.2}$$

是 $f(x)$ 在 $[a,b]$ 上的一个原函数.

由定理 5.2.1，利用定理积分的性质及复合函数求导法则可得到定理 5.2.3.

定理 5.2.3　如果 $f(t)$ 连续，$a(x)$，$b(x)$ 可导且 $F(x)=\int_{a(x)}^{b(x)} f(t)\,\mathrm{d}t$ 可导，则

$$F(x)=\int_{a(x)}^{b(x)} f(t)\,\mathrm{d}t$$

的导数 $F'(x)$ 为

$$F'(x)=\frac{\mathrm{d}}{\mathrm{d}x}\int_{a(x)}^{b(x)} f(t)\,\mathrm{d}t=f[b(x)]b'(x)-f[a(x)]a'(x)$$

总结：积分上限(下限)函数的导数

(1) $\left[\int_a^x f(t)\,\mathrm{d}t\right]'=f(x)$；

(2) $\left[\int_x^b f(t)\,\mathrm{d}t\right]'=-f(x)$；

(3) $\left[\int_a^{\varphi(x)} f(t)\,\mathrm{d}t\right]'=f[\varphi(x)]\varphi'(x)$；

(4) $\left[\int_{\psi(x)}^{\varphi(x)} f(t)\,\mathrm{d}t\right]'=f[\varphi(x)]\varphi'(x)-f[\psi(x)]\psi'(x)$.

例 5.2.1　求 $\frac{\mathrm{d}}{\mathrm{d}x}\int_0^x \sin^2 t\mathrm{d}t$.

解　$\frac{\mathrm{d}}{\mathrm{d}x}\int_0^x \sin^2 t\mathrm{d}t=\sin^2 x$.

例 5.2.2　求 $\frac{\mathrm{d}}{\mathrm{d}x}\int_0^{x^2} \sin t\mathrm{d}t$.

解　$\frac{\mathrm{d}}{\mathrm{d}x}\int_0^{x^2} \sin t\,\mathrm{d}t=\sin x^2\cdot(x^2)'=2x\sin x^2$.

例 5.2.3　求 $\lim\limits_{x\to 0}\frac{\int_{\cos x}^1 \mathrm{e}^{-t^2}\mathrm{d}t}{x^2}$.

解　易知这是一个 $\frac{0}{0}$ 型的未定式，我们应用洛必达法则来计算.

$$\lim_{x\to 0}\frac{\int_{\cos x}^1 \mathrm{e}^{-t^2}\mathrm{d}t}{x^2}=\lim_{x\to 0}\frac{-\mathrm{e}^{-\cos^2 x}\cdot(-\sin x)}{2x}=\frac{1}{2\mathrm{e}}$$

例 5.2.3

5.2.2 牛顿—莱布尼茨公式

现在我们根据定理 5.2.2 来证明一个重要定理,它给出了用原函数计算定积分的公式.

定理 5.2.4 如果函数 $F(x)$ 是连续函数 $f(x)$ 在区间 $[a,b]$ 上的一个原函数,则

$$\int_a^b f(x)\,\mathrm{d}x = F(b) - F(a) \tag{5.2.3}$$

证明 已知函数 $F(x)$ 是 $f(x)$ 的一个原函数,又根据定理 5.2.2 知道, $\Phi(x)=\int_a^x f(t)\,\mathrm{d}t$ 也是 $f(x)$ 的一个原函数,于是

$$F(x) - \Phi(x) = c \quad (a\leqslant x\leqslant b) \tag{5.2.4}$$

式(5.2.4)中令 $x=a$, 得 $F(a)-\Phi(a)=c$,而 $\Phi(a)=0$,因此,$c=F(a)$,以 $F(a)$ 代替式(5.2.4)中的 c,以 $\int_a^x f(t)\,\mathrm{d}t$ 代入式(5.2.4)中的 $\Phi(x)$,可得

$$\int_a^x f(t)\,\mathrm{d}t = F(x) - F(a)$$

在上式中令 $x=b$,就得到所要证明的式(5.2.3). 为方便起见,把 $F(b)-F(a)$ 记成 $[F(x)]_a^b$,于是式(5.2.3)又可写成

$$\int_a^b f(x)\,\mathrm{d}x = [F(x)]_a^b$$

式(5.2.3)叫作牛顿—莱布尼茨公式,也叫作**微积分基本公式**. 它进一步揭示了定积分与被积函数的原函数或不定积分的联系,即一个连续函数在区间 $[a,b]$ 上的定积分等于它的任意一个原函数在区间 $[a,b]$ 上的增量,求定积分的问题转化为求原函数的问题.

注意: 当 $a>b$ 时, $\int_a^b f(x)\,\mathrm{d}x = F(b) - F(a)$ 仍成立.

下面我们举几个应用式(5.2.3)来计算定积分的简单例子.

例 5.2.4 计算 $\int_0^1 x^2\,\mathrm{d}x$.

解 由于 $\frac{x^3}{3}$ 是 x^2 的一个原函数,因此

$$\int_0^1 x^2\,\mathrm{d}x = \left[\frac{1}{3}x^3\right]_0^1 = \frac{1}{3}$$

例 5.2.5 计算 $\int_{-1}^{\sqrt{3}} \frac{\mathrm{d}x}{1+x^2}$.

解

$$\begin{aligned}\int_{-1}^{\sqrt{3}} \frac{\mathrm{d}x}{1+x^2} &= [\arctan x]_{-1}^{\sqrt{3}} \\ &= \arctan\sqrt{3} - \arctan(-1) \\ &= \frac{\pi}{3} - \left(-\frac{\pi}{4}\right) = \frac{7}{12}\pi.\end{aligned}$$

例 5.2.6 计算 $\int_{-2}^{-1} \frac{\mathrm{d}x}{x}$.

解 $\int_{-2}^{-1} \frac{dx}{x} = [\ln|x|]_{-2}^{-1}$

$= \ln|-1| - \ln|-2|$

$= -\ln 2.$

例 5.2.7 计算 $\int_0^{\pi} \sin x dx$.

解 $\int_0^{\pi} \sin x dx = [-\cos x]_0^{\pi}$

$= -\cos \pi + \cos 0$

$= -(-1) + 1 = 2.$

这个例子的几何意义：在区间$[0,\pi]$上 $y=\sin x$ 与 $y=0$ 所围图形面积是 2，如图 5-8 所示 .

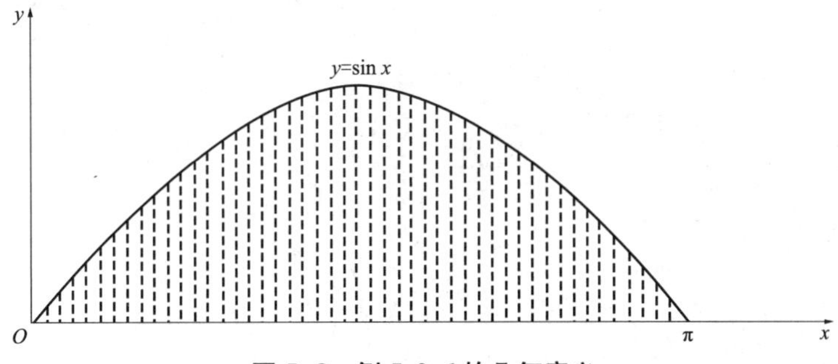

图 5-8　例 5.2.6 的几何意义

例 5.2.8 求 $\int_1^3 |x-2| dx$.

解 $\int_1^3 |x-2| dx = \int_1^2 (2-x) dx + \int_2^3 (x-2) dx$

$= \left[2x - \frac{1}{2}x^2\right]_1^2 + \left[\frac{1}{2}x^2 - 2x\right]_2^3$

$= \frac{1}{2} + \frac{1}{2} = 1.$

这个例子的几何意义：在区间$[1,3]$上 $|x-2|$ 与 $y=0$ 所围图形面积是 1，如图 5-9 所示 .

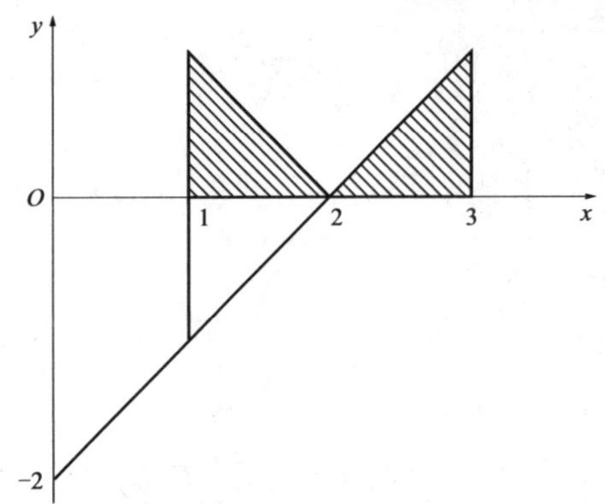

图 5-9　例 5.2.8 的几何意义

习题 5.2

1. 计算下列导数：

(1) $\dfrac{\mathrm{d}}{\mathrm{d}x}\int_0^{x^2}\sqrt{1+t^2}\,\mathrm{d}t$；　　(2) $\dfrac{\mathrm{d}}{\mathrm{d}x}\int_{x^2}^{x^3}\dfrac{\mathrm{d}t}{\sqrt{1+t^4}}$.

2. 求下列极限：

(1) $\lim\limits_{x\to0}\dfrac{\int_0^x\cos t^2\,\mathrm{d}t}{x}$；　　(2) $\lim\limits_{x\to0}\dfrac{\int_0^x\ln(\cos t)\,\mathrm{d}t}{x^3}$；

(3) $\lim\limits_{x\to0}\dfrac{\int_0^{x^2}\sqrt{1+t^2}\,\mathrm{d}t}{x}$；　　(4) $\lim\limits_{x\to0}\dfrac{x}{x-a}\int_a^x f(t)\,\mathrm{d}t$，其中 $f(x)$ 连续．

3. 计算下列定积分：

(1) $\int_4^9\sqrt{x}(1+\sqrt{x})\,\mathrm{d}x$；　　(2) $\int_0^{\sqrt{3}a}\dfrac{\mathrm{d}x}{a^2+x^2}$；

(3) $\int_{-\mathrm{e}^{-1}}^{-2}\dfrac{\mathrm{d}x}{1+x}$；　　(4) $\int_0^{2\pi}|\sin x|\,\mathrm{d}x$；

(5) $\int_{-1}^{1}(x+\sqrt{4-x^2})\,\mathrm{d}x$.

5.3　定积分的计算方法

由 5.2 节结果知道，计算定积分 $\int_a^b f(x)\,\mathrm{d}x$ 的简便方法是把它转化为求 $f(x)$ 的原函数的增量．由于用换元积分法和分部积分法可以求出一些函数的原函数，因此，在一定条件下，可以用换元积分法和分部积分法来计算定积分．下面就来讨论定积分的这两种计算方法．

5.3.1　定积分的换元积分法

定理 5.3.1　设函数 $f(x)$ 在区间 $[a,b]$ 上连续，函数 $x=\varphi(t)$ 满足下列条件：

(1) $\varphi(\alpha)=a,\varphi(\beta)=b$；

(2) $\varphi(t)$ 在 $[\alpha,\beta]$ 或 $[\beta,\alpha]$ 上具有连续导数，且其值域 $R_\varphi\subset[a,b]$，那么有

$$\int_a^b f(x)\,\mathrm{d}x=\int_\alpha^\beta f[\varphi(t)]\varphi'(t)\,\mathrm{d}t \tag{5.3.1}$$

式(5.3.1)为定积分的换元公式．

证明　设 $F(x)$ 是 $f(x)$ 的一个原函数，

$$\int_a^b f(x)\,\mathrm{d}x=F(b)-F(a)$$

设 $\Phi(t)=F[\varphi(t)]$，

$$\Phi'(t)=\frac{\mathrm{d}F}{\mathrm{d}x}\cdot\frac{\mathrm{d}x}{\mathrm{d}t}=f(x)\cdot\varphi'(t)=f[\varphi(t)]\varphi'(t)$$

即 $\Phi(t)$ 是 $f[\varphi(t)]\varphi'(t)$ 的一个原函数.

$$\int_{\alpha}^{\beta}f[\varphi(t)]\varphi'\mathrm{d}t=\Phi(\beta)-\Phi(\alpha)$$

由已知条件, $\varphi(\alpha)=a,\varphi(\beta)=b$

$$\Phi(\beta)-\Phi(\alpha)=F[\varphi(\beta)]-F[\varphi(\alpha)]=F(b)-F(a)$$

$$\int_{a}^{b}f(x)\mathrm{d}x=F(b)-F(a)=\Phi(\beta)-\Phi(\alpha)$$

$$=\int_{\alpha}^{\beta}f[\varphi(t)]\varphi'(t)\mathrm{d}t$$

注意:当 $\alpha>\beta$ 时,换元公式仍成立.

应用换元公式时应注意以下两点:

(1)定理5.3.1所提方法即对应着不定积分的第二换元法,用 $x=\varphi(t)$ 把变量 x 换成新积分变量 t 时,积分限也相应地改变,即定积分换元必换限.

(2)求出 $f[\varphi(t)]\varphi'(t)$ 的一个原函数 $\Phi(t)$ 后,不必像计算不定积分那样再把 $\varphi(t)$ 变换成原变量 x 的函数,而只要把新变量 t 的上下限分别代入 $\Phi(t)$ 然后相减就行了.

例 5.3.1　计算 $\int_{0}^{a}\sqrt{a^{2}-x^{2}}\mathrm{d}x\quad(a>0)$.

解　设 $x=a\sin t$,则 $\mathrm{d}x=a\cos t\mathrm{d}t$,且当 $x=0$ 时,$t=0$;当 $x=a$ 时,$t=\frac{\pi}{2}$,于是

$$\int_{0}^{a}\sqrt{a^{2}-x^{2}}\mathrm{d}x=a^{2}\int_{0}^{\frac{\pi}{2}}\cos^{2}t\mathrm{d}t=\frac{a^{2}}{2}\int_{0}^{\frac{\pi}{2}}(1+\cos 2t)\mathrm{d}t$$

$$=\frac{a^{2}}{2}\left[t+\frac{1}{2}\sin 2t\right]_{0}^{\frac{\pi}{2}}=\frac{\pi a^{2}}{4}$$

换元公式也可反过来使用,为使用方便起见,把换元公式中左右两边对调位置,同时把 t 改记为 x,而 x 改记为 t,得

$$\int_{a}^{b}f[\varphi(x)]\varphi'(x)\mathrm{d}x=\int_{\alpha}^{\beta}f(t)\mathrm{d}t$$

即可用 $t=\varphi(x)$ 来引入新变量 t,而 $\alpha=\varphi(a)$, $\beta=\varphi(b)$,此方法本质上对应着不定积分中的第一换元法.

例 5.3.2　计算 $\int_{0}^{\frac{\pi}{2}}\cos^{5}x\sin x\mathrm{d}x$.

解　设 $t=\cos x$,则 $\mathrm{d}t=-\sin x\mathrm{d}x$,且当 $x=0$ 时,$t=1$;当 $x=\frac{\pi}{2}$ 时,$t=0$,于是

$$\int_{0}^{\frac{\pi}{2}}\cos^{5}x\sin x\mathrm{d}x=-\int_{1}^{0}t^{5}\mathrm{d}t=\int_{0}^{1}t^{5}\mathrm{d}t=\left[\frac{t^{6}}{6}\right]_{0}^{1}=\frac{1}{6}$$

注意:在例5.3.2中,如果我们不明显地写出新变量 t,那么定积分的上、下限就不要变更,现在用这种记法计算如下:

$$\int_0^{\frac{\pi}{2}}\cos^5 x\sin x\mathrm{d}x=-\int_0^{\frac{\pi}{2}}\cos^5 x\mathrm{d}(\cos x)$$

$$=-\left[\frac{\cos^6 x}{6}\right]_0^{\frac{\pi}{2}}=-\left(0-\frac{1}{6}\right)=\frac{1}{6}$$

例 5.3.3 计算 $\int_{\frac{3}{4}}^1\frac{1}{\sqrt{1-x}-1}\mathrm{d}x$.

解 设 $\sqrt{1-x}=u$，则 $x=1-u^2$，$\mathrm{d}x=-2u\mathrm{d}u$，且当 $x=\frac{3}{4}$ 时，$u=\frac{1}{2}$；当 $x=1$ 时，$u=0$. 于是

$$\int_{\frac{3}{4}}^1\frac{1}{\sqrt{1-x}-1}\mathrm{d}x=\int_{\frac{1}{2}}^0\frac{-2u}{u-1}\mathrm{d}u=2\int_0^{\frac{1}{2}}\frac{u-1+1}{u-1}\mathrm{d}u$$

$$=2\int_0^{\frac{1}{2}}\left(1+\frac{1}{u-1}\right)\mathrm{d}u$$

$$=2\left[u+\ln|u-1|\right]_0^{\frac{1}{2}}$$

$$=1-2\ln 2$$

例 5.3.4 计算 $\int_0^{\pi}\sqrt{1+\cos 2x}\,\mathrm{d}x$.

解 由于 $\sqrt{1+\cos 2x}=\sqrt{2\cos^2 x}=\sqrt{2}\,|\cos x|$，在 $\left[0,\frac{\pi}{2}\right]$ 上，$|\cos x|=\cos x$，在 $\left[\frac{\pi}{2},\pi\right]$ 上，$|\cos x|=-\cos x$，所以

$$\int_0^{\pi}\sqrt{1+\cos 2x}\,\mathrm{d}x=\int_0^{\pi}\sqrt{2}\,|\cos x|\mathrm{d}x$$

$$=\sqrt{2}\left[\int_0^{\frac{\pi}{2}}\cos x\mathrm{d}x-\int_{\frac{\pi}{2}}^{\pi}\cos x\mathrm{d}x\right]$$

$$=\left[\sqrt{2}\sin x\right]_0^{\frac{\pi}{2}}-\left[\sqrt{2}\sin x\right]_{\frac{\pi}{2}}^{\pi}=2\sqrt{2}$$

例 5.3.5 计算 $\int_1^{e^2}\frac{1}{x\sqrt{1+\ln x}}\mathrm{d}x$.

解 $$\int_1^{e^2}\frac{1}{x\sqrt{1+\ln x}}\mathrm{d}x=\int_1^{e^2}\frac{1}{\sqrt{1+\ln x}}\mathrm{d}(1+\ln x)$$

$$=\left[2\sqrt{1+\ln x}\right]_1^{e^2}=2(\sqrt{3}-1).$$

例 5.3.6 证明：

(1)若 $f(x)$ 在 $[-a,a]$ 上连续且为偶函数，则

$$\int_{-a}^a f(x)\mathrm{d}x=2\int_0^a f(x)\mathrm{d}x$$

(2)若 $f(x)$ 在 $[-a,a]$ 上连续且为奇函数，则

$$\int_{-a}^a f(x)\mathrm{d}x=0$$

证明

(1)因为

$$\int_{-a}^{a} f(x)\,\mathrm{d}x = \int_{-a}^{0} f(x)\,\mathrm{d}x + \int_{0}^{a} f(x)\,\mathrm{d}x$$

对积分 $\int_{-a}^{0} f(x)\,\mathrm{d}x$ 作代换 $x=-t$,得

$$\int_{-a}^{0} f(x)\,\mathrm{d}x = \int_{a}^{0} f(-t)(-\mathrm{d}t) = \int_{0}^{a} f(t)\,\mathrm{d}t$$
$$= \int_{0}^{a} f(x)\,\mathrm{d}x$$

从而

$$\int_{-a}^{a} f(x)\,\mathrm{d}x = 2\int_{0}^{a} f(x)\,\mathrm{d}x$$

(2)令 $x=-t$,得

$$\int_{-a}^{a} f(x)\,\mathrm{d}x = \int_{a}^{-a} f(-t)(-\mathrm{d}t)$$
$$= -\int_{-a}^{a} [-f(t)](-\mathrm{d}t) = -\int_{-a}^{a} f(t)\,\mathrm{d}t$$
$$= -\int_{-a}^{a} f(x)\,\mathrm{d}x$$

从而

$$\int_{-a}^{a} f(x)\,\mathrm{d}x = 0$$

注意:利用例 5.3.6 的结论,常可简化奇函数、偶函数在关于原点对称区间上的定积分的计算.

例 5.3.7

例 5.3.7　计算下列定积分:

(1) $\int_{-\pi}^{\pi} \sin mx\cos nx\mathrm{d}x$;　　(2) $\int_{-\frac{\pi}{2}}^{\frac{\pi}{2}} (x^3 - 3x + 2)\cos x\mathrm{d}x$;

(3) $\int_{-\frac{1}{2}}^{\frac{1}{2}} \dfrac{x^2\arcsin x + 1}{\sqrt{1-x^2}}\mathrm{d}x$;　　(4) $\int_{-1}^{1} \dfrac{2x^2 + x\cos x}{1+\sqrt{1-x^2}}\mathrm{d}x$.

解　(1) $\int_{-\pi}^{\pi} \sin mx\cos nx\mathrm{d}x = 0$.

(2)原式 $= \int_{-\frac{\pi}{2}}^{\frac{\pi}{2}} (x^3 - 3x + 2)\cos x\mathrm{d}x = \int_{-\frac{\pi}{2}}^{\frac{\pi}{2}} (x^3 - 3x)\cos x\mathrm{d}x + 2\int_{-\frac{\pi}{2}}^{\frac{\pi}{2}} \cos x\mathrm{d}x$

$= 4\int_{0}^{\frac{\pi}{2}} \cos x\mathrm{d}x = 4\sin x\Big|_0^{\frac{\pi}{2}} = 4$.

(3)原式 $= \int_{-\frac{1}{2}}^{\frac{1}{2}} \dfrac{x^2\arcsin x}{\sqrt{1-x^2}}\mathrm{d}x + \int_{-\frac{1}{2}}^{\frac{1}{2}} \dfrac{1}{\sqrt{1-x^2}}\mathrm{d}x$

$= 2\int_{0}^{\frac{1}{2}} \dfrac{1}{\sqrt{1-x^2}}\mathrm{d}x = 2\arcsin x\Big|_0^{\frac{1}{2}} = \dfrac{\pi}{3}$.

(4)原式 $=\int_{-1}^{1}\frac{2x^2}{1+\sqrt{1-x^2}}dx+\int_{-1}^{1}\frac{x\cos x}{1+\sqrt{1-x^2}}dx=4\int_0^1\frac{x^2}{1+\sqrt{1-x^2}}dx$

$$=4\int_0^1\frac{x^2(1-\sqrt{1-x^2})}{x^2}dx=4\int_0^1 dx-4\int_0^1\sqrt{1-x^2}\,dx$$

$$=4-4\cdot\frac{1}{4}\cdot\pi\cdot 1^2=4-\pi.$$

例 5.3.8 设函数 $f(x)=\begin{cases}0, & |x|\leqslant 1,\\ \frac{1}{x^2}, & |x|>1,\end{cases}$ 计算 $\int_0^3 xf(x-1)dx$.

解 设 $x-1=t$,则

$$\int_0^3 xf(x-1)dx=\int_{-1}^{2}(1+t)f(t)dt=\int_1^2(1+t)\cdot\frac{1}{t^2}dt=\left[-\frac{1}{t}+\ln t\right]_1^2=\frac{1}{2}+\ln 2.$$

例 5.3.9 若 $f(x)$ 在[0,1]上连续,证明:

(1) $\int_0^{\frac{\pi}{2}}f(\sin x)dx=\int_0^{\frac{\pi}{2}}f(\cos x)dx$;

(2) $\int_0^{\pi}xf(\sin x)dx=\frac{\pi}{2}\int_0^{\pi}f(\sin x)dx$,由此计算 $\int_0^{\pi}\frac{x\sin x}{1+\cos^2x}dx$.

证明

(1)设 $x=\frac{\pi}{2}-t$,则 $dx=-dt$,且当 $x=0$ 时,$t=\frac{\pi}{2}$;当 $x=\frac{\pi}{2}$ 时,$t=0$,于是

$$\int_0^{\frac{\pi}{2}}f(\sin x)dx=-\int_{\frac{\pi}{2}}^{0}f\left[\sin\left(\frac{\pi}{2}-t\right)\right]dt$$

$$=\int_0^{\frac{\pi}{2}}f(\cos t)dt=\int_0^{\frac{\pi}{2}}f(\cos x)dx$$

(2)设 $x=\pi-t$,则 $dx=-dt$,且当 $x=0$ 时,$t=\pi$;当 $x=\pi$ 时,$t=0$,于是

$$\int_0^{\pi}xf(\sin x)dx=-\int_{\pi}^{0}(\pi-t)f[\sin(\pi-t)]dt$$

$$=\int_0^{\pi}(\pi-t)f(\sin t)dt$$

$$=\pi\int_0^{\pi}f(\sin t)dt-\int_0^{\pi}tf(\sin t)dt$$

$$=\pi\int_0^{\pi}f(\sin x)dx-\int_0^{\pi}xf(\sin x)dx$$

所以

$$\int_0^{\pi}xf(\sin x)dx=\frac{\pi}{2}\int_0^{\pi}f(\sin x)dx$$

利用上述结论,即得

$$\int_0^{\pi}\frac{x\sin x}{1+\cos^2x}dx=\frac{\pi}{2}\int_0^{\pi}\frac{\sin x}{1+\cos^2x}dx=-\frac{\pi}{2}\int_0^{\pi}\frac{d(\cos x)}{1+\cos^2x}$$

$$=-\frac{\pi}{2}[\arctan(\cos x)]_0^{\pi}$$

$$=-\frac{\pi}{2}\left(-\frac{\pi}{4}-\frac{\pi}{4}\right)=\frac{\pi^2}{4}$$

5.3.2　定积分的分部积分法

设函数 $u=u(x)$ 与 $v=v(x)$ 在 $[a,b]$ 上有连续导数,则 $(uv)'=vu'+uv'$,即

$$uv'=(uv)'-vu'$$

等式两端取 x 由 a 到 b 的积分,即得

$$\int_a^b uv'\mathrm{d}x=[uv]_a^b-\int_a^b vu'\mathrm{d}x$$

或写为

$$\int_a^b u(x)\mathrm{d}v(x)=[u(x)v(x)]_a^b-\int_a^b v(x)\mathrm{d}u(x)$$

这就是定积分的**分部积分公式**.

例 5.3.10　计算 $\int_1^2 \ln x\mathrm{d}x$.

解　$\int_1^2 \ln x\mathrm{d}x=[x\ln x]_1^2-\int_1^2 x\mathrm{d}\ln x$

$$=2\ln 2-\int_1^2\mathrm{d}x=2\ln 2-[x]_1^2$$

$$=2\ln 2-1.$$

例 5.3.11　计算 $\int_0^{\frac{1}{2}}\arcsin x\mathrm{d}x$.

解　$\int_0^{\frac{1}{2}}\arcsin x\mathrm{d}x=[x\arcsin x]_0^{\frac{1}{2}}-\int_0^{\frac{1}{2}}x\mathrm{d}\arcsin x$

$$=\frac{1}{2}\cdot\frac{\pi}{6}-\int_0^{\frac{1}{2}}\frac{x}{\sqrt{1-x^2}}\mathrm{d}x$$

$$=\frac{\pi}{12}+[\sqrt{1-x^2}]_0^{\frac{1}{2}}=\frac{\pi}{12}+\frac{\sqrt{3}}{2}-1.$$

例 5.3.12　计算 $\int_0^1 \mathrm{e}^{\sqrt{x}}\mathrm{d}x$.

例 5.3.12

解　令 $\sqrt{x}=t$, $x=t^2$, $\mathrm{d}x=2t\mathrm{d}t$,当 $x=0$ 时,$t=0$;当 $x=1$ 时,$t=1$,于是

$$\int_0^1 \mathrm{e}^{\sqrt{x}}\mathrm{d}x=2\int_0^1 t\mathrm{e}^t\mathrm{d}t=2\int_0^1 t\mathrm{d}\mathrm{e}^t$$

$$=2\left([t\mathrm{e}^t]_0^1-\int_0^1\mathrm{e}^t\mathrm{d}t\right)=2(\mathrm{e}-[\mathrm{e}^t]_0^1)$$

$$=2[\mathrm{e}-(\mathrm{e}-1)]=2$$

例 5.3.13 证明定积分公式

$$I_n=\int_0^{\frac{\pi}{2}}\sin^n x\mathrm{d}x\left(=\int_0^{\frac{\pi}{2}}\cos^n x\mathrm{d}x\right)$$

$$=\begin{cases}\dfrac{n-1}{n}\cdot\dfrac{n-3}{n-2}\cdot\cdots\cdot\dfrac{3}{4}\cdot\dfrac{1}{2}\cdot\dfrac{\pi}{2}，n\text{ 为正偶数，}\\ \dfrac{n-1}{n}\cdot\dfrac{n-3}{n-2}\cdot\cdots\cdot\dfrac{4}{5}\cdot\dfrac{2}{3}，n\text{ 为大于 1 的正奇数}\end{cases}$$

证明 $I_n=\int_0^{\frac{\pi}{2}}\sin^{n-1}x\mathrm{d}(-\cos x)$

$$=\left[-\cos x\sin^{n-1}x\right]_0^{\frac{\pi}{2}}+\int_0^{\frac{\pi}{2}}\cos x\mathrm{d}(\sin^{n-1}x)$$

$$=(n-1)\int_0^{\frac{\pi}{2}}\cos^2 x\sin^{n-2}x\mathrm{d}x$$

$$=(n-1)\int_0^{\frac{\pi}{2}}(1-\sin^2 x)\sin^{n-2}x\mathrm{d}x$$

$$=(n-1)\int_0^{\frac{\pi}{2}}\sin^{n-2}x\mathrm{d}x-(n-1)\int_0^{\frac{\pi}{2}}\sin^n x\mathrm{d}x$$

$$=(n-1)I_{n-2}-(n-1)I_n.$$

所以

$$I_n=\frac{n-1}{n}I_{n-2}$$

上式叫作积分 I_n 关于下标的递推公式，如果把 n 换成 $n-2$，就有

$$I_{n-2}=\frac{n-3}{n-2}I_{n-4}$$

于是我们就一直递推到下标为 0 或 1，

$$I_{2m}=\frac{2m-1}{2m}\cdot\frac{2m-3}{2m-2}\cdot\cdots\cdot\frac{3}{4}\cdot\frac{1}{2}\cdot I_0$$

$$I_{2m+1}=\frac{2m}{2m+1}\cdot\frac{2m-2}{2m-1}\cdot\cdots\cdot\frac{4}{5}\cdot\frac{2}{3}\cdot I_1 \qquad (m=1,2,\cdots)$$

又

$$I_0=\int_0^{\frac{\pi}{2}}\sin^0 x\mathrm{d}x=\frac{\pi}{2}，I_1=\int_0^{\frac{\pi}{2}}\sin x\mathrm{d}x=1$$

所以

$$I_{2m}=\int_0^{\frac{\pi}{2}}\sin^{2m}x\mathrm{d}x=\frac{2m-1}{2m}\cdot\frac{2m-3}{2m-2}\cdot\cdots\cdot\frac{3}{4}\cdot\frac{1}{2}\cdot\frac{\pi}{2}$$

$$I_{2m+1}=\int_0^{\frac{\pi}{2}}\sin^{2m+1}x\mathrm{d}x=\frac{2m}{2m+1}\cdot\frac{2m-2}{2m-1}\cdot\cdots\cdot\frac{4}{5}\cdot\frac{2}{3} \qquad (m=1,2,\cdots)$$

从而

$$I_n=\begin{cases}\dfrac{n-1}{n}\cdot\dfrac{n-3}{n-2}\cdot\cdots\cdot\dfrac{3}{4}\cdot\dfrac{1}{2}\cdot\dfrac{\pi}{2},n\text{ 为正偶数},\\ \dfrac{n-1}{n}\cdot\dfrac{n-3}{n-2}\cdot\cdots\cdot\dfrac{4}{5}\cdot\dfrac{2}{3},n\text{ 为正奇数}\end{cases}$$

注:此例题结论十分重要,请大家熟记,做题时会带来很大的便利.

习题 5.3

1. 计算下列定积分:

(1) $\int_1^{e^2}\dfrac{dx}{x\sqrt{1+\ln x}}$;

(2) $\int_{-\frac{\pi}{2}}^{\frac{\pi}{2}}\sqrt{\cos x-\cos^3 x}\,dx$;

(3) $\int_1^{\sqrt{3}}\dfrac{dx}{x^2\sqrt{1+x^2}}$;

(4) $\int_{\frac{1}{4}}^{\frac{1}{2}}\dfrac{\arcsin\sqrt{x}}{\sqrt{x(1-x)}}dx$;

(5) $\int_{\frac{3}{4}}^{1}\dfrac{dx}{\sqrt{1-x}-1}$;

(6) $\int_0^{\pi}\sqrt{1+\cos 2x}\,dx$.

2. 利用函数的奇偶性计算下列积分:

(1) $\int_{-\frac{\pi}{2}}^{\frac{\pi}{2}}4\cos^4 x dx$;

(2) $\int_{-5}^{5}\dfrac{x^3\sin^2 x}{x^4+2x^2+1}dx$.

3. 设 $f(x)$ 是以 T 为周期的连续函数,证明 $\int_a^{a+T}f(x)\,dx$ 的值与 a 无关.

4. 设 $f(x)$ 在 $[a,b]$ 上连续,证明 $\int_a^b f(x)\,dx=\int_a^b f(a+b-x)\,dx$.

5. 计算下列积分:

(1) $\int_1^4\dfrac{\ln x}{\sqrt{x}}dx$;

(2) $\int_1^e\sin(\ln x)\,dx$;

(3) $\int_{\frac{1}{e}}^{e}|\ln x|\,dx$.

5.4 反常积分

定积分 $\int_a^b f(x)\,dx$ 中积分区间有限,被积函数要求有界.但在很多实际问题和理论研究中都要求去掉积分区间有限和被积函数有界的要求,因此,将积分区间推广到无穷区间,得到无穷限的积分;将有界函数推广到无界函数的情形,得到无界函数的积分,即本节课要学习的反常积分或广义积分.

5.4.1 无穷限反常积分

定义 5.4.1 设函数$f(x)$在区间$[a,+\infty)$上连续，如果极限

$$\lim_{t\to+\infty}\int_a^t f(x)\mathrm{d}x$$

存在，那么称此极限为函数$f(x)$在无穷区间$[a,+\infty)$上的**反常积分**（**或广义积分**），记作$\int_a^{+\infty}f(x)\mathrm{d}x$，即

$$\int_a^{+\infty}f(x)\mathrm{d}x=\lim_{t\to+\infty}\int_a^t f(x)\mathrm{d}x \tag{5.4.1}$$

这时也称**反常积分**$\int_a^{+\infty}f(x)\mathrm{d}x$**收敛**，如果上述极限不存在，函数$f(x)$在无穷区间$[a,+\infty)$上的反常积分$\int_a^{+\infty}f(x)\mathrm{d}x$就没有意义，称**反常积分**$\int_a^{+\infty}f(x)\mathrm{d}x$**发散**，这时记号$\int_a^{+\infty}f(x)\mathrm{d}x$不再表示数值了.

类似地，设函数$f(x)$在区间$(-\infty,b]$上连续，取$t<b$，如果极限

$$\lim_{t\to-\infty}\int_t^b f(x)\mathrm{d}x$$

存在，则称此极限为函数$f(x)$在无穷区间$(-\infty,b)$上的反常积分，记作$\int_{-\infty}^b f(x)\mathrm{d}x$，即

$$\int_{-\infty}^b f(x)\mathrm{d}x=\lim_{t\to-\infty}\int_t^b f(x)\mathrm{d}x \tag{5.4.2}$$

这时也称反常积分$\int_{-\infty}^b f(x)\mathrm{d}x$收敛；如果上述极限不存在，就称反常积分$\int_{-\infty}^b f(x)\mathrm{d}x$发散.

设函数$f(x)$在区间$(-\infty,+\infty)$上连续，如果反常积分

$$\int_{-\infty}^0 f(x)\mathrm{d}x \text{ 和 } \int_0^{+\infty}f(x)\mathrm{d}x$$

都收敛，则称上述两反常积分之和为函数$f(x)$在无穷区间$(-\infty,+\infty)$上的**反常积分**，记作$\int_{-\infty}^{+\infty}f(x)\mathrm{d}x$，即

$$\begin{aligned}\int_{-\infty}^{+\infty}f(x)\mathrm{d}x&=\int_{-\infty}^0 f(x)\mathrm{d}x+\int_0^{+\infty}f(x)\mathrm{d}x\\&=\lim_{t\to-\infty}\int_t^0 f(x)\mathrm{d}x+\lim_{t\to+\infty}\int_0^t f(x)\mathrm{d}x\end{aligned} \tag{5.4.3}$$

这时也称反常积分$\int_{-\infty}^{+\infty}f(x)\mathrm{d}x$**收敛**；否则就称反常积分$\int_{-\infty}^{+\infty}f(x)\mathrm{d}x$**发散**.

上述反常积分统称为**无穷限反常积分**.

反常积分的几何意义是明显的，如当$f(x)\geqslant0$时，反常积分$\int_a^{+\infty}f(x)\mathrm{d}x$在几何上表示由

曲线 $y=f(x)$, $x=a$, $x=b(a<b)$ 与 x 轴所围的有限曲边梯形的面积，当 $b\to+\infty$ 时的极限，当该极限存在时，说明曲线下无界区域具有有限的面积(见图 5-10)；当极限不存在时，说明曲线下无界区域的面积无穷.

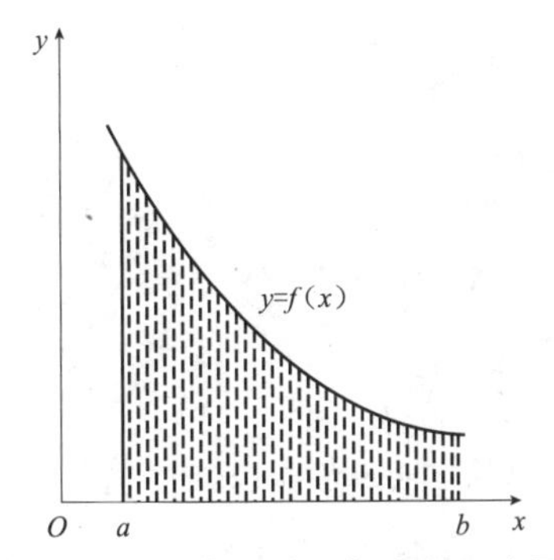

图 5-10 反常积分几何意义示意图

例 5.4.1 证明反常积分 $\int_a^{+\infty}\frac{\mathrm{d}x}{x^p}$ $(a>0)$，当 $p>1$ 时收敛；当 $p\leqslant 1$ 时发散.

证明 取 $b>a$.

(1) $p=1$ 时

$$\int_a^b\frac{1}{x^p}\mathrm{d}x=\int_a^b\frac{1}{x}\mathrm{d}x=[\ln x]_a^b=\ln b-\ln a$$

因为 $\lim\limits_{b\to+\infty}\ln b=+\infty$，所以 $\int_a^b\frac{1}{x^p}\mathrm{d}x$ 发散.

例 5.4.1

(2) $p\neq 1$ 时，$\int_a^b\frac{1}{x^p}\mathrm{d}x=\left[\frac{1}{1-p}x^{-p+1}\right]_a^b=\frac{1}{1-p}(b^{-p+1}-a^{-p+1})$；

$p>1$ 时，$\lim\limits_{b\to+\infty}\frac{1}{1-p}(b^{-p+1}-a^{-p+1})=\frac{a^{-p+1}}{p-1}$；

$p<1$ 时，$\lim\limits_{b\to+\infty}\frac{1}{1-p}(b^{-p+1}-a^{-p+1})=+\infty$.

综上，当 $p>1$ 时，反常积分 $\int_a^{+\infty}\frac{1}{x^p}\mathrm{d}x\ (a>0)$ 收敛，其值为 $\frac{a^{1-p}}{p-1}$；当 $p\leqslant 1$ 时，反常积分 $\int_a^{+\infty}\frac{1}{x^p}\mathrm{d}x\ (a>0)$ 发散.

若 $F(x)$ 是 $f(x)$ 的一个原函数，分别记

$$\lim_{x\to+\infty}F(x)=F(+\infty),\quad \lim_{x\to-\infty}F(x)=F(-\infty)$$

这样

$$\int_a^{+\infty}f(x)\mathrm{d}x=[F(x)]_a^{+\infty}=F(+\infty)-F(a) \tag{5.4.4}$$

$$\int_{-\infty}^b f(x)\mathrm{d}x=[F(x)]_{-\infty}^b=F(b)-F(-\infty) \tag{5.4.5}$$

$$\int_{-\infty}^{+\infty} f(x)\mathrm{d}x = [F(x)]_{-\infty}^{+\infty} = F(+\infty) - F(-\infty) \tag{5.4.6}$$

式(5.4.4)~式(5.4.6)称为无穷限形式的牛顿—莱布尼茨公式．

例 5.4.2 计算反常积分 $\int_{-\infty}^{+\infty} \frac{\mathrm{d}x}{1+x^2}$．

解

$$\begin{aligned}\int_{-\infty}^{+\infty} \frac{\mathrm{d}x}{1+x^2} &= [\arctan x]_{-\infty}^{+\infty} \\ &= \lim_{x\to+\infty} \arctan x - \lim_{x\to-\infty} \arctan x \\ &= \frac{\pi}{2} - \left(-\frac{\pi}{2}\right) = \pi.\end{aligned}$$

这个反常积分值的几何意义：当 $a\to-\infty$，$b\to+\infty$ 时，虽然图 5-11 中阴影部分向左、右无限延伸，但其面积却有极限值 π. 简单地说，它是位于曲线 $y=\frac{1}{1+x^2}$的下方，x 轴上方的图形面积．

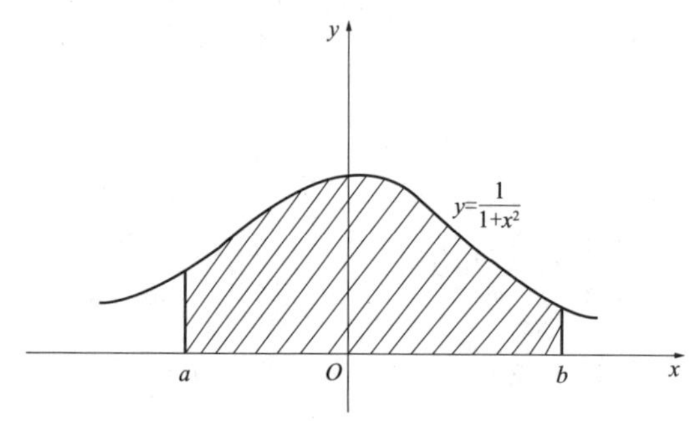

图 5-11 例 5.4.2 反常积分值的几何意义示意图

例 5.4.3 计算 $\int_0^{+\infty} t\mathrm{e}^{-t}\mathrm{d}t$.

解

$$\begin{aligned}\int_0^{+\infty} t\mathrm{e}^{-t}\mathrm{d}t &= \lim_{b\to+\infty}\int_0^b t\mathrm{e}^{-t}\mathrm{d}t \\ &= \lim_{b\to+\infty}\int_0^b t\mathrm{d}(-\mathrm{e}^{-t}) \\ &= \lim_{b\to+\infty}\left\{[-t\mathrm{e}^{-t}]_0^b + \int_0^b \mathrm{e}^{-t}\mathrm{d}t\right\} \\ &= \lim_{b\to+\infty}\{(-b\mathrm{e}^{-b}) - [\mathrm{e}^{-t}]_0^b\} \\ &= \lim_{b\to+\infty}(-b\mathrm{e}^{-b} - \mathrm{e}^{-b} + 1) = 1.\end{aligned}$$

5.4.2 无界函数的反常积分

定义 5.4.2 设函数 $f(x)$ 在 $(a,b]$ 上连续，而在点 a 的右邻域内无界．取 $\varepsilon>0$，如果极限

$$\lim_{\varepsilon\to0^+}\int_{a+\varepsilon}^b f(x)\mathrm{d}x$$

存在,那么称此极限为函数 $f(x)$ 在 $(a,b]$ 上的反常积分,仍然记作 $\int_a^b f(x)\mathrm{d}x$,即

$$\int_a^b f(x)\mathrm{d}x=\lim_{\varepsilon\to 0^+}\int_{a+\varepsilon}^b f(x)\mathrm{d}x \tag{5.4.7}$$

这时也称**反常积分** $\int_a^b f(x)\mathrm{d}x$ **收敛**. 如果上述极限不存在,就称**反常积分** $\int_a^b f(x)\mathrm{d}x$ **发散**.

类似地,设函数 $f(x)$ 在 $[a,b)$ 上连续,而在点 b 的左邻内无界. 取 $\varepsilon>0$,如果极限

$$\lim_{\varepsilon\to 0^+}\int_a^{b-\varepsilon} f(x)\mathrm{d}x$$

存在,则定义

$$\int_a^b f(x)\mathrm{d}x=\lim_{\varepsilon\to 0^+}\int_a^{b-\varepsilon} f(x)\mathrm{d}x$$

否则,就称**反常积分** $\int_a^b f(x)\mathrm{d}x$ **发散**.

设函数 $f(x)$ 在 $[a,b]$ 上除点 $c(a<c<b)$ 外连续,而在点 c 的邻域内无界. 如果两个反常积分

$$\int_a^c f(x)\mathrm{d}x \text{ 与} \int_c^b f(x)\mathrm{d}x$$

都收敛,则反常积分 $\int_a^b f(x)\mathrm{d}x$ 收敛,定义

$$\begin{aligned}\int_a^b f(x)\mathrm{d}x&=\int_a^c f(x)\mathrm{d}x+\int_c^b f(x)\mathrm{d}x\\&=\lim_{\varepsilon\to 0^+}\int_a^{c-\varepsilon} f(x)\mathrm{d}x+\lim_{\varepsilon'\to 0^+}\int_{c+\varepsilon'}^b f(x)\mathrm{d}x\end{aligned} \tag{5.4.8}$$

否则,就称反常积分 $\int_a^b f(x)\mathrm{d}x$ 发散.

如果函数 $f(x)$ 在点 c 的邻域内无界,那么称 c 为函数 $f(x)$ 的**瑕点**,由此,上述反常积分也称为**瑕积分**.

设 a 是 $f(x)$ 的一个瑕点,$F(x)$ 是 $f(x)$ 的一个原函数,反常积分 $\int_a^b f(x)\mathrm{d}x$ 收敛时有

$$\int_a^b f(x)\mathrm{d}x=F(b)-F(a^+)$$

记为 $\int_a^b f(x)\mathrm{d}x=[F(x)]_a^b$;当反常积分 $\int_a^b f(x)\mathrm{d}x$ 发散时,$\lim\limits_{\varepsilon\to 0^+}\int_{a+\varepsilon}^b f(x)\mathrm{d}x$ 不存在,这种形式也记作

$$\int_a^b f(x)\mathrm{d}x=[F(x)]_a^b \tag{5.4.9}$$

式(5.4.9)称为无界函数形式的牛顿—莱布尼茨公式,其他两种情况也有类似的形式公式.

例 5.4.4　计算反常积分

$$\int_0^a \frac{\mathrm{d}x}{\sqrt{a^2-x^2}}(a>0)$$

解 因为

$$\lim_{x\to a^-}\frac{1}{\sqrt{a^2-x^2}}=+\infty$$

所以点 a 是瑕点，于是

$$\int_0^a\frac{\mathrm{d}x}{\sqrt{a^2-x^2}}=\left[\arcsin\frac{x}{a}\right]_0^a=\lim_{x\to a^-}\arcsin\frac{x}{a}-0=\frac{\pi}{2}$$

这个反常积分值的几何意义：位于曲线 $y=\dfrac{1}{\sqrt{a^2-x^2}}$ 之下，x 轴之上，直线 $x=0$ 与 $x=a$ 之间的图形面积（见图 5-12）.

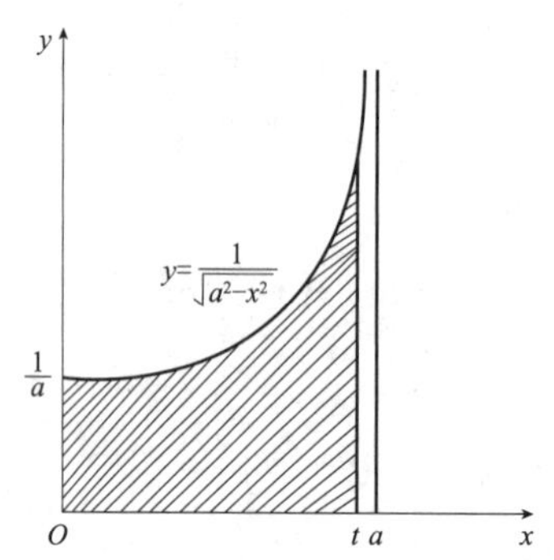

图 5-12　例 5.4.4 反常积分值的几何意义图

例 5.4.5　讨论反常积分 $\int_{-1}^1\frac{\mathrm{d}x}{x^2}$ 的收敛性.

解　被积函数 $f(x)=\dfrac{1}{x^2}$ 在积分区间 $[-1,1]$ 上除 $x=0$ 外连续，且 $\lim\limits_{x\to 0}\dfrac{1}{x^2}=\infty$.

由于

$$\int_{-1}^0\frac{\mathrm{d}x}{x^2}=\left[-\frac{1}{x}\right]_{-1}^0=\lim_{x\to 0^-}\left(-\frac{1}{x}\right)-1=+\infty$$

即反常积分 $\int_{-1}^0\frac{\mathrm{d}x}{x^2}$ 发散，所以反常积分 $\int_{-1}^1\frac{\mathrm{d}x}{x^2}$ 发散.

注意：如果疏忽了 $x=0$ 是被积函数的瑕点，就会得到错误结果

$$\int_{-1}^1\frac{\mathrm{d}x}{x^2}=\left[-\frac{1}{x}\right]_{-1}^1=-1-1=-2$$

例 5.4.6　证明反常积分 $\int_0^1\frac{1}{x^q}\mathrm{d}x$，当 $0<q<1$ 时收敛；当 $q\geqslant 1$ 时发散.

证明　$q>0$ 时，$\lim\limits_{x\to 0^+}\dfrac{1}{x^q}=+\infty$，因此，$x=0$ 是被积函数的瑕点.

$q=1$ 时，$\int_0^1\frac{1}{x^q}\mathrm{d}x=\int_0^1\frac{1}{x}\mathrm{d}x=[\ln x]_0^1=0-(-\infty)=+\infty$

$$q\neq 1 \text{ 时}, \int_0^1 \frac{1}{x^q}\mathrm{d}x = \left[\frac{1}{1-q}x^{1-q}\right]_0^1 = \begin{cases}\frac{1}{1-q}, & q<1,\\ +\infty, & q>1\end{cases}$$

因此,当 $0<q<1$ 时反常积分收敛,其值为$\frac{1}{1-q}$;当 $q\geqslant 1$ 时反常积分发散.

习题 5.4

1. 计算反常积分:$\int_0^{+\infty} \mathrm{e}^{-ax}\mathrm{d}x \quad (a>0)$.

2. 计算反常积分:$\int_1^{\mathrm{e}} \frac{\mathrm{d}x}{x\sqrt{1-(\ln x)^2}}$.

5.5 定积分的应用

定积分的应用范围极为广泛,在自然科学与工程技术中有许多问题,最后往往要归结为定积分的问题.

5.5.1 定积分的元素法

在定积分的应用中,经常采用所谓的元素法. 为了说明这种方法,先回顾一下计算曲边梯形面积的方法.

设曲边梯形的曲边 $y=f(x)$,$f(x)\geqslant 0$ 在底$[a,b]$区间上连续,则曲边梯形的面积 A 表示为定积分.

$$A=\int_a^b f(x)\mathrm{d}x$$

按四个步骤进行:

(1)用任意一组分点把区间$[a,b]$分成长度为 $\Delta x_i(i=1,2,\cdots,n)$的 n 个小区间,相应地把曲边梯形分成 n 个窄曲边梯形,第 i 个窄曲边梯形的面积为 $\Delta A_i(i=1,2,\cdots,n)$,于是

$$A=\sum_{i=1}^{n}\Delta A_i$$

(2)计算 ΔA_i 的近似值

$$\Delta A_i\approx f(\xi_i)\Delta x_i \quad (x_{i-1}\leqslant \xi_i\leqslant x_i)$$

(3)求和,得 A 的近似值

$$A\approx \sum_{i=1}^{n} f(\xi_i)\Delta x_i$$

(4)求极限,得

$$A=\lim_{\lambda\to 0}\sum_{i=1}^{n} f(\xi_i)\Delta x_i=\int_a^b f(x)\mathrm{d}x$$

一般地,如果某一实际问题中的所求量 U 符合下列条件:

(1) U 是与某一个变量 x 的变化区间 $[a,b]$ 有关的量；

(2) U 对于区间 $[a,b]$ 具有可加性，就是说，如果把区间 $[a,b]$ 分成许多部分区间，则 U 相应地分成许多部分量，而 U 等于所有部分量之和；

(3) 部分量 ΔU_i 的近似值可表示为 $f(\xi_i)\Delta x_i$. 那么就可考虑用定积分来表示 U，通常写出这个量 U 的积分表达式的步骤如下：

①选取一个变量例如 x 为积分变量，并确定它的变化区间 $[a,b]$.

②设想将区间 $[a,b]$ 分成 n 个小区间，从中任意取一个小区间并记作 $[x,\ x+\mathrm{d}x]$，求出相应于这个小区间的部分量 ΔU 的近似值，并将近似值记为

$$\mathrm{d}U=f(x)\mathrm{d}x$$

其中，$f(x)$ 为 $[a,b]$ 上的连续函数．$\mathrm{d}U=f(x)\mathrm{d}x$ 称为 U 的元素．

以所求量 U 的元素 $f(x)\mathrm{d}x$ 为被积表达式在区间 $[a,b]$ 上作定积分，得

$$U=\int_a^b f(x)\mathrm{d}x$$

这个方法通常叫作**元素法**．

下面我们利用这种方法来讨论几何、物理中的一些问题．

5.5.2 定积分的几何应用

1. 平面图形的面积

1) 直角坐标情形

(1) 由 $x=a,x=b,y=f(x),y=g(x)(g(x)\leqslant f(x),x\in[a,b])$（我们称其为 X-型区域），所围平面图形如图 5-13 所示，求其面积 A.

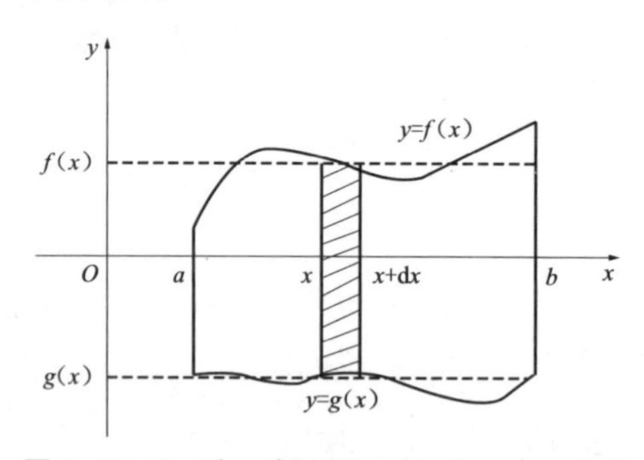

图 5-13　X-型区域所围平面面积元素示意图

在 $[a,b]$ 上任取位于 $[x,x+\mathrm{d}x]$ 区间上的部分图形，把截取的部分图形的面积用长方形面积近似计算，这个长方形的长为 $f(x)-g(x)$，宽为 $\mathrm{d}x$，面积的近似值为

$$\Delta A\approx[f(x)-g(x)]\mathrm{d}x$$

即

$$\mathrm{d}A=[f(x)-g(x)]\mathrm{d}x$$

把上式从 a 到 b 积分，即得

$$A=\int_a^b[f(x)-g(x)]\mathrm{d}x \tag{5.5.1}$$

如果$f(x)$,$g(x)$的大小不能确定,则平面图形的面积公式为

$$A=\int_a^b |f(x)-g(x)|\mathrm{d}x \tag{5.5.2}$$

如图 5-14 所示.

(2)由$y=c$,$y=\mathrm{d}$,$x=\varphi_1(y)$,$x=\varphi_2(y)$($\varphi_1(y)\leqslant\varphi_2(y)$,$y\in[c,d]$)(我们称其为 Y-型区域)所围平面图形如图 5-15 所示. 仿照前面的讨论可得面积计算公式

$$A=\int_c^d [\varphi_2(y)-\varphi_1(y)]\mathrm{d}y \tag{5.5.3}$$

如果$\varphi_1(y)$,$\varphi_2(y)$大小不能确定,则平面图形的面积公式为

$$A=\int_c^d |\varphi_2(y)-\varphi_1(y)|\mathrm{d}y \tag{5.5.4}$$

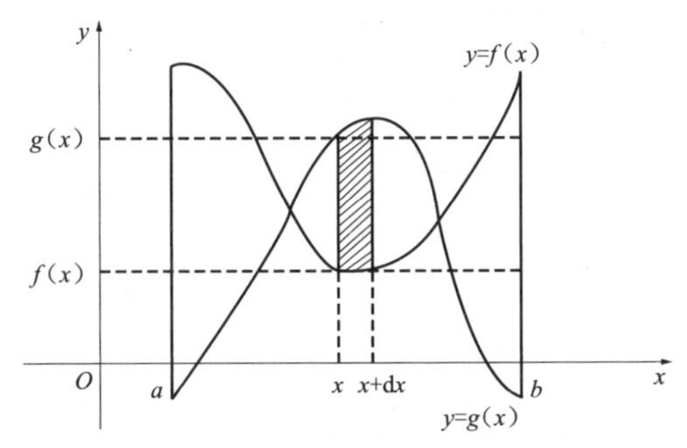

图 5-14　X-型区域所围平面面积元素示意图

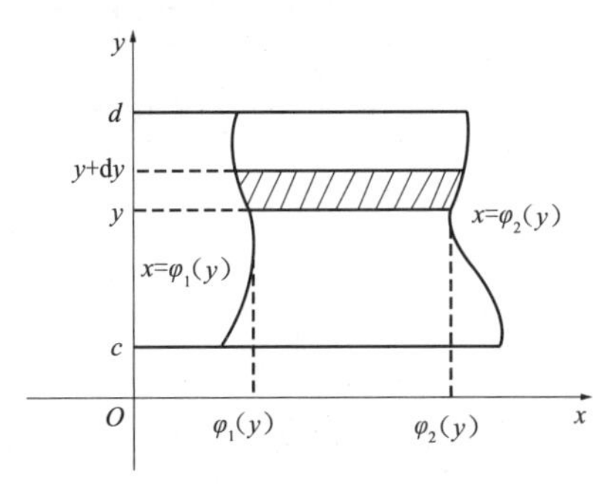

图 5-15　Y-型区域所围平面面积元素示意图

例 5.5.1　计算由两条抛物线$y^2=x$,$y=x^2$所围成的图形的面积.

解　这两条抛物线所围成的图形如图 5-16 所示,求交点,解方程组

$$\begin{cases} y^2=x, \\ y=x^2 \end{cases}$$

得到两个解

$$x=0,y=0 \text{ 及 } x=1,y=1$$

即这两条抛物线的交点为(0,0)及(1,1).

取x为积分变量,它的变化区间为[0,1],面积元素

$$\mathrm{d}A=(\sqrt{x}-x^2)\,\mathrm{d}x$$

$$A=\int_0^1(\sqrt{x}-x^2)\,\mathrm{d}x=\left[\frac{2}{3}x^{\frac{3}{2}}-\frac{x^3}{3}\right]_0^1=\frac{1}{3}$$

例 5.5.2　求椭圆$\dfrac{x^2}{a^2}+\dfrac{y^2}{b^2}=1$所围成的图形的面积.

例 5.5.2

解　如图 5-17 所示. 由对称性得

$$A=4A_1$$

其中A_1为该椭圆在第一象限部分与两坐标轴所围图形的面积.

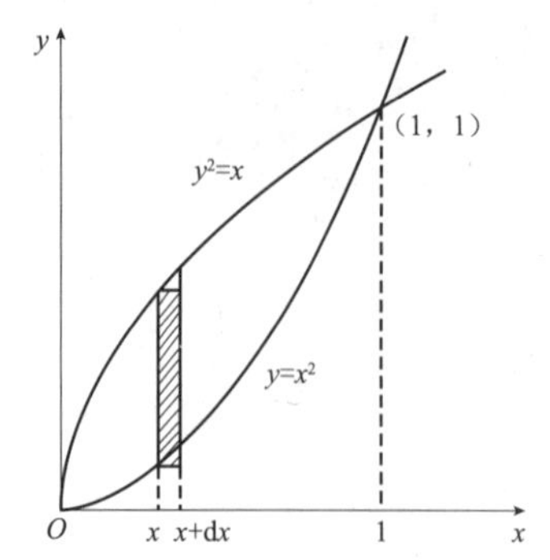

图 5-16　例 5.5.1 所围成的图形示意图

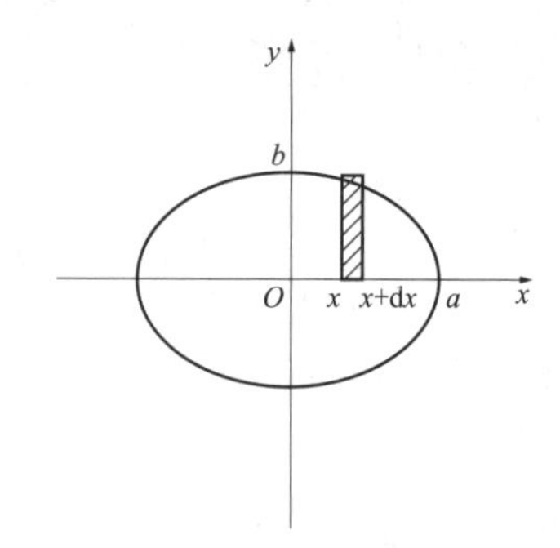

图 5-17　例 5.5.2 所围成的图形示意图

方法 1　$A=4A_1=4\int_0^a \frac{b}{a}\sqrt{a^2-x^2}\,dx \xlongequal{x=a\sin t} 4b\int_0^{\frac{\pi}{2}} a\cos^2 t\,dt=\pi ab.$

方法 2　利用椭圆的参数方程

$$\begin{cases} x=a\cos t, \\ y=b\sin t \end{cases}$$

当 x 由 0 变到 a 时，t 由 $\frac{\pi}{2}$ 变到 0，所以

$$A=4A_1=4\int_0^a y\,dx=4\int_{\frac{\pi}{2}}^0 b\sin t(-a\sin t)\,dt=-4ab\int_{\frac{\pi}{2}}^0 \sin^2 t\,dt=\pi ab$$

例 5.5.3　计算抛物线 $y^2=2x$ 与直线 $y=x-4$ 所围成的图形的面积．

解　这个图形如图 5-18 所示．为了定出这图形所在的范围，先求出所给抛物线和直线的交点．

解方程组

$$\begin{cases} y^2=2x, \\ y=x-4 \end{cases}$$

得交点(2,-2)和(8,4)，从而知道这图形在直线 $y=-2$ 及 $y=4$ 之间．

现在，选取纵坐标 y 为积分变量，它的变化区间为[-2,4]（读者可以思考一下，取横坐标 x 为积分变量，有什么不方便的地方）．相应于[-2,4]上任一小区间[y, $y+dy$]的窄条面积近似于高为 dy、底为 $(y+4)-\frac{1}{2}y^2$ 的窄矩形的面积，从而得到面积元素

$$dA=\left(y+4-\frac{1}{2}y^2\right)dy$$

以 $\left(y+4-\frac{1}{2}y^2\right)dy$ 为被积表达式，在闭区间[-2, 4]上作定积分，便得所求的面积为

$$\begin{aligned} A &= \int_{-2}^{4}\left(y+4-\frac{1}{2}y^2\right)dy \\ &= \left[\frac{y^2}{2}+4y-\frac{y^3}{6}\right]_{-2}^{4} \\ &= 18 \end{aligned}$$

由例 5.5.3 我们可以看到,积分变量选得适当,就可使计算方便.

2)极坐标情形

设在极坐标系下,一平面图形由曲线 $\rho=\rho(\theta)$ 及射线 $\theta=\alpha,\theta=\beta(\alpha<\beta)$ 围成(称这样的图形为曲边扇形),其中,$\rho(\theta)$ 在 $[\alpha,\beta]$ 上连续.下面求这曲边扇形的面积.

如图 5-19 所示,取 θ 为积分变量,则 $\theta\in[\alpha,\beta]$,在 $[\alpha,\beta]$ 上任取一小区间 $[\theta,\theta+\mathrm{d}\theta]$.因 $\rho(\theta)$ 连续,所以相应的小曲边扇形的面积可用半径为 $\rho(\theta)$,圆心角为 $\mathrm{d}\theta$ 的圆扇形的面积近似代替.面积元素

$$\mathrm{d}A=\frac{1}{2}\rho^2(\theta)\,\mathrm{d}\theta$$

于是所求曲边扇形的面积

$$A=\frac{1}{2}\int_{\alpha}^{\beta}\rho^2(\theta)\,\mathrm{d}\theta \tag{5.5.5}$$

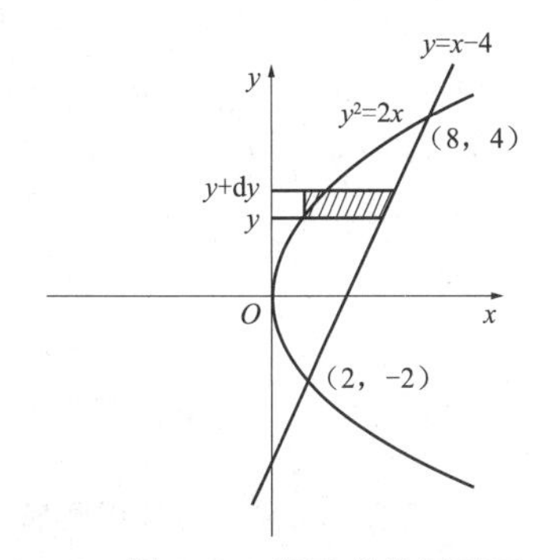

图 5-18　例 5.5.3 所围成的图形示意图

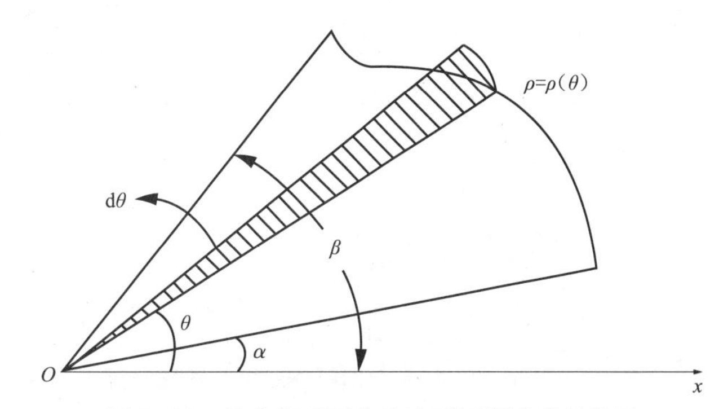

图 5-19　极坐标系下曲边扇形面积元素示意图

例 5.5.4　计算阿基米德螺线

$$\rho=a\theta\quad(a>0)$$

上相应于 θ 从 0 变到 2π 的一段弧与极轴所围成的图形的面积,如图 5-20 所示.

解　θ 的变化区间为 $[0,2\pi]$,在 $[0,2\pi]$ 上任取一小区间 $[\theta,\theta+\mathrm{d}\theta]$,相应的窄曲边扇形的面积元素

$$\mathrm{d}A=\frac{1}{2}(a\theta)^2\mathrm{d}\theta$$

所求面积为

$$A=\frac{1}{2}\int_0^{2\pi}a^2\theta^2\mathrm{d}\theta=\frac{a^2}{2}\left[\frac{\theta^3}{3}\right]_0^{2\pi}=\frac{4}{3}a^2\pi^3$$

例 5.5.5　计算心形线 $\rho=a(1+\cos\theta)(a>0)$ 所围成的图形的面积.

解　如图 5-21 所示.这个图形关于极轴对称,所求面积是极轴以上部分图形面积 A_1 的两倍.对于极轴以上部分的图形,θ 的变化区间为 $[0,\pi]$,面积元素

$$\mathrm{d}A=\frac{1}{2}a^2(1+\cos\theta)^2\mathrm{d}\theta$$

于是

$$
\begin{aligned}
A_1 &= \int_0^{\pi} \frac{1}{2} a^2 (1+\cos\theta)^2 \mathrm{d}\theta \\
&= \frac{a^2}{2}\int_0^{\pi} (1+2\cos\theta+\cos^2\theta)\mathrm{d}\theta \\
&= \frac{a^2}{2}\int_0^{\pi} \left(\frac{3}{2}+2\cos\theta+\frac{1}{2}\cos 2\theta\right)\mathrm{d}\theta \\
&= \frac{a^2}{2}\left[\frac{3}{2}\theta+2\sin\theta+\frac{1}{4}\sin 2\theta\right]_0^{\pi} = \frac{3}{4}\pi a^2
\end{aligned}
$$

所求面积为

$$A = 2A_1 = \frac{3}{2}\pi a^2$$

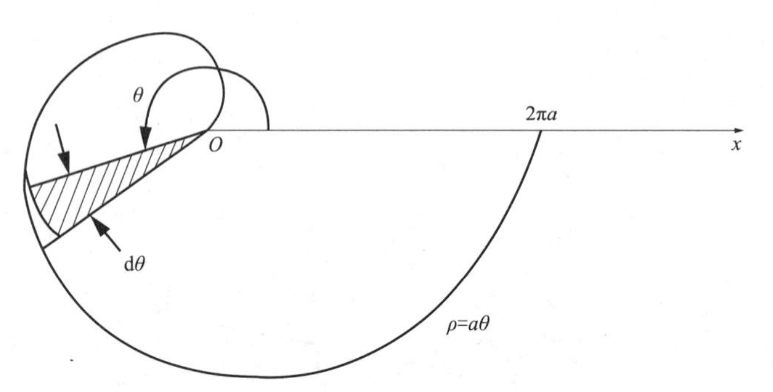

图 5-20　阿基米德螺线段弧与极轴所围图形

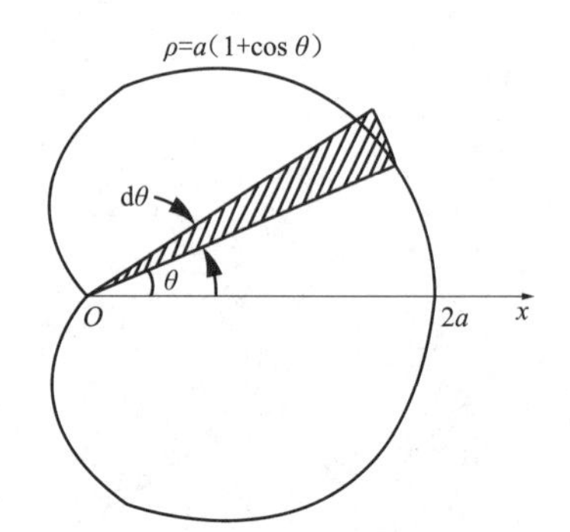

图 5-21　心形线所围图形

2. 立体的体积

1)平行截面面积为已知的立体的体积

如图 5-22 所示．设一物体位于过点 $x=a,x=b$ 且垂直于 x 轴的两个平面之间,用任意垂直于 x 轴的平面截该物体,所得截面面积为 $A(x)$,假定 $A(x)$ 为 x 的已知的连续函数,取 x 为积分变量,它的变化区间为$[a,b]$;立体中相应于$[a,b]$上任一小区间$[x,x+\mathrm{d}x]$的一薄片的体积,近似于底面积为 $A(x)$,高为 $\mathrm{d}x$ 的扁柱体的体积,即体积元素

$$\mathrm{d}V=A(x)\mathrm{d}x$$

则所求立体的体积为

$$V=\int_a^b A(x)\mathrm{d}x \tag{5.5.6}$$

例 5.5.6　计算底面是半径为 R 的圆,而垂直于底面上一条固定直径的所有截面都是等边三角形的立体体积,如图 5-23 所示．

解　底面圆的方程为

$$x^2+y^2=R^2$$

过 x 轴上点 x 作垂直于 x 轴的截面,截面是边长为 $2\sqrt{R^2-x^2}$ 的正三角形,其高为

$$2\sqrt{R^2-x^2}\cdot\frac{\sqrt{3}}{2}$$

截面面积

$$A(x)=\frac{1}{2}\cdot 2\sqrt{R^2-x^2}\cdot\sqrt{3}\cdot\sqrt{R^2-x^2}$$
$$=\sqrt{3}(R^2-x^2)$$

则体积

$$V=\int_{-R}^{R}A(x)\mathrm{d}x=\int_{-R}^{R}\sqrt{3}(R^2-x^2)\mathrm{d}x$$
$$=2\int_{0}^{R}\sqrt{3}(R^2-x^2)\mathrm{d}x=2\sqrt{3}\left[R^2x-\frac{1}{3}x^3\right]_0^R$$
$$=\frac{4}{3}\sqrt{3}R^3$$

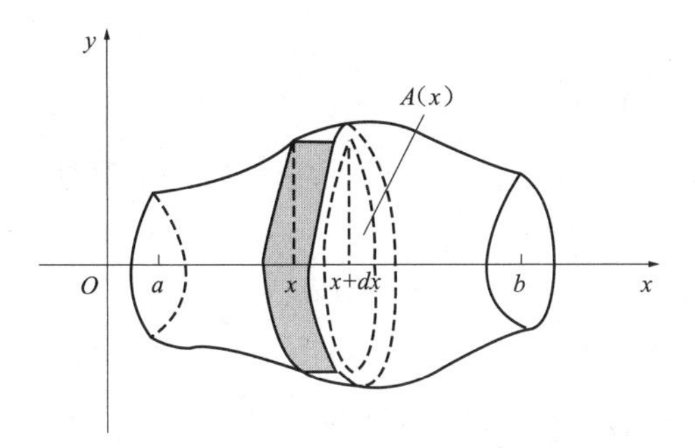

图 5-22　平行截面面积为已知的立体图形

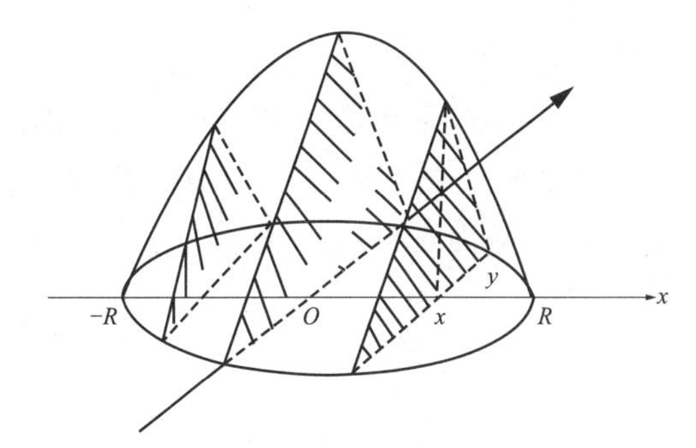

图 5-23　例 5.5.6 所围的立体图形

2)旋转体的体积

旋转体就是由一个平面图形绕这平面内一条直线旋转一周而成的立体，这条直线称为**旋转轴**，圆锥、圆柱、圆台、球体可以分别看作由直角三角形绕它的一条直角边、矩形绕它的一条边、直角梯形绕它的直角腰、半圆绕它的直径旋转一周而成的立体，所以它们都是旋转体.

上述旋转体都可以看作由连续曲线 $y=f(x)$，直线 $x=a, x=b$ 及 x 轴所围成的曲边梯形绕 x 轴旋转一周而成的立体，现在我们用定积分来计算这种旋转体的体积. 过$[a,b]$上任意点 x，用垂直于 x 轴的平面截旋转体，所得截面面积 $A(x)=\pi f^2(x)$，如图 5-24 所示，根据平行截面面积为已知的立体的体积的计算方法，旋转体的体积

$$V=\int_a^b\pi[f(x)]^2\mathrm{d}x \tag{5.5.7}$$

类似地，如果旋转体是由连续曲线 $x=\varphi(y)$，直线 $y=c, y=d$，及 y 轴所围成的曲边梯形绕 y 轴旋转一周而成的立体，如图 5-25 所示，旋转体的体积为

$$V=\int_c^d\pi[\varphi(y)]^2\mathrm{d}y \tag{5.5.8}$$

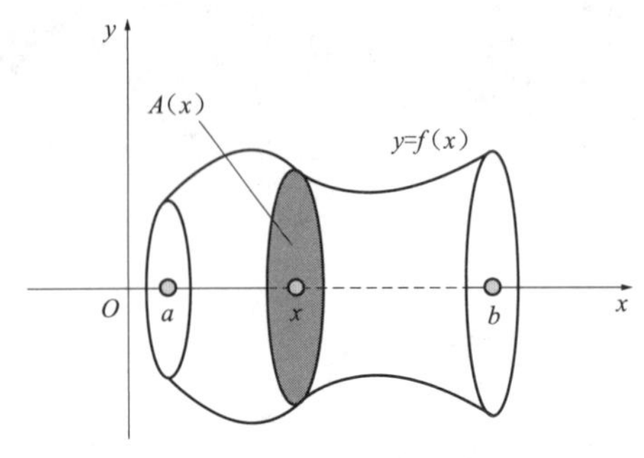

图 5-24　曲边梯形绕 x 轴旋转一周而成的立体图形

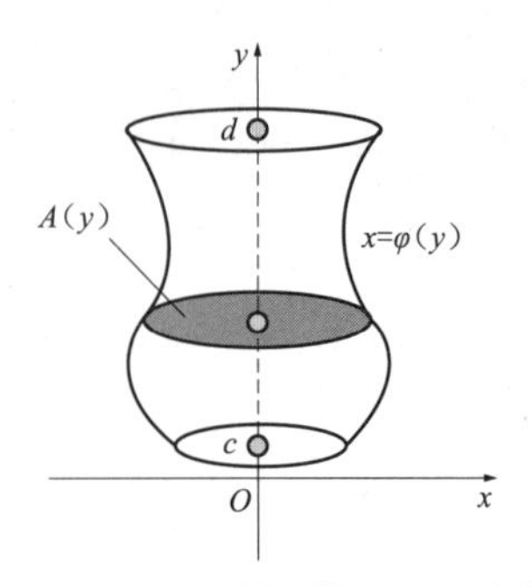

图 5-25　曲边梯形绕 y 轴旋转一周而成的立体图形

例 5.5.7　计算由椭圆

$$\frac{x^2}{a^2}+\frac{y^2}{b^2}=1$$

所围成的图形绕 x 轴旋转一周而成的旋转椭球体的体积.

解　如图 5-26 所示,取 x 为积分变量,则 $x\in[-a,a]$,过 $[-a,a]$ 上任一点 x,作垂直于 x 轴的平面,得截面面积 $A(x)=\pi y^2(x)$. 于是体积

$$\begin{aligned}V&=\int_{-a}^{a}A(x)\,\mathrm{d}x=\int_{-a}^{a}\pi y^2(x)\,\mathrm{d}x\\&=2\int_0^a\pi y^2(x)\,\mathrm{d}x=2\pi\frac{b^2}{a^2}\int_0^a(a^2-x^2)\,\mathrm{d}x\\&=2\pi\frac{b^2}{a^2}\left[a^2x-\frac{1}{3}x^3\right]_0^a=\frac{4}{3}\pi ab^2\end{aligned}$$

例 5.5.8　求星形线 $x=a\cos^3t,y=a\sin^3t$ 所围成的图形绕 x 轴旋转而成的旋转体的体积.

解　由于图形关于两个坐标轴对称,因此所求旋转体的体积是位于第一象限部分图形绕 x 轴旋转而成的旋转体体积的 2 倍,如图 5-27 所示.

由旋转体体积公式

$$\begin{aligned}V&=2\int_0^a\pi y^2\mathrm{d}x=2\pi\int_{\frac{\pi}{2}}^{0}a^2\sin^6t\cdot3a\cos^2t(-\sin t)\,\mathrm{d}t\\&=6\pi a^3\int_0^{\frac{\pi}{2}}(\sin^7t-\sin^9t)\,\mathrm{d}t\\&=6\pi a^3\left(\frac{6}{7}\cdot\frac{4}{5}\cdot\frac{2}{3}-\frac{8}{9}\cdot\frac{6}{7}\cdot\frac{4}{5}\cdot\frac{2}{3}\right)=\frac{32}{105}\pi a^3\end{aligned}$$

例 5.5.9　求曲线 $y=\sin x(0\leqslant x\leqslant\pi)$ 及 x 轴所围成的图形绕 y 轴旋转所成的旋转体的体积.

解　如图 5-28 所示. 将原曲线弧 $y=\sin x(0\leqslant x\leqslant\pi)$ 分成左、右两条曲线弧,其方程分别表示成 $x=\arcsin y,x=\pi-\arcsin y$. 所得旋转体的体积可以看成平面图形 $OABC$ 和 OBC 分别绕 y 轴旋转所成的旋转体的体积之差. 利用旋转体体积公式

$$\begin{aligned}V&=\pi\int_0^1[(\pi-\arcsin y)^2-(\arcsin y)^2]\,\mathrm{d}y\\&=\pi\int_0^1(\pi^2-2\pi\arcsin y)\,\mathrm{d}y\end{aligned}$$

$$= \pi^3 - 2\pi^2\left\{[y\arcsin y]_0^1 - \int_0^1 \frac{y}{\sqrt{1-y^2}}\mathrm{d}y\right\}$$

$$= \pi^3 - 2\pi^2\left\{\frac{\pi}{2} + [\sqrt{1-y^2}]_0^1\right\}$$

$$= 2\pi^2$$

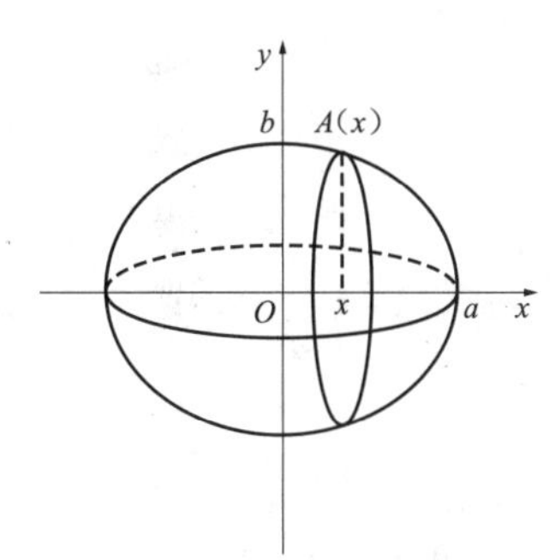

图 5-26　旋转椭球体

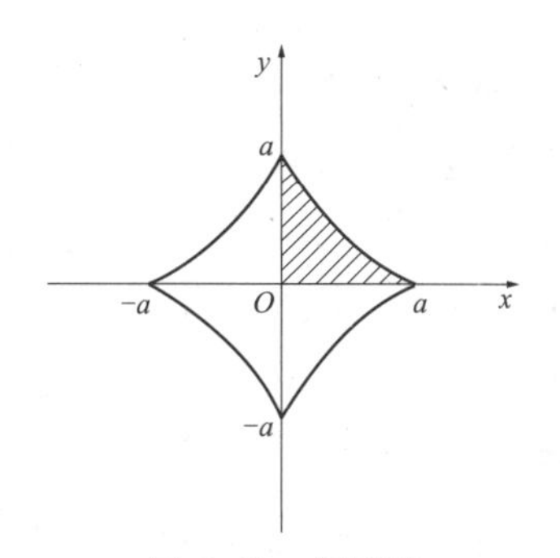

图 5-27　星形线

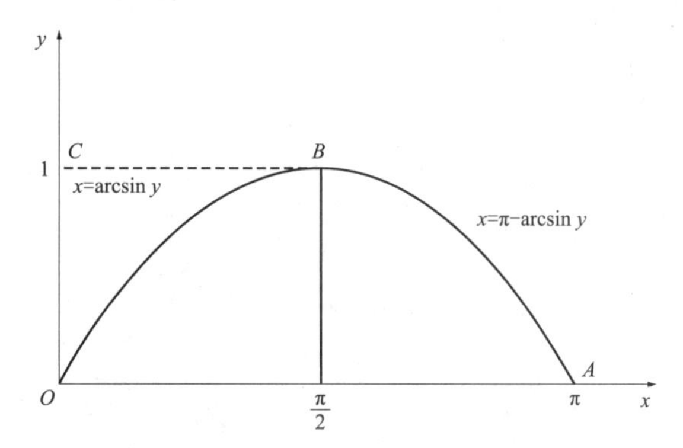

图 5-28　曲线 $y=\sin x$ 及 x 轴所围图形

3. 平面曲线的弧长

(1)曲线弧由参数方程形式给出的情形.

设曲线的参数方程为

$$\begin{cases} x=\varphi(t), \\ y=\psi(t) \end{cases} \quad (\alpha \leqslant t \leqslant \beta)$$

其中,$\varphi(t)$,$\psi(t)$在$[\alpha,\beta]$上具有连续导数. 弧长元素(弧微分)

$$\mathrm{d}s=\sqrt{(\mathrm{d}x)^2+(\mathrm{d}y)^2}=\sqrt{[\varphi'(t)]^2+[\psi'(t)]^2}\,\mathrm{d}t$$

于是所求弧长为

$$s=\int_\alpha^\beta \sqrt{[\varphi'(t)]^2+[\psi'(t)]^2}\,\mathrm{d}t$$

(2)曲线弧由直角坐标方程给出的情形.

当曲线弧由直角坐标方程

$$y=f(x) \quad (a \leqslant x \leqslant b)$$

给出，其中，$f(x)$在$[a,b]$上具有一阶连续导数，这时曲线弧参数方程为

$$\begin{cases}x=x,\\ y=f(x)\end{cases}\quad(a\leqslant x\leqslant b)$$

所求弧长为

$$s=\int_a^b\sqrt{1+y'^2}\,\mathrm{d}x$$

4. 曲线弧由极坐标方程给出的情形

设曲线弧由极坐标方程

$$\rho=\rho(\varphi)\quad(\alpha\leqslant\varphi\leqslant\beta)$$

给出，其中，$\rho(\varphi)$在$[\alpha,\beta]$上具有连续导数，则可将其用参数方程表示为

$$x=\rho(\varphi)\cos\varphi,y=\rho(\varphi)\sin\varphi$$

于是得极坐标系中曲线的弧长公式

$$s=\int_\alpha^\beta\sqrt{x'^2(\varphi)+y'^2(\varphi)}\,\mathrm{d}\varphi=\int_\alpha^\beta\sqrt{\rho^2(\varphi)+\rho'^2(\varphi)}\,\mathrm{d}\varphi$$

例 5.5.10 计算曲线$y=\dfrac{2}{3}x^{\frac{3}{2}}$上相应于$x$从$a$到$b$的一段弧（见图 5-29）的长度.

解 $y'=x^{\frac{1}{2}}$，从而弧长元素

$$\mathrm{d}s=\sqrt{1+(x^{\frac{1}{2}})^2}\,\mathrm{d}x=\sqrt{1+x}\,\mathrm{d}x$$

因此，所求弧长为

$$s=\int_a^b\sqrt{1+x}\,\mathrm{d}x=\left[\frac{2}{3}(1+x)^{\frac{3}{2}}\right]_a^b$$

$$=\frac{2}{3}\left[(1+b)^{\frac{3}{2}}-(1+a)^{\frac{3}{2}}\right]$$

例 5.5.11 计算星形线$x=a\cos^3t,y=a\sin^3t$（见图 5-29）的全长.

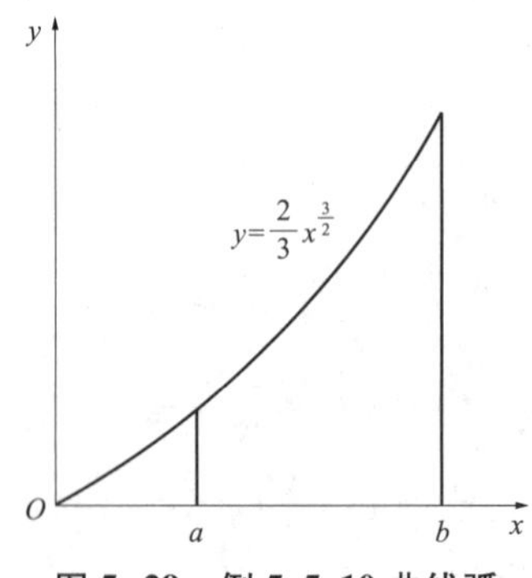

图 5-29 例 5.5.10 曲线弧

解 利用参数式弧长公式及对称性，得

$$s=4\int_0^{\frac{\pi}{2}}\sqrt{x'^2(t)+y'^2(t)}\,\mathrm{d}t$$

$$= 4\int_0^{\frac{\pi}{2}}\sqrt{[3a\cos^2t(-\sin t)]^2+[3a\sin^2t\cos t]^2}\,dt$$

$$= 12a\int_0^{\frac{\pi}{2}}\sin t\cos t dt = 12a\int_0^{\frac{\pi}{2}}\sin t d\sin t$$

$$= [6a\sin^2t]_0^{\frac{\pi}{2}} = 6a$$

例 5.5.12　求心形线 $\rho=a(1+\cos\varphi)(a>0)$ 的全长.

解　如图 5-21 所示

$$\rho^2(\varphi)+\rho'^2(\varphi)=2a^2(1+\cos\varphi)$$

$$\begin{aligned}ds &= \sqrt{\rho^2(\varphi)+\rho'^2(\varphi)}\,d\varphi\\ &= \sqrt{2a^2(1+\cos\varphi)}\,d\varphi\\ &= 2a\left|\cos\frac{\varphi}{2}\right|d\varphi\end{aligned}$$

由对称性得,心形线全长为 x 轴上方曲线弧长度 2 倍.

所以

$$s = 2\int_0^{\pi}2a\cos\frac{\varphi}{2}d\varphi = 8a\int_0^{\pi}\cos\frac{\varphi}{2}d\frac{\varphi}{2} = 8a\left[\sin\frac{\varphi}{2}\right]_0^{\pi} = 8a$$

习题 5.5

1. 求曲线 $y=\dfrac{1}{x}$ 与 $y=x$ 及 $x=2$ 所围图形的面积.

2. 求抛物线 $y=-x^2+4x-3$ 与其在点 $(0,-3)$ 及 $(3,0)$ 处的切线所围平面图形的面积.

3. 把抛物线 $y^2=4ax$ 及直线 $x=x_0(x_0>0)$ 所围成的图形绕 x 轴旋转,计算所得旋转体的体积.

本章小结

定积分是积分学的基本问题之一. 在后面的章节中有许多问题(如重积分、线面积分等)将转化为定积分的计算. 本章先讨论定积分,然后讨论反常积分. 计算定积分是本章的重点也是难点. 定积分是一种特殊形式的和式的极限,定积分的计算结果是一个确定的数,并且有明确的几何意义. 相对于不定积分来说,定积分的计算具有更强的灵活性与技巧性,因此在学习本章时要重点掌握定积分的各种计算方法.

不定积分与定积分是定义形式完全不同的两个概念. 不定积分是求原函数,定积分是求积分和的极限. 直接按定义来计算定积分是件不容易的事,牛顿—莱布尼茨公式(微积分学基本公式)揭示了定积分与不定积分之间的内在联系,即定积分这种复杂形式的计算可以转化为求被积函数的原函数(或不定积分)在积分区间上的增量. 这样就大大地简化了定积分的计算,可以将上一章求不定积分的方法用在定积分的计算上,并相应得到了定积分的换元法和分部积分法．但要注意，定积分是带上、下限的积分，因此定积分与不定积分在具体计算上有许多不同之处．如在应用定积分换元公式时，要满足公式的条件，否则会得到荒谬的结果．并且定积分换元后得到的是一个关于新积分变量的新的定积分，不必像不定积分那样再换成原积分变量表示了；定积分可以利用被积函数的奇偶性及积分区间的对称性简化计算．

在学习本章时，还要会用定积分的性质比较两个定积分的大小、估计定积分的值．积分上限的函数（也称变上限函数）是在本章给出的一个重要函数，要深刻理解它的含义及其性质．

反常积分包括无穷限的反常积分（无穷积分）和无界函数的反常积分（瑕积分）．反常积分在表达形式及其几何意义上都与定积分相似，但定义却与定积分完全不同，它不再是和式的极限，而是由定积分定义的极限．

此外，利用元素法得到了用定积分计算平面图形的面积、平面曲线的弧长、旋转体体积的公式，这是定积分在几何上应用的基础，也是本章的重点，一定要熟练掌握．

应用定积分的元素法解决物理问题时，要涉及物理学上的一些专业知识，掌握起来有一定难度，因此只要求会一些简单应用．对于这些问题，必须是具体问题具体分析，因为它没有统一的公式．

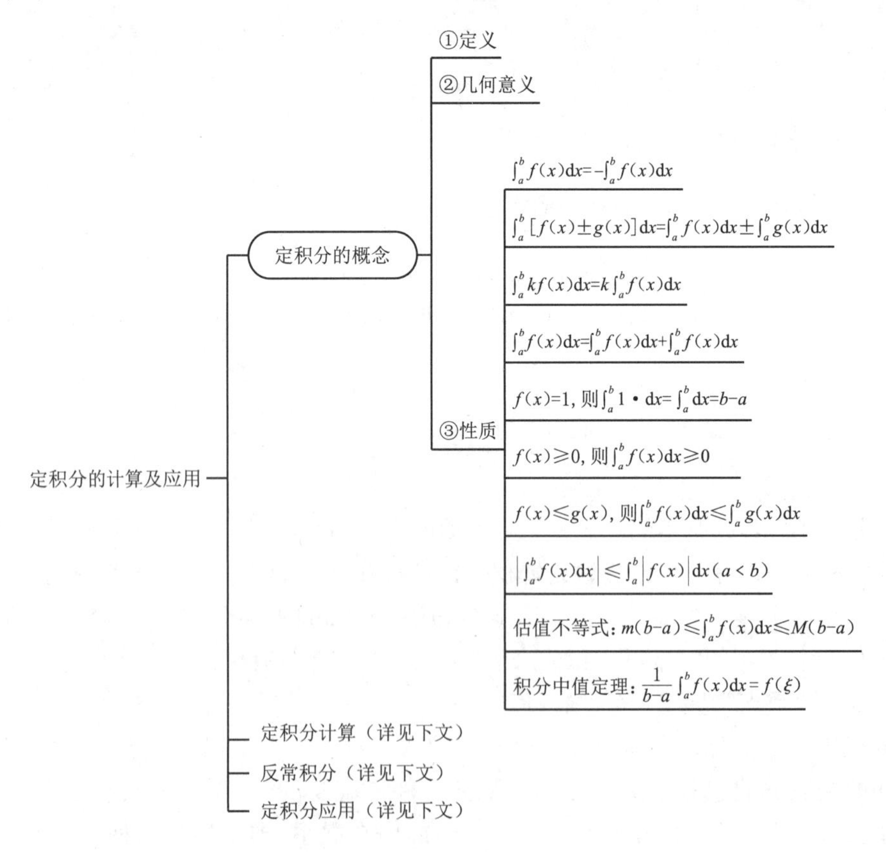

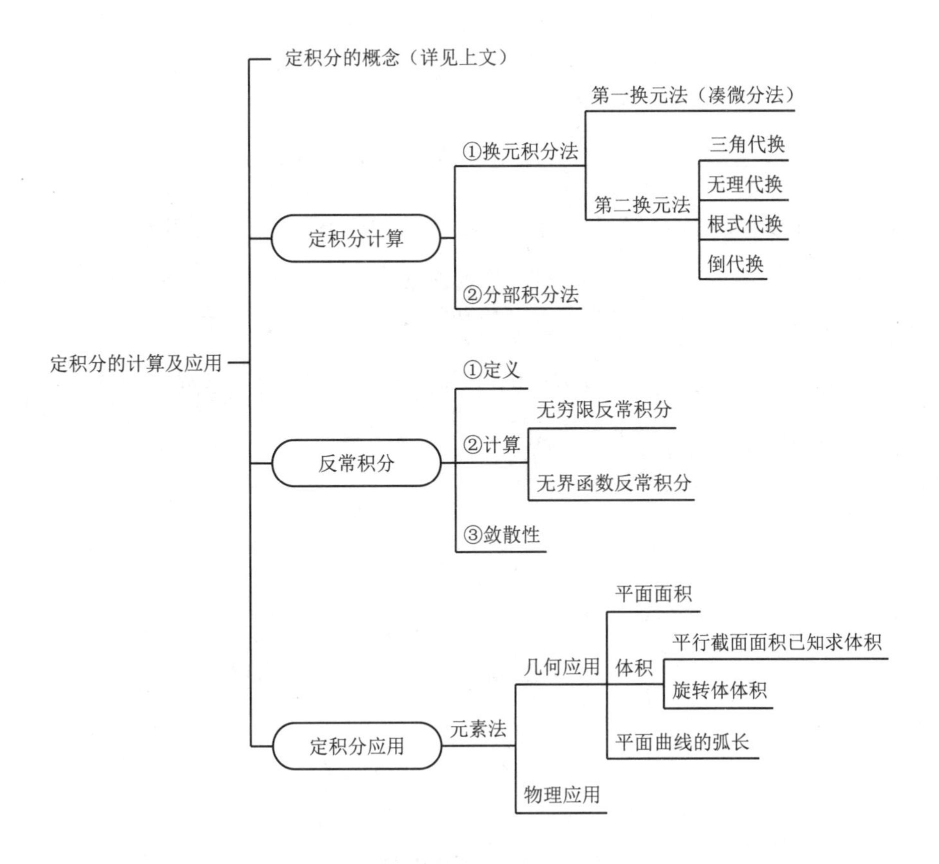

第五章　自测题

1. 填空题.

(1) $\lim\limits_{x\to+\infty}\dfrac{\int_0^x(\arctan t)^2\mathrm{d}t}{\sqrt{x^2+1}}=$__________.

(2)若$f(x)$具有连续的导数,则 $\dfrac{\mathrm{d}}{\mathrm{d}x}\int_0^x(x-t)f'(t)\mathrm{d}t=$__________.

(3) $\int_{\frac{3}{10}\pi}^{\frac{23}{10}\pi}\sin x\mathrm{d}x=$__________.

(4) $\int_{-\pi}^{\pi}\cos x\cdot\sin^3x\mathrm{d}x=$__________.

(5) $\int_0^{+\infty}\dfrac{1}{x^2+4x+8}\mathrm{d}x=$__________.

2. 单项选择题.

(1)已知 $F(x)=\int_0^x\dfrac{\sin t}{t}\mathrm{d}t$,则 $F'(0)=$(　　).

A. 0　　B. 1　　C. $\dfrac{1}{2}$　　D. 不存在

(2)设$f(x)$连续,则$\lim\limits_{x\to a}\dfrac{x\int_a^x f(t)\,dt}{x-a}=($　　$)$.

A. 0　　B. a　　C. $af(a)$　　D. $f(a)$

(3)设$f(x)$为已知的连续函数,$I=t\int_0^{\frac{S}{t}}f(tx)\,dx$,其中,$t>0,S>0$,则$I$的值(　　).

A. 依赖于S和t　　B. 依赖于S、t、x

C. 依赖于x和t,不依赖于S　　D. 依赖于S,不依赖于t

(4)设在$[a,b]$上$f(x)>0$, $f'(x)<0$, $f''(x)>0$. 令$S_1=\int_a^b f(x)\,dx$, $S_2=f(b)(b-a)$, $S_3=\dfrac{1}{2}[f(a)+f(b)](b-a)$, 则(　　).

A. $S_1<S_2<S_3$　　B. $S_2<S_1<S_3$

C. $S_3<S_1<S_2$　　D. $S_2<S_3<S_1$

(5)积分$\int_{-1}^{1}\dfrac{1}{x^2}dx$ (　　).

A. $=0$　　B. $=-2$　　C. 收敛　　D. 发散

3. 计算下列积分:

(1) $\int_0^{\frac{\pi}{2}}\dfrac{\sin x}{\sin x+\cos x}dx$;　　(2) $\int_0^4 x(x-1)(x-2)(x-3)(x-4)\,dx$;

(3) $\int_0^{\pi}\dfrac{|x\sin x\cos x|}{1+\sin^4 x}dx$;　　(4) $\int_0^{\pi}\sin^4 t\cos^2 t\,dt$;

(5) $\int_0^{+\infty}\dfrac{1}{\sqrt{x}}e^{-\sqrt{x}}dx$.

4. 设$F(x)=\int_0^x tf(x^2-t^2)\,dt$,其中,$f(x)$连续可微,且$f(0)=0,f'(0)=1$. 求:(1)$\dfrac{dF(x)}{dx}$; (2)$\lim\limits_{x\to 0}\dfrac{F(x)}{x^4}$.

5. 设$f(x)$在区间$[0,a]$上连续,证明:$\int_0^a f(x)\,dx=\int_0^a f(a-x)\,dx$,并利用此式计算$\int_0^{\frac{\pi}{4}}\dfrac{1-\sin 2x}{1+\sin 2x}dx$.

6. 证明:(柯西—施瓦茨不等式)设函数$f(x)$、$g(x)$在区间$[a,b]$上连续,试证:$\left[\int_a^b f(x)g(x)\,dx\right]^2\leqslant\int_a^b f^2(x)\,dx\cdot\int_a^b g^2(x)\,dx$,并由此证明$\dfrac{1}{b-a}\int_a^b f^2(x)\,dx\geqslant\left[\int_a^b f(x)\,dx\right]^2$.

7. 设$f(x)=x^2-x\int_0^2 f(x)\,dx+2\int_0^1 f(x)\,dy$,求$f(x)$.

延展阅读

17世纪下半叶,欧洲科学技术迅猛发展,由于生产力的提高和社会各方面的迫切需要,经

各国科学家的努力与历史的积累,建立在函数与极限概念基础上的微积分理论应运而生.

微积分思想,最早可以追溯到希腊由阿基米德等人提出的计算面积和体积的方法. 1665年牛顿创始了微积分,莱布尼茨在1673—1676年也发表了微积分思想的论著. 牛顿从物理学角度出发,运用集合方法研究微积分,其在应用上更多地结合了运动学. 莱布尼茨则从几何问题出发,运用分析学方法引进微积分概念,得出运算法则,其数学理论更加严密和系统.

牛顿和莱布尼茨将积分和微分真正沟通起来,明确地找到了两者内在的直接联系:微分和积分是互逆的两种运算,而这是微积分建立的关键所在. 只有确立了这一基本关系,才能在此基础上构建系统的微积分学;并从对各种函数的微分和求积公式中,总结出共同的算法程序,使微积分方法普遍化,发展成用符号表示的微积分运算法则——牛顿—莱布尼茨公式. 该公式进一步揭示了定积分与被积函数或不定积分之间的联系,给定积分提供了一个有效而简便的计算方法,大大简化了定积分的计算,为近代科学发展提供了最有效的工具,开辟了数学上的一个新纪元.

微元法源于复杂图形的面积及立体体积的计算,其实质在于将积分视为(同维或低维)无穷小的和. 具体即是将所求量分割成若干细小的部分,找出某种关系后,再把这些细小的部分用便于计算的形式积累起来,最后求出未知量的和.

这种思想与方法的起源可以追溯到公元前5世纪的古希腊时代. 那时德谟克利特(Democritus)创立了原子论,他认为数学中的线、面、体分别由有限多个原子组成,计算立体的体积就等于将构成该立体体积的有限多个原子的体积加起来. 由此他第一个得出锥体体积等于等底等高柱体体积的三分之一的结论.

到了公元前3世纪,积分学的先驱阿基米德运用穷竭法、无穷分割法、级数求和、不等式运算等一系列方法,计算了圆面积、椭圆面积、抛物线弓形面积、阿基米德螺线扇形面积以及螺线任意两圈所夹的面积;计算了锥体和台体体积、球体体积和圆锥曲线旋转体的体积等. 他所做工作的方法类似于今天的微元法.

1615年,德国天文学家开普勒出版了《葡萄酒桶的体积几何》一书,将酒桶看作由无数圆薄片积累而成,从而求出其体积. 他的基本思想是把无限小的弧看成直线,无限窄的面看成直线,无限薄的体看作面. 由此采用了一种虽不严格但却有启发性的、把曲线转化为直线的方法,能以很简单的方式得出正确的结果. 用无限个同维的无穷小元素之和来确定曲边形的面积与曲面体的体积,这正是微元法的思想.

同一时期,罗伯瓦尔(Roberval)、卡瓦列里(Cavalieri)、费马(Fermat)、托里拆利(Torricelli)、帕斯卡(Pascal)、沃利斯(Wallis)等人都采用类似的观点与方法研究了各种面积、体积计算问题.

第六章 常微分方程

本章讨论寻求函数关系的另一种重要方法——微分方程．在实际应用中，往往不能直接找出所需要的函数关系，但是根据问题所提供的条件，有时可以建立起含有待求的函数及其导数或微分的关系式，称之为微分方程．本章先介绍微分方程的基本概念，然后介绍几种常用的一阶微分方程的解法，最后介绍二阶常系数线性微分方程解的结构及求解方法．

6.1 微分方程概述

本节介绍和微分方程有关的一些基本概念，下面先从物理学中的核裂变问题和运动学问题出发引出微分方程的相关概念．

6.1.1 引例

例 6.1.1 放射性物质的裂变问题

镭(Ra)是一种放射性物质，它的原子时刻都向外放射出氦(He)原子以及其他射线，从而原子量减少，变成其他物质，如铅(Pb)．这样，一定质量的镭，随着时间的变化，它的质量就会减少．已发现其裂变速度(即单位时间裂变的质量)与它的存余量成正比．设已知某块镭在时刻 $t=t_0$ 时的质量为 M_0，试确定这块镭在 t 时刻的质量 M.

解 t 时刻镭的存余量 $M=M(t)$，由于 M 将随时间而减少，故镭的裂变速度$\frac{\mathrm{d}M}{\mathrm{d}t}$应为负值．于是有

$$\frac{\mathrm{d}M}{\mathrm{d}t}=-kM \tag{6.1.1}$$

其中，比例常数 $k>0$. 这样，上述问题就是要由该方程求出未知函数 $M=M(t)$ 来．为此，将方程(6.1.1)变形为

$$\frac{\mathrm{d}M}{M}=-k\mathrm{d}t \tag{6.1.2}$$

对方程(6.1.2)两端积分，得

$$\ln M=-kt+C_0$$

于是有

$$M=C\mathrm{e}^{-kt} \tag{6.1.3}$$

其中,$C=\mathrm{e}^{C_0}$. 又$M\big|_{t=t_0}=M_0$,代入式(6.1.3),得 $C=M_0\mathrm{e}^{kt_0}$. 故在 t 时刻镭的质量为

$$M=M_0\mathrm{e}^{-k(t-t_0)}$$

不仅镭的质量满足这个规律,其他放射性物质也都满足这个规律. 不同的是,各种放射性物质具有各自的系数. 这个关系式是放射性物质的一个很基本的性质.

例 6.1.2　自由落体运动位移-时间函数的计算问题.

自由落体运动,只考虑重力对物体的作用,而忽略空气阻力等其他外力的影响,如图 6-1 所示建立坐标系. 物体 B 的运动轨迹垂直于地面,因此取 y 轴垂直地面向上,y 轴与地面的交点为坐标原点,则物体 B 的位置对应 $y=y(t)$. 由此,将问题转化为寻求满足自由落体运动规律的函数 $y=y(t)$.

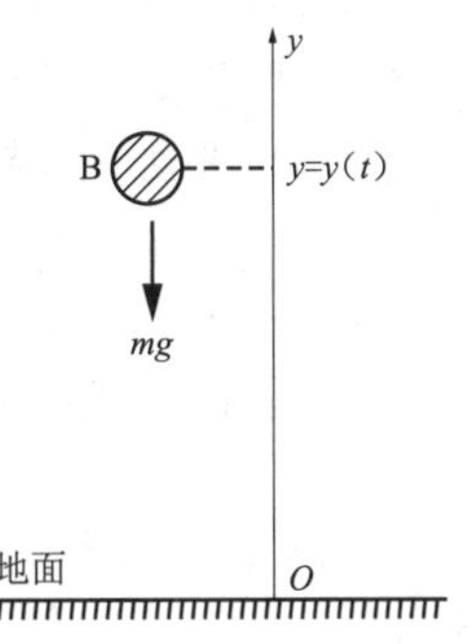

图 6-1　自由落体运动示意图

解　根据题意,满足自由落体运动规律的函数 $y=y(t)$ 满足

$$\frac{\mathrm{d}^2y}{\mathrm{d}t^2}=-g \tag{6.1.4}$$

此外,未知函数 $y=y(t)$ 还满足下列条件:

$$t=0\text{ 时},y=y_0,\frac{\mathrm{d}y}{\mathrm{d}t}=0 \tag{6.1.5}$$

其中,y_0 是已知的数据(通常由测量得到).

对式(6.1.4)两端积分一次,得

$$v=\frac{\mathrm{d}y}{\mathrm{d}t}=-gt+C_1 \tag{6.1.6}$$

再积分一次,得

$$y=-\frac{1}{2}gt^2+C_1t+C_2 \tag{6.1.7}$$

这里 C_1,C_2 均为任意常数.

将条件"$t=0$ 时,$\frac{\mathrm{d}y}{\mathrm{d}t}=0$"代入式(6.1.6),得

$$C_1=0$$

将条件“$t=0$ 时，$y=y_0$”代入式(6.1.7)，得

$$C_2=y_0$$

将 C_1,C_2 的值代入式(6.1.6)和式(6.1.7)，得

$$v=-gt$$

$$y=-\frac{1}{2}gt^2+y_0$$

因此它描述了具有初始高度 y_0 的自由落体运动.

6.1.2 微分方程的基本概念

上述两个例子中的关系式(6.1.4)和(6.1.6)都含有未知函数的导数，它们都是微分方程. 一般地，联系自变量、未知函数以及未知函数的导数或微分之间的关系的等式，叫作**微分方程**. 微分方程有时也简称为方程. 需要注意的是，在微分方程中，自变量和未知函数可以不出现，但未知函数的导数或微分必须出现. 下列方程都是微分方程.

$$y'=2xy\text{（}x\text{ 为自变量，}y(x)\text{ 为未知函数）}$$

$$x^2\mathrm{d}x+(x+y)\mathrm{d}y=0\text{（}x\text{、}y\text{ 哪一个为自变量任意）}$$

$$y''-5y'+6y=\mathrm{e}^{2x}\text{（}x\text{ 为自变量，}y(x)\text{ 为未知函数）}$$

$$\frac{\partial z}{\partial x}=2x+3y\text{（}x\text{、}y\text{ 为自变量，}z(x,y)\text{ 为未知函数）}$$

其中，前三个方程中的未知函数为一元函数，称为常微分方程. 后一个方程中的未知函数为多元函数，称为偏微分方程. 本章只限于讨论常微分方程.

微分方程中所出现的未知函数的导数的最高阶数，称为微分方程的**阶**. 例如，方程(6.1.1)是一阶微分方程，而方程(6.1.4)是二阶微分方程. 又如

$$x^2y'''+2xy''-3y'=5x^3$$

是三阶微分方程.

从上面简单的例子可以看出，在研究某些实际问题时，首先要建立微分方程，然后找出满足微分方程的函数(解微分方程). 若把某函数代入微分方程，能使该方程成为恒等式，则称该函数为微分方程的**解**. 例如，$y=\sin x+C$ 是微分方程$\frac{\mathrm{d}^2y}{\mathrm{d}t^2}=-\sin x$ 的解. 若微分方程的解中含有独立的任意常数的个数与微分方程的阶数相等，则称这样的解为微分方程的**通解**. 例如，$y=x^2+C$ 是微分方程 $y'=2x$ 的通解. 而 $y=-\frac{1}{2}gt^2+C_1t+C_2$ 是微分方程$\frac{\mathrm{d}^2y}{\mathrm{d}t^2}=-g$ 的通解.

由于通解中含有任意常数，因此它还不能完全确定地反映某一客观事物的规律性. 要完全确定地反映客观事物的规律性，必须确定这些常数的值. 为此，要根据问题的实际情况，提出确定这些常数的条件. 用来确定微分方程的通解中任意常数的条件，称为**初始条件**. 初始条件的个数由通解中任意常数的个数(即方程的阶数)来决定.

一阶微分方程的初始条件通常是

$$\text{当 } x=x_0 \text{ 时，}y=y_0$$

或
$$y\big|_{x=x_0}=y_0$$
其中，x_0,y_0 为给定的值．而二阶微分方程的初始条件通常是
$$\text{当 } x=x_0 \text{ 时}, y=y_0, y'=y'_0$$
或
$$y\big|_{x=x_0}=y_0, y'\big|_{x=x_0}=y'_0$$
其中，x_0,y_0,y'_0 为给定的值．

确定了微分方程通解中的任意常数后所得到的解，称为微分方程的**特解**．

求微分方程的满足初始条件的特解的问题，称为微分方程的**初值问题**．例如
$$\begin{cases}y'=f(x,y),\\ y\big|_{x=x_0}=y_0,\end{cases}\quad \begin{cases}y''=f(x,y,y'),\\ y\big|_{x=x_0}=y_0, y'\big|_{x=x_0}=y'_0\end{cases}$$

由于一阶微分方程的特解的函数图像是一条曲线，而且微分方程的求解与一定的积分运算相联系，因此常将其称为**积分曲线**．而通解的图像是一族积分曲线，称为**积分曲线族**．

例 6.1.3　验证函数
$$y=C_1\cos x+C_2\sin x \tag{6.1.8}$$
是微分方程
$$y''+y=0 \tag{6.1.9}$$
的通解，并求满足初始条件
$$y\big|_{x=\frac{\pi}{2}}=0, y'\big|_{x=\frac{\pi}{2}}=1 \tag{6.1.10}$$
的特解．

解　求出所给函数的一阶和二阶导数
$$y'=-C_1\sin x+C_2\cos x \tag{6.1.11}$$
$$y''=-C_1\cos x-C_2\sin x$$

将 y'' 和 y 的表达式代入方程(6.1.9)，得
$$(-C_1\cos x-C_2\sin x)+(C_1\cos x+C_2\sin x)=0$$
函数(6.1.8)及其二阶导数代入方程(6.1.9)后成为一个恒等式，因此函数(6.1.8)是微分方程(6.1.9)的解．

将条件(6.1.10)代入方程(6.1.8)和式(6.1.11)得
$$C_1=-1, C_2=0$$

故方程满足初始条件的特解为 $y=-\cos x$.

习题 6.1

1. 指出下列各微分方程的阶数：

(1) $y'=x^2+y^2$；　(2) $y(y''+x)=0$；

(3) $(y')^2-xy'=\sin x$；　(4) $(x+y)\mathrm{d}x+(3x-7y)\mathrm{d}y=0$；

(5) $y^2\dfrac{\mathrm{d}^3y}{\mathrm{d}x^3}-2x\dfrac{\mathrm{d}y}{\mathrm{d}x}+1=0$.

2. 验证给出的函数是否为相应微分方程的解：

(1) $xy''+y'=0, y=\ln x$;

(2) $y''=x^2+y^2, y=\dfrac{1}{x}$;

(3) $y''-4y'+4y=0, y=xe^{2x}$.

3. 确定下列函数关系式中所含的参数，使其满足所给的初始条件：

(1) $y=C\sin x, y\big|_{x=\frac{\pi}{4}}=1$;

(2) $y=C_1e^{2x}+C_2e^{3x}, y\big|_{x=0}=0, y'\big|_{x=0}=-1$.

6.2 一阶微分方程

一阶微分方程的解法是本章的重点，可分离变量方程在一阶微分方程中占有非常重要的地位，后面介绍的齐次微分方程和一阶线性微分方程，都依赖于可分离变量微分方程求解.

一阶微分方程的一般形式可写成

$$F(x,y,y')=0$$

如果由这个微分方程可以解出 y'，则有

$$y'=f(x,y)$$

这种方程的微分形式为

$$P(x,y)\mathrm{d}x+Q(x,y)\mathrm{d}y=0$$

本节我们讨论一阶微分方程的一些解法.

6.2.1 可分离变量的微分方程

形如

$$\frac{\mathrm{d}y}{\mathrm{d}x}=f(x)g(y) \tag{6.2.1}$$

或者

$$M(x)N(y)\mathrm{d}x+P(x)Q(y)\mathrm{d}y=0 \tag{6.2.2}$$

的方程，称为**可分离变量的微分方程**.

方程(6.2.1)的特点是，方程右端的函数是两个因式的乘积形式，其中一个因式只含有自变量 x，另一个因式只含有未知函数 y.

假设方程(6.2.1)中的函数是连续的，求解方程需要将两个变量分别分离到等式的两端，即当 $g(y)\neq 0$ 时，分离变量得到

$$\frac{\mathrm{d}y}{g(y)}=f(x)\mathrm{d}x$$

两端同时积分

$$\int\frac{\mathrm{d}y}{g(y)}=\int f(x)\mathrm{d}x$$

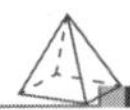

设 $G(y)$ 和 $F(x)$ 分别为 $\frac{1}{g(y)}$ 和 $f(x)$ 的原函数,则微分方程的通解为

$$G(y)=F(x)+C$$

例 6.2.1　求微分方程

$$\frac{\mathrm{d}y}{\mathrm{d}x}=4xy \tag{6.2.3}$$

的通解.

解　方程(6.2.3)是一个可分离变量的微分方程.显然,$y=0$ 是方程(6.2.3)的解.当 $y\neq0$ 时,分离变量得

$$\frac{\mathrm{d}y}{y}=4x\mathrm{d}x$$

两边积分得

$$\ln|y|=2x^2+C_1$$

即

$$|y|=\mathrm{e}^{2x^2+C_1}$$

于是得到方程(6.2.3)的通解为

$$y=C\mathrm{e}^{2x^2}$$

其中,$C=\pm\mathrm{e}^{C_1}$.而当 $C=0$ 时,包含了前面提到的特解 $y=0$.

例 6.2.2　求解微分方程

$$x(y^2-1)\mathrm{d}x+y(x^2-1)\mathrm{d}y=0 \tag{6.2.4}$$

解　显然,$y=\pm1$,$x=\pm1$ 是方程(6.2.4)的解.当 $y\neq\pm1$ 且 $x\neq\pm1$ 时,分离变量得

$$\frac{y\mathrm{d}y}{y^2-1}=-\frac{x\mathrm{d}x}{x^2-1}$$

两端积分

$$\ln|y^2-1|=-\ln|x^2-1|+\ln|C|$$

其中,$C\neq0$.化简即得方程(6.2.4)的通解为

$$(x^2-1)(y^2-1)=C$$

且当 $C=0$ 时,包含了前面提到的特解 $y=\pm1$ 和 $x=\pm1$.

例 6.2.3　设一曲线过点(0,1),且该曲线上任意一点(x,y)处切线的斜率为该点横坐标的正弦函数与纵坐标的乘积,求这个曲线方程.

解　设所求曲线的方程为 $y=f(x)$,根据导数的几何意义可知,曲线 $y=f(x)$ 应满足关系式

$$\frac{\mathrm{d}y}{\mathrm{d}x}=\sin x\cdot y \tag{6.2.5}$$

又曲线过点(0,1),因此还应满足条件

$$y|_{x=0}=1 \tag{6.2.6}$$

对式(6.2.5)分离变量,得

$$\frac{\mathrm{d}y}{y}=\sin x\mathrm{d}x \tag{6.2.7}$$

对式(6.2.7)两边积分得

$$\ln|y|=-\cos x+C \tag{6.2.8}$$

其中,C 为任意常数. 将式(6.2.6)代入式(6.2.8),解得 $C=1$,故所求曲线的方程为

$$\ln|y|=-\cos x+1$$

本例中的通解式(6.2.8)是一个隐函数形式,通常称其为隐式通解,或者称为通积分.

6.2.2 齐次微分方程

如果一阶微分方程

$$\frac{\mathrm{d}y}{\mathrm{d}x}=f(x,y)$$

可以写成

$$\frac{\mathrm{d}y}{\mathrm{d}x}=\varphi\left(\frac{y}{x}\right) \tag{6.2.9}$$

的形式,则称之为**齐次微分方程**.

例如,方程$\frac{\mathrm{d}y}{\mathrm{d}x}=\frac{x-y}{x+y}$,$(x^2-y^2)\frac{\mathrm{d}y}{\mathrm{d}x}=2xy$ 都是齐次微分方程,这两个方程分别可以化为$\frac{\mathrm{d}y}{\mathrm{d}x}=\frac{1-\frac{y}{x}}{1+\frac{y}{x}}$,$\frac{\mathrm{d}y}{\mathrm{d}x}=\frac{2\cdot\frac{y}{x}}{1-\left(\frac{y}{x}\right)^2}$.

在齐次微分方程中,作变量变换,引入新的未知函数 $u=\frac{y}{x}$,即 $y=xu$,代入式(6.2.9)得

$$u+x\frac{\mathrm{d}u}{\mathrm{d}x}=\varphi(u)$$

即

$$\frac{\mathrm{d}u}{\mathrm{d}x}=\frac{\varphi(u)-u}{x}$$

这是一个可分离变量的方程,分离变量得

$$\frac{\mathrm{d}u}{\varphi(u)-u}=\frac{\mathrm{d}x}{x}$$

两边积分得

$$\int\frac{\mathrm{d}u}{\varphi(u)-u}=\int\frac{\mathrm{d}x}{x}$$

求出积分后,再将 u 用$\frac{y}{x}$回代,即得方程(6.2.9)的通解.

例 6.2.4 解方程

$$x^2\frac{\mathrm{d}y}{\mathrm{d}x}=xy+2y^2 \tag{6.2.10}$$

解　将方程(6.2.10)化为

$$\frac{\mathrm{d}y}{\mathrm{d}x}=\frac{y}{x}+2\left(\frac{y}{x}\right)^2 \tag{6.2.11}$$

这是齐次微分方程．设 $y=xu$，代入方程(6.2.11)得

$$u+x\frac{\mathrm{d}u}{\mathrm{d}x}=u+2u^2$$

即

$$\frac{\mathrm{d}u}{u^2}=2\frac{\mathrm{d}x}{x}$$

两边积分得

$$-\frac{1}{u}=2\ln|x|+C$$

将 u 换成 $\frac{y}{x}$，并解出 y，即得方程(6.2.10)的通解为

$$y=-\frac{x}{2\ln|x|+C}$$

例 6.2.5　解方程

$$x\mathrm{d}y-\left(y+x\tan\frac{y}{x}\right)\mathrm{d}x=0 \tag{6.2.12}$$

解　将方程(6.2.12)化为

$$\frac{\mathrm{d}y}{\mathrm{d}x}=\frac{y}{x}+\tan\frac{y}{x}$$

这是齐次微分方程，设 $u=\frac{y}{x}$，即 $y=xu$，代入方程(6.2.12)得

$$u+x\frac{\mathrm{d}u}{\mathrm{d}x}=u+\tan u$$

即

$$\frac{\mathrm{d}u}{\mathrm{d}x}=\tan u$$

两边积分得

$$\ln|\sin u|=\ln|x|+\ln|C|\ (C\neq0)$$

即

$$\sin u=Cx\ (C\neq0)$$

将 u 换成 $\frac{y}{x}$，即得方程(6.2.12)的通解为

$$\sin\frac{y}{x}=Cx\ (C\neq0)$$

6.2.3　一阶线性微分方程

形如

$$\frac{dy}{dx}+P(x)y=Q(x) \tag{6.2.13}$$

因为它对于未知函数 y 及其导数 y' 来说都是一次函数,所以将此方程称为**一阶线性微分方程**.

当 $Q(x)\equiv 0$ 时,方程(6.2.13)化为

$$\frac{dy}{dx}+P(x)y=0 \tag{6.2.14}$$

称其为**一阶齐次线性微分方程**(即为上面介绍的可分离变量的微分方程);当 $Q(x)$ 不恒等于零时,称方程(6.2.14)为**一阶非齐次线性微分方程**.

若令非齐次线性微分方程(6.2.13)中的 $Q(x)\equiv 0$,得到的方程(6.2.14)叫作对应于非齐次线性微分方程(6.2.13)的齐次线性微分方程. 这是一个可分离变量方程,分离变量得

$$\frac{dy}{y}=-P(x)dx$$

两边积分得

$$\ln|y|=-\int P(x)dx+C_1$$

从而得到方程(6.2.13)的通解为

$$y=Ce^{-\int P(x)dx} \tag{6.2.15}$$

其中,$C=\pm e^{C_1}$.

然后,我们采用所谓**常数变易法**来求非齐次线性微分方程(6.2.13)的通解. 这种方法是把方程(6.2.14)的通解(6.2.15)中的任意常数 C 换成 x 的未知函数 $C(x)$,即作变换

$$y=C(x)e^{-\int P(x)dx} \tag{6.2.16}$$

假设式(6.2.16)是非齐次线性微分方程(6.2.13)的解,将式(6.2.16)对 x 求导,得

$$y'=C'(x)e^{-\int P(x)dx}-C(x)P(x)e^{-\int P(x)dx} \tag{6.2.17}$$

将式(6.2.16)和式(6.2.17)代入非齐次线性微分方程(6.2.13),得

$$C'(x)e^{-\int P(x)dx}-C(x)P(x)e^{-\int P(x)dx}+P(x)\cdot C(x)e^{-\int P(x)dx}=Q(x)$$

即

$$C'(x)=Q(x)e^{\int P(x)dx}$$

两边积分得

$$C(x)=\int Q(x)e^{\int P(x)dx}dx+C$$

将其代入式(6.2.16),即得非齐次线性微分方程(6.2.13)的通解为

$$y=e^{-\int P(x)dx}\left[\int Q(x)e^{\int P(x)dx}dx+C\right] \tag{6.2.18}$$

将式(6.2.18)改写为

$$y=Ce^{-\int P(x)dx}+e^{-\int P(x)dx}\int Q(x)e^{\int P(x)dx}dx$$

上式的第一项是对应的齐次线性微分方程(6.2.14)的通解,第二项是非齐次线性微分方程(6.2.13)的一个特解(在(6.2.13)的通解中取 $C=0$ 即可得到这个特解). 因此,一阶非齐次线性微分方程的通解等于所对应齐次线性微分方程的通解与非齐次线性微分方程的一个特解之和.

例 6.2.6　求方程

$$\frac{dy}{dx}-\frac{2y}{x+1}=(x+1)^{\frac{5}{2}} \tag{6.2.19}$$

的通解.

解　此题为一阶非齐次线性微分方程,可以直接应用式(6.2.18)求通解.

方程(6.2.19)中,$P(x)=-\frac{2}{x+1}$,$Q(x)=(x+1)^{\frac{5}{2}}$,代入式(6.2.18),得

例 6.2.6

$$y=e^{-\int\left(-\frac{2}{x+1}\right)dx}\left[\int(x+1)^{\frac{5}{2}}e^{\int\left(-\frac{2}{x+1}\right)dx}dx+C\right]$$

解得通解为

$$y=(x+1)^2\left[\frac{2}{3}(x+1)^{\frac{3}{2}}+C\right]$$

例 6.2.7　求方程

$$xy'+2y=x\ln x \tag{6.2.20}$$

满足初始条件$y|_{x=1}=-\frac{1}{9}$的特解.

解　方程(6.2.20)可化为

$$y'+\frac{2}{x}y=\ln x$$

这是一阶非齐次线性微分方程. 其中,$P(x)=\frac{2}{x}$,$Q(x)=\ln x$,代入式(6.2.18),即得方程(6.2.20)的通解为

$$\begin{aligned}y&=e^{-\int P(x)dx}\left[\int Q(x)e^{\int P(x)dx}dx+C\right]\\&=e^{-\int\frac{2}{x}dx}\left(\int\ln x e^{\int\frac{2}{x}dx}dx+C\right)\\&=\frac{1}{x^2}\left(\frac{1}{3}x^3\ln x-\frac{1}{9}x^3+C\right)\end{aligned}$$

将初始条件$y|_{x=1}=-\frac{1}{9}$代入,得 $C=0$,则特解为 $y=\frac{x}{3}\left(\ln x-\frac{1}{3}\right)$.

例 6.2.8　求解方程

$$\frac{dy}{dx}=\frac{y}{4x+y^2} \tag{6.2.21}$$

解　此方程看似并不是标准的一阶线性微分方程,但如果交换 x 和 y 的位置,即将 x 看作未知函数,而把 y 看作自变量,就变成了关于 x 的一阶线性微分方程

$$\frac{dx}{dy}-\frac{4}{y}x=y$$

从而其求解公式变为

$$x=e^{-\int P(y)dy}\left[\int Q(y)e^{\int P(y)dy}dy+C\right] \tag{6.2.22}$$

这是一个关于 x 为未知函数，y 为自变量的一阶线性微分方程．其中，$P(y)=-\frac{4}{y}$，$Q(y)=y$，代入式(6.2.22)，即得方程(6.2.21)的通解为

$$\begin{aligned}x&=e^{-\int P(y)dy}\left[\int Q(y)e^{\int P(y)dy}dy+C\right]\\&=e^{-\int\left(-\frac{4}{y}\right)dy}\left(\int ye^{-\int\frac{4}{y}dy}dy+C\right)\\&=y^4\left(\int y\cdot\frac{1}{y^4}dy+C\right)\\&=y^4\left(-\frac{1}{2y^2}+C\right)\end{aligned}$$

习题 6.2

1. 求下列可分离变量的微分方程的通解：

习题 6.2 第 5 题

(1) $xy'-y\ln y=0$； (2) $\frac{dy}{dx}=e^{x+y}$；

(3) $\sin y\sin x dx-\cos x\cos y dy=0$； (4) $x\frac{dy}{dx}+y=y^2$.

2. 求下列齐次微分方程的通解：

(1) $(x+2y)dx-xdy=0$；

(2) $(y^2-2xy)dx+x^2dy=0$；

(3) $x\frac{dy}{dx}=y+y\ln\frac{y}{x}$.

3. 求下列一阶线性微分方程的通解：

(1) $\frac{dy}{dx}+2xy=4x$；

(2) $\frac{d\rho}{d\theta}+\frac{2}{\theta}\rho=5\theta$.

4. 求下列方程满足所给的初始条件的特解：

(1) $xy'=y(1-x)$，$y\big|_{x=1}=1$；

(2) $y'+y\tan x=\sec x$，$y\big|_{x=\frac{\pi}{4}}=\sqrt{2}$；

(3) $\frac{dy}{dx}+\frac{y}{x}=\frac{\sin x}{x}$，$y\big|_{x=\frac{\pi}{2}}=1$.

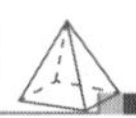

5. 小船从河边点 O 处出发驶向对岸(两岸为平行直线). 设船速为 a,船航行的方向始终与河岸垂直,又设河宽为 h,河中任意点处的水流速度与该点到两岸距离的乘积成正比(比例系数为 k). 求小船的航行路线.

6.3　二阶常系数线性微分方程

二阶常系数线性微分方程解的结构、二阶常系数齐次线性微分方程和非齐次线性微分方程的求解都是本章的重点,其中二阶常系数非齐次线性微分方程求特解又是本章的难点. 求解依赖于解的结构定理,在此基础上,对于求解常系数齐次线性微分方程,将求通解的问题转换为求对应特征方程根的问题,根据特征根的不同形式,直接得到通解;对于求解常系数非齐次线性微分方程,首先求出对应齐次线性微分方程的通解,再利用待定系数法确定非齐次线性微分方程的特解. 下面首先介绍二阶常系数齐次线性微分方程解的结构及通解的求法.

6.3.1　二阶常系数齐次线性微分方程

在实际中应用得较多的一类高阶微分方程是二阶常系数线性微分方程,它的一般形式是

$$y''+py'+qy=f(x) \tag{6.3.1}$$

其中,p,q 为常数;$f(x)$ 为 x 的已知函数. 当方程右端 $f(x)\equiv 0$ 时,方程叫作齐次的;当 $f(x)\neq 0$ 时,方程叫作非齐次的.

先讨论二阶常系数齐次线性微分方程

$$y''+py'+qy=0 \tag{6.3.2}$$

其中,p,q 为实常数.

定理 6.3.1　如果函数 $y_1(x),y_2(x)$ 是方程(6.3.2)的两个解,那么对于任意的常数 C_1,C_2,

$$y=C_1y_1(x)+C_2y_2(x) \tag{6.3.3}$$

也是方程(6.3.2)的解.

证明　将式(6.3.3)代入方程(6.3.2),得

$$\begin{aligned}&(C_1y''_1+C_2y''_2)+p(C_1y'_1+C_2y'_2)+q(C_1y_1+C_2y_2)\\&=C_1(y''_1+py'_1+qy_1)+C_2(y''_2+py'_2+qy_2)\end{aligned}$$

由于 y_1 与 y_2 是方程(6.3.2)的解,上式右端括号中的表达式都恒等于零,因而整个式子恒等于零,式(6.3.3)是方程(6.3.2)的解.

式(6.3.3)从其形式上看含有两个任意常数,但它不一定是方程(6.3.2)的通解. 例如,设 $y_1(x)$ 是方程(6.3.2)的一个解,则 $y_2(x)=2y_1(x)$ 也是方程(6.3.2)的解. 这时式(6.3.3)成为 $y=C_1y_1(x)+2C_2y_1(x)$,可以把它改写成 $y=Cy_1(x)$,其中,$C=C_1+2C_2$. 这显然不是方程(6.3.2)的通解. 那么,在什么样的情况下式(6.3.3)才是方程(6.3.2)的通解呢? 显然在 $y_1(x),y_2(x)$ 是方程(6.3.2)的非零解的前提下,若 $\dfrac{y_2(x)}{y_1(x)}$ 不为常数,那么式(6.3.3)一定是方程(6.3.2)的通解. 若 $\dfrac{y_2(x)}{y_1(x)}$ 为常数,则式(6.3.3)不是方程(6.3.2)的通解. 我们有如下关于

二阶常系数齐次线性微分方程的通解结构的定理：

定理 6.3.2 如果函数 $y_1(x)$，$y_2(x)$ 是方程(6.3.2)的两个特解，且 $\dfrac{y_2(x)}{y_1(x)}$ 不为常数，则 $y=C_1y_1(x)+C_2y_2(x)$（其中 C_1，C_2 为任意常数）是方程(6.3.2)的通解．

一般地，对于任意两个函数 $y_1(x)$，$y_2(x)$，若它们的比为常数，则我们称它们是线性相关的，否则它们是线性无关的．于是，由定理 6.3.2 可知：

若 $y_1(x)$，$y_2(x)$ 是方程(6.3.2)的两个线性无关的特解，则

$$y=C_1y_1(x)+C_2y_2(x)\quad (C_1,C_2\text{ 为任意常数})$$

就是方程(6.3.2)的通解．

例如，方程 $y''-y'-2y=0$ 是二阶常系数齐次线性微分方程，且不难验证 $y_1=\mathrm{e}^{-x}$ 与 $y_2=\mathrm{e}^{2x}$ 是所给方程的两个解，且 $\dfrac{y_2(x)}{y_1(x)}=\dfrac{\mathrm{e}^{2x}}{\mathrm{e}^{-x}}=\mathrm{e}^{3x}\neq$ 常数．即它们是两个线性无关的解，因此方程 $y''-y'-2y=0$ 的通解为

$$y=C_1\mathrm{e}^{-x}+C_2\mathrm{e}^{2x}\quad (C_1,C_2\text{ 为任意常数})$$

于是，要求方程(6.3.2)的通解，归结为如何求它的两个线性无关的特解．由于方程(6.3.2)的左端是关于 y''、y'、y 的线性关系式，且系数都为常数，而当 r 为常数时，指数函数 e^{rx} 和它的各阶导数都只差一个常数因子，因此我们用 $y=\mathrm{e}^{rx}$ 来尝试，看能否取到适当的常数 r，使 $y=\mathrm{e}^{rx}$ 满足方程(6.3.2).

对 $y=\mathrm{e}^{rx}$ 求导，得

$$y'=r\mathrm{e}^{rx},y''=r^2\mathrm{e}^{rx}$$

将 y、y'和 y''代入方程(6.3.2)，得

$$(r^2+pr+q)\mathrm{e}^{rx}=0$$

由于 $\mathrm{e}^{rx}\neq 0$，因此

$$r^2+pr+q=0 \tag{6.3.4}$$

由此可见，只要 r 是代数方程(6.3.4)的根，函数 $y=\mathrm{e}^{rx}$ 就是方程(6.3.2)的解，我们把方程(6.3.4)叫作方程(6.3.2)的特征方程．

特征方程(6.3.4)是一个二次代数方程，其中 r^2，r 的系数及常数项恰好依次是方程(6.3.2)中 y''，y'和 y 的系数.

特征方程(6.3.4)的两个根 r_1，r_2 可用公式

$$r_{1,2}=\frac{-p\pm\sqrt{p^2-4q}}{2}$$

求出，它们有三种不同的情形，分别对应着方程(6.3.2)通解的三种不同情形．分别讨论如下：

(1) 当 $p^2-4q>0$ 时，特征方程(6.3.4)有两个不相等的实根 $r_1\neq r_2$，这时 $y_1=\mathrm{e}^{r_1x}$，$y_2=\mathrm{e}^{r_2x}$ 是方程(6.3.2)的两个解，且 $\dfrac{y_2}{y_1}=\dfrac{\mathrm{e}^{r_2x}}{\mathrm{e}^{r_1x}}=\mathrm{e}^{(r_2-r_1)x}$ 不是常数．因此，方程(6.3.2)的通解为

$$y=C_1e^{r_1x}+C_2e^{r_2x}$$

(2)当 $p^2-4q=0$ 时,特征方程有两个相等的实根

$$r_1=r_2=-\frac{p}{2}$$

此时,只得到方程(6.3.2)的一个解

$$y_1=e^{r_1x}$$

为了得出方程(6.3.2)的通解,还需求出另一个解 y_2,且要求$\frac{y_2}{y_1}$不是常数.

设$\frac{y_2}{y_1}=u(x)$,$u(x)$是 x 的待定函数,于是

$$y_2=u(x)y_1=u(x)e^{r_1x}$$

下面来确定 u. 将 y_2 求导,得

$$y'_2=e^{r_1x}(u'+r_1u)$$

$$y''_2=e^{r_1x}(u''+2r_1u'+r_1^2u)$$

将 y_2,y'_2,y''_2 代入方程(6.3.2),得

$$e^{r_1x}[(u''+2r_1u'+r_1^2u)+p(u'+r_1u)+qu]=0$$

约去 e^{r_1x},合并同类项,得

$$u''+(2r_1+p)u'+(r_1^2+pr_1+q)u=0$$

由于 r_1 是特征方程(6.3.4)的二重根,因此 $r_1^2+pr_1+q=0$,且 $2r_1+p=0$,于是得 $u''=0$.

这说明所设特解 y_2 中的函数 $u(x)$不能为常数,且要满足 $u''(x)=0$. 显然 $u=x$ 是可选取的函数中的最简单的一个函数,由此得到方程(6.3.2)的另一个解

$$y_2=xe^{r_1x}$$

从而方程(6.3.2)的通解为

$$y=C_1e^{r_1x}+C_2xe^{r_1x}$$
$$=(C_1+C_2x)e^{r_1x}$$

(3)当 $p^2-4q<0$ 时,特征方程(6.3.4)有一对共轭复根

$$r_1=\alpha+\beta i,r_2=\alpha-\beta i(\beta\neq 0)$$

其中

$$\alpha=-\frac{p}{2},\beta=\frac{\sqrt{4q-p^2}}{2}$$

此时,可以验证方程(6.3.2)有两个线性无关的解

$$y_1=e^{\alpha x}\cos\beta x,y_2=e^{\alpha x}\sin\beta x$$

从而方程(6.3.2)的通解为

$$y=e^{\alpha x}(C_1\cos\beta x+C_2\sin\beta x)$$

综上所述,求二阶常系数齐次线性微分方程(6.3.2)的通解的步骤如下:

第一步　写出微分方程的特征方程(6.3.4);

第二步　求特征方程(6.3.4)的两个根 r_1, r_2；

第三步　根据特征方程(6.3.4)的两个根的不同情形，按照下列表格写出方程(6.3.2)的通解.

特征方程 $r^2+pr+q=0$ 的两个根 r_1, r_2	微分方程 $y''+py'+qy=0$ 的通解
两个不相等的实根 r_1, r_2	$y=C_1e^{r_1x}+C_2e^{r_2x}$
两个相等的实根 $r_1=r_2$	$y=(C_1+C_2x)e^{r_1x}$
一对共轭复根 $r_{1,2}=\alpha\pm\beta i$	$y=e^{\alpha x}(C_1\cos\beta x+C_2\sin\beta x)$

例 6.3.1　求微分方程 $y''-3y'-4y=0$ 的通解.

解　所给微分方程的特征方程为

$$r^2-3r-4=(r-4)(r+1)=0$$

其根为 $r_1=-1, r_2=4$，是两个不相等的实根. 因此所求微分方程的通解为

$$y=C_1e^{-x}+C_2e^{4x}$$

例 6.3.2　求方程 $\frac{d^2S}{dt^2}+4\frac{dS}{dt}+4S=0$ 满足初始条件 $S|_{t=0}=2, S'|_{t=0}=-1$ 的特解.

解　所给微分方程的特征方程为

$$r^2+4r+1=(r+2)^2=0$$

其根为 $r_1=r_2=-2$，是两个相等的实根，因此所求微分方程的通解为

$$S=(C_1+C_2t)e^{-2t}$$

将条件 $S|_{t=0}=2$ 代入通解，得 $C_1=2$，从而

$$S=(2+C_2t)e^{-2t}$$

将上式对 t 求导，得

$$S'=(C_2-4-2C_2t)e^{-2t}$$

再把条件 $S'|_{t=0}=-1$ 代入上式，得 $C_2=3$，于是所求微分方程的特解为

$$S=(2+3t)e^{-2t}$$

例 6.3.3　求微分方程 $y''+2y'+5y=0$ 的通解.

解　所给方程的特征方程为

$$r^2+2r+5=0$$

其根为 $r_{1,2}=-1\pm2i$，为一对共轭复根. 因此所求微分方程的通解为

$$y=e^{-x}(C_1\cos 2x+C_2\sin 2x)$$

6.3.2　二阶常系数非齐次线性微分方程

这里，我们讨论二阶常系数非齐次线性微分方程(6.3.1)的解法. 首先，先介绍方程(6.3.1)的解的结构定理.

定理 6.3.3　设 y^* 是二阶常系数非齐次线性微分方程(6.3.1)的特解，而 $Y(x)$ 是与方程(6.3.1)对应的齐次线性微分方程(6.3.2)的通解，那么

$$y=Y(x)+y^*(x) \tag{6.3.5}$$

是二阶常系数非齐次线性微分方程(6.3.1)的通解.

证　把式(6.3.5)代入方程(6.3.1)的左端,得

$$\begin{aligned}&(Y''+y^{*''})+p(Y'+y^{*'})+q(Y+y^*)\\&=(Y''+pY'+qY)+(y^{*''}+py^{*'}+qy^*)\\&=0+f(x)=f(x)\end{aligned}$$

由于对应的齐次线性微分方程(6.3.2)的通解 $Y=C_1y_1+C_2y_2$ 中含有两个相互独立的任意常数,因此 $y=Y+y^*$ 中也含有两个相互独立的任意常数,从而它就是二阶常系数非齐次线性微分方程(6.3.1)的通解.

例如,方程 $y''+y=x^2$ 是二阶常系数非齐次线性微分方程,而可求得对应的齐次微分方程 $y''+y=0$ 的通解为 $Y=C_1\cos x+C_2\sin x$;又容易验证 $y^*=x^2-2$ 是所给方程的一个特解.因此

$$y=Y+y^*=C_1\cos x+C_2\sin x+x^2-2$$

是所给方程的通解.

根据定理6.3.2,求齐次线性微分方程(6.3.2)的通解已在前面解决.所以只需讨论求非齐次线性微分方程(6.3.1)的一个特解 y^*.这里,仅不加证明地介绍当方程(6.3.1)中的 $f(x)$ 取两种常见类型时,用待定系数法求特解的方法.

定理 6.3.4　若 $f(x)=P_m(x)e^{\lambda x}$,其中 $P_m(x)$ 是 x 的 m 次多项式,λ 为常数(显然,如果 $\lambda=0$,则 $f(x)=P_m(x)$;若 $P_m(x)=1$,则 $f(x)=e^{\lambda x}$),则二阶常系数非齐次线性微分方程(6.3.1)具有形如

$$y^*=x^kQ_m(x)e^{\lambda x} \tag{6.3.6}$$

的特解,其中 $Q_m(x)$ 是与 $P_m(x)$ 同次(m 次)的待定多项式,而 k 的取值如下确定:

(1)若 λ 不是特征方程的根,取 $k=0$;

(2)若 λ 是特征方程的单根,取 $k=1$;

(3)若 λ 是特征方程的重根,取 $k=2$.

例 6.3.4　求微分方程 $y''+2y'-3y=6x+5$ 的通解.

解　所给方程是二阶常系数非齐次线性微分方程,且函数 $f(x)$ 是 $P_m(x)e^{\lambda x}$ 型(其中 $P_m(x)=6x+5,\lambda=0$).该方程对应的齐次线性微分方程为

$$y''+2y'-3y=0$$

它的特征方程为

$$r^2+2r-3=0$$

其两个实根为 $r_1=-3,r_2=1$,于是所给方程对应的齐次微分方程的通解为

$$Y=C_1e^{-3x}+C_2e^x$$

由于 $\lambda=0$ 不是特征方程的根,因此应设原方程的一个特解为

$$y^*=Q_m(x)=Ax+B$$

相应地,$y^{*'}=A,y^{*''}=0$.把它们代入原方程,得

$$2A-3(Ax+B)=6x+5$$

即
$$-3Ax+2A-3B=6x+5$$

比较上式两端 x 同次幂的系数,得

$$\begin{cases}-3A=6,\\2A-3B=5\end{cases}$$

从而求出 $A=-2,B=-3$,于是求得原方程的一个特解为

$$y^*=-2x-3$$

因此原方程的通解为

$$y=C_1e^{-3x}+C_2e^{x}-2x-3$$

例 6.3.5 求微分方程 $y''-5y'+6y=xe^{2x}$ 的通解.

解 所给方程也是二阶常系数非齐次线性微分方程,且函数 $f(x)$ 是 $P_m(x)e^{\lambda x}$ 型(其中 $P_m(x)=x,\lambda=2$). 所给方程对应的齐次线性微分方程为

$$y''-5y'+6y=0$$

它的特征方程为

$$r^2-5r+6=0$$

其两个实根为 $r_1=2,r_2=3$,于是所给方程对应的齐次线性微分方程的通解为

$$Y=C_1e^{2x}+C_2e^{3x}$$

由于 $\lambda=2$ 是特征方程的单根,因此应设原方程的一个特解为

$$y^*=x(Ax+B)e^{2x}$$

把它代入原方程,消去 e^{2x},化简后可得

$$-2Ax+2A-B=x$$

比较等式两端 x 同次幂的系数,得

$$\begin{cases}-2A=1,\\2A-B=0\end{cases}$$

解得 $A=-\dfrac{1}{2},B=-1$,因此求得一个特解为

$$y^*=x\left(-\frac{1}{2}x-1\right)e^{2x}$$

从而所求通解为

$$y=Y+y^*=C_1e^{2x}+C_2e^{3x}-\left(\frac{1}{2}x^2+x\right)e^{2x}$$

例 6.3.6 求微分方程 $y''-4y'+4y=e^{2x}$ 满足初始条件 $y|_{x=0}=1,y'|_{x=0}=0$ 的特解.

解 先求出所给微分方程的通解,再由初始条件定出通解中的两个任意常数,从而求出满足初始条件的特解.

所给方程是二阶常系数非齐次线性微分方程,且函数 $f(x)$ 呈 $P_m(x)e^{\lambda x}$ 型(其中 $P_m(x)=1,\lambda=2$).

与所给方程对应的齐次线性微分方程为

$$y''-4y'+4y=0$$

其特征方程为

$$r^2-4r+4=0$$

它有两个相等的实根为 $r_1=r_2=2$，于是所给方程对应的齐次线性微分方程的通解为

$$Y=(C_1+C_2x)\mathrm{e}^{2x}$$

由于 $\lambda=2$ 是特征方程的二重根，因此应设原方程的一个特解为

$$y^*=Ax^2\mathrm{e}^{2x}$$

相应地，有

$$y^{*\prime}=2(Ax^2+Ax)\mathrm{e}^{2x}$$

$$y^{*\prime\prime}=(4Ax^2+8Ax+2A)\mathrm{e}^{2x}$$

将它们代入原方程，得

$$2A=1$$

故
$$A=\frac{1}{2}$$

于是
$$y^*=\frac{1}{2}x^2\mathrm{e}^{2x}$$

从而原方程的通解为

$$y=Y+y^*=(C_1+C_2x)\mathrm{e}^{2x}+\frac{1}{2}x^2\mathrm{e}^{2x}$$

计算出通解的导数为

$$y'=(2C_1+C_2+x+2C_2x+x^2)\mathrm{e}^{2x}$$

由 $y|_{x=0}=1$ 得 $C_1=1$，由 $y'|_{x=0}=0$ 得 $2C_1+C_2=0$，即 $C_2=-2$. 于是满足所给初值问题的特解为

$$y=\left(1-2x+\frac{1}{2}x^2\right)\mathrm{e}^{2x}$$

定理 6.3.5　若 $f(x)=\mathrm{e}^{\lambda x}[P_l(x)\cos\omega x+P_n(x)\sin\omega x]$，其中，$P_l(x)$，$P_n(x)$ 分别是关于 x 的 l 次和 n 次多项式，ω 为常数，则方程(6.3.1)的特解可设为

$$y^*=x^k\mathrm{e}^{\lambda x}[R_m^{(1)}(x)\cos\omega x+R_m^{(2)}(x)\sin\omega x]$$

其中，$R_m^{(1)}(x)$、$R_m^{(2)}(x)$ 是 x 的 m 次多项式，$m=\max(l,n)$，而 k 的取值如下：

(1)若 $\lambda+\omega\mathrm{i}$(或 $\lambda-\omega\mathrm{i}$)不是特征方程的根，取 $k=0$；

(2)若 $\lambda+\omega\mathrm{i}$ 是特征方程的单根，取 $k=1$.

例 6.3.7　求微分方程 $y''+y=x\sin 2x$ 的一个特解.

解　所给方程是二阶常系数非齐次线性微分方程，且 $f(x)$ 属于 $\mathrm{e}^{\lambda x}[P_l(x)\cos\omega x+P_n(x)\sin\omega x]$ 型(其中 $\lambda=0,\omega=2,P_l(x)=x,P_n(x)=0$，显然，$P_l(x)$ 和 $P_n(x)$ 分别是一次与零次多项式).

与所给方程对应的齐次线性微分方程为

$$y''+y=0$$

它的特征方程为

$$r^2+1=0$$

由于 $\lambda+\omega i=2i$ 不是特征方程的根，因此应设特解为

$$y^*=(Ax+B)\cos 2x+(Cx+D)\sin 2x$$

把它代入所给方程，得

$$(-3Ax-3B+4C)\cos 2x-(3Cx+3D+4A)\sin 2x=x\sin 2x$$

比较两端同类项的系数，得

$$\begin{cases}-3A=0,\\-3B+4C=0,\\-3C=1,\\-3D-4A=0\end{cases}$$

由此解得 $A=0,B=-\frac{4}{9},C=-\frac{1}{3},D=0$. 于是求得一个特解为

$$y^*=-\frac{4}{9}\cos 2x-\frac{1}{3}x\sin 2x$$

例 6.3.8 求微分方程$\frac{d^2x}{dt^2}+k^2x=h\sin kt$ 的通解（k,h 为常数且 $k>0$）.

解 所给方程是二阶常系数非齐次线性微分方程，且 $f(t)$ 属于 $e^{\lambda t}[P_l(t)\cos \omega t+P_n(t)\cdot \sin \omega t]$型（其中 $\lambda=0,\omega=k,P_l(t)=0,P_n(t)=h$，显然，$P_l(t)$ 和 $P_n(t)$ 均为零次多项式），对应的齐次线性微分方程为

$$\frac{d^2x}{dt^2}+k^2x=0$$

其特征方程 $r^2+k^2=0$ 的根为 $r=\pm ki$，故对应齐次线性微分方程的通解为

$$X=C_1\cos kt+C_2\sin kt$$

由于 $\lambda+\omega i=ki$ 是特征方程的单根，故设特解为

$$x^*=t(B\cos kt+C\sin kt)$$

代入原非齐次线性微分方程，得

$$B=-\frac{h}{2k},C=0$$

于是 $x^*=-\frac{h}{2k}t\cos kt$. 从而原非齐次微分方程的通解为

$$x=X+x^*=C_1\cos kt+C_2\sin kt-\frac{h}{2k}\cos kt$$

二阶常系数非齐次线性微分方程的特解有时可用下述定理求得.

定理 6.3.6 设二阶常系数非齐次线性微分方程(6.3.1)的右端$f(x)$是几个函数之和，如

$$y''+py'+qy=f_1(x)+f_2(x) \tag{6.3.7}$$

而 y_1^* 与 y_2^* 分别是方程

$$y''+py'+qy=f_1(x)$$
$$y''+py'+qy=f_2(x)$$

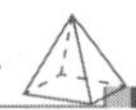

的特解,则 $y_1^*+y_2^*$ 就是原方程(6.3.7)的特解.

定理6.3.6通常称为二阶常系数非齐次线性微分方程的解的叠加原理.结论的正确性可由微分方程解的定义而直接验证,这里不再赘述.

例6.3.9 求方程 $y''+3y'+2y=x+e^x$ 的通解.

解 所给方程对应的齐次线性微分方程的特征方程为

$$r^2+3r+2=0$$

它有两个不相等的实根为 $r_1=-2,r_2=-1$,于是所给方程对应的齐次线性微分方程的通解为

$$Y=C_1e^{-x}+C_2e^{-2x}$$

对于方程 $y''+3y'+2y=x$,$\lambda=0$ 不是特征方程的根,所以设特解为

$$y_1^*=Ax+B$$

代入方程求得特解为 $y_1^*=\frac{1}{2}x-\frac{3}{4}$.

对于方程 $y''+3y'+2y=e^x$,$\lambda=1$ 不是特征方程的根,所以设特解为

$$y_2^*=Ae^x$$

代入方程求得特解为 $y_2^*=\frac{1}{6}e^x$.

于是,由定理6.3.4可知,原方程的通解为

$$y=C_1e^{-x}+C_2e^{-2x}+\left(\frac{1}{2}x-\frac{3}{4}\right)+\frac{1}{6}e^x$$

习题6.3

1. 求下列二阶常系数齐次线性微分方程的通解:

(1) $y''-4y'+3y=0$;　　(2) $y''-y'+\frac{1}{4}y=0$;

(3) $y''+2y'+3y=0$;　　(4) $y''-9y=0$.

2. 求下列二阶常系数非齐次线性微分方程的通解:

(1) $y''+2y'-3y=2e^{-x}$;　　(2) $y''+3y'-4y=xe^x$;

(3) $y''-y=4x\sin x$;　　(4) $y''+2y'-3y=2e^{-3x}+5$.

3. 求下列微分方程满足初始条件的特解:

(1) $4y''+4y'+y=0,y|_{x=0}=2,y'|_{x=0}=0$;

(2) $y''+y'=3e^{2x},y(0)=0,y'(0)=2$;

(3) $y''+y=-\sin 2x,y(\pi)=1,y'(0)=1$.

4. 设二阶常系数微分方程 $y''+\alpha y'+\beta y=\gamma e^{2x}$ 的通解为 $y=(1+x)e^x+e^{2x}$,试确定常数 α、β、γ.

5. 已知数学摆的有阻尼自由振动方程为 $\frac{d^2\varphi}{dt^2}+2n\frac{d\varphi}{dt}+\omega^2\varphi=0$,其中,$n,\omega^2$ 均为常数,且已

知 $n>\omega$，求此振动方程的通解．

本章小结

微分方程是非常重要的也是非常有生命力的数学分支，利用它可以精确地表述事物变化所遵循的基本规律，它和积分学有着非常密切的联系．本章先介绍了微分方程的相关概念，然后介绍了几种一阶微分方程，最后讨论了常系数线性微分方程解的结构和求解方法．求解微分方程是本章的重点也是难点．微分方程是联系自变量、未知函数以及未知函数的导数之间关系的等式，通过求解微分方程来揭示变量间的关系．在微分方程的求解过程中，首先要准确确定方程的类型，对于不同类型的微分方程有着与之对应的比较固定的解法．

本章小结

在学习本章时，首先要准确掌握微分方程的基本概念，会确定方程的阶数及对应不同阶数的微分方程其通解的形式，如何利用初始条件确定特解．其次，能够识别一阶微分方程的类型并熟练掌握三种类型方程的解法，这是本章的重点．可分离变量方程利用分离变量法求解，齐次微分方程利用变量代换法化为可分离变量形式求解，这也是本章的一个难点，一阶线性微分方程利用常数变异法推导出的公式求解．最后要掌握二阶常系数线性微分方程解的结构，在此基础上，熟练掌握二阶常系数齐次线性微分方程通解的求法，对于方程右端具有两种特殊形式的二阶常系数非齐次线性微分方程，要掌握其通解的求法，尤其是要熟练掌握其特解形式．

思维导图如下：

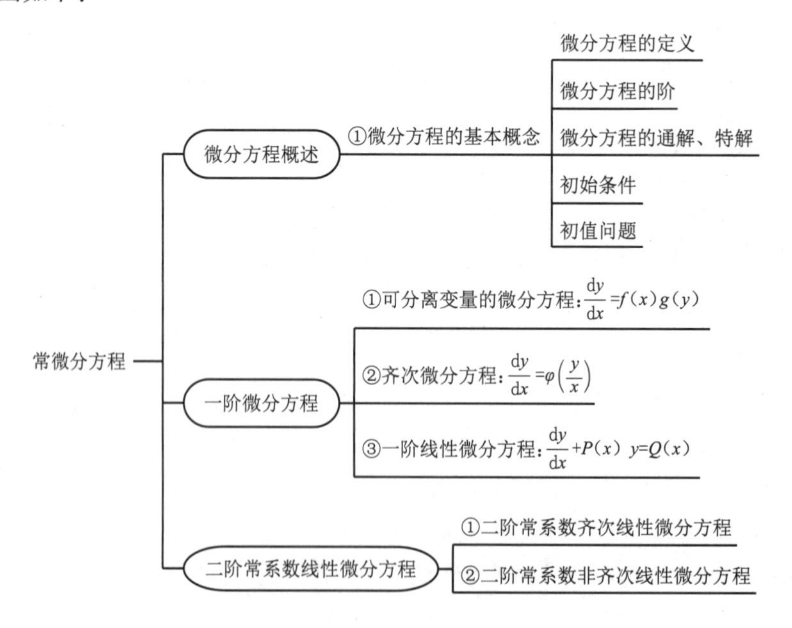

第六章 自测题

1. 填空题

(1)一曲线过点(2,0),它在任意一点处切线的斜率等于该点的横坐标,则此曲线方程为________.

(2)曲线过点(1,1),且其上任一点处的切线斜率恒为该点的纵坐标与横坐标之比,则此曲线方程为________.

(3)已知函数 $f(x)=\begin{cases}\dfrac{2(1-\cos x)}{x\sin x}, & x\neq 0,\\ a, & x=0\end{cases}$ 在 $x=0$ 处连续,则微分方程 $y'+\dfrac{a}{x}y=x$ 的通解为________.

(4)若方程 $y''+py'+qy=0$(p,q 均为实常数)有特解 $y_1=e^x,y_2=e^{5x}$,则 $p=$____,$q=$____.

(5)以 $y=C_1e^{2x}+C_2xe^{2x}$(其中 C_1,C_2 为独立的任意常数)为通解的二阶常系数齐次线性微分方程为________.

2. 单项选择题

(1)函数 $y=\cos x+Cx$(其中 C 为任意常数)是 $\dfrac{d^2y}{dx^2}=-\cos x$ 的( ).

A. 通解　B. 特解　C. 解,但既非通解也非特解　D. 不是解

(2)已知函数 $y(x)$ 满足微分方程 $xy'=y\ln\dfrac{y}{x}$,且当 $x=1$ 时,$y=e^2$,则当 $x=-1$ 时,$y=$( ).

A. -1　B. 0　C. 1　D. e^{-1}

(3)若连续函数 $f(x)=\int_0^x f(t)dt+2$,则 $f(x)=$( ).

A. $e^x+\ln 2$　B. $e^{2x}+\ln 2$　C. $2e^x$　D. $2e^{2x}$

(4)已知函数 $y_1=5,y_2=5+x^2,y_3=5+x^2+e^{2x}$ 均为微分方程 $y''+py'+qy=f(x)$ 的解,则此微分方程的通解可以表示为( ).

A. $C_1(5+x^2)+C_2(5+x^2+e^{2x})+e^{2x}$　B. $5C_1+C_2(5+x^2)$

C. $C_1x^2+C_2(x^2+e^{2x})$　D. $C_1x^2+C_2(x^2+e^{2x})+5$

(5)已知 $y_1=x-2$ 为 $y''+y=x-2$ 的解,$y_2=\dfrac{1}{5}e^{2x}$ 为 $y''+y=e^{2x}$ 的解,则微分方程 $y''+y=(x-2)+e^{2x}$ 的通解为( ).

A. $x-2+\dfrac{1}{5}e^{2x}$　B. $C_1\cos x+C_2\sin x+x-2+\dfrac{1}{5}e^{2x}$

C. $C_1\cos x+C_2\sin x+x-2$　D. $C_1\cos x+C_2\sin x$

3. 求下列微分方程的通解:

(1) $\dfrac{dy}{dx}=\dfrac{\sqrt{1-y^2}}{\sqrt{1-x^2}}$；　　(2) $xy'-y+x\cot\dfrac{y}{x}=0$；

(3) $y'-y\cos x=e^{\sin x}$.

4. 求下列微分方程满足初始条件的特解：

(1) $y'=e^{3x}(1+y^2)$，$y|_{x=0}=1$；

(2) $y'-\dfrac{2}{x}y=x$，$y|_{x=1}=2$.

5. 求下列微分方程的通解：

(1) $y''-7y'+12y=0$；　　(2) $y''+8y'+16y=0$；

(3) $y''+4y'+5y=0$.

6. 求下列微分方程的通解：

(1) $y''-6y'+9y=4e^{3x}$；　　(2) $y''+2y'+2y=\cos x$.

7. 设 $f(x)=e^x-\int_0^x(x-t)f(t)\,dt$，其中 f 为连续函数，求 $f(x)$.

延展阅读

微分方程是和微积分先后产生的，苏格兰数学家耐普尔创立对数的时候，就讨论过微分方程的近似解．牛顿在建立微积分的同时，对简单的微分方程用级数来求解．后来瑞士数学家雅各布·贝努利、欧拉、法国数学家克雷洛、达朗贝尔、拉格朗日等人又不断地研究和丰富了微分方程的理论．

牛顿研究天体力学和机械力学的时候，利用了微分方程这个工具，从理论上得到了行星运动规律．后来，法国天文学家勒维烈和英国天文学家亚当斯使用微分方程各自计算出那时尚未发现的海王星的位置．这些都使数学家更加深信微分方程在认识自然、改造自然方面的巨大力量．

常微分方程的形成与发展是和力学、天文学、物理学，以及其他科学技术的发展密切相关的．数学的其他分支的新发展，如复变函数、李群、组合拓扑学等，都对常微分方程的发展产生了深刻的影响，当前计算机的发展更是为常微分方程的应用及理论研究提供了非常有力的工具．

现在，常微分方程在很多学科领域内有着重要的应用，如自动控制、各种电子学装置的设计、弹道的计算、飞机和导弹飞行的稳定性的研究、化学反应过程稳定性的研究等．这些问题都可以化为求常微分方程的解，或者化为研究解的性质的问题．应该说，应用常微分方程理论已经取得了很大的成就，但是，它的现有理论也还远远不能满足需要，还有待于进一步的发展，使这门学科的理论更加完善．

第七章 向量代数与空间解析几何

本章介绍向量代数和空间解析几何的基本内容．先介绍空间直角坐标系，然后介绍向量代数，之后利用向量代数给出空间平面和直线的方程，最后介绍空间曲面和曲线的方程．

7.1 空间直角坐标系

利用空间直角坐标系中的坐标进行向量的运算，表示空间曲线和曲面是本章的基本方法，因此首先介绍空间直角坐标系的基本知识．

7.1.1 空间直角坐标系

任何平面中的点都可以由一个实数对(a,b)表示，其中a是横坐标，b是纵坐标．由此，一个平面称为二维空间．如果要确定空间中的一点，显然需要三个实数．空间中的任意一点可以由一个有序的三元实数组(a,b,c)表示．

在空间取一固定点O，称为坐标原点．三条穿过点O，并且两两垂直的直线称为坐标轴，分别记为x轴(横轴)、y轴(纵轴)、z轴(竖轴)．三个坐标轴的方向如图7-1所示．通常，把x轴和y轴看作水平的，z轴看成垂直的，它的方向符合右手规则，如图7-2所示．伸出右手，四个手指指向x轴方向，绕着z轴从x轴以90°逆时针转向y轴时，大拇指的指向就是z轴的正向．

三个坐标轴确定了三个坐标平面，如图7-3所示．x轴和y轴确定的坐标面称为xOy

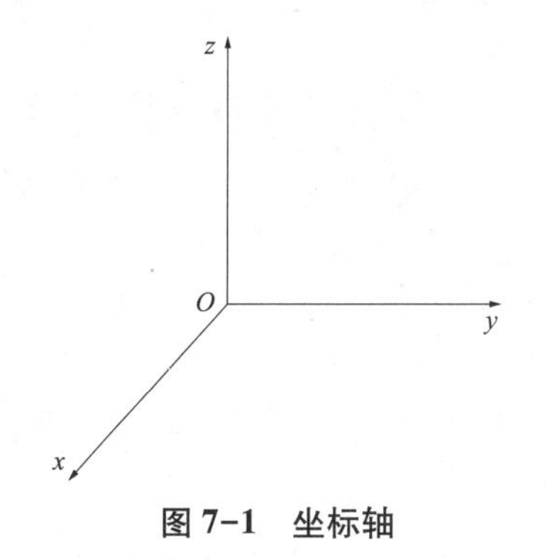

图7-1 坐标轴

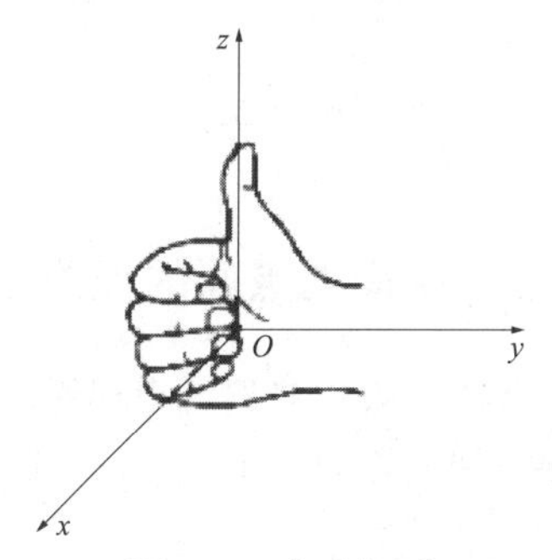

图7-2 右手规则

面，y 轴和 z 轴确定的坐标面称为 yOz 面，z 轴和 x 轴所确定的坐标面称为 zOx 面．三个坐标平面把空间分成八个部分，称为卦限．如图 7-4 所示，xOy 面上方按逆时针方向为第一、二、三、四卦限，分别用罗马数字Ⅰ、Ⅱ、Ⅲ、Ⅳ表示，xOy 面下方为第五、六、七、八卦限，分别用罗马数字Ⅴ、Ⅵ、Ⅶ、Ⅷ表示．

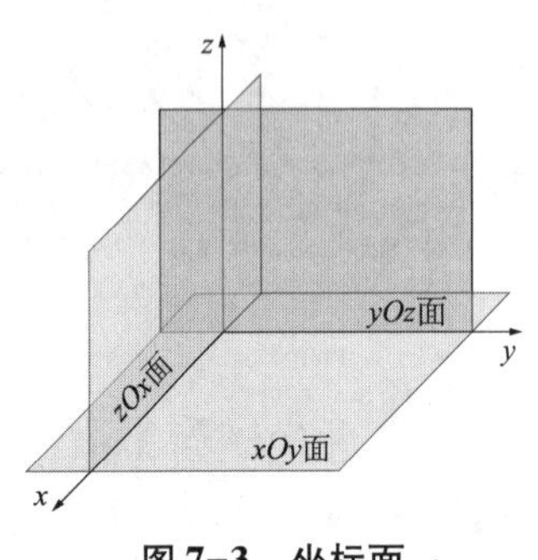

图 7-3　坐标面

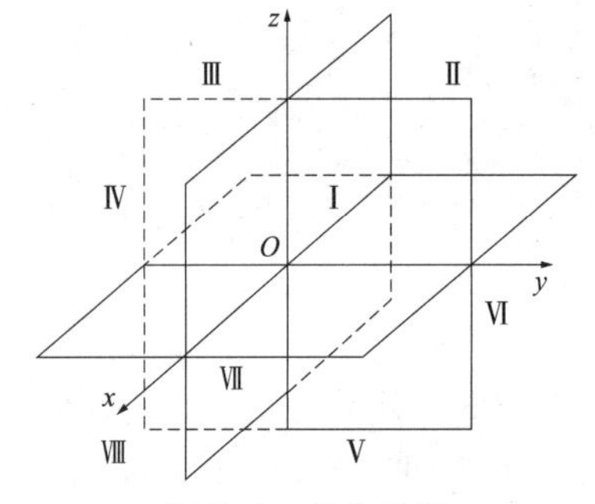

图 7-4　八个卦限

假设 P 为空间任意一点，点 P 的位置可由原点沿 x 轴移动 $|a|$ 个单位，再沿平行于 y 轴方向移动 $|b|$ 个单位，最后再沿 z 轴方向移动 $|c|$ 个单位得到．因此，点 P 可以表示为一个由实数构成的有序三元组 (a,b,c)，称为点 P 的坐标，如图 7-5 所示．给定空间一点 $P(a,b,c)$，向三个坐标面作垂线，可以得到如图 7-6 所示的长方体．点 Q、R 和 S 分别为点 $P(a,b,c)$ 在三个坐标平面上的投影．

由实数构成的有序三元组与空间中的点一一对应，$P\leftrightarrow(a,b,c)$．空间点的坐标都取自实数集，三维空间直角坐标系也可记为 $\mathbf{R}^3$（其中 $\mathbf{R}^3=\mathbf{R}\times\mathbf{R}\times\mathbf{R}$）．

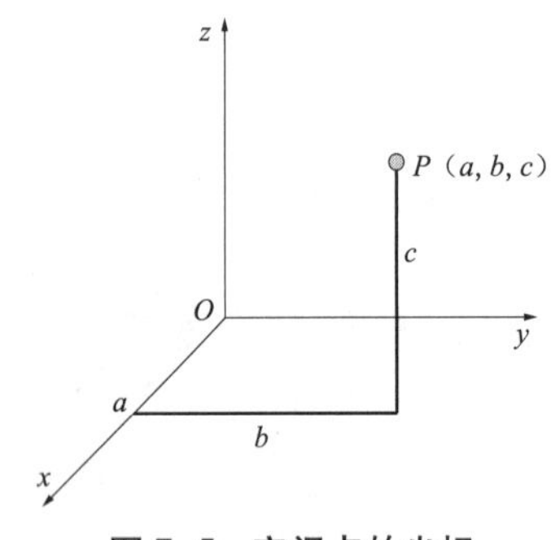

图 7-5　空间点的坐标

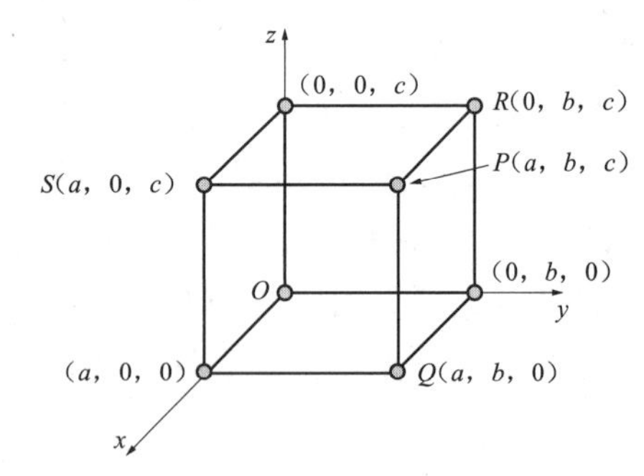

图 7-6　特殊点坐标

7.1.2　空间两点间的距离

平面两点间的距离公式可以推广到三维空间中．

已知空间两点 $P_1(x_1,y_1,z_1)$ 和 $P_2(x_2,y_2,z_2)$，在三维空间中两点距离公式为 $|P_1P_2|=\sqrt{(x_2-x_1)^2+(y_2-y_1)^2+(z_2-z_1)^2}$．

以 P_1,P_2 为体对角线构造如图 7-7 所示的长方体，可以确定顶点 A,B 的坐标，由 $|P_1P_2|^2=|P_1B|^2+|BP_2|^2$，且 $|P_1B|^2=|P_1A|^2+|AB|^2$，所以

$$|P_1P_2|^2=|P_1A|^2+|AB|^2+|BP_2|^2=(x_2-x_1)^2+(y_2-y_1)^2+(z_2-z_1)^2$$

由此即得两点间的距离公式.

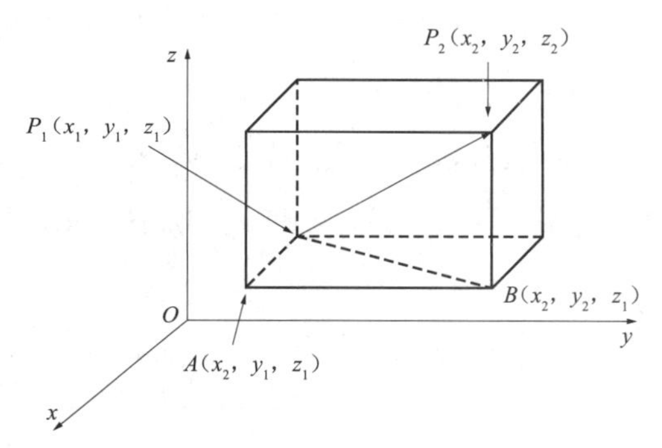

图 7-7 空间两点距离

例 7.1.1 求点 $P(3,-2,5)$ 到点 $Q(2,1,-1)$ 的距离.

解 $|PQ|=\sqrt{(3-2)^2+(-2-1)^2+(5+1)^2}=\sqrt{46}$.

习题 7.1

1. 点$(-1,-2,3)$在空间直角坐标系的第几卦限?
2. 求点$(3,4,5)$分别到 xOy 面,yOz 面和 zOx 面的距离.
3. 求点(a,b,c)分别关于:(1)各坐标面;(2)各坐标轴;(3)坐标原点的对称点的坐标.
4. 已知三点 $P(6,2,3)$,$Q(-5,-1,4)$,$R(0,3,8)$,哪个点到 xOy 面的距离最近?
5. 求点 $P(2,2,3)$ 到点 $Q(-2,4,0)$ 的距离.

7.2 向量及其线性运算

向量是数学和物理学中的重要工具,本节主要介绍向量的基本概念以及如何运用坐标进行向量的线性运算.

7.2.1 向量的概念

定义 7.2.1 既有大小又有方向的量称为向量,经常表示为有向线段 $\overrightarrow{M_1M_2}$ 或黑体字母 $\boldsymbol{a}$(书写时用有箭头的小写字母 $\vec{a}$),如图 7-8 所示.

客观世界中的位移、速度和加速度等都是向量.

如果向量 $\boldsymbol{a}$ 和向量 $\boldsymbol{b}$ 指向相同方向且具有相同的长度,则称两向量是相等的,记作 $\boldsymbol{a}=\boldsymbol{b}$. 向量的长度叫作向量的模,记为$|\boldsymbol{a}|$或$|\overrightarrow{\boldsymbol{M_1M_2}}|$. 长度为 1 的向量称为单位向量,记作 $\boldsymbol{e}$. 长度为 0 的向量称为零向量,记作 $\boldsymbol{0}$ 或 $\vec{0}$. 零向量的方向是任意的.

7.2.2 向量的线性运算

两个或多个向量组合可以形成新的向量，包括两个向量相加和数与向量相乘．

（1）向量的加法．

设向量 $\boldsymbol{a}=\overrightarrow{M_1M_2}$（见图 7-8），以 M_2 为起点，作 $\overrightarrow{M_2M_3}=\boldsymbol{b}$，则向量 $\boldsymbol{a}+\boldsymbol{b}$ 定义为以 M_1 为起点，M_3 为终点的向量．可以利用三角形法则表示向量的加法，如图 7-9 所示．

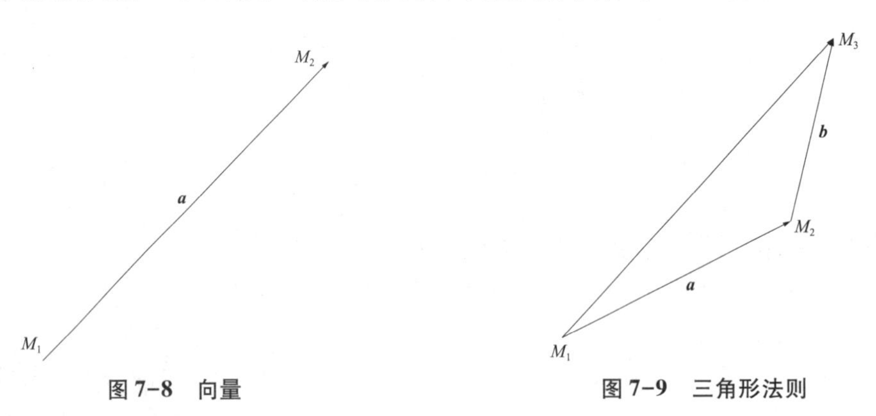

图 7-8　向量　　　　图 7-9　三角形法则

（2）向量与数的乘法．

向量 $\boldsymbol{a}$ 与实数 λ 的乘积仍为向量，记为 $\lambda\boldsymbol{a}$，它的模是 $|\lambda\boldsymbol{a}|=|\lambda||\boldsymbol{a}|$．它的方向由 λ 的符号决定，当 $\lambda>0$ 时，与向量 $\boldsymbol{a}$ 方向相同；当 $\lambda<0$ 时，与 $\boldsymbol{a}$ 相反；当 $\lambda=0$ 时，$\lambda\boldsymbol{a}$ 为零向量，方向任意．

由数乘向量的定义可知，$\lambda\boldsymbol{a}$ 与 $\boldsymbol{a}$ 方向相同或相反，此时也称两向量平行，记为 $\lambda\boldsymbol{a}/\!/\boldsymbol{a}$．

定义 7.2.1　设向量 $\boldsymbol{a}\neq\boldsymbol{0}$，那么向量 $\boldsymbol{b}$ 平行于 $\boldsymbol{a}$ 的充分必要条件是存在唯一的实数 λ，使 $\boldsymbol{b}=\lambda\boldsymbol{a}$．

证明　略．

当计算向量的减法 $\boldsymbol{a}-\boldsymbol{b}$ 时，可以看作向量 $\boldsymbol{a}$ 与数乘向量 $-\boldsymbol{b}$ 的加法，即 $\boldsymbol{a}+(-\boldsymbol{b})$．

向量的加法与数乘满足下列运算律：

①交换律　$\boldsymbol{a}+\boldsymbol{b}=\boldsymbol{b}+\boldsymbol{a}$；

②结合律　$(\boldsymbol{a}+\boldsymbol{b})+\boldsymbol{c}=\boldsymbol{a}+(\boldsymbol{b}+\boldsymbol{c})$；

$\lambda(\mu\boldsymbol{a})=\mu(\lambda\boldsymbol{a})=(\lambda\mu)\boldsymbol{a}$；

③分配律　$(\lambda+\mu)\boldsymbol{a}=\lambda\boldsymbol{a}+\mu\boldsymbol{a}$；

$\lambda(\boldsymbol{a}+\boldsymbol{b})=\lambda\boldsymbol{a}+\lambda\boldsymbol{b}$．

例 7.2.1　化简 $3(\boldsymbol{a}+\boldsymbol{b})-\left(2\boldsymbol{a}+\frac{1}{2}\boldsymbol{b}\right)$．

解　根据向量线性运算的运算律，可得

$$3(\boldsymbol{a}+\boldsymbol{b})-\left(2\boldsymbol{a}+\frac{1}{2}\boldsymbol{b}\right)=3\boldsymbol{a}+3\boldsymbol{b}-2\boldsymbol{a}-\frac{1}{2}\boldsymbol{b}=\boldsymbol{a}+\frac{5}{2}\boldsymbol{b}$$

7.2.3　向量的坐标表示

为了方便计算，需要用坐标表示向量．任给向量 $\boldsymbol{a}$，使其起点平移到坐标原点，则终点 P 的坐标 (x,y,z) 定义为此向量的坐标，记为 $\boldsymbol{a}=\overrightarrow{OP}=(x,y,z)$.

如果向量 $\boldsymbol{a}$ 的起点为 $A(x_1,y_1,z_1)$，终点为 $B(x_2,y_2,z_2)$，则必有 $x_2=x_1+x$，$y_2=y_1+y$ 和 $z_2=z_1+z$，这时也可以用 $\boldsymbol{a}=\overrightarrow{AB}=(x_2-x_1,y_2-y_1,z_2-z_1)$ 表示向量，如图 7-10 所示的两种情况．

定义三个与坐标轴方向相同的单位向量 $\boldsymbol{i}$、$\boldsymbol{j}$、$\boldsymbol{k}$，由于其长度为 1，因此它们的坐标分别是 $\boldsymbol{i}=(1,0,0)$，$\boldsymbol{j}=(0,1,0)$，$\boldsymbol{k}=(0,0,1)$，如图 7-11 所示．

若以 OP 为对角线，三条坐标轴为棱作长方体（见图 7-12），根据向量的加法，则有

$$\boldsymbol{a}=\overrightarrow{OP}=\overrightarrow{OR}+\overrightarrow{RQ}+\overrightarrow{QP}=\overrightarrow{OR}+\overrightarrow{OS}+\overrightarrow{OV}$$

根据向量的数乘，$\overrightarrow{OR}=x\boldsymbol{i}$，$\overrightarrow{OS}=y\boldsymbol{j}$，$\overrightarrow{OV}=z\boldsymbol{k}$，则 $\boldsymbol{a}=x\boldsymbol{i}+y\boldsymbol{j}+z\boldsymbol{k}$，称为向量 $\boldsymbol{a}$ 的坐标分解式，$x\boldsymbol{i}$，$y\boldsymbol{j}$，$z\boldsymbol{k}$ 称为向量沿三个坐标轴方向的分量．

设 $\boldsymbol{a}_1=x_1\boldsymbol{i}+y_1\boldsymbol{j}+z_1\boldsymbol{k}$，$\boldsymbol{a}_2=x_2\boldsymbol{i}+y_2\boldsymbol{j}+z_2\boldsymbol{k}$，利用向量加法的交换律与结合律以及向量与数的乘法的结合律与分配律，有

$$\boldsymbol{a}_1+\boldsymbol{a}_2=(x_1+x_2)\boldsymbol{i}+(y_1+y_2)\boldsymbol{j}+(z_1+z_2)\boldsymbol{k}$$

$$\boldsymbol{a}_1-\boldsymbol{a}_2=(x_1-x_2)\boldsymbol{i}+(y_1-y_2)\boldsymbol{j}+(z_1-z_2)\boldsymbol{k}$$

$$\lambda\boldsymbol{a}_1=(\lambda x_1)\boldsymbol{i}+(\lambda y_1)\boldsymbol{j}+(\lambda z_1)\boldsymbol{k}$$

即

$$\boldsymbol{a}_1+\boldsymbol{a}_2=(x_1+x_2,y_1+y_2,z_1+z_2)$$

$$\boldsymbol{a}_1-\boldsymbol{a}_2=(x_1-x_2,y_1-y_2,z_1-z_2)$$

$$\lambda\boldsymbol{a}_1=(\lambda x_1,\lambda y_1,\lambda z_1)$$

由此，对向量进行线性运算时，只需对向量的各个坐标分量进行计算即可．

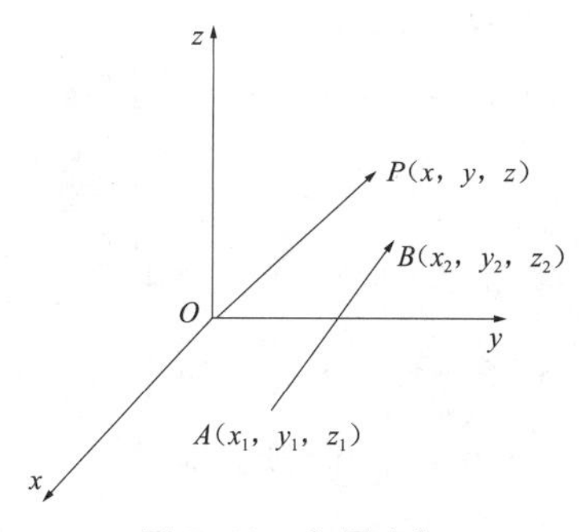

图 7-10　向量坐标

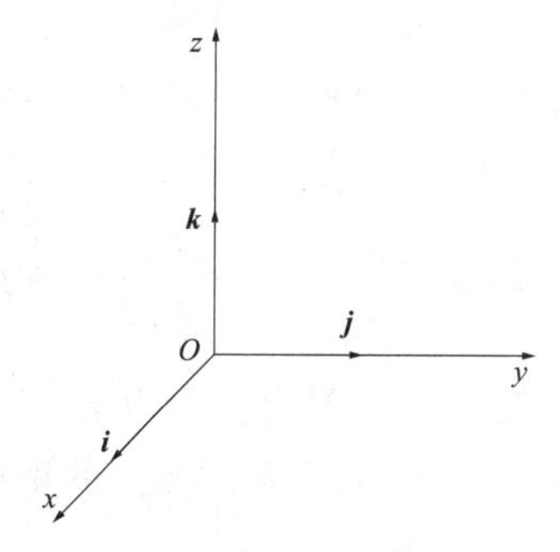

图 7-11　三个特殊单位向量

当 $\boldsymbol{a}_1\neq\boldsymbol{0}$ 时，向量 $\boldsymbol{a}_2/\!/\boldsymbol{a}_1$，根据定理 7.2.1，其坐标表示式为 $(x_2,y_2,z_2)=\lambda(x_1,y_1,z_1)$，相当于向量 $\boldsymbol{a}_2$ 与 $\boldsymbol{a}_1$ 的坐标对应成比例 $\dfrac{x_2}{x_1}=\dfrac{y_2}{y_1}=\dfrac{z_2}{z_1}$.

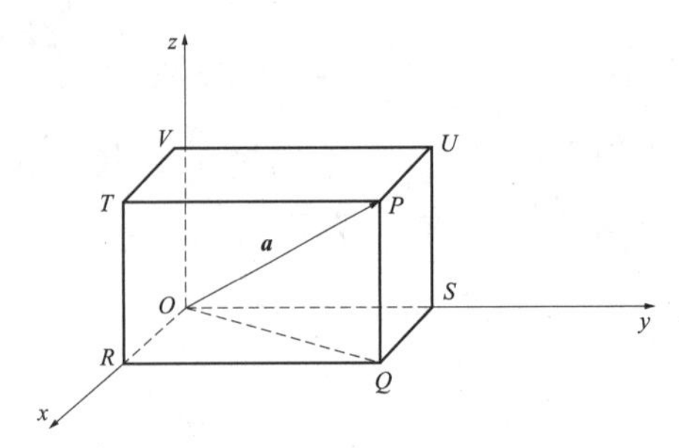

图 7-12　向量坐标分解

例 7.2.2　设 $\boldsymbol{a}=\boldsymbol{i}+2\boldsymbol{j}-3\boldsymbol{k}$，$\boldsymbol{b}=4\boldsymbol{i}+7\boldsymbol{k}$，求 $2\boldsymbol{a}+3\boldsymbol{b}$.

解　利用向量坐标进行线性运算

$$2\boldsymbol{a}+3\boldsymbol{b}=2(\boldsymbol{i}+2\boldsymbol{j}-3\boldsymbol{k})+3(4\boldsymbol{i}+7\boldsymbol{k})=14\boldsymbol{i}+4\boldsymbol{j}+15\boldsymbol{k}$$

7.2.4　向量的模与方向角

设 $\boldsymbol{a}=\overrightarrow{OP}=(x,y,z)$，如图 7-12 所示，根据两点间距离公式，有

$$|\boldsymbol{a}|=|OP|=\sqrt{x^2+y^2+z^2}$$

如果向量 $\boldsymbol{a}$ 的起点为 $A(x_1,y_1,z_1)$，终点为 $B(x_2,y_2,z_2)$，则向量 $\boldsymbol{a}=\overrightarrow{AB}$ 的模为两点间距离

$$|\overrightarrow{AB}|=\sqrt{(x_2-x_1)^2+(y_2-y_1)^2+(z_2-z_1)^2}$$

例 7.2.3　求与向量 $\boldsymbol{a}=2\boldsymbol{i}-\boldsymbol{j}-2\boldsymbol{k}$ 方向相同的单位向量.

解　因为 $|\boldsymbol{a}|=\sqrt{2^2+(-1)^2+(-2)^2}=\sqrt{9}=3$，令 $\boldsymbol{e}_a$ 表示与向量 $\boldsymbol{a}$ 方向相同的单位向量，于是 $\boldsymbol{e}_a=\dfrac{\boldsymbol{a}}{|\boldsymbol{a}|}=\dfrac{1}{3}(2,-1,-2)$.

非零向量 $\boldsymbol{a}=\overrightarrow{OP}=(x,y,z)$ 的方向角定义为向量与三个坐标轴的夹角，分别记为 α,β,γ，如图 7-13 所示. 三个方向角的范围是 $0\leqslant\alpha\leqslant\pi,0\leqslant\beta\leqslant\pi,0\leqslant\gamma\leqslant\pi$.

以终点在第一卦限中的向量为例，由图 7-14 可知，$|OM|=x=|\boldsymbol{a}|\cos\alpha$，同理 $y=|\boldsymbol{a}|\cos\beta$，$z=|\boldsymbol{a}|\cos\gamma$，故

$$\cos\alpha=\frac{x}{|\boldsymbol{a}|}=\frac{x}{\sqrt{x^2+y^2+z^2}},\cos\beta=\frac{y}{|\boldsymbol{a}|}=\frac{y}{\sqrt{x^2+y^2+z^2}},\cos\gamma=\frac{z}{|\boldsymbol{a}|}=\frac{z}{\sqrt{x^2+y^2+z^2}}$$

称为向量 $\boldsymbol{a}$ 的方向余弦（其余卦限中的向量同理定义）. 方向余弦通常用来表示向量的方向.

一般情况下，与向量 $\boldsymbol{a}$ 同方向的单位向量由此向量的方向余弦构成，即

$$\boldsymbol{e}_a=\frac{\boldsymbol{a}}{|\boldsymbol{a}|}=(\cos\alpha,\cos\beta,\cos\gamma)$$

且满足 $\cos^2\alpha+\cos^2\beta+\cos^2\gamma=1$.

例 7.2.4　求向量 $\boldsymbol{a}=(-1,1,-\sqrt{2})$ 的方向余弦和方向角.

解　由 $|\boldsymbol{a}|=\sqrt{(-1)^2+1^2+(-\sqrt{2})^2}=\sqrt{4}=2$，可得 $\cos\alpha=-\dfrac{1}{2}$，$\cos\beta=\dfrac{1}{2}$，$\cos\gamma=-\dfrac{\sqrt{2}}{2}$，所以

$$\alpha=\frac{2\pi}{3},\beta=\frac{\pi}{3},\gamma=\frac{3\pi}{4}$$

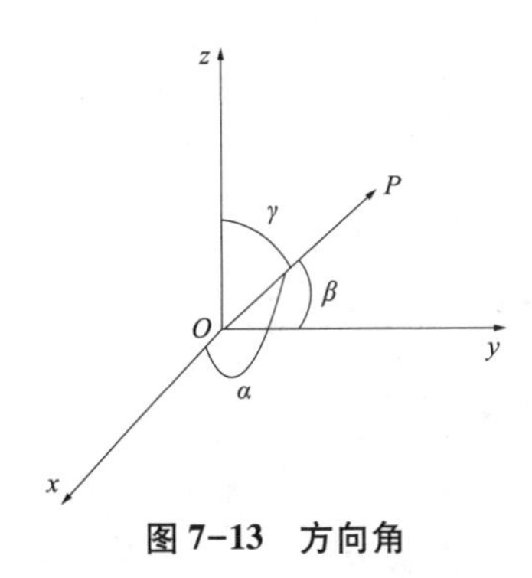

图 7-13 方向角

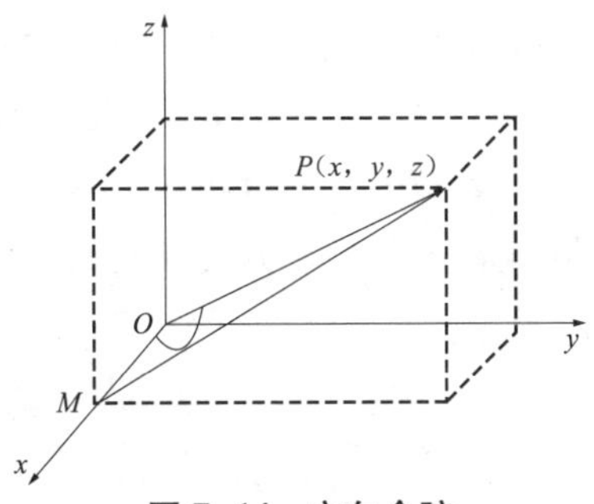

图 7-14 方向余弦

例 7.2.5 设有向量 $\overrightarrow{P_1P_2}$，已知 $|\overrightarrow{P_1P_2}|=2$，它与 x 轴和 y 轴的夹角分别为 $\frac{\pi}{3}$ 和 $\frac{\pi}{4}$，如果点 P_1 的坐标为 $(1,0,3)$，求点 P_2 的坐标．

解 设向量 $\overrightarrow{P_1P_2}$ 的方向角为 α、β 和 γ，由已知

$$\alpha=\frac{\pi}{3},\cos\alpha=\frac{1}{2},\beta=\frac{\pi}{4},\cos\beta=\frac{\sqrt{2}}{2}$$

又 $\cos^2\alpha+\cos^2\beta+\cos^2\gamma=1$，所以 $\cos\gamma=\pm\frac{1}{2}$，由此 $\gamma=\frac{\pi}{3}$ 或 $\gamma=\frac{2\pi}{3}$.

设点 P_2 的坐标为 (x,y,z)，

$$\cos\alpha=\frac{x-1}{|\overrightarrow{P_1P_2}|}\Rightarrow\frac{x-1}{2}=\frac{1}{2}\Rightarrow x=2$$

$$\cos\beta=\frac{y-0}{|\overrightarrow{P_1P_2}|}\Rightarrow\frac{y-0}{2}=\frac{\sqrt{2}}{2}\Rightarrow y=\sqrt{2}$$

$$\cos\gamma=\frac{z-3}{|\overrightarrow{P_1P_2}|}\Rightarrow\frac{z-3}{2}=\pm\frac{1}{2}\Rightarrow z=4\text{或 }z=2$$

所以，点 P_2 的坐标为 $(2,\sqrt{2},4)$ 或 $(2,\sqrt{2},2)$.

7.2.5 向量间的夹角与投影

空间两向量 $\boldsymbol{a}$ 与 $\boldsymbol{b}$ 之间的夹角与平面两向量之间的夹角定义一致，记为 $\langle\boldsymbol{a},\boldsymbol{b}\rangle$，通常用希腊字母 θ 表示 $(\theta=\langle\boldsymbol{a},\boldsymbol{b}\rangle,0\leqslant\theta\leqslant\pi)$．本书将向量 $\boldsymbol{a}$ 在向量 $\boldsymbol{b}$ 上的投影定义为一个实数，记为 $\mathrm{Prj}_{\boldsymbol{b}}\boldsymbol{a}$．它表示将向量 $\boldsymbol{a}$ 与向量 $\boldsymbol{b}$ 的起点放到一起时，向量 $\boldsymbol{a}$ 在向量 $\boldsymbol{b}$ 上留下的影子，因此 $\mathrm{Prj}_{\boldsymbol{b}}\boldsymbol{a}=|\boldsymbol{a}|\cos\langle\boldsymbol{a},\boldsymbol{b}\rangle$．当 $0\leqslant\theta<\frac{\pi}{2}$ 时，投影为正；当 $\frac{\pi}{2}<\theta\leqslant\pi$ 时，投影为负；当 $\theta=\frac{\pi}{2}$ 时，投影为零．

习题 7.2

1. 已知两点 $A(6,2,3)$，$B(-1,5,-2)$，求 $|\overrightarrow{AB}|$.
2. 已知 $\boldsymbol{a}=(-3,-4,-1)$，$\boldsymbol{b}=(6,2,-3)$，求 $\boldsymbol{a}+\boldsymbol{b}$，$2\boldsymbol{a}-3\boldsymbol{b}$.
3. 已知 $\boldsymbol{a}=\boldsymbol{i}+2\boldsymbol{j}-3\boldsymbol{k}$，求 $\boldsymbol{a}$ 的方向余弦.
4. 求与向量$(-2,4,2)$方向相同的单位向量.

7.3 数量积与向量积

本节讨论向量之间的两种运算:数量积与向量积.

7.3.1 向量的数量积

定义 7.3.1 向量 $\boldsymbol{a}$ 与 $\boldsymbol{b}$ 的数量积为 $\boldsymbol{a}\cdot\boldsymbol{b}$，$\boldsymbol{a}\cdot\boldsymbol{b}=|\boldsymbol{a}||\boldsymbol{b}|\cos\theta$（其中 θ 为 $\boldsymbol{a}$ 与 $\boldsymbol{b}$ 的夹角）.

数量积也称为“点积”“内积”.

由数量积的定义可得如下性质:

(1) $\boldsymbol{a}\cdot\boldsymbol{a}=|\boldsymbol{a}|^2$.

由于夹角 $\theta=0$，因此 $\boldsymbol{a}\cdot\boldsymbol{a}=|\boldsymbol{a}||\boldsymbol{a}|\cos\theta=|\boldsymbol{a}|^2$.

(2) 对于两个非零向量 $\boldsymbol{a}$、$\boldsymbol{b}$，如果 $\boldsymbol{a}\cdot\boldsymbol{b}=0$，那么 $\boldsymbol{a}\perp\boldsymbol{b}$；反之，如果 $\boldsymbol{a}\perp\boldsymbol{b}$，那么 $\boldsymbol{a}\cdot\boldsymbol{b}=0$.

由于 $\boldsymbol{a}\cdot\boldsymbol{b}=0$，且 $|\boldsymbol{a}|\neq0$，$|\boldsymbol{b}|\neq0$，因此 $\cos\theta=0$，从而 $\theta=\dfrac{\pi}{2}$，即 $\boldsymbol{a}\perp\boldsymbol{b}$；反之，若 $\boldsymbol{a}\perp\boldsymbol{b}$，则 $\theta=\dfrac{\pi}{2}$，于是 $\boldsymbol{a}\cdot\boldsymbol{b}=0$.

数量积符合下列运算律:

①交换律: $\boldsymbol{a}\cdot\boldsymbol{b}=\boldsymbol{b}\cdot\boldsymbol{a}$；

② 分配律: $(\boldsymbol{a}+\boldsymbol{b})\cdot\boldsymbol{c}=\boldsymbol{a}\cdot\boldsymbol{c}+\boldsymbol{b}\cdot\boldsymbol{c}$；

③ 结合律:若 λ 为实数，$(\lambda\boldsymbol{a})\cdot\boldsymbol{b}=\boldsymbol{a}\cdot(\lambda\boldsymbol{b})=\lambda(\boldsymbol{a}\cdot\boldsymbol{b})$. 若 λ、μ 为实数，$(\lambda\boldsymbol{a})\cdot(\mu\boldsymbol{b})=\lambda\mu(\boldsymbol{a}\cdot\boldsymbol{b})$.

可以利用坐标来计算向量间的数量积. 设 $\boldsymbol{a}=x_a\boldsymbol{i}+y_a\boldsymbol{j}+z_a\boldsymbol{k}$，$\boldsymbol{b}=x_b\boldsymbol{i}+y_b\boldsymbol{j}+z_b\boldsymbol{k}$. 按数量积的运算规律可得

$$\boldsymbol{i}\cdot\boldsymbol{j}=\boldsymbol{j}\cdot\boldsymbol{k}=\boldsymbol{k}\cdot\boldsymbol{i}=0,\boldsymbol{i}\cdot\boldsymbol{i}=\boldsymbol{j}\cdot\boldsymbol{j}=\boldsymbol{k}\cdot\boldsymbol{k}=1$$

所以

$$\boldsymbol{a}\cdot\boldsymbol{b}=(x_a\boldsymbol{i}+y_a\boldsymbol{j}+z_a\boldsymbol{k})\cdot(x_b\boldsymbol{i}+y_b\boldsymbol{j}+z_b\boldsymbol{k})=x_ax_b+y_ay_b+z_az_b$$

将数量积的坐标表示代入数量积定义，可计算两向量的夹角余弦.

$$\boldsymbol{a}\cdot\boldsymbol{b}=|\boldsymbol{a}||\boldsymbol{b}|\cos\theta\Rightarrow\cos\theta=\frac{\boldsymbol{a}\cdot\boldsymbol{b}}{|\boldsymbol{a}||\boldsymbol{b}|}$$

$$\cos\theta=\frac{x_a x_b+y_a y_b+z_a z_b}{\sqrt{x_a^2+y_a^2+z_a^2}\sqrt{x_b^2+y_b^2+z_b^2}}$$

例 7.3.1　证明向量 $\boldsymbol{c}$ 与向量 $(\boldsymbol{a}\cdot\boldsymbol{c})\boldsymbol{b}-(\boldsymbol{b}\cdot\boldsymbol{c})\boldsymbol{a}$ 垂直.

证明　$[(\boldsymbol{a}\cdot\boldsymbol{c})\boldsymbol{b}-(\boldsymbol{b}\cdot\boldsymbol{c})\boldsymbol{a}]\cdot\boldsymbol{c}=[(\boldsymbol{a}\cdot\boldsymbol{c})\boldsymbol{b}\cdot\boldsymbol{c}-(\boldsymbol{b}\cdot\boldsymbol{c})\boldsymbol{a}\cdot\boldsymbol{c}]=(\boldsymbol{b}\cdot\boldsymbol{c})[\boldsymbol{a}\cdot\boldsymbol{c}-\boldsymbol{a}\cdot\boldsymbol{c}]=0$
所以

$$[(\boldsymbol{a}\cdot\boldsymbol{c})\boldsymbol{b}-(\boldsymbol{b}\cdot\boldsymbol{c})\boldsymbol{a}]\perp\boldsymbol{c}$$

7.3.2　向量的向量积

定义 7.3.2　向量 $\boldsymbol{a}$ 与 $\boldsymbol{b}$ 的向量积为向量,记为 $\boldsymbol{c}=\boldsymbol{a}\times\boldsymbol{b}$,其中向量的模为 $|\boldsymbol{c}|=|\boldsymbol{a}||\boldsymbol{b}|\sin\theta$ (其中 θ 为 $\boldsymbol{a}$ 与 $\boldsymbol{b}$ 的夹角).

$\boldsymbol{c}$ 的方向既垂直于 $\boldsymbol{a}$,又垂直于 $\boldsymbol{b}$,指向符合右手系,如图 7-15 所示.

向量积也称为“叉积”“外积”. 由此定义可知,两向量的向量积的模为以两向量为边的平行四边形的面积,如图 7-16 所示.

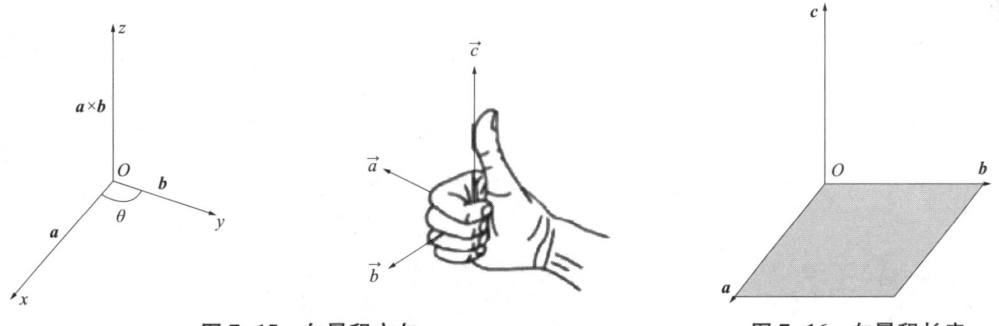

图 7-15　向量积方向　　　图 7-16　向量积长度

由向量积的定义可得如下性质:

(1) $\boldsymbol{a}\times\boldsymbol{a}=\boldsymbol{0}(\theta=0\Rightarrow\sin\theta=0)$;

(2) $\boldsymbol{a}/\!/\boldsymbol{b}\Leftrightarrow\boldsymbol{a}\times\boldsymbol{b}=\boldsymbol{0}(\boldsymbol{a}\neq\boldsymbol{0},\boldsymbol{b}\neq\boldsymbol{0})$.

向量积符合下列运算律:

① $\boldsymbol{a}\times\boldsymbol{b}=-\boldsymbol{b}\times\boldsymbol{a}$;

② 分配律:$(\boldsymbol{a}+\boldsymbol{b})\times\boldsymbol{c}=\boldsymbol{a}\times\boldsymbol{c}+\boldsymbol{b}\times\boldsymbol{c}$;

③ 若 λ 为数:$(\lambda\boldsymbol{a})\times\boldsymbol{b}=\boldsymbol{a}\times(\lambda\boldsymbol{b})=\lambda(\boldsymbol{a}\times\boldsymbol{b})$.

与数量积类似,可以利用坐标来计算向量间的向量积. 设 $\boldsymbol{a}=x_a\boldsymbol{i}+y_a\boldsymbol{j}+z_a\boldsymbol{k}$,$\boldsymbol{b}=x_b\boldsymbol{i}+y_b\boldsymbol{j}+z_b\boldsymbol{k}$,按向量积的运算律,有

$$\boldsymbol{i}\times\boldsymbol{j}=\boldsymbol{k},\boldsymbol{j}\times\boldsymbol{k}=\boldsymbol{i},\boldsymbol{k}\times\boldsymbol{i}=\boldsymbol{j},\boldsymbol{j}\times\boldsymbol{i}=-\boldsymbol{k},\boldsymbol{k}\times\boldsymbol{j}=-\boldsymbol{i},\boldsymbol{i}\times\boldsymbol{k}=-\boldsymbol{j}$$

$$\boldsymbol{i}\times\boldsymbol{i}=\boldsymbol{j}\times\boldsymbol{j}=\boldsymbol{k}\times\boldsymbol{k}=\boldsymbol{0}$$

所以

$$\boldsymbol{a}\times\boldsymbol{b}=(x_a\boldsymbol{i}+y_a\boldsymbol{j}+z_a\boldsymbol{k})\times(x_b\boldsymbol{i}+y_b\boldsymbol{j}+z_b\boldsymbol{k})$$

$$=(y_az_b-z_ay_a)\boldsymbol{i}+(z_ax_b-x_az_b)\boldsymbol{j}+(x_ay_b-y_ax_b)\boldsymbol{k}$$

为向量积的坐标表达式.

向量积还可用三阶行列式表示

$$\boldsymbol{a}\times\boldsymbol{b}=\begin{vmatrix}\boldsymbol{i}&\boldsymbol{j}&\boldsymbol{k}\\x_a&y_a&z_a\\x_b&y_b&z_b\end{vmatrix}$$

例 7.3.2

由上式可推出，$\boldsymbol{a}/\!/\boldsymbol{b}\Leftrightarrow\frac{x_a}{x_b}=\frac{y_a}{y_b}=\frac{z_a}{z_b}$，其中 x_b、y_b、z_b 不能同时为零.

例 7.3.2 求与 $\boldsymbol{a}=3\boldsymbol{i}-2\boldsymbol{j}+4\boldsymbol{k}$，$\boldsymbol{b}=\boldsymbol{i}+\boldsymbol{j}-2\boldsymbol{k}$ 都垂直的单位向量.

解 $\boldsymbol{c}=\boldsymbol{a}\times\boldsymbol{b}=\begin{vmatrix}\boldsymbol{i}&\boldsymbol{j}&\boldsymbol{k}\\x_a&y_a&z_a\\x_b&y_b&z_b\end{vmatrix}=\begin{vmatrix}\boldsymbol{i}&\boldsymbol{j}&\boldsymbol{k}\\3&-2&4\\1&1&-2\end{vmatrix}=10\boldsymbol{j}+5\boldsymbol{k}$，且 $|\boldsymbol{c}|=\sqrt{10^2+5^2}=5\sqrt{5}$，所以

$$\boldsymbol{e}_c=\pm\frac{\boldsymbol{c}}{|\boldsymbol{c}|}=\pm\left(\frac{2}{\sqrt{5}}\boldsymbol{j}+\frac{1}{\sqrt{5}}\boldsymbol{k}\right)$$

例 7.3.3 在顶点为 $A(1,-1,2)$、$B(5,-6,2)$ 和 $C(1,3,-1)$ 的三角形中，求 AC 边上的高 BD，如图 7-17 所示.

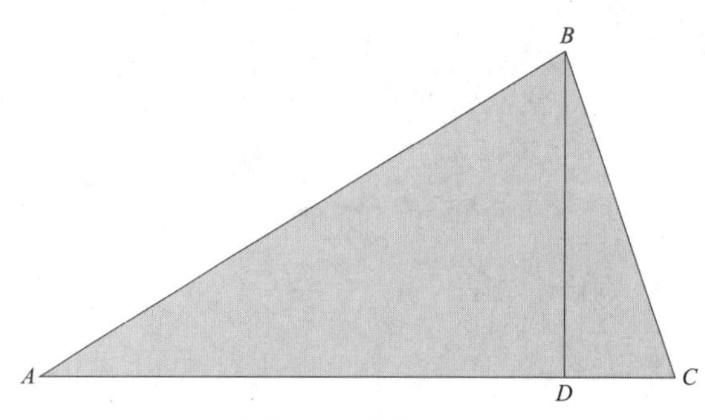

图 7-17 例 7.3.3

解 由已知得，$\overrightarrow{AC}=(0,4,-3)$，$\overrightarrow{AB}=(4,-5,0)$，则由向量积可得 $\triangle ABC$ 的面积为

$$S=\frac{1}{2}|\overrightarrow{AC}\times\overrightarrow{AB}|=\frac{1}{2}\sqrt{15^2+12^2+16^2}=\frac{25}{2}$$

且 $|\overrightarrow{AC}|=\sqrt{4^2+(-3)^2}=5$，又由 $S=\frac{1}{2}|\overrightarrow{AC}|\cdot|\overrightarrow{BD}|=\frac{25}{2}$，得 $|\overrightarrow{BD}|=5$.

例 7.3.4 设向量 $\boldsymbol{a},\boldsymbol{b},\boldsymbol{c}$ 两两垂直，符合右手规则，且 $|\boldsymbol{a}|=4$，$|\boldsymbol{b}|=2$，$|\boldsymbol{c}|=4$，求 $(\boldsymbol{a}\times\boldsymbol{b})\cdot\boldsymbol{c}$.

解 $|\boldsymbol{a}\times\boldsymbol{b}|=|\boldsymbol{a}||\boldsymbol{b}|\sin\langle\boldsymbol{a},\boldsymbol{b}\rangle=4\times2\times1=8$，

依题意知，$\boldsymbol{a}\times\boldsymbol{b}$ 与 $\boldsymbol{c}$ 同向，$\theta=\langle\boldsymbol{a}\times\boldsymbol{b},\boldsymbol{c}\rangle=0$，所以

$$(\boldsymbol{a}\times\boldsymbol{b})\cdot\boldsymbol{c}=|\boldsymbol{a}\times\boldsymbol{b}|\cdot|\boldsymbol{c}|\cos\theta=8\times4=32$$

习题 7.3

1. 已知 $\boldsymbol{a}=(1,-2,3)$，$\boldsymbol{b}=(5,0,9)$，求 $\boldsymbol{a}\cdot\boldsymbol{b}$ 和 $\boldsymbol{a}\times\boldsymbol{b}$.

2. 已知两向量的长度分别为 6 和$\dfrac{1}{3}$，两向量间的夹角为$\dfrac{\pi}{4}$，求两向量的数量积.

3. 判断以下各组向量间是平行还是垂直，若两者都不是，求出两向量之间的夹角.

(1) $\boldsymbol{a}=(1,2,3)$，$\boldsymbol{b}=(0,1,0)$；

(2) $\boldsymbol{a}=-\boldsymbol{i}+2\boldsymbol{j}+5\boldsymbol{k}$，$\boldsymbol{b}=2\boldsymbol{i}-4\boldsymbol{j}+10\boldsymbol{k}$；

(3) $\boldsymbol{a}=2\boldsymbol{i}+6\boldsymbol{j}-4\boldsymbol{k}$，$\boldsymbol{b}=-3\boldsymbol{i}+5\boldsymbol{j}+6\boldsymbol{k}$.

7.4　平面与直线

平面和直线分别是特殊的空间曲面和曲线，本节利用向量的数量积和向量积分别定义空间平面方程和直线方程.

7.4.1　平面及其方程

1. 平面的点法式方程

一垂直平面的非零向量可以确定平面的方向，此非零向量称为该平面的法向量，用 $\boldsymbol{n}$ 表示. 由此，空间平面由平面内的已知点 $P_0(x_0,y_0,z_0)$ 和一个已知的法向量 $\boldsymbol{n}=(A,B,C)$ 共同决定.

如图 7-18 所示，设 $P(x,y,z)$ 为平面上任意一点，法向量 $\boldsymbol{n}$ 与向量 $\overrightarrow{P_0P}$ 垂直，即它们的数量积为零

$$\boldsymbol{n}\cdot\overrightarrow{P_0P}=0$$

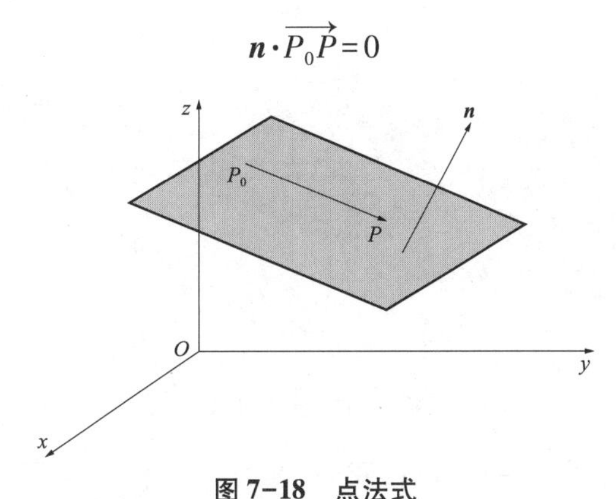

图 7-18　点法式

所以有

$$A(x-x_0)+B(y-y_0)+C(z-z_0)=0 \tag{7.4.1}$$

平面上的点都满足此方程，不在平面上的点都不满足此方程，此方程称为平面的方程，平面称为方程的图形. 方程(7.4.1)叫作平面的点法式方程.

例 7.4.1 求通过点 $P_1(1,3,2)$、$P_2(3,-1,6)$ 和 $P_3(5,2,0)$ 的平面方程.

解 由于法线向量垂直平面内任意向量，因此此平面的法线向量 $\boldsymbol{n}$ 与向量 $\overrightarrow{P_1P_2}$ 和 $\overrightarrow{P_1P_3}$ 都垂直，而 $\overrightarrow{P_1P_2}=(2,-4,4)$，$\overrightarrow{P_1P_3}=(4,-1,-2)$，有

$$\boldsymbol{n}=\begin{vmatrix}\boldsymbol{i} & \boldsymbol{j} & \boldsymbol{k}\\ 2 & -4 & 4\\ 4 & -1 & -2\end{vmatrix}=12\boldsymbol{i}+20\boldsymbol{j}+14\boldsymbol{k}$$

根据平面的点法式方程，所求平面方程为 $12(x-1)+20(y-3)+14(z-2)=0$，或 $6x+10y+7z-50=0$.

2. 平面的一般方程

由上述例题的结果发现，对方程(7.4.1)进行化简，可得如下形式的平面方程

$$Ax+By+Cz+D=0 \tag{7.4.2}$$

其中，$D=-(Ax_0+By_0+Cz_0)$. 方程(7.4.2)称为平面的一般方程. 此方程是关于 x、y 和 z 的线性方程，x、y、z 的系数不全为零时，此方程表示以 (A,B,C) 为法线向量的平面.

例 7.4.2 求通过点 $P_0(2,4,-1)$ 且法线向量为 $\boldsymbol{n}=(2,3,4)$ 的平面方程，并求此平面在三个坐标轴上的截距.

解 将 $A=2$，$B=3$，$C=4$ 及点 $P_0(2,4,-1)$ 代入方程(7.4.2)，所得平面方程为

$$2(x-2)+3(y-4)+4(z+1)=0$$

或

$$2x+3y+4z-12=0$$

x 轴上的截距为平面与 x 轴的交点，将 $y=z=0$ 代入方程，可得 $x=6$. 同理，此方程在 y 轴上的截距为 $y=4$，在 z 轴上的截距为 $z=3$，如图 7-19 所示.

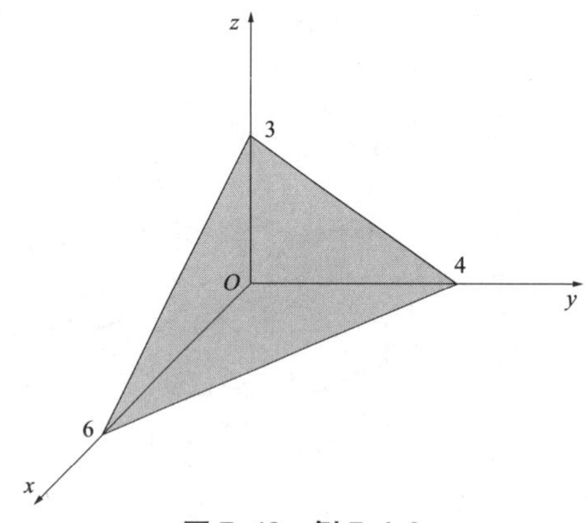

图 7-19 例 7.4.2

由例 7.4.2 可知，对方程(7.4.2)进行变形，可得

$$\frac{x}{a}+\frac{y}{b}+\frac{z}{c}=1 \tag{7.4.3}$$

其中，$a=\dfrac{-D}{A}$，$b=\dfrac{-D}{B}$，$c=\dfrac{-D}{C}$，即为平面在三个坐标轴上的截距，方程(7.4.3)称为平面的截距式方程.

3. 平面一般方程的几种特殊情况

(1)当 $D=0$ 时平面通过坐标原点;

(2)当 $A=0$ 且 $D=0$ 时,平面通过 x 轴;$A=0$ 且 $D\neq0$ 时,平面平行于 x 轴;类似地,可讨论 $B=0$ 和 $C=0$ 的情形;

(3)当 $A=B=0$ 时,平面平行于 xOy 坐标面;类似地,可讨论 $A=C=0$ 和 $B=C=0$ 情形.

例 7.4.3　设平面过坐标原点及点$(6,-3,2)$,且与平面 $4x-y+2z=8$ 垂直,求此平面方程.

解　设平面方程为 $Ax+By+Cz+D=0$,由平面过坐标原点知 $D=0$,由平面过点$(6,-3,2)$,可得 $6A-3B+2C=0$,又由 $\boldsymbol{n}\perp(4,-1,2)$,所以 $4A-B+2C=0$,联立解得 $A=B=-\dfrac{2}{3}C$,所求平面方程为 $2x+2y-3z=0$.

4. 两平面的夹角

定义 7.4.1　两平面法向量之间的夹角称为两平面的夹角(通常指锐角或直角),如图 7-20 所示.

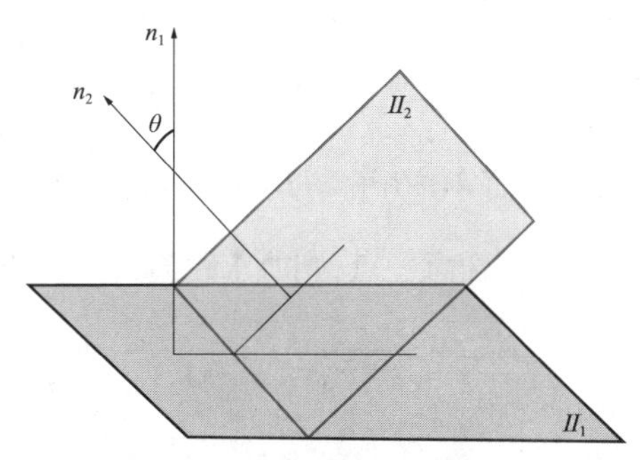

图 7-20　两平面夹角

已知两平面方程 $\Pi_1:A_1x+B_1y+C_1z+D_1=0$,$\Pi_2:A_2x+B_2y+C_2z+D_2=0$,其法线向量依次为 $\boldsymbol{n}_1=(A_1,B_1,C_1)$,$\boldsymbol{n}_2=(A_2,B_2,C_2)$,由定义 7.4.1 两平面夹角 θ 为两法线向量夹角中的锐角或直角,因此

$$\cos\theta=\frac{|A_1A_2+B_1B_2+C_1C_2|}{\sqrt{A_1^{\ 2}+B_1^{\ 2}+C_1^{\ 2}}\cdot\sqrt{A_2^{\ 2}+B_2^{\ 2}+C_2^{\ 2}}}\tag{7.4.4}$$

从而确定两已知平面的夹角.

由两向量垂直、平行的充分必要条件可推出两平面的位置特征:

(1)$\Pi_1\perp\Pi_2\Leftrightarrow A_1A_2+B_1B_2+C_1C_2=0$;

(2)$\Pi_1/\!/\Pi_2\Leftrightarrow\dfrac{A_1}{A_2}=\dfrac{B_1}{B_2}=\dfrac{C_1}{C_2}$.

例 7.4.4　求两平面 $x+y+z=1$ 和 $x-2y+3z=1$ 的夹角.

解　由式(7.4.4)有

$$\cos\theta=\frac{|1\times1+1\times(-2)+1\times3|}{\sqrt{1^2+1^2+1^2}\cdot\sqrt{1^2+(-2)^2+3^2}}=\frac{2}{\sqrt{42}}$$

因此，两平面夹角为 $\theta=\arccos\dfrac{2}{\sqrt{42}}$.

例 7.4.5 研究以下各组中两平面的位置关系：

(1) $-x+2y-z+1=0$，$y+3z-1=0$；

(2) $2x-y+z-1=0$，$-4x+2y-2z-1=0$；

(3) $2x-y-z+1=0$，$-4x+2y+2z-2=0$.

解 (1) 由于 $\cos\theta=\dfrac{|-1\times0+2\times1-1\times3|}{\sqrt{(-1)^2+2^2+(-1)^2}\cdot\sqrt{1^2+3^2}}=\dfrac{1}{\sqrt{60}}$，因此两平面相交，夹角 $\theta=\arccos\dfrac{1}{\sqrt{60}}$.

(2) 由于 $\boldsymbol{n}_1=(2,-1,1)$ 且 $\boldsymbol{n}_2=(-4,2,-2)$，有 $\dfrac{2}{-4}=\dfrac{-1}{2}=\dfrac{1}{-2}$，所以两平面平行，又 $M(1,1,0)\in\Pi_1$ 且 $M(1,1,0)\notin\Pi_2$，两平面平行但不重合.

(3) 由于 $\dfrac{2}{-4}=\dfrac{-1}{2}=\dfrac{-1}{2}$，故两平面平行，但 $M(1,1,0)\in\Pi_1$ 且 $M(1,1,0)\in\Pi_2$，所以两平面重合.

5. 点到平面的距离

例 7.4.6 设 $P_0(x_0,y_0,z_0)$ 是平面 $Ax+By+Cz+D=0$ 外一点，求点 P_0 到平面的距离.

解 设 $P_1(x_1,y_1,z_1)$ 为平面 Π 内任意一点，则所求距离为 $d=|\mathrm{Prj}_{\boldsymbol{n}}\overrightarrow{P_1P_0}|$（见图 7-21），其中

$$\mathrm{Prj}_{\boldsymbol{n}}\overrightarrow{P_1P_0}=\frac{\overrightarrow{P_1P_0}\cdot\boldsymbol{n}}{|\boldsymbol{n}|},\quad \overrightarrow{P_1P_0}=(x_0-x_1,y_0-y_1,z_0-z_1)$$

所以 $d=\dfrac{|Ax_0+By_0+Cz_0-(Ax_1+By_1+Cz_1)|}{\sqrt{A^2+B^2+C^2}}$，又因为 $Ax_1+By_1+Cz_1+D=0$，由此得到点 P_0 到平面 $Ax+By+Cz+D=0$ 的距离公式

$$d=\frac{|Ax_0+By_0+Cz_0+D|}{\sqrt{A^2+B^2+C^2}} \tag{7.4.5}$$

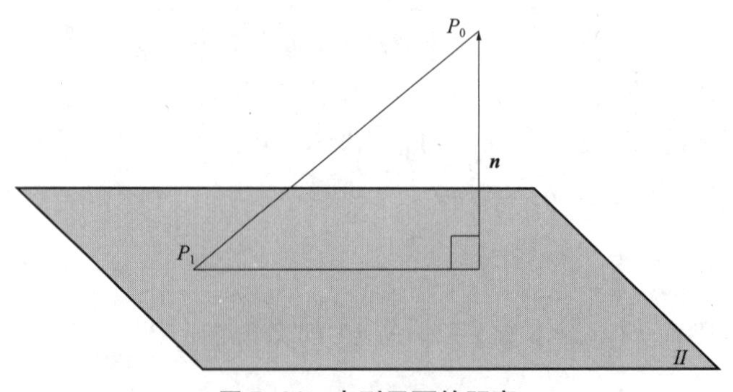

图 7-21 点到平面的距离

7.4.2 直线及其方程

1. 空间直线的对称式方程与参数方程

平面中的直线可由直线上的已知点和直线的方向(即斜率)所确定. 平面直线可用点斜式方程表示. 同样,三维空间中的直线也可以由直线上的已知点 $P_0(x_0,y_0,z_0)$ 和其方向决定. 在空间中,用向量可以容易地表示直线的方向,已知非零向量 $\boldsymbol{s}=(m,n,p)$ 平行于直线 L,称此向量为直线的方向向量. 由于过空间一点可作且只能作一条直线平行于已知向量,因此当直线上已知点和它的方向向量已知时,直线的位置就完全确定了.

设点 $P(x,y,z)$ 是直线 L 上的任意一点,由方向向量的定义,向量 $\overrightarrow{P_0P}$ 与方向向量 $\boldsymbol{s}$ 平行,如图 7-22 所示,所以两向量坐标的对应分量成比例,从而有

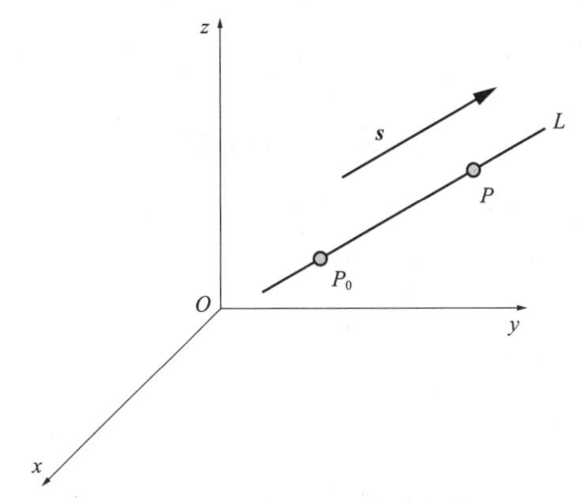

图 7-22 向量及其平行向量

$$\frac{x-x_0}{m}=\frac{y-y_0}{n}=\frac{z-z_0}{p} \tag{7.4.6}$$

式(7.4.6)称为直线的对称式方程或点向式方程. 直线的任一方向向量的坐标 m,n 和 p 叫作直线的一组方向数,而方向向量的方向余弦叫作该直线的方向余弦.

令 $\frac{x-x_0}{m}=\frac{y-y_0}{n}=\frac{z-z_0}{p}=t$,解得

$$\begin{cases} x=x_0+mt, \\ y=y_0+nt, \\ z=z_0+pt \end{cases} \tag{7.4.7}$$

方程组(7.4.7)是直线的参数方程.

在求直线方程时,通过确定方向向量,可得到直线的对称式方程;在求直线上具体点时,可以考虑直线的参数方程.

例 7.4.7 一直线过点 $A(2,-3,4)$,且和 y 轴垂直相交,求其方程.

解 因为直线和 y 轴垂直相交,所以交点为 $B(0,-3,0)$,取 $\boldsymbol{s}=\overrightarrow{BA}=(2,0,4)$,代入方程(7.4.6)可得所求直线方程为

$$\frac{x-2}{2}=\frac{y+3}{0}=\frac{z-4}{4}$$

2. 空间直线的一般方程

空间直线 L 可以看作两平面 Π_1 和 Π_2 的交线，如图 7-23 所示.

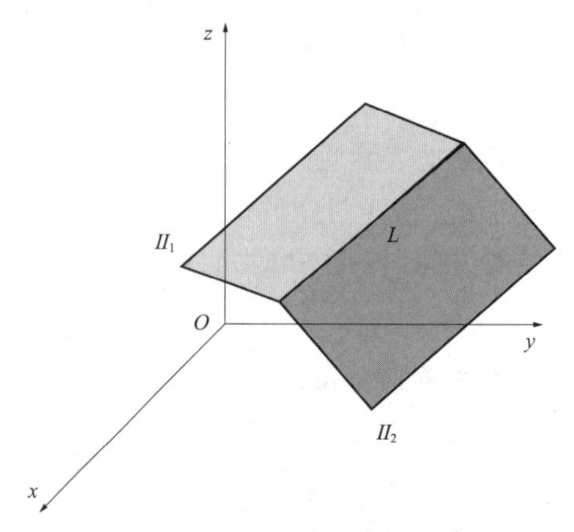

图 7-23 空间直线

设两平面 Π_1 和 Π_2 的方程分别为 $A_1x+B_1y+C_1z+D_1=0$，$A_2x+B_2y+C_2z+D_2=0$，直线 L 上的任一点坐标同时满足这两个平面的方程，即

$$\begin{cases} A_1x+B_1y+C_1z+D_1=0, \\ A_2x+B_2y+C_2z+D_2=0 \end{cases} \tag{7.4.8}$$

方程组(7.4.8)称为空间直线的一般方程．通过同一空间直线的平面有无穷多个，只需选取两个，建立方程，所得方程组即为直线方程.

例 7.4.8 用对称式方程及参数方程表示直线

$$\begin{cases} x+y+z+1=0, \\ 2x-y+3z+4=0 \end{cases}$$

解 在直线上任取一点 (x_0,y_0,z_0)，

取 $x_0=1$ 代入方程 $\begin{cases} y_0+z_0+2=0, \\ y_0-3z_0-6=0, \end{cases}$ 解得 $y_0=0$，$z_0=-2$，点坐标为 $(1,0,-2)$.

因所求直线与两平面的法线向量都垂直，取 $\boldsymbol{s}=\boldsymbol{n}_1\times\boldsymbol{n}_2=(4,-1,-3)$，所以其对称式方程为

$$\frac{x-1}{4}=\frac{y-0}{-1}=\frac{z+2}{-3}$$

参数方程为 $\begin{cases} x=1+4t, \\ y=-t, \\ z=-2-3t. \end{cases}$

例 7.4.9 求过点 $(-3,2,5)$ 且与两平面 $x-4z=3$ 和 $2x-y-5z=1$ 的交线平行的直线方程.

解 设所求直线的方向向量为 $\boldsymbol{s}=(m,n,p)$，

根据题意知，$\boldsymbol{s}\perp\boldsymbol{n}_1$，$\boldsymbol{s}\perp\boldsymbol{n}_2$，取 $\boldsymbol{s}=\boldsymbol{n}_1\times\boldsymbol{n}_2=(-4,-3,-1)$，所求直线的方程为

$$\frac{x+3}{-4}=\frac{y-2}{-3}=\frac{z-5}{-1}$$

3. 两直线的夹角

定义 7.4.2　两直线的方向向量的夹角(通常指锐角或直角)称为两直线的夹角.

已知直线 $L_1:\frac{x-x_1}{m_1}=\frac{y-y_1}{n_1}=\frac{z-z_1}{p_1}$和直线 $L_2:\frac{x-x_2}{m_2}=\frac{y-y_2}{n_2}=\frac{z-z_2}{p_2}$,则二者夹角 φ 为两方向向量所夹的锐角或直角,因此

$$\cos\varphi=\frac{|m_1m_2+n_1n_2+p_1p_2|}{\sqrt{m_1^2+n_1^2+p_1^2}\cdot\sqrt{m_2^2+n_2^2+p_2^2}} \tag{7.4.9}$$

式(7.4.9)为两直线的夹角公式. 从两向量垂直、平行的充分必要条件可得下列两直线的位置关系:

(1) $L_1\perp L_2\Leftrightarrow m_1m_2+n_1n_2+p_1p_2=0$;

(2) $L_1/\!/L_2\Leftrightarrow\frac{m_1}{m_2}=\frac{n_1}{n_2}=\frac{p_1}{p_2}$.

例 7.4.10　求直线 $L_1:\frac{x-1}{1}=\frac{y+2}{3}=\frac{z-4}{-1}$和直线 $L_2:\frac{x-1}{1}=\frac{y}{-4}=\frac{z+3}{1}$的夹角.

解　直线 L_1 的方向向量为 $\boldsymbol{s}_1=(1,3,-1)$,直线 L_2 的方向向量为 $\boldsymbol{s}_2=(1,-4,1)$,由式(7.4.9)可得

$$\cos\varphi=\frac{|1-12-1|}{\sqrt{1^2+3^2+(-1)^2}\cdot\sqrt{1^2+(-4)^2+1^2}}=\frac{4}{\sqrt{22}}$$

所以两直线夹角为 $\varphi=\arccos\frac{4}{\sqrt{22}}$.

4. 直线与平面的夹角

定义 7.4.3　直线和它在平面上的投影直线的夹角 $\varphi\left(0\leqslant\varphi<\frac{\pi}{2}\right)$ 称为直线与平面的夹角,当直线与平面垂直时,规定直线与平面的夹角为$\frac{\pi}{2}$.

如图 7-24 所示,设直线 $L:\frac{x-x_0}{m}=\frac{y-y_0}{n}=\frac{z-z_0}{p}$和平面 $\Pi:Ax+By+Cz+D=0$,二者夹角为 φ,那么 $\varphi=\left|\frac{\pi}{2}-\langle\boldsymbol{s},\boldsymbol{n}\rangle\right|$,因此

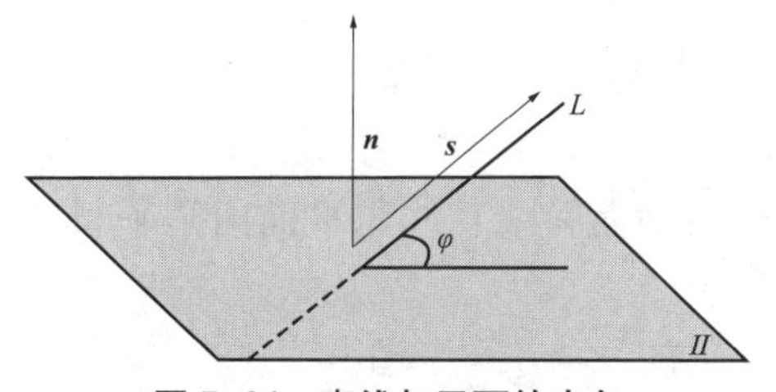

图 7-24　直线与平面的夹角

$$\sin\varphi=|\cos\langle \boldsymbol{s},\boldsymbol{n}\rangle|=\frac{|Am+Bn+Cp|}{\sqrt{A^2+B^2+C^2}\cdot\sqrt{m^2+n^2+p^2}} \tag{7.4.10}$$

式(7.4.10)为直线与平面的夹角公式．由此可得直线与平面的位置关系：

(1) $L\perp\Pi \Leftrightarrow \frac{A}{m}=\frac{B}{n}=\frac{C}{p}$;

(2) $L/\!/\Pi \Leftrightarrow Am+Bn+Cp=0$.

例 7.4.11

例 7.4.11 设直线 $L:\frac{x-1}{2}=\frac{y}{-1}=\frac{z+1}{2}$，平面 $\Pi:x-y+2z=3$，求直线与平面的夹角．

解 由已知得，平面的法向量为 $\boldsymbol{n}=(1,-1,2)$，直线的方向向量为 $\boldsymbol{s}=(2,-1,2)$，代入式(7.4.10)，有 $\sin\varphi=\frac{|1\times2+(-1)\times(-1)+2\times2|}{\sqrt{6}\cdot\sqrt{9}}=\frac{7}{3\sqrt{6}}$，所以所求夹角为 $\varphi=\arcsin\frac{7}{3\sqrt{6}}$．

例 7.4.12 求过点 $M(2,1,3)$ 且与直线 $\frac{x+1}{3}=\frac{y-1}{2}=\frac{z}{-1}$ 垂直相交的直线方程．

解 先作一过点 M 且与已知直线垂直的平面 $\Pi:3(x-2)+2(y-1)-(z-3)=0$，再求已知直线与该平面的交点 M，

令 $\frac{x+1}{3}=\frac{y-1}{2}=\frac{z}{-1}=t$，则 $\begin{cases}x=3t-1,\\y=2t+1,\\z=-t,\end{cases}$ 代入平面方程得 $t=\frac{3}{7}$，交点为 $N\left(\frac{2}{7},\frac{13}{7},-\frac{3}{7}\right)$．

取所求直线的方向向量为 $\overrightarrow{MN}$，$\overrightarrow{MN}=\left(\frac{2}{7}-2,\frac{13}{7}-1,-\frac{3}{7}-3\right)=\left(-\frac{12}{7},\frac{6}{7},-\frac{24}{7}\right)$，所求直线方程为 $\frac{x-2}{2}=\frac{y-1}{-1}=\frac{z-3}{4}$.

习题 7.4

1. 求过点(2,0,1)且垂直直线 $\begin{cases}x=3t,\\y=2-t,\\z=3+5t\end{cases}$ 的平面方程．

2. 求过点(1,-1,-1)且平行平面 $5x-y-z=6$ 的平面方程．

3. 求过坐标原点和点(1,2,3)的直线方程．

4. 求平面 $x+2y+3z=1$ 和平面 $x-y+z=1$ 的交线对称式方程．

5. 判断下列各组直线间、平面间或直线与平面间是平行还是垂直，若两者都不是，求出夹角．

(1)平面 $x+4y-3z=1$ 和平面 $-3x+6y+7z=0$;

(2) 直线$\begin{cases}x=5-12t,\\y=3+9t,\\z=1-3t\end{cases}$和直线$\begin{cases}x=3+8s,\\y=-6s,\\z=7+2s;\end{cases}$

(3) 直线$\dfrac{x+1}{4}=\dfrac{y-1}{2}=\dfrac{z}{1}$和平面 $x+2y+z=1$.

6. 判断下列叙述正确还是错误.

(1) 平行于同一直线的两条直线平行;

(2) 垂直于同一直线的两条直线平行;

(3) 平行于同一平面的两条平面平行;

(4) 垂直于同一平面的两条平面平行;

(5) 平行于同一平面的两条直线平行;

(6) 垂直于同一平面的两条直线平行;

(7) 平行于同一直线的两平面平行;

(8) 垂直于同一直线的两平面平行;

(9) 两平面只有相交和平行两种情况;

(10) 空间两条直线只有相交和平行两种情况;

(11) 一条直线和一个平面只有相交和平行两种情况.

7.5　曲面及其方程

在空间解析几何中关于曲面的研究有两类问题,一是已知曲面作为点的轨迹时,求曲面方程(旋转曲面);二是已知坐标间的关系式,研究曲面形状(柱面、二次曲面). 前面已经研究了一种特殊的曲面——平面. 本节将研究其他常见的曲面及其方程.

7.5.1 旋转曲面

以一条平面曲线绕其平面上的一条直线旋转一周所成的曲面称为旋转曲面. 平面曲线叫作旋转曲面的母线,定直线叫旋转曲面的轴. 已知 yOz 面上的曲线 C,其方程为 $f(y,z)=0$,令其绕 z 轴旋转一周,可得一个以 z 轴为轴,曲线 C 为母线的旋转曲面,如图 7-25 所示.

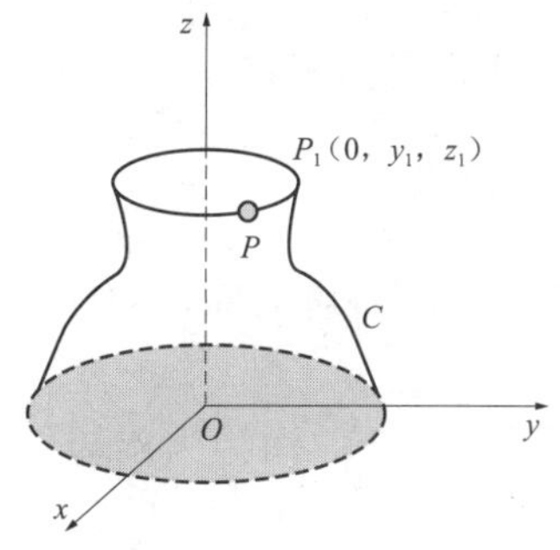

图 7-25　旋转平面

设 $P_1(0,y_1,z_1)$ 为曲线 C 上的任一点，其满足方程 $f(y_1,z_1)=0$. 当 C 绕 z 轴旋转时，设 $P_1(0,y_1,z_1)$ 转到另一点 $P(x,y,z)$，这时高度保持不变，即 $z=z_1$，同时 P 到 z 轴的距离为 $d=\sqrt{x^2+y^2}=|y_1|$，将二者代入方程 $f(y_1,z_1)=0$ 中，可得旋转曲面方程为

$$f(\pm\sqrt{x^2+y^2},z)=0 \tag{7.5.1}$$

同理，曲线 C:$f(y,z)=0$ 绕 y 轴旋转所得的旋转曲面方程为

$$f(y,\pm\sqrt{x^2+z^2})=0 \tag{7.5.2}$$

例 7.5.1 直线 L 绕另一条与 L 相交的直线旋转一周，所得旋转曲面叫圆锥面．两直线的交点叫圆锥面的顶点，两直线的夹角 $\alpha\left(0<\alpha<\dfrac{\pi}{2}\right)$ 叫圆锥面的半顶角．试建立顶点在坐标原点，旋转轴为 z 轴，半顶角为 α 的圆锥面方程．

解 在 y-Oz 面上，直线 L 的方程为 $z=\cot\alpha\cdot y$，根据方程(7.5.1)，可得圆锥面方程为 $z=\pm\sqrt{x^2+y^2}\cot\alpha$，或 $z^2=a^2(x^2+y^2)$，其中 $a=\cot\alpha$，如图 7-26 所示．

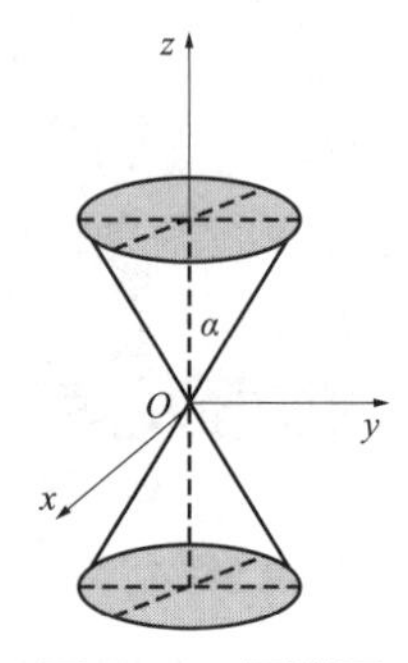

图 7-26 圆锥面

例 7.5.2 将下列各曲线绕对应的轴旋转一周，求生成的旋转曲面的方程．

(1) 双曲线 $\dfrac{x^2}{a^2}-\dfrac{z^2}{c^2}=1$ 分别绕 x 轴和 z 轴；

(2) 椭圆 $\begin{cases}\dfrac{y^2}{a^2}+\dfrac{z^2}{c^2}=1,\\ x=0\end{cases}$ 分别绕 y 轴和 z 轴；

(3) 抛物线 $\begin{cases}y^2=2pz,\\ x=0\end{cases}$ 分别绕 z 轴．

解 与方程(7.5.1)类似，

(1) 双曲线 $\dfrac{x^2}{a^2}-\dfrac{z^2}{c^2}=1$ 绕 x 轴旋转所得旋转曲面称为**旋转双叶双曲面**，如图 7-27 所示，其方程为 $\dfrac{x^2}{a^2}-\dfrac{y^2+z^2}{c^2}=1$；绕 z 轴旋转所得的旋转曲面称为**旋转单叶双曲面**，如图 7-28 所示，其方程为 $\dfrac{x^2+y^2}{a^2}-\dfrac{z^2}{c^2}=1$.

(2)椭圆$\begin{cases}\dfrac{y^2}{a^2}+\dfrac{z^2}{c^2}=1,\\ x=0\end{cases}$绕 y 轴旋转所得旋转曲面称为**旋转椭球面**,如图 7-29 所示,其方程为$\dfrac{y^2}{a^2}+\dfrac{x^2+z^2}{c^2}=1$;绕 z 轴旋转所得旋转曲面的方程为$\dfrac{x^2+y^2}{a^2}+\dfrac{z^2}{c^2}=1$.

(3)抛物线$\begin{cases}y^2=2pz,\\ x=0\end{cases}$绕 z 轴所得旋转双曲面为**旋转抛物面**,如图 7-30 所示,其方程为$x^2+y^2=2pz$.

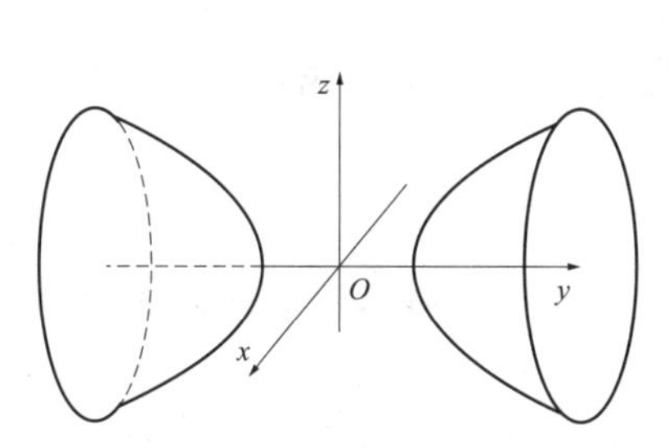

图 7-27　旋转双叶双曲面

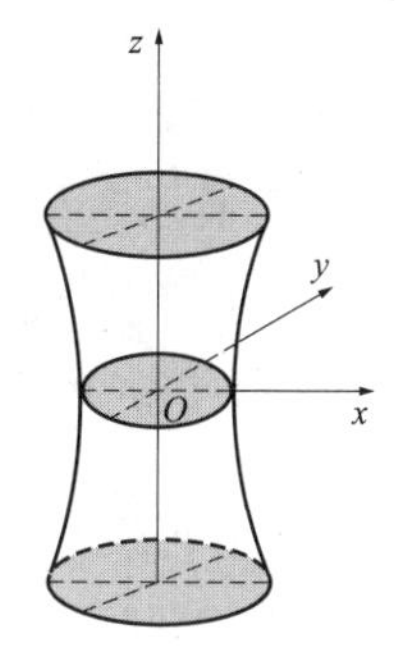

图 7-28　旋转单叶双曲面

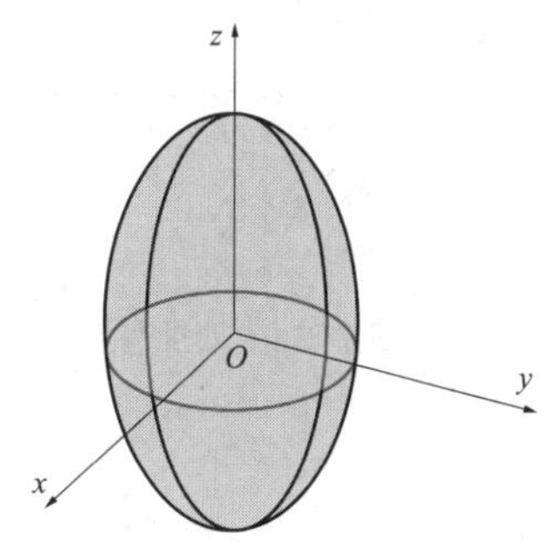

图 7-29　旋转椭球面

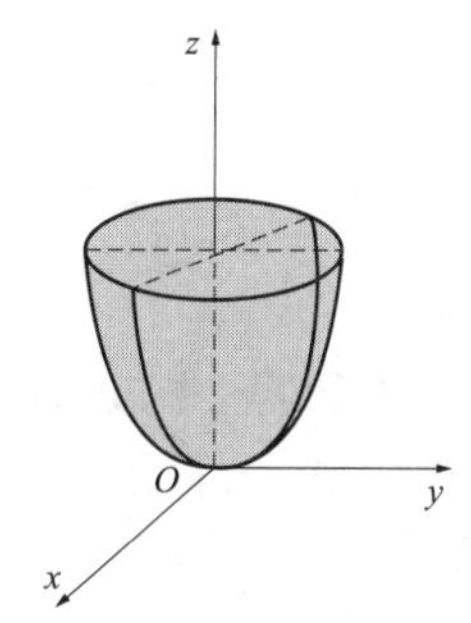

图 7-30　旋转抛物面

7.5.2　柱面

平行于定直线并沿定曲线 C 移动的直线 L 所形成的曲面称为柱面(见图 7-31).这条定曲线 C 叫柱面的准线,动直线 L 叫柱面的母线.从柱面方程看柱面的特征:只含 x,z 而缺 y 的方程 $F(x,z)=0$,在空间直角坐标系中表示母线平行于 y 轴的柱面,其准线为 zOx 面上曲线 C.类似地,只含 x,y 而缺 z 的方程 $F(x,y)=0$ 表示准线在 xOy 面上母线平行于 z 轴的柱面,只含 y,z 而缺 x 的方程 $F(y,z)=0$ 表示准线在 yOz 面上母线平行于 x 轴的柱面.

例 7.5.3　画出方程$\dfrac{x^2}{a^2}+\dfrac{y^2}{b^2}=1$表示的图形.

解　如图 7-32 所示,其图形为以 xOy 面内的椭圆$\dfrac{x^2}{a^2}+\dfrac{y^2}{b^2}=1$为准线,母线平行于 z 轴的柱面.

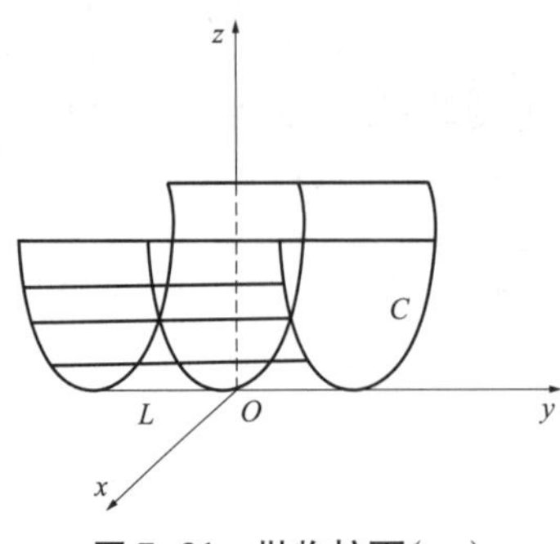

图 7-31 抛物柱面(一)

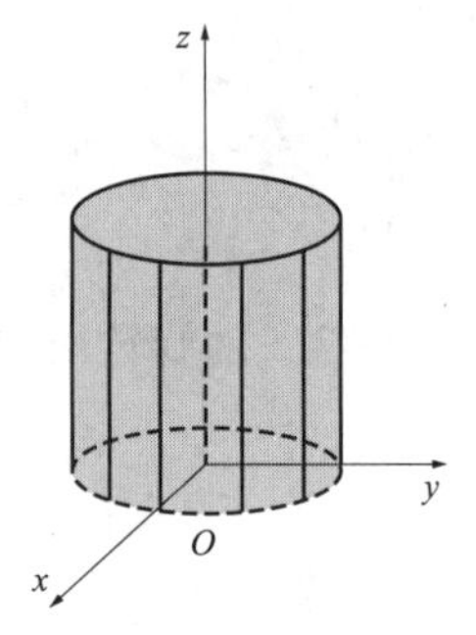

图 7-32 椭圆柱面

例 7.5.4 画出方程 $y=x^2$ 表示的图形.

解 如图 7-33 所示,其图形为以 xOy 面内的抛物线 $y=x^2$ 为准线,母线平行于 z 轴的柱面.

例 7.5.5 画出方程 $x^2-y^2=1$ 表示的图形.

解 如图 7-34 所示,其图形为以 xOy 面内的抛物线 $x^2-y^2=1$ 为准线,母线平行于 z 轴的柱面.

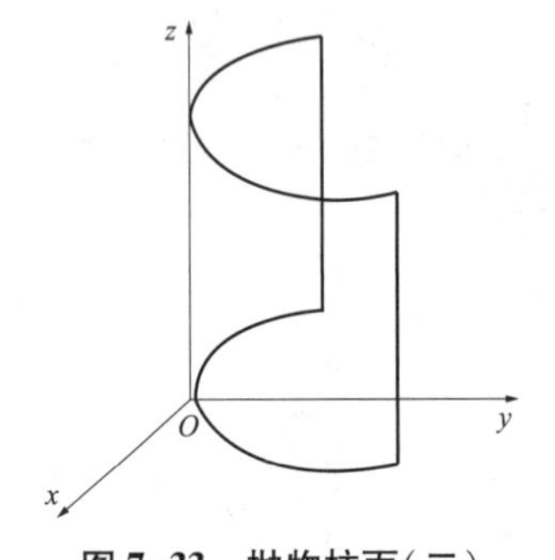

图 7-33 抛物柱面(二)

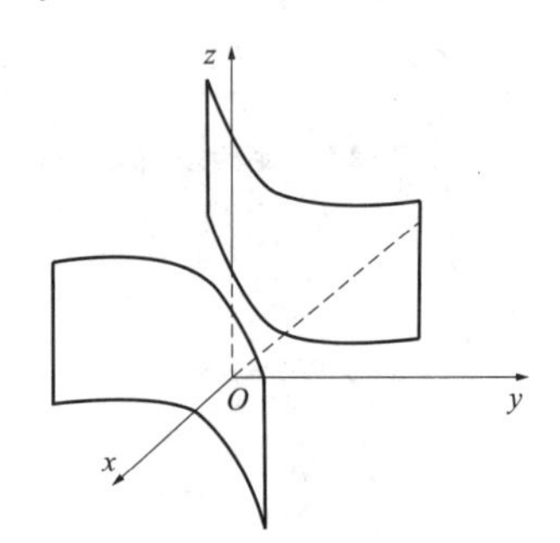

图 7-34 双曲柱面

7.5.3 二次曲面

三元二次方程所表示的曲面称为二次曲面,其一般方程为

$$Ax^2+By^2+Cz^2+Dxy+Eyz+Fxz+Gx+Hy+Iz+J=0$$

其中,$A,B,C,\cdots,J$ 是常数,但是,通过变换和旋转,此方程可以化简为下面两个标准方程:

$$Ax^2+By^2+Cz^2+J=0\text{或}\ Ax^2+By^2+Iz=0$$

一般地,用截痕法讨论二次曲面的形状. 所谓截痕法,是指用坐标面和平行于坐标面的平面与曲面相截,考查其交线(即截痕)的形状,然后加以综合,从而了解曲面的全貌.

例 7.5.6 用截痕法画出下列方程所对应的曲面:

(1) $x^2+\dfrac{y^2}{9}+\dfrac{z^2}{4}=1$;

(2) $z=4x^2+y^2$;

(3) $z=y^2-x^2$.

解 (1)将 $z=0$ 代入方程,可得此曲面在 xOy 面上的截痕为 $x^2+\dfrac{y^2}{9}=1$,同理,可得此曲面

在 yOz 面和 zOx 面上的截痕分别为$\frac{y^2}{9}+\frac{z^2}{4}=1$ 和 $x^2+\frac{z^2}{4}=1$. 一般地,在任何平行于 xOy 面的平面 $z=k$ 上,其截痕为 $x^2+\frac{y^2}{9}=1-\frac{k^2}{4}$,其中,$-2<k<2$. 这些截痕均为椭圆,所以方程 $x^2+\frac{y^2}{9}+\frac{z^2}{4}=1$ 的图形为**椭球面**(见图 7-35).

(2)将 $z=k$ 代入方程,可得水平截痕 $4x^2+y^2=k$,是一族椭圆. 将 $x=k$ 代入方程,可得截痕 $z=4k^2+y^2$,同理,将 $y=k$ 代入方程,可得截痕 $z=4x^2+k^2$,均为抛物线. 由此方程 $z=4x^2+y^2$ 的图形为**椭圆抛物面**(见图 7-36).

(3)将 $z=k$ 代入方程,可得 $y^2-x^2=k$,为一族双曲线,如图 7-37 所示,在 $k=1$ 和 $k=-1$ 两平面上的截痕. 将 $x=k$ 代入方程,可得 $y^2-k^2=z$,为顶点在$(k,0,-k^2)$且开口朝 z 轴正向的抛物线族. 随着$|k|$的增大,抛物线顶点下移(见图 7-38). 同理,将 $y=k$ 代入方程,可得截痕 $z=k^2-x^2$,为顶点在$(0,k,k^2)$且开口朝 z 轴负向的抛物线族. 随着$|k|$的增大,抛物线顶点上移(见图 7-39). 由此方程 $z=y^2-x^2$ 的图形为**双曲抛物面**,又称"马鞍面",如图 7-40 所示.

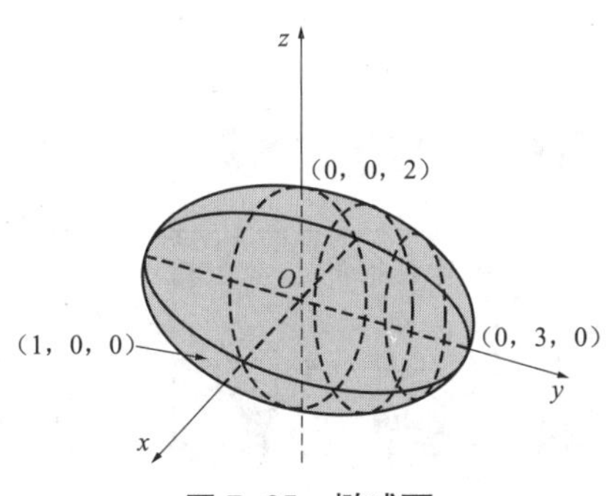

图 7-35　椭球面

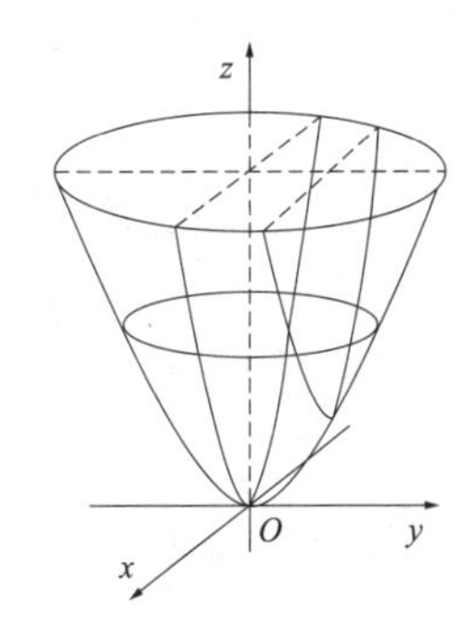

图 7-36　椭圆抛物面

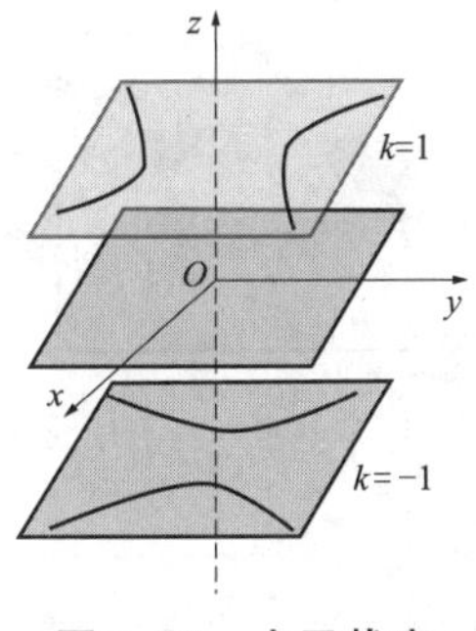

图 7-37　水平截痕

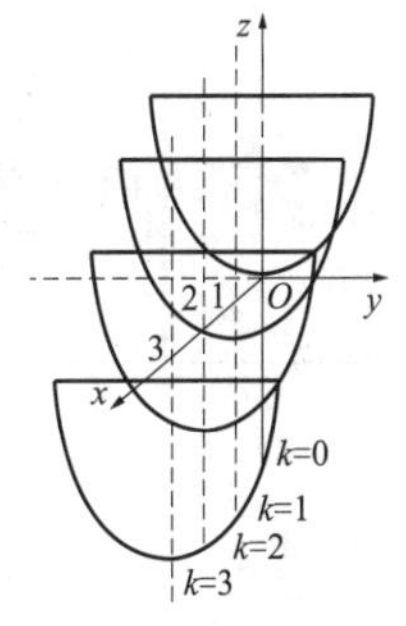

图 7-38　竖直截痕

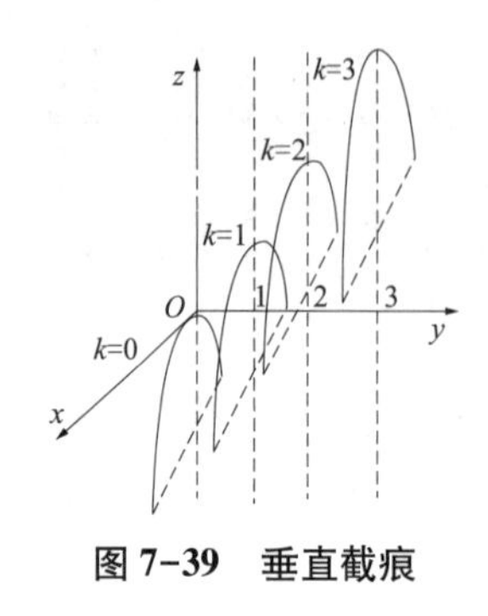

图 7-39　垂直截痕

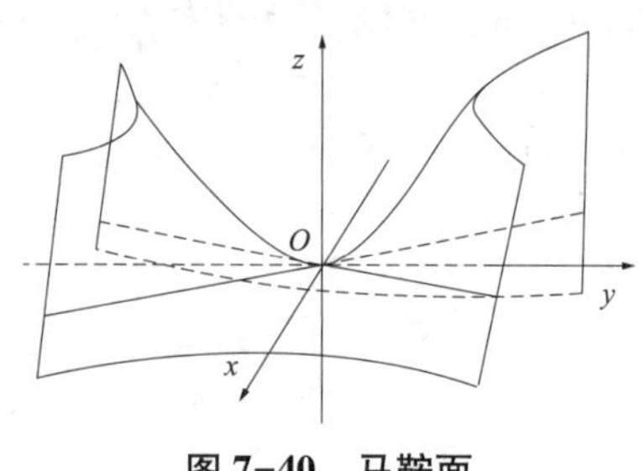

图 7-40　马鞍面

除例 7.5.6 给出的曲面之外，还有其他二次曲面，如例 7.5.3 中的椭圆柱面，例 7.5.4 中的抛物柱面和例 7.5.5 中的双曲柱面．将常见二次曲面和其对应的方程及截痕形状总结在表 7.1 中．

表 7.1　常见二次曲面和其对应的方程及其截痕形状

曲面	方程及截痕	曲面	方程
椭球面 $a=2,b=3,c=4$　$a=3,b=2,c=4$　$a=2,b=2,c=1$	$\frac{x^2}{a^2}+\frac{y^2}{b^2}+\frac{z^2}{c^2}=1$ 所有截痕都是椭圆 当 $a=b=c$ 时， 椭球面是球面	椭圆抛物面 $a=1,b=\frac{1}{2}$　$a=\frac{1}{2},b=1$　$a=1,b=1$	$\frac{z}{c}=\frac{x^2}{a^2}+\frac{y^2}{b^2}$ 水平截痕为椭圆 垂直截痕为抛物线
双曲抛物面 $a=1,b=1$　$a=1,b=2$　$a=2,b=1$	$\frac{z}{c}=\frac{x^2}{a^2}-\frac{y^2}{b^2}$ 水平截痕是双曲线 垂直截痕是抛物线	单叶双曲面 $a=1,c=1$　$a=2,c=1$　$a=1,c=2$	$\frac{x^2}{a^2}+\frac{y^2}{b^2}-\frac{z^2}{c^2}=1$ 水平截痕是椭圆 垂直截痕是双曲线
椭圆锥面 $a=1.5,b=1$　$a=1,b=1.5$　$a=1,b=1$	$\frac{z^2}{c^2}=\frac{x^2}{a^2}+\frac{y^2}{b^2}$ 水平截痕是椭圆 yOz 面和 zOx 面上的截痕为两条过坐标原点的直线	双叶双曲面 $a=1,c=1$　$a=2,c=1$　$a=1,c=2$	$-\frac{x^2}{a^2}-\frac{y^2}{b^2}+\frac{z^2}{c^2}=1$ 水平截痕是椭圆 垂直截痕是双曲线

习题 7.5

1. 建立球心在点 $A(-1,-3,2)$ 并过点 $B(1,-1,1)$ 的球面方程．

2. 求下列各平面按指定轴旋转所成旋转曲面的方程：

(1) zOx 面上的抛物线 $z^2=5x$ 绕 x 轴；

(2) zOx 面上的圆 $x^2+z^2=9$ 绕 z 轴．

3. 画出下列方程所表示的曲面．

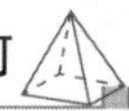

(1) $-\frac{x^2}{4}+\frac{y^2}{9}=1$;　　(2) $\frac{x^2}{9}+\frac{z^2}{4}=1$;

(3) $y^2-z=0$;　　(4) $z^2=3(x^2+y^2)$.

7.6　空间曲线

7.6.1　空间曲线及其方程

空间曲线可以看作空间两曲面的交线,设空间两曲面的方程分别为 $F(x,y,z)=0$ 和 $G(x,y,z)=0$,它们的交线为 C. 曲线上任何点的坐标同时满足两个曲面方程,同时满足两个曲面方程的点都在曲线 C 上,因此曲线 C 的方程为

$$\begin{cases}F(x,y,z)=0,\\G(x,y,z)=0\end{cases}\tag{7.6.1}$$

方程组(7.6.1)称为曲线 C 的一般方程.

例 7.6.1　方程组$\begin{cases}x^2+y^2=1,\\2x+3y+3z=6\end{cases}$表示怎样的曲线?

解　$x^2+y^2=1$ 表示圆柱面,$2x+3y+3z=6$ 表示平面,$\begin{cases}x^2+y^2=1,\\2x+3y+3z=6\end{cases}$交线为椭圆(见图 7-41).

空间曲线 C 除了表示成两曲面的交线,还可以用参数方程表示.

若空间曲线 C 上一点的坐标,可以表示成参数 t 的函数:

$$\begin{cases}x=x(t),\\y=y(t),\\z=z(t)\end{cases}\tag{7.6.2}$$

随着 t 的变化可以得到曲线 C 上的全部点,方程(7.6.2)称为空间曲线 C 的参数方程.

7.6.2　空间曲线在坐标面上的投影

设空间曲线 C 的一般方程:$\begin{cases}F(x,y,z)=0,\\G(x,y,z)=0,\end{cases}$ 消去变量 z 后得 $H(x,y)=0$. 此方程为曲线关于 xOy 面的投影柱面,这个投影柱面与 xOy 面的交线称为曲线 C 在 xOy 面上的投影曲线(简称为投影). 投影曲线的方程可表示为

$$\begin{cases}H(x,y)=0,\\z=0\end{cases}$$

类似地,可定义空间曲线在其他坐标面上的投影,yOz 面上的投影曲线为$\begin{cases}R(y,z)=0,\\x=0;\end{cases}$ zOx 面上的投影曲线为$\begin{cases}T(x,z)=0,\\y=0;\end{cases}$图 7-42 所示为投影曲线的确定过程.

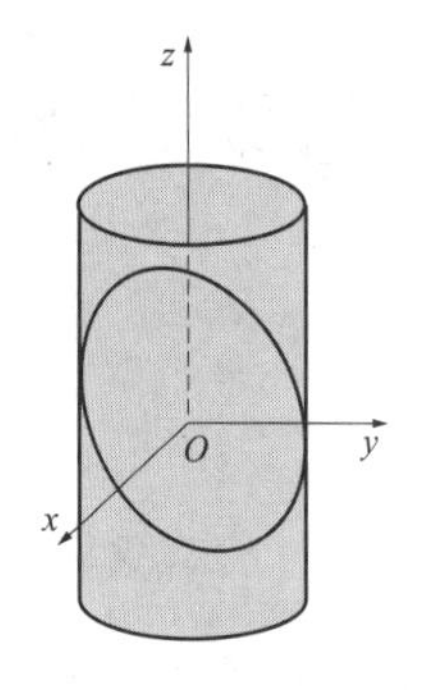

图 7-41 平面与柱面的交线

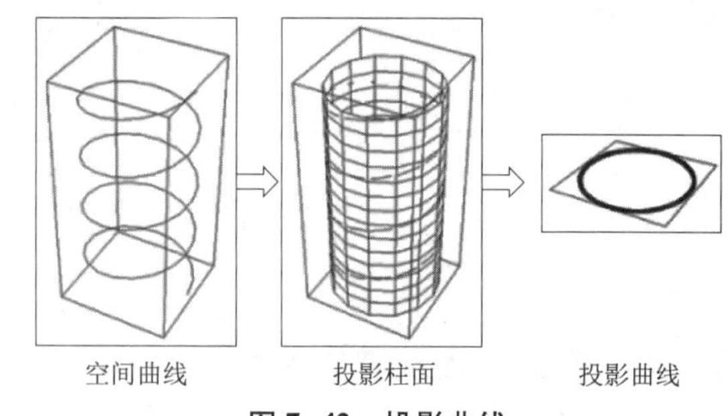

图 7-42 投影曲线

例 7.6.2 求曲线$\begin{cases}x^2+y^2+z^2=1,\\ z=\dfrac{1}{2}\end{cases}$在坐标面上的投影．

解 (1)消去变量 z 后得 $x^2+y^2=\dfrac{3}{4}$,在 xOy 面上的投影为$\begin{cases}x^2+y^2=\dfrac{3}{4},\\ z=0;\end{cases}$

(2)因为曲线在平面 $z=\dfrac{1}{2}$上,所以在 zOx 面上的投影为线段$\begin{cases}z=\dfrac{1}{2},\\ y=0,\end{cases}|x|\leqslant\dfrac{\sqrt{3}}{2}$.

(3)同理在 yOz 面上的投影也为线段$\begin{cases}z=\dfrac{1}{2},\\ x=0,\end{cases}|y|\leqslant\dfrac{\sqrt{3}}{2}$.

习题 7.6

1. 求曲线 $\Gamma:\begin{cases}2x^2+y^2+z^2=16,\\ x^2+z^2-y^2=0\end{cases}$关于 xOy 面的投影柱面和投影曲线方程．
2. 求旋转抛物面 $z=x^2+y^2(0\leqslant z\leqslant 4)$在 xOy 面和 yOz 面上的投影．

本章小结

本章小结

空间解析几何为许多抽象的、高维的数学问题提供形象的几何图形背景,这对数学的发展发挥重要的推动作用,也是研究力学、物理学等其他自然科学必不可少的数学工具．空间解析几何是一种几何方法,通过建立空间点与实数之间的对应,使空间曲面与方程对应起来,这也就建立了方程的代数和解析性质与相应曲面的几何性质之间的对应,从而巧妙地将几何归结为代数和分析．运用代数方程分析和描述空间图形,是解决与空间图形相关实际问题的必备思想方法．解析几何的思想方法在计算机动画设计和工业自动化设计中有着广泛的应用．

学生需要熟练掌握向量代数、空间的平面与直线、常见的二次曲面及其对应方程和空间曲线在坐标面上的投影．在学习过程中注意数形结合，注意不同内容运用不同的研究工具．空间的平面与其法向量对应，空间直线则与方向向量对应，二者均利用向量运算进行研究．空间曲面利用截痕法进行研究，而空间曲线则利用参数方程来研究．

思维导图如下：

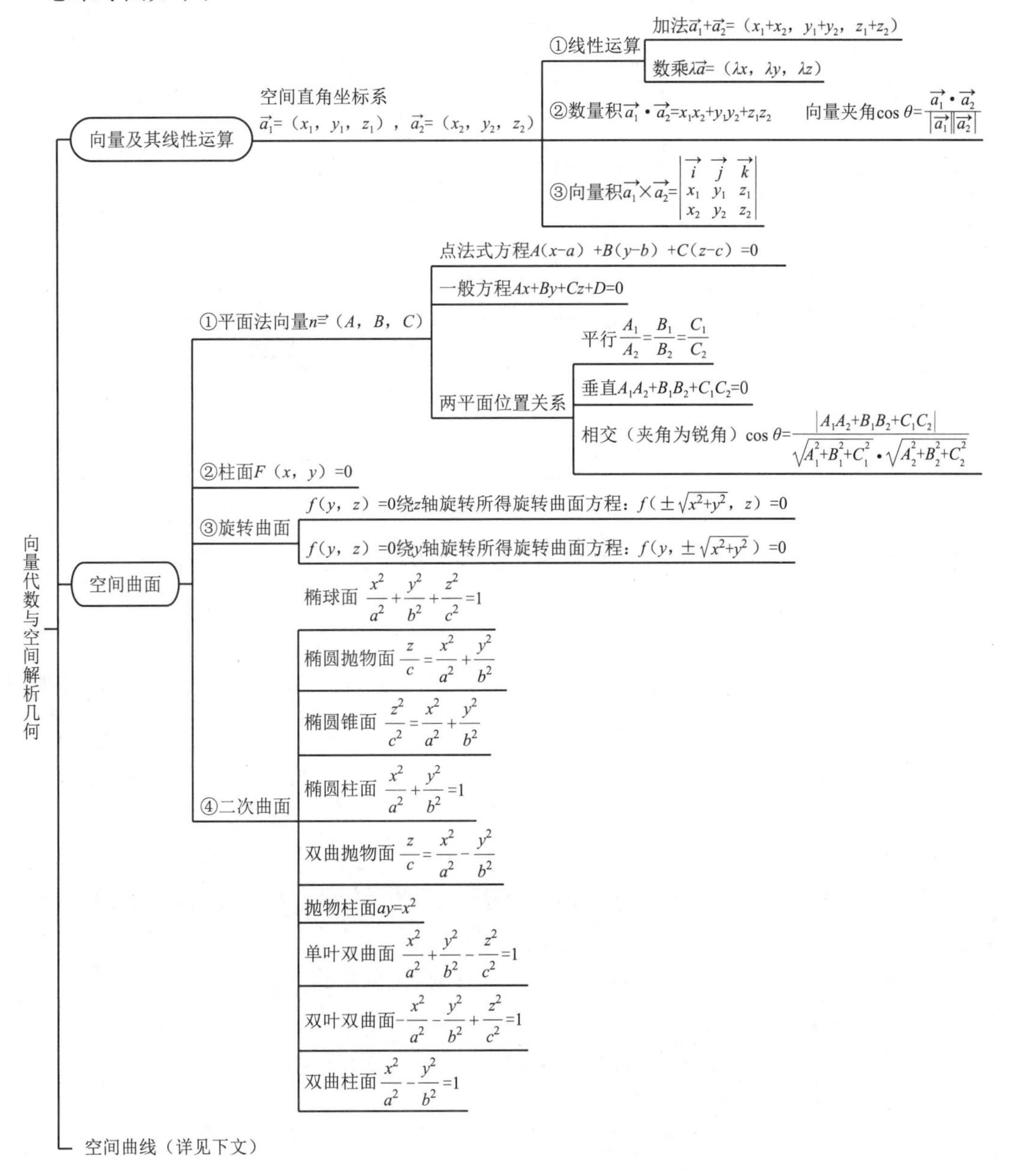

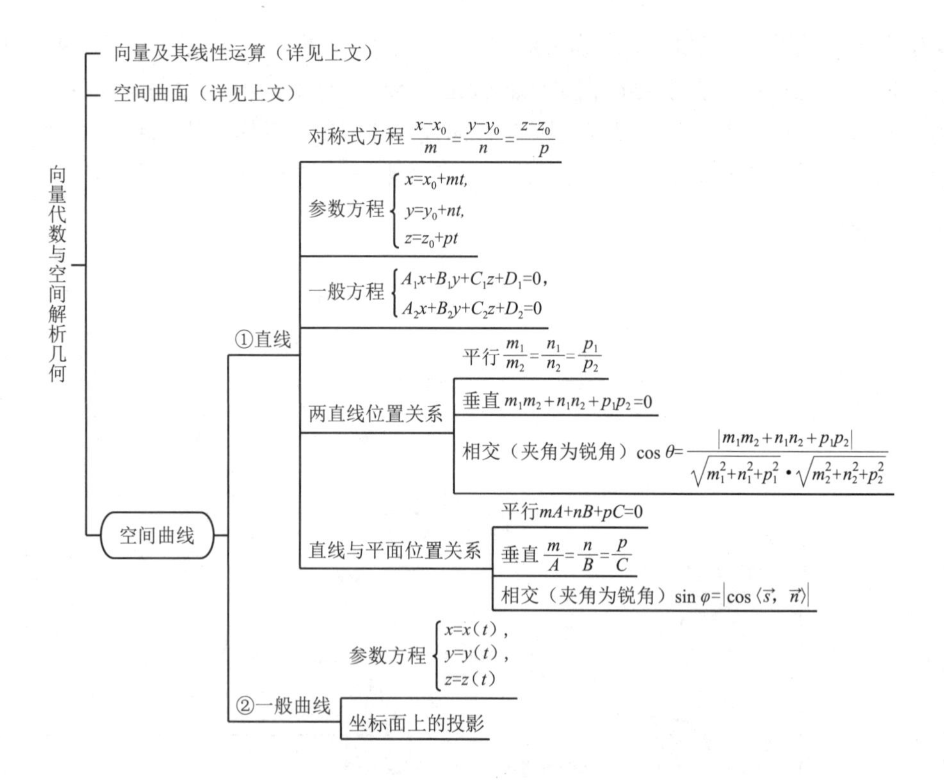

第七章　自测题

1. 填空题.

(1) 从点 $A(2,-1,7)$ 沿向量 $\boldsymbol{a}=8\boldsymbol{i}+9\boldsymbol{j}-12\boldsymbol{k}$ 的方向取 $|\overrightarrow{AB}|=34$，则点 B 的坐标为__________.

(2) 已知两点 $A(1,-1,2)$ 和 $B(2,1,1)$，直线 AB 上有一点 M，使 $\overrightarrow{AM}=2\overrightarrow{MB}$，则点 M 的坐标为________.

(3) 平行于向量 $\boldsymbol{a}=(6,7,-6)$ 的单位向量为__________.

(4) 设 $\boldsymbol{m}=3\boldsymbol{i}+5\boldsymbol{j}+8\boldsymbol{k}$，$\boldsymbol{n}=2\boldsymbol{i}-4\boldsymbol{j}-7\boldsymbol{k}$ 和 $\boldsymbol{p}=5\boldsymbol{i}+\boldsymbol{j}-4\boldsymbol{k}$，则向量 $\boldsymbol{a}=4\boldsymbol{m}+3\boldsymbol{n}-\boldsymbol{p}$ 在 x 轴上的投影 a_x 为__________.

(5) 已知向量 $\boldsymbol{a}=(1,-2,2)$ 与 $\boldsymbol{b}=(2,3,\lambda)$ 垂直，则 λ 的值为__________.

2. 单项选择题.

(1) 设向量 $\boldsymbol{a}\neq\boldsymbol{0}$，$\boldsymbol{b}\neq\boldsymbol{0}$，则下列结论正确的是(　　).

A. $\boldsymbol{a}\times\boldsymbol{b}=\boldsymbol{0}$ 是 $\boldsymbol{a}$ 与 $\boldsymbol{b}$ 垂直的充要条件

B. $\boldsymbol{a}\cdot\boldsymbol{b}=\boldsymbol{0}$ 是 $\boldsymbol{a}$ 与 $\boldsymbol{b}$ 平行的充要条件

C. $\boldsymbol{a}$ 与 $\boldsymbol{b}$ 的对应分量成比例是 $\boldsymbol{a}$ 与 $\boldsymbol{b}$ 平行的充要条件

D. 若 $\boldsymbol{a}=\lambda\boldsymbol{b}$（$\lambda$ 是常数），则 $\boldsymbol{a}\cdot\boldsymbol{b}=0$

(2) 已知 $|\boldsymbol{a}|=2$，$|\boldsymbol{b}|=\sqrt{2}$，且 $\boldsymbol{a}\cdot\boldsymbol{b}=2$，则 $|\boldsymbol{a}\times\boldsymbol{b}|=$(　　).

A. 2　　　　B. $2\sqrt{2}$

C. $\frac{\sqrt{2}}{2}$　　　　D. 1

(3)若直线$\begin{cases}2x+y-2z+10=0,\\3x-3y+z+5a=0\end{cases}$与 x 轴相交,则常数 a 的值是(　　).

A. −6　　　　B. −1

C. 3　　　　D. 无法确定

(4)方程 $2x^2+y^2+9z^2=18$ 表示的曲面是(　　).

A. 单叶双曲面　　　　B. 椭圆柱面

C. 椭球面　　　　D. 双叶双曲面

(5)方程$\frac{x^2}{9}-\frac{y^2}{4}+z^2=1$ 表示的曲面是(　　).

A. 旋转双曲面　　　　B. 双叶双曲面

C. 单叶双曲面　　　　D. 双曲柱面

3. 求下列各平面的方程:

(1)过点 $P(1,0,-1)$ 且与向量 $\boldsymbol{a}=(2,1,1)$ 和向量 $\boldsymbol{b}=(1,-1,0)$ 平行;

(2)过点 $P(1,-1,1)$ 且与平面 $x-y+z-1=0$ 及 $2x+y+z+1=0$ 垂直.

4. 试确定下列各组中直线和平面间的关系:

(1)$\frac{x+3}{-2}=\frac{y+4}{-7}=\frac{z}{3}$和 $4x-2y-2z=3$;

(2)$\frac{x}{3}=\frac{y}{-2}=\frac{z}{7}$和 $3x-2y+7z=8$;

(3)$\frac{x-2}{3}=\frac{y+2}{1}=\frac{z-3}{-4}$和 $x+y+z=3$.

5. 用对称式方程和参数式方程表示直线$\begin{cases}x-y+z=1,\\2x+y+z=4.\end{cases}$

6. 求过点 $P(1,1,1)$ 且与两平面 $x+2y-1=0$,$y+2z-2=0$ 都平行的直线方程.

7. 求直线$\begin{cases}x+y+3z=0,\\x-y-z=0\end{cases}$和平面 $x-y-z+1=0$ 的夹角.

延展阅读

解析几何的发展早于向量.17 世纪 40 年代,法国数学家费马和笛卡尔创立了解析几何.1629 年,费马在《平面和立体轨迹引论》中,通过引进坐标使不同的曲线有了代数方程的表示方法,他具体地研究了直线、圆和其他圆锥曲线的方程.1643 年,费马曾简短地描述了三维解析几何的思想,这成为空间解析几何的萌芽.1637 年,笛卡尔发明了现代数学的基础工具之一——坐标系.笛卡尔从经纬制度出发指出平面上的点与实数对的对应关系,从而建立起坐标的概念.

解析几何的一个重要发展是由平面推广到空间.这一工作最初出现在 17 世纪.笛卡尔

曾认识到一个含有三个未知数的方程所代表的点的轨迹是一个平面、球面或更复杂的曲面，但是他没有进一步将其理论推广到三维空间．1769 年，法国数学家拉海尔对三维坐标几何作了特殊的讨论，先用三个坐标表示空间中的点，然后写出曲线的方程．1715 年，伯努利兄弟中的约翰伯努利首先引入现在通用的三个坐标平面，在此基础上，通过法国数学家帕朗、克莱罗以及约翰伯努利和赫尔曼等人的工作，将曲面用含有三个坐标变量的方程表示．1731 年，克莱罗又指出描述一条空间曲线需要两个曲面方程．1732 年，赫尔曼给出了绕 z 轴旋转的曲面方程的一般形式. 1748 年，瑞士数学家欧拉所著的《分析引论》中出现了解析几何发展史上的重要一步，它给出了现代形式下的解析几何的系统叙述，被视为现代意义下的第一本解析几何教程．在这本书中，欧拉还给出了空间坐标的变换公式和曲面（锥面、柱面、椭球面、单叶双曲面、双叶双曲面、双曲抛物面以及抛物柱面）的标准形式．继欧拉之后，法国数学家蒙日对三维解析几何作了大量的研究．他与他的学生阿歇特证明了二次曲面的每一个平面截口是一条二次曲线，而平行截面截得的是相似的二次曲线．他们还证明了单叶双曲面和双曲抛物面都能用一根直线按两种不同方式运动而得到，这类曲面称为直纹曲面．

1788 年，法国数学家拉格朗日在他的著作中用类似后来向量的形式表示力、速度、加速度等具有方向的量，这一概念的提出为向量代数的诞生打下基础．向量代数的出现立即对解析几何产生深刻的影响，成为解析几何学的重要组成部分．

向量是数学和物理学的重要工具，它在数学中的发展经历了很长一段时间．空间向量的结构一直未被数学家们所认知，直到对复数的几何表示进行研究才开始．18 世纪末期，人们逐步接受了复数，也学会了利用具有几何意义的复数运算来定义平面向量的运算．把坐标平面上的点用向量表示出来，并把向量的几何表示用于研究几何问题与三角问题，二维向量就这样进入了数学中．

三维向量的发展仍与复数有关．1843 年，为了将复数应用到三维空间中，英国数学家、物理学家哈密顿经过长期努力，发明了数学概念——四元数．四元数是复数的延伸，它包括数量部分和向量部分，以代表空间的向量．四元数是第一个不满足乘法交换律的数系，它的创立对代数学的发展产生了革命性的影响，为向量代数和向量分析的建立奠定了基础．哈密顿利用四元数先后定义了梯度、散度和旋度等微分算子，并应用到物理中去．在哈密顿提出四元数后的几十年里，四元数的实用性还比较有限．1871 年，英国物理学家麦克斯韦结合自己的研究工作，在其论著中将四元数区分为数量和向量两部分，把哈密顿定义的散度等概率应用到向量函数上，定义了新的微分算子即后来的拉普拉斯算子．他将四元数这一数学工具应用到电磁学的研究中，体现在非常著名的麦克斯韦方程组中．麦克斯韦的工作让人们逐步认识到利用向量处理物理问题的必要性，是向量分析发展的基础．18 世纪 80 年代，美国数学物理教授吉布斯和英国物理学家赫维塞德各自独立发展出三维向量代数和向量分析．吉布斯首先定义了“向量”“标量”和“向量分析”等概念，并沿袭了四元数用希腊字母表示向量分量的传统．二人所发展的向量分析中定义了两种不同的乘积，即向量的数量积和向量积．他们的工作还将向量代数推广到向量微积分．由此，向量的方法被引进到分析和空间解析几何中来，并逐步完善，成为一套优良的数学工具．

附录Ⅰ 数学在建筑中的应用

所有较高的文明都相信一种基于数和数之关系的秩序,并且在普遍的、宇宙的概念与人类生活之间寻找和建构之间的和谐,这通常是一种想象的和神秘的和谐. 赫尔曼(1932年至今)在《对称性》一书里指出:一种隐匿的和谐存在于自然,它以一种简单的数学规律的图像,投射到我们的大脑之中. 数学分析和观察的结合之所以能够对自然中所发生的事件作出预测,原因即在于此.

建筑是人类文明的载体,是人类智慧的结晶,是人类生存的基本活动之一. 建筑是所有人生戏剧或故事的最重要的舞台. 从古至今,一幢幢美轮美奂的建筑,就像一部部记载着时代变迁的史书,展示着每个时代的政治、经济、文化、技术、艺术和哲学,当然,也蕴含了深刻的数学思想. 哲学家赵鑫珊说:"建筑是建筑师从大自然中派生出来的或暂时借来的空间;是一种'加工'过的自然."千百年来,数学一直是建筑师用于设计和构图的重要工具. 数学思想为建筑设计提供着一种独特的智力资源,也是建筑师减少试验、消除技术差错的一种工具和手段. 古希腊哲学家、数学家毕达哥拉斯认为:数是宇宙的核心. 建筑作为一种人造物,理所应当反映宇宙的规律,而宇宙是由数学法则控制的. 理查德·帕多万曾写道:我们作为自然的一部分,与自然有着天生的亲和力,并且具有认识和解释自然的能力.

F1.1 古今建筑中的数学思想

人类最早的祖先大约出现在700万年前,而人类种群也存在了约10万年. 早期的人类就拥有了具有记录所观察到的事物的出色能力. 人们观察到夜晚天空的亮光点点、地平线上的海天一线,还有月亮、太阳及眼睛虹膜的圆形. 他们意识到树干垂直于平坦的地面、树干与其树枝呈一定角度、明亮天空下松树的影子是三角形. 他们好奇于彩虹的弧线、雨滴的形状、叶子和花朵的图案、鱼与海星的形状、海贝的螺旋线、鸡蛋的椭圆形,还有兽角、鸟嘴与獠牙的曲线. 大约1万年前,人类离开洞穴,开始建造原始住所,他们通过使用绳索和棍棒,画出直线和圆,他们布置的生活区,有圆形帐篷和矩形棚屋,他们已经初步认识到次序、图案、对称和比例.

毕达哥拉斯说,万物皆数,建筑中的数学比例理论是指:如何以一种方式强调1与2

之间的区别，使所获得的数列具有加法和乘法属性，从而产生秩序和复杂性．黄金分割只是这一原理的特例．自毕达哥拉斯以来，数学家和哲学家所争论的问题直接影响着建筑的风格．

古代埃及人信仰太阳神，因为太阳给地球带来温暖和阳光，使生命得以健康生长．金字塔是一种规则的几何图形，包括四面斜坡和每相邻两坡的交线，都由汇聚到塔尖的射线组成，使人联想起太阳的光束．棱锥的底面大，重心低，推不倒，震不垮，历经几千年风霜雨打，地震海啸，巍然屹立，这蕴含了数与形的真谛，一定是进行了精确的计算，才保证了如此完美的建筑质量．胡夫金字塔的高度大约有今天的 40 层楼高，这项当年最高建筑物的世界纪录，保持了 4 500 多年．直到 1889 年，才被 300 m 高的法国埃菲尔铁塔所超过．

文艺复兴时期(1300—1600 年)，韦达的符号代数学、雷格蒙塔努斯的三角学、笛卡尔的解析几何学、费马的极值和数论思想、帕斯卡的概率论基本原则，以及绘画的透视法，使多才多艺高雅博学的建筑师，基于对中世纪神权至上的批判和对人道主义的肯定，希望借助古典的比例建造反映社会和谐与秩序的建筑．这个时期，建筑对秩序和比例有着强烈的追求，使用大量对称、集中式“恢复”自然，用尺规作图和制图，产生了许多以圆形和正方形为主的反哥特式建筑．在建筑风格上，常常以雕刻和壁画来美化城市(见图 F1-1，图 F1-2)．

图 F1-1　古罗马浅浮雕(意大利)

文艺复兴时期的石建筑物，显示了在明暗和虚实等都堪称精美优雅的对称建筑美和数学美的一致性．在没有被表达出来之前，大多数数学概念不是建立在逻辑的基础上的，而是直觉与美．所谓美，就是其所有的各个构成部分都很均匀，不能再增减一笔或者改变半分．

在西方追求比例美的建筑历程中，中国建筑的木结构也体现了严谨而完整的模数系统，达到了高度的标准化和通用性．模数系统从数学上讲是按某种比例和规律组合成的数系．李允鉌先生在他著名的《华夏意匠》一书中指出，“至今为止，世界上真正实现过建筑设计标准化和模数化的只有中国的传统建筑”．

图 F1-2　布里斯托尔博物馆上的雕塑(英国)

中国古代建筑的传统审美观点是庭院中心. 把太和殿放在中轴线上,从大明门到景山这个尺度上衡量时,从大明门到景山的距离是 2.5 km,从大明门到太和殿的庭院中心是 1.504 5 km,两者的比值为 1.504 5 : 2.5=0.601 8. 以前,人们以为明代的设计者是为了皇家的尊严,才把大明门设计在离紫禁城如此遥远的地方,使上朝者产生一种期待. 然而,从数据中我们可以领悟到,这种数字似乎并不是受了西方文化的影响,只是说明人类对美的追求有着共通的理念,黄金分割比有着天人合一的合理性. 在 20 世纪 40 年代,建筑史专家傅熹年先生用一把皮尺,把辉煌的紫禁城宫殿变成了一组枯燥的数字. 通过测量发现,这堆纷乱的数据,正如外国的古金字塔和巴特农神殿,紫禁城的建筑中蕴藏着许多奇妙的数字. 在紫禁城最重要的宫殿太和殿里,太和门庭院的深度为 130 m,宽度为 200 m,长和宽之比为 130 : 200=0.65,比较接近黄金分割比.

F1.2　建筑美和数学美的一致性

人类根据对世界的理解创造了数学工具,而数学工具反过来又体现了我们对于世界的看法. 数学与建筑息息相关. 数学规律在角度、比例、轨迹等方面约束建筑的生长形态. 数学美与建筑美都有追求和谐的共性,但二者的美学特征又远不止于此. 英国哲学家、数学家罗素说:数学,如果正确地看它,不但拥有真理,而且有至高的美,这是一种庄重而严格的美,这种美不是投合于我们天性中的微弱的方面,而是以纯净到崇高的地步,能够达到严格且只有最伟大的艺术才能显示的那种完美的境地.

1. 简洁之美

数学如诗,建筑如诗. 诗,用最少的语汇表述天、地、人之间最大量的思想和感情. 一幅画,就是要在有限的画面上表达最多的情感和事物;建筑就是一种能够最终归结为数学的简约的艺术．数学追求简洁，建筑追求简约，大道至简．

2. 自然之美

万物，是指自然．万物皆数．在今天数字化、数学化的时代，数学思想是数学家的灵魂，也是建筑学家的灵魂．无论是古典主义，还是现代主义，建筑师都从自然获得灵感，这才有了今天创造出的绿色建筑、生态建筑和智能建筑．大美天成．

3. 抽象之美

数学是抽象的，建筑也是抽象的．抽象就是对某类事物共性的描述，是认识复杂现象过程中使用的思维工具，即抽出事物本质的共同的特性而暂不考虑它的细节，不考虑其他因素．抽象思维是指在感性认识基础上运用概念、判断、推理等方式透过现象，抽取研究对象本质的理性思维方法．抽象是人类的高度智慧的产物．比如，圆、正方形等．

4. 结构之美

美国建筑大师赖特说："建筑是用结构来表达思想的科学性艺术．"结构本身就富有美学表现力．为了达到美的目的，各种结构都是按一定的规律组成的．这种规律性不仅具有简化、合理的特征，还具有美学的效果，极富变化的韵律感和节奏感．美国现代建筑学家托伯特·哈姆林对现代建筑结构美提出的法则包括统一、均衡、比例、尺度、韵律、布局中的序列、规则的和不规则的序列设计等．

5. 模型之美

模型是为了某种特定目的将原型的某一部分信息简缩、提炼而得出的对原型的模拟或抽象．它是原型的替代物，是对原型的一个不失真的近似反映，是帮助人们进行合理思考的工具．模型必须能够反映问题的某些特征和要素．模型在人类生活、科学技术、工程实验中具有重要作用．数学中有数学模型，建筑中有建筑模型．

F1.3　建筑中的数与形

——著名建筑赏析

古今的建筑设计中，下列数学概念常为建筑师所用：棱锥、角、棱柱、比例、黄金分割、抛物曲线、悬链线、立方体、双曲抛物面、多面体、短程式圆顶、三角形、毕达哥拉斯定理、螺线、正方形、矩形、平行四边形、螺旋、圆、半圆、弧、球、椭球、半球、多边形、排列、组合、对称、动态对称、最大、最小等．其中，圆、半圆、弧、球、椭球、半球及其变化成为建筑主流的数学思想，并运用于各种建筑中．

1. 巴比伦空中花园——几何图形和数学比例

巴比伦空中花园（见图 F1-3）是古代世界七大奇迹之一，位于现在的伊拉克．这个花园是由许多几何图形和数学比例构成的，比如圆形、正方形、等边三角形等．设计师使用这些形状来创造出一个惊人的三维结构，同时保证了结构的稳定性和视觉的吸引力．在建筑过程中，还应用了数学比例，如黄金分割，以确定各个楼层的位置和大小．

图 F1-3　巴比伦空中花园(伊拉克)

2. 洛杉矶县博物馆——对数螺旋

洛杉矶县博物馆(见图 F1-4)的设计师理查德·迈耶,使用了一种名为“对数螺旋”的数学形状来设计博物馆的外部结构.

图 F1-4　洛杉矶县博物馆(美国)

对数螺旋是一个在两个方向上无限延伸的螺旋形状,它被用来创建博物馆的流线型外观.此外,为了确保建筑物的稳固性和节省材料,博物馆的内部结构也依赖于数学原理,比如使用三角形来增强结构的稳定性.

3. 广州电视塔——单页双曲面

广州电视塔(见图 F1-5)(小蛮腰)的外型是典型的单页双曲面,即直纹面.单页双曲面的每条母线都是直线,通俗来说,虽然看上去广州塔外边是光滑的曲线,中间细两头宽,但是事实上每一根柱子自下而上都是直的,所以广州塔是一堆笔直的柱子斜着搭起的!

图 F1-5　广州电视塔(中国)

4. 北京凤凰国际传媒中心——莫比乌斯带

北京凤凰国际传媒中心(见图 F1-6)采用的是钢结构体系,设计和施工难度都比较大. 它运用的是现代先进的参数化非线性设计,打破了传统的思维,不是通过画图,而是借助设计师的经验和数字技术协同工作,运用编程来完成大楼的设计和施工的. 凤凰国际传媒中心钢结构工程师的一个技术创新型工程是,在“莫比乌斯环”内,每一个钢结构构件弯曲的方向、弧度及长度都是不一样的,而这所有的不一样,成就了这座雄伟的、独一无二的建筑.

图 F1-6　北京凤凰国际传媒中心(中国)

5. 中国结步行桥——中国结和莫比乌斯带

Next 建筑事务所为湖南长沙龙王港设计的中国结步行桥(见图 F1-7)同样以莫比乌斯带为原型,与北京凤凰国际传媒中心不同的是,大桥还融入了中国结元素,其独特的中国结造型为坚固的桥梁注入柔美气质,如缎带般优美柔和的人行桥,仿佛舞者的水袖掠过梅西河. 设计采用多种工艺,行人可在不同高度选取路线过桥. 其实此桥设计不只是杂糅中国结和莫比乌斯带元素,行人在行走路线的选择中,也在向著名的七桥问题致敬.

图 F1-7 长沙中国结步行桥(中国)

6. 北京大兴机场——黎曼几何

黎曼几何的基本规定是在同一平面内任何两条直线都有公共点(交点),直线可以无限延长,但总的长度是有限的. 从空中鸟瞰北京大兴机场(见图 F1-8)的棚顶结构,会觉得有点儿酷似六芒星的结构. 它内部的钢架结构,里面由两族彼此垂直的曲线结构组成,结构中间存在一个稳定的奇异点.

图 F1-8 北京大兴机场(中国)

7. 拓扑等价的建筑造型

数学中,所谓拓扑等价,就是通过连续变形(不破损、不黏合),将其中的一个变成另外一个.长方体与球拓扑等价;方框与环拓扑等价;圆柱与四棱台拓扑等价.

建筑中,利用拓扑等价性,可以通过连续变形,使每个基本模式产生无穷无尽的变化.

(1)巴黎的德方斯大门(见图 F1-9)的空心方框拓扑等价于环.

图 F1-9　巴黎的德方斯大门(法国)

(2)位于西班牙的毕尔巴鄂古根海姆美术馆分馆(见图 F1-10),各个块都经过拓扑变形,利用计算机进行复杂而精确的计算设计而成.

图 F1-10　毕尔巴鄂古根海姆美术馆分馆(西班牙)

(3)曾经攻读数学系的世界著名建筑设计师扎哈·哈迪德善于运用数学中扭曲概念,用扭曲现实挑战地心引力.融合马蹄网元素的沙特阿拉伯地铁站(见图 F1-11)、中国广州歌剧院(见图 F1-12)、丹麦哥本哈根艺术博物馆(见图 F1-13)、伦敦 2012 奥运会水上运动中心(见图 F1-14)等,都出自哈迪德之手.美国建筑资深评论员艾达·路易斯·赫克斯特布尔说:“哈迪德改变了人们对空间的看法和感受.”空间在哈迪德手中就像橡胶泥一样,任意改

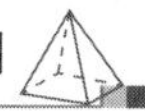

变形状.

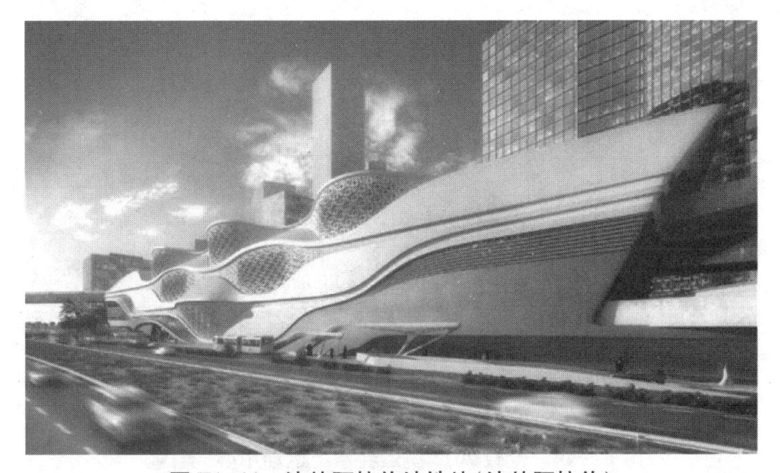

图 F1-11 沙特阿拉伯地铁站(沙特阿拉伯)

图 F1-12 广州歌剧院(中国)

图 F1-13 哥本哈根艺术博物馆(丹麦)

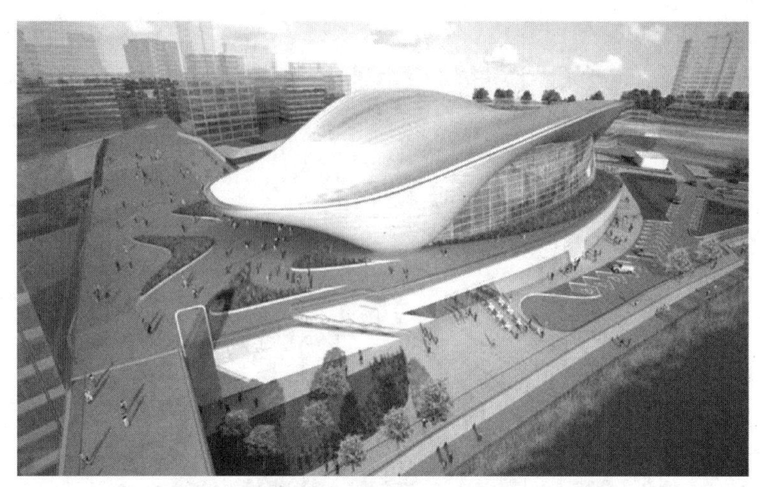

图 F1-14　伦敦 2012 奥运会水上运动中心(英国)

哈迪德的现代主义作品,基于新的结构、新的视点,诠释新的认知并转化为现存造型的重组. 她的建筑思想向人们展示的是原野如何越过山丘、洞穴如何蔓延展开、河流如何蜿蜒流淌、山峰如何引领方向. 她所追求并塑造的是具有对立统一的从自然环境中产生的空间. 她说,当你调动一组几何图形时,你便可以感受到一个建筑开始形成并运动起来.

我们这个时代的大建筑师,需要大文化哲学背景的支撑. 建筑与文化、政治、艺术、宗教、技术等密切相关. 数学思想,为建筑插上翅膀,建筑带领我们乘坐地球在宇宙中飞翔. 人类到底需要什么样的建筑? 什么样的建筑能够与地球和人类同生? 未来建筑将给出答案.

附录Ⅱ python在微积分计算中的应用

Numpy(Numerical Python)是 Python 的一个开源的数值计算扩展. NumPy是python中的一款高性能科学计算与数据分析的基础包. NumPy通常与SciPy(Scientific Python)和Matplotlib(绘图库)一起使用,是一个强大的科学计算环境,有助于我们通过Python学习微积分的计算.

附录Ⅱ 例题 Python代码

F2.1 极限的计算

在Python中求极限使用命令

Limit(y,x,x0,dir="+-")

例 F2.1 求数列极限 $\lim\limits_{x\to\infty}\left(1+\dfrac{1}{n}\right)^{n}$.

在Anaconda内建的Spyder集成开发环境中输入代码

```
import matplotlib.pyplot as plt
import numpy as np
import sympy as sp
n=sp.Symbol('n')
xn=(1+1/n)*n
l=sp.limit(xn,n,'+oo')
print('%s极限的值:%s'%(str(xn),str(l)))
n=np.arange(1,100,1)
xn=(1+1/n)**n
plt.figure(figsize=(12,5))
plt.title('y=(1+1/n)**n')
plt.scatter(n,xn)
plt.axis('on')
plt.show()
```

输出结果

(1+1/n) ** n 极限的值:E

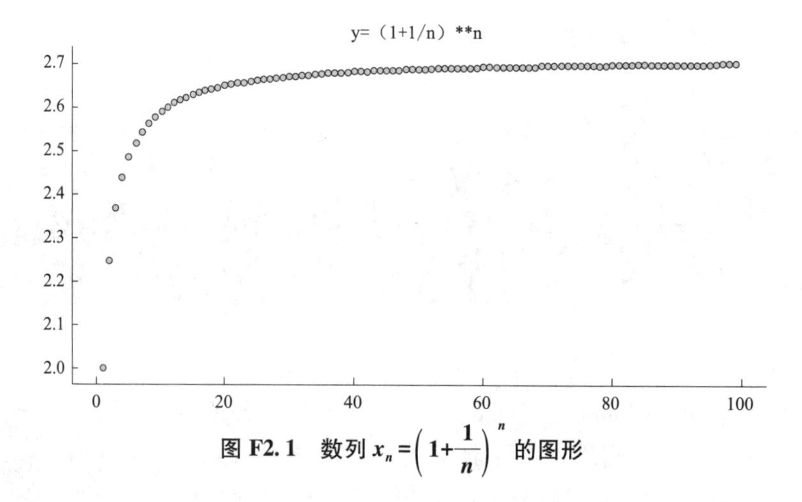

图 F2.1　数列 $x_n=\left(1+\frac{1}{n}\right)^n$ 的图形

例 F2.2　求极限 $\lim\limits_{x\to 0}\frac{\sin x}{x}$.

在 Anaconda 内建的 Spyder 集成开发环境中输入代码

```
import matplotlib.pyplot as plt
import numpy as np
import sympy as sp
x=sp.Symbol('x')
y=sp.sin(x)/x
x=sp.limit(y,x,0)
print('% s 极限的值:% s'% (str(y),str(x)))
x=np.arange(-3, 3, 0.01)
y=np.sin(x)/x
plt.title('y=sin(x)/x')
plt.plot(x, y)
ax=plt.gca()
ax.spines['right'].set_color('none')
ax.spines['top'].set_color('none')
ax.spines['bottom'].set_position(('data'],0))
ax.spines['left'].set_position(('data',0))
plt.axis('equal')
plt.grid()
plt.show()
```

输出结果

sin(x)/x 极限的值:1

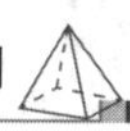

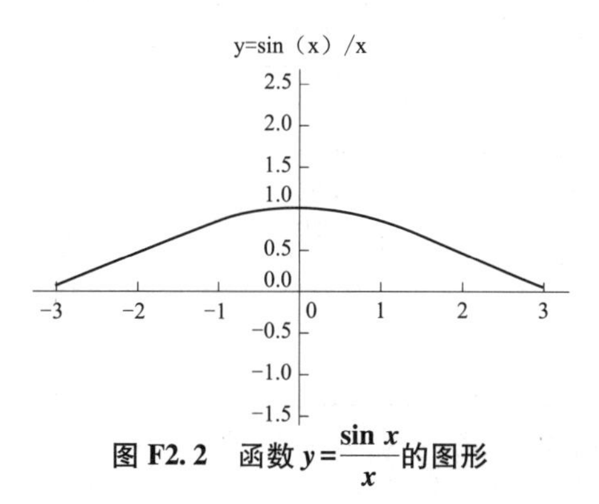

图 F2.2　函数 $y=\frac{\sin x}{x}$ 的图形

例 F2.3　求极限 $\lim\limits_{x\to0}\frac{|x|}{x}$.

在 Anaconda 内建的 Spyder 集成开发环境中输入代码

```
import matplotlib.pyplot as plt
import numpy as np
import sympy as sp
x=sp.Symbol('x'])
y=(np.abs(x))/x
lz= sp.limit(y, x, 0, dir='-'])
ly=sp.limit(y, x, 0, dir='+'])
print('% s 左极限是:% s']% (str(y), str(lz)))
print('% s 右极限是:% s']% (str(y), str(ly)))
ax=plt.gca()
ax.spines['right']].set_color('none')
ax.spines['top']].set_color('none')
ax.spines['bottom']].set_position(('data',0))
ax.spines['left'].set_position(('data',0))
x=np.arange(-6, 6, 0.01)
y=(np.abs(x))/x
plt.title('y=(abs(x))/x')
plt.plot(x, y)
plt.grid()
plt.show()
```

输出结果

Abs(x)/x 左极限是:-1

Abs(x)/x 右极限是:1

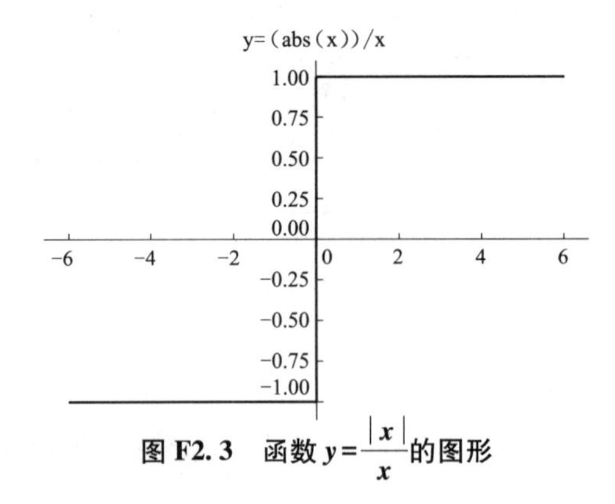

图 F2.3　函数 $y=\frac{|x|}{x}$ 的图形

F2.2　导数的计算

在 Python 中求导数使用命令

$$\text{diff}(y,x,n)$$

例 F2.4　设 $y=5\sqrt{x}+e^{x}(\sin x+\cos x)$，求 y' 和 $y'(1)$.

在 Anaconda 内建的 Spyder 集成开发环境中输入代码

```
import sympy as sp
x=sp.Symbol('x')
y=5*sp.sqrt(x)+ sp.exp(x)*(sp.sin(x)+sp.cos(x))
d=sp.diff(y,x,1)
print('函数的导数为:%s' % d)
w=sp.simplify(d)
print('函数导数化简为:%s' % w)
z=w.evalf(subs={x:1})
print('当x=1时,导数的值为:%s'% z)
```

输出结果

```
函数的导数为:(-sin(x)+cos(x))*exp(x)+(sin(x)+cos(x))*exp(x)+5/(2*sqrt(x))
函数导数化简为:2*exp(x)*cos(x)+5/(2*sqrt(x))
当x=1时,导数的值为5.43738787983177
```

例 F2.5　求由方程 $x+y=\sin y$ 所确定的隐函数 $y=y(x)$ 的二阶导数 $\frac{d^2y}{dx^2}$.

在 Anaconda 内建的 Spyder 集成开发环境中输入代码

```
import sympy as sp
x=sp.Symbol('x')
y=sp.Symbol('y')
f=x+y-sp.sin((y))
d1=sp.idiff(f,y,x,1)
print('隐函数的一阶导数为:%s'% d1)
```

```
d2=sp.idiff(f,y,x,2)
print('隐函数的二阶导数为:%s'%d2)
```

输出结果

隐函数的一阶导数为:1/(cos(y)-1)

隐函数的二阶导数为:sin(y)/(cos(y)-1)*3

例 F2.6 计算由参数方程$\begin{cases}x=a(t-\sin t),\\y=a(1-\cos t)\end{cases}$所确定的函数 $y=y(x)$ 的二阶导数.

在 Anaconda 内建的 Spyder 集成开发环境中输入代码

```
import matplotlib.pyplot as plt
import numpy as np
import sympy as sp
a=sp.Symbol('a')
t=sp.Symbol('t')
x=a*(t-sp.sin(t))
y=a*(1-sp.cos(t))
d1=sp.diff(y, t)/sp.diff(x, t)
print('原参数方程一阶导数结果为:%s'% d1)
d2=sp.diff(d1, t)/sp.diff(x, t)
print('原参数方程的二阶导数结果为:%s'% d2)
d2=sp.simplify(d2)
print('原参数方程的二阶导数化简为:%s'% d2)
a=1
t=np.arange(0,2*np.pi,0.01)
x=a*(t-np.sin(t))
y=a*(1-np.cos(t))
plt.plot(x, y)
plt.title('x=a (t-cos(t)),y=a(1-sin(t))')
plt.xticks([2*sp.pi],[r"$2\pi$"])
plt.axis('equal')
ax=plt.gca()
ax.spines['right'].set_color('none')
ax.spines['top'].set_color('none')
ax.spines['bottom'].set_position(('data',0))
ax.spines['left'].set_position(('data',0))
plt.show()
```

输出结果

原参数方程一阶导数结果为:sin(t)/(1-cos(t))

原参数方程的二阶导数结果为:(cos(t)/(1-cos(t))-sin(t)*2/(1-cos(t))**2)/(a*(1-cos(t)))

原参数方程的二阶导数化简为:-1/(a*(cos(t)-1)**2)

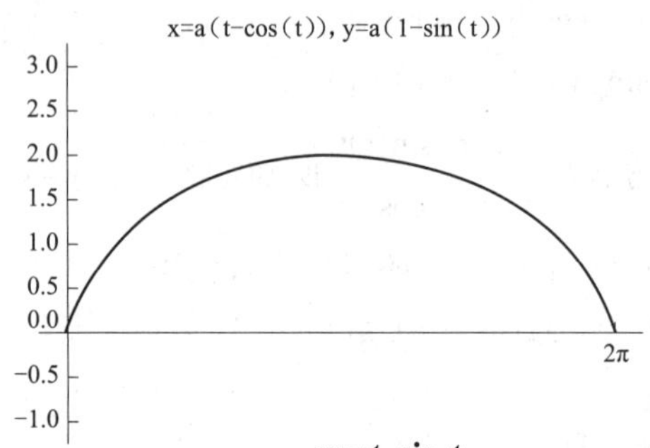

图 F2.4 $a=1$ 时,参数方程$\begin{cases}x=t-\sin t,\\ y=1-\cos t\end{cases}$所确定的函数图形

例 F2.7 设$f(x)$可导,求函数$y=f(x^3)$的微分.

在 Anaconda 内建的 Spyder 集成开发环境中输入代码

```
import sympy as sp
x=sp.Symbol('x')
dx=sp.Symbol('dx')
f=sp.Function('f')
y=f(x**3)
d=sp.diff(y,x)
w=d*dx
print('对 x 的微分为:%s'% w)
```

输出结果

对 x 的微分为:3*dx*x**2*Subs(Derivative(f(_xi_1),_xi_1),_xi_1, x**3)

例 F2.8 求函数$y=x^4-2x^2+3$在$[-1,1]$上的最大值和最小值.

在 Anaconda 内建的 Spyder 集成开发环境中输入代码

```
import matplotlib.pyplot as plt
import numpy as np
import sympy as sp
x=sp.Symbol('x')
y=x**4-2*x**2+3
d=sp.diff(y,x)
x0 =sp.solve(d,x)
print('导数结果为:%s'% d)
print('驻点为:%s'% str(x0))
y0=[y.subs(x,-1),y.subs(x,1),y.subs(x,x0[0]),y.subs(x,x0[1]),
y.subs(x,x0[2])]
```

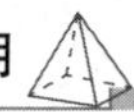

```
print('各点的函数值为:%s'% str(y0))
ymax= max(y0)
ymin= min(y0)
print('最大值为:%s'% str(ymax))
print('最小值为:%s'% str(ymin))
ax=plt.gca()
ax.spines['right'].set_color('none')
ax.spines['top'].set_color('none')
ax.spines['bottom'].set_position(('data',0))
ax.spines['left'].set_position(('data',0))
x=np.arange(-2, 2, 0.01)
y=x**4-2*x**2+3
plt.title('y=x**4-2*x**2+3')
plt.text(-1,2,'(-1,2)')
plt.text(1,2,'(1,2)')
plt.text(0,3,'(0,3)')
plt.scatter(1,2,s=120,color='g',alpha=0.4)
plt.scatter(-1,2,s=120,color='g',alpha=0.4)
plt.scatter(0,3,s=120,color='g',alpha=0.4)
plt.plot(x, y)
plt.grid()
plt.show()
```

输出结果

导数结果为:4*x**3-4*x

驻点为:[-1, 0, 1]

各点的函数值为:[2, 2, 2, 3, 2]

最大值为:3

最小值为:2

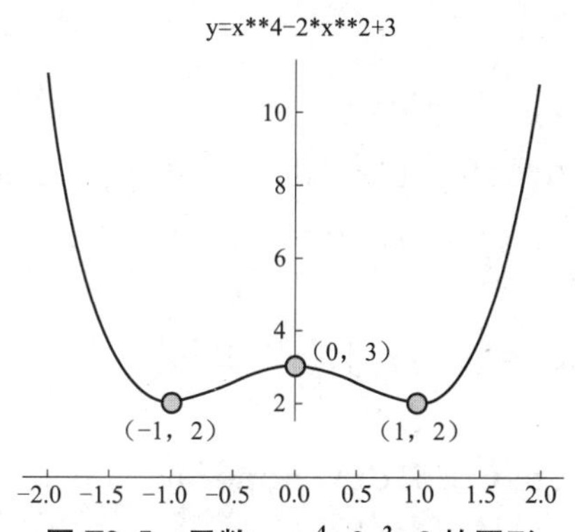

图 F2.5　函数 $y=x^4-2x^2+3$ 的图形

F2.3　积分的计算

在 Python 中求导数使用命令

integrate(y, x)

例 F2.9　计算不定积分 $\int x^2\ln x\mathrm{d}x$.

在 Anaconda 内建的 Spyder 集成开发环境中输入代码

```
import sympy as sp
x=sp.Symbol('x')
y=x ** 2 * sp.log(x)
bdjf=sp.integrate(y, x)
print('不定积分的结果为:% s'% bdjf)
```

输出结果

不定积分的结果为:x ** 3 * log(x)/3-x ** 3/9

例 F2.10　计算定积分 $\int_{-1}^{\sqrt{3}}\frac{1}{1+x^2}\mathrm{d}x$.

在 Anaconda 内建的 Spyder 集成开发环境中输入代码

```
import sympy as sp
import numpy as np
import matplotlib.pyplot as plt
x=sp.Symbol('x')
y=1/(1+x ** 2)
bdjf=sp.integrate(y, x)
djf=sp.integrate(y, (x,-1, sp.sqrt(3)))
print('不定积分的结果为:% s'% bdjf)
print('定积分的结果为:% s'% djf)
x=np.arange(-3,3,0.01)
y =1/(1+x ** 2)
plt.plot(x, y)
plt.title('y =1/(1+x ** 2)')
plt.plot([-1,-1],[0,0.5],linestyle='--',color='b')
plt.plot([np.sqrt(3),np.sqrt(3)],[0,0.25],linestyle='--',
color='b')
plt.xticks([-1,0,np.sqrt(3)],["-1","0", r"sqrt(3)"])
ax=plt.gca()
ax.spines['right'].set_color('none')
ax.spines['top'].set_color('none')
```

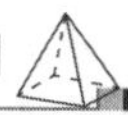

```
ax.spines['bottom'].set_position(('data',0))
ax.spines['left'].set_position(('data',0))
plt.grid()
plt.show()
```

输出结果

不定积分的结果为:atan(x)

定积分的结果为:7 * pi/12

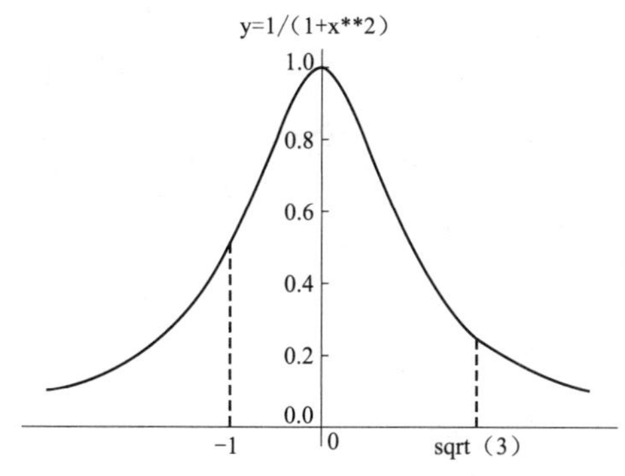

图 F2.6 积分区域的图形

例 F2.11 计算由两条抛物线:$y^2=x, y=x^2$ 所围成的图形的面积.

在 Anaconda 内建的 Spyder 集成开发环境中输入代码

```
import matplotlib.pyplot as plt
import sympy as sp
import numpy as np
x=sp.symbols('x')
y=sp.sqrt(x)-x ** 2
I=sp.integrate(y,(x,0,1))
print('围成的面积为:% s'% I)
x=np.arange(0, 1, 0.01)
y=x ** 2
plt.plot(x, y,linestyle='--',color='b',label=r'y=x ** 2')
x=np.arange(0, 1,0.01)
y=x ** (1/2)
plt.plot(x, y,linestyle='-',color='b',label=r'y=sqrt(x)')
plt.title('积分区域')
plt.axis('equal')
ax=plt.gca()
ax.spines['right'].set_color('none')
ax.spines['top'].set_color('none')
```

```
ax.spines['bottom'].set_position(('data',0))
ax.spines['left'].set_position(('data',0))
plt.legend()
plt.grid()
plt.rcParams['font.sans-serif']=['SimHei']
plt.rcParams['axes.unicode_minus']=False
plt.show()
```

输出结果

围成的面积为:1/3

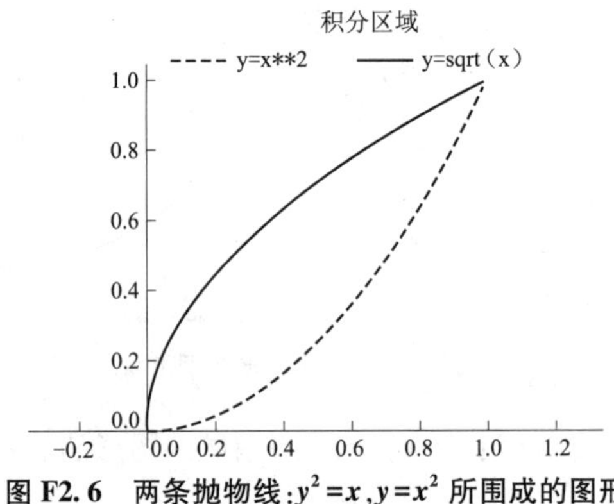

图 F2.6　两条抛物线:$y^2=x,y=x^2$ 所围成的图形

例 F2.12　计算星形线 $x=a\cos^3 t,y=a\sin^3 t$ 的全长.

在 Anaconda 内建的 Spyder 集成开发环境中输入代码

```
import sympy as sp
import numpy as np
import matplotlib.pyplot as plt
a= sp.Symbol('a')
t=sp.Symbol('t')
x=a*sp.cos(t)**3
y=a*sp.sin(t)**3
xd=sp.diff(x,t)
yd=sp.diff(y,t)
f=sp.sqrt(xd**2+yd**2)
qxjf=sp.integrate(f, (t, 0, 2*sp.pi))
print('曲线积分的结果为:%s' % qxjf)
t=np.arange(0, 2*np.pi,0.01)
a=1
x= a*np.cos(t)**3
y=a*np.sin(t)**3
```

```
plt.plot(x,y)
plt.grid(    )
ax=plt.gca(    )
ax.spines['right'].set_color('none')
ax.spines['top'].set_color('none')
ax.spines['bottom'].set_position(('data',0))
ax.spines['left'].set_position(('data',0))
plt.axis('equal')
plt.show()
```

输出结果

曲线积分的结果为:6 * sqrt(a ** 2)

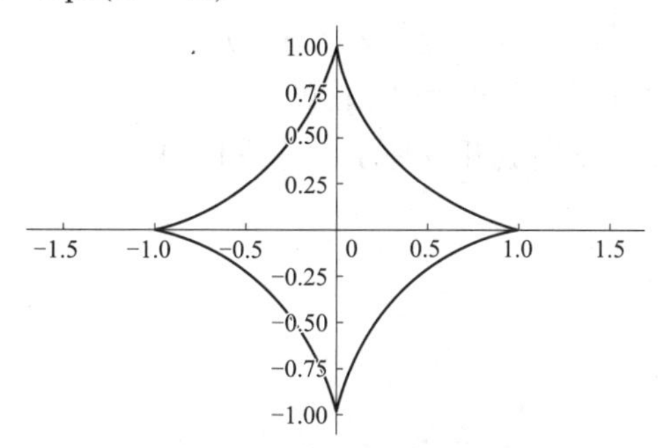

图 F2.7　星形线 $x=a\cos^3 t, y=a\sin^3 t$ 的图形

F2.4　微分方程的计算

在 Python 中求微分方程使用命令

dsolve(d, y)

例 F2.13　求微分方程 $\frac{dy}{dx}=4xy$ 的通解.

在 Anaconda 内建的 Spyder 集成开发环境中输入代码

```
import sympy as sp
x=sp.Symbol('x')
f=sp.Function('f')
y=f(x)
d=sp.Eq(y.diff(x),4 * x * y)
fc=sp.dsolve(d,y)
print('微分方程的通解为:% s' % fc)
```

输出结果

微分方程的通解为:Eq(f(x), C1 * exp(2 * x ** 2))

例 F2.14 求一阶微分方程 $xy'+2y=x\ln x$ 满足初始条件 $y|_{x=1}=-\frac{1}{9}$ 的特解.

在 Anaconda 内建的 Spyder 集成开发环境中输入代码

```
import sympy as sp
x=sp.Symbol('x')
f=sp.Function('f')
y=f(x)
d=sp.Eq(x*y.diff(x)+2*y,x*sp.log(x))
wffc=sp.dsolve(d,y,ics={f(1):-1/9})
print('微分方程的特解为:%s'% wffc)
```

输出结果

微分方程的特解为:Eq(f(x), x*log(x)/3-x/9)

例 F2.15 求微分方程 $y''-3y'-4y=0$ 的通解.

在 Anaconda 内建的 Spyder 集成开发环境中输入代码

```
import sympy as sp
x=sp.Symbol('x')
f=sp.Function('f')
y=f(x)
d=sp.Eq(y.diff(x,2)-3* y.diff(x)-4*y, 0)
diff=sp.dsolve(d, y)
print('微分方程的通解为:%s'% diff)
```

输出结果

微分方程的通解为:Eq(f(x), C1*exp(-x)+C2*exp(4*x))

例 F2.16 求微分方程 $y''-4y'+4y=e^{2x}$ 满足初始条件 $y|_{x=0}=1, y'|_{x=0}=0$ 的特解.

在 Anaconda 内建的 Spyder 集成开发环境中输入代码

```
import sympy as sp
x=sp.Symbol('x')
f=sp.Function('f')
y=f(x)
d=sp.Eq(y.diff(x,2)-4*y.diff(x)+4*y, sp.exp(2*x))
diff=sp.dsolve(d, y, ics={f(0): 1, f(x).diff(x).subs(x, 0): 0})
print('微分方程的特解为:%s'% diff)
```

输出结果

微分方程的特解为:Eq(f(x), (x*(x/2-2)+1)*exp(2*x))

F2.5 向量的计算

在 Python 中求两个向量的内积使用命令

dot(a,b)

在 Python 中求两个向量的外积使用命令

cross(a,b)

例 F2.17 已知 $\boldsymbol{a}=(1,-2,3)$,$\boldsymbol{b}=(5,0,9)$,求 $\boldsymbol{a}\cdot\boldsymbol{b}$ 和 $\boldsymbol{a}\times\boldsymbol{b}$.

在 Anaconda 内建的 Spyder 集成开发环境中输入代码

```
import numpy as np
a=np.array([1,-2,3])
b=np.array([5,0,9])
c=np.dot(a,b)
d=np.cross(a,b)
print('向量 a,b 的内积为:% s'% c)
print('向量 a,b 的外积为:% s'% d)
```

输出结果

向量 a,b 的内积为:32

向量 a,b 的外积为:[-18 6 10]

F2.6 空间曲面的绘制

例 F2.18 画出椭圆抛物面 $z=4x^2+y^2$ 和平面与 $z=1$ 所围成的立体图形.

在 Anaconda 内建的 Spyder 集成开发环境中输入代码

```
import numpy as np
from mpl_toolkits.mplot3d import Axes3D
import matplotlib.pyplot as plt
x=np.arange(-0.5, 0.5, 0.05)
y=np.arange(-1, 1, 0.05)
x, y=np.meshgrid(x, y)
z1 =4 * x ** 2+y ** 2
z2=x * 0+y * 0+1
ax=Axes3D(plt.figure())
ax.set_title('立体图像')
ax.plot_surface(x, y, z1,color='b',alpha=0.2)
ax.plot_surface(x,y,z2,color='r',alpha=0.6)
plt.rcParams['font.sans-serif']=['SimHei']
```

```
plt.rcParams['axes.unicode_minus']=False
plt.show()
```

输出结果

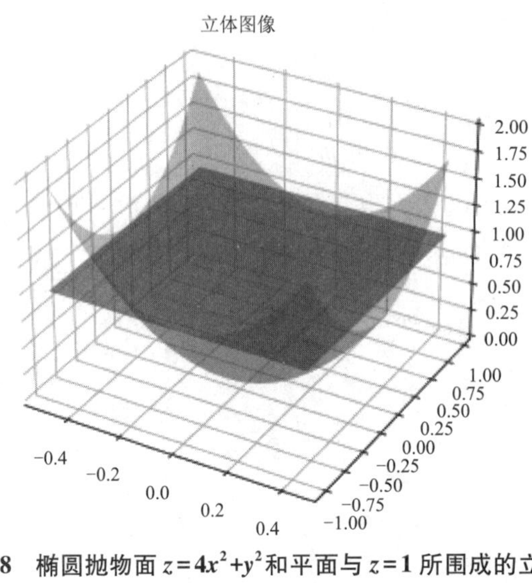

图 F2.8　椭圆抛物面 $z=4x^2+y^2$ 和平面与 $z=1$ 所围成的立体图形

附录Ⅲ 积分表

F3.1 含有 $a+bx$ 的积分

(1) $\int \frac{dx}{a+bx}=\frac{1}{b}\ln|a+bx|+C$；

(2) $\int (a+bx)^n dx=\frac{(a+bx)^{n+1}}{b(n+1)}+C(n\neq -1)$；

(3) $\int \frac{xdx}{a+bx}=\frac{1}{b^2}(a+bx-a\ln|a+bx|)+C$；

(4) $\int \frac{x^2dx}{a+bx}=\frac{1}{b^3}\left[\frac{1}{2}(a+bx)^2-2a(a+bx)+a^2\ln|a+bx|\right]+C$；

(5) $\int \frac{dx}{x(a+bx)}=-\frac{1}{a}\ln\left|\frac{a+bx}{x}\right|+C$；

(6) $\int \frac{dx}{x^2(a+bx)}=-\frac{1}{ax}+\frac{b}{a^2}\ln\left|\frac{a+bx}{x}\right|+C$；

(7) $\int \frac{xdx}{(a+bx)^2}=\frac{1}{b^2}\left[\ln|a+bx|+\frac{a}{a+bx}\right]+C$；

(8) $\int \frac{x^2dx}{(a+bx)^2}=\frac{1}{b^3}\left(a+bx-2a\ln|a+bx|-\frac{a^2}{a+bx}\right)+C$；

(9) $\int \frac{dx}{x(a+bx)^2}=\frac{1}{a(a+bx)}-\frac{1}{a^2}\ln\left|\frac{a+bx}{x}\right|+C.$

F3.2 含有 $\sqrt{a+bx}$ 的积分

(10) $\int \sqrt{a+bx}\,dx=\frac{2}{3b}\sqrt{(a+bx)^3}+C$；

(11) $\int x\sqrt{a+bx}\,dx=-\frac{2(2a-3bx)\sqrt{(a+bx)^3}}{15b^2}+C$；

(12) $\int x^2\sqrt{a+bx}\,\mathrm{d}x=\dfrac{2(8a^2-12abx+15b^2x^2)\sqrt{(a+bx)^3}}{105b^3}+C$；

(13) $\int \dfrac{x\mathrm{d}x}{\sqrt{a+bx}}=-\dfrac{2(2a-bx)}{3b^2}\sqrt{a+bx}+C$；

(14) $\int \dfrac{x^2\mathrm{d}x}{\sqrt{a+bx}}=\dfrac{2(8a^2-4abx+3b^2x^2)}{15b^3}\sqrt{a+bx}+C$；

(15) $\int \dfrac{\mathrm{d}x}{x\sqrt{a+bx}}=\begin{cases}\dfrac{1}{\sqrt{a}}\ln\dfrac{|\sqrt{a+bx}-\sqrt{a}|}{\sqrt{a+bx}+\sqrt{a}}+C,\ a>0,\\ \dfrac{2}{\sqrt{-a}}\arctan\sqrt{\dfrac{a+bx}{-a}}+C,\ a<0;\end{cases}$

(16) $\int \dfrac{\mathrm{d}x}{x^2\sqrt{a+bx}}=-\dfrac{\sqrt{a+bx}}{ax}-\dfrac{b}{2a}\int\dfrac{\mathrm{d}x}{x\sqrt{a+bx}}$；

(17) $\int \dfrac{\sqrt{a+bx}\,\mathrm{d}x}{x}=2\sqrt{a+bx}+a\int\dfrac{\mathrm{d}x}{x\sqrt{a+bx}}$.

F3.3　含有 $a^2\pm x^2$ 的积分

(18) $\int \dfrac{\mathrm{d}x}{a^2+x^2}=\dfrac{1}{a}\arctan\dfrac{x}{a}+C$；

(19) $\int \dfrac{\mathrm{d}x}{(x^2+a^2)^n}=\dfrac{x}{2(n-1)a^2(x^2+a^2)^{n-1}}+\dfrac{2n-3}{2(n-1)a^2}\int\dfrac{\mathrm{d}x}{(x^2+a^2)^{n-1}}$；

(20) $\int \dfrac{\mathrm{d}x}{a^2-x^2}=\dfrac{1}{2a}\ln\left|\dfrac{a+x}{a-x}\right|+C$；

(21) $\int \dfrac{\mathrm{d}x}{x^2-a^2}=\dfrac{1}{2a}\ln\left|\dfrac{x-a}{x+a}\right|+C$.

F3.4　含有 $a\pm bx^2$ 的积分

(22) $\int \dfrac{\mathrm{d}x}{a+bx^2}=\dfrac{1}{\sqrt{ab}}\arctan\sqrt{\dfrac{b}{a}}x+C(a>0,b>0)$；

(23) $\int \dfrac{\mathrm{d}x}{a-bx^2}=\dfrac{1}{2\sqrt{ab}}\ln\left|\dfrac{\sqrt{a}+\sqrt{b}x}{\sqrt{a}-\sqrt{b}x}\right|+C$；

(24) $\int \dfrac{x\mathrm{d}x}{a+bx^2}=\dfrac{1}{2b}\ln|a+bx^2|+C$；

(25) $\int \dfrac{x^2\mathrm{d}x}{a+bx^2}=\dfrac{x}{b}-\dfrac{a}{b}\int\dfrac{\mathrm{d}x}{a+bx^2}$；

(26) $\int \frac{dx}{x(a+bx^2)}=\frac{1}{2a}\ln\left|\frac{x^2}{a+bx^2}\right|+C$;

(27) $\int \frac{dx}{x^2(a+bx^2)}=-\frac{1}{ax}-\frac{b}{a}\int\frac{dx}{a+bx^2}$;

(28) $\int \frac{dx}{(a+bx^2)^2}=\frac{x}{2a(a+bx^2)}+\frac{1}{2a}\int\frac{dx}{a+bx^2}$.

F3.5 含有$\sqrt{x^2+a^2}$($a>0$)的积分

(29) $\int \sqrt{x^2+a^2}\,dx=\frac{x}{2}\sqrt{x^2+a^2}+\frac{a^2}{2}\ln(x+\sqrt{x^2+a^2})+C$;

(30) $\int \sqrt{(x^2+a^2)^3}\,dx=\frac{x}{8}(2x^2+5a^2)\sqrt{x^2+a^2}+\frac{3a^4}{8}\ln(x+\sqrt{x^2+a^2})+C$;

(31) $\int x\sqrt{x^2+a^2}\,dx=\frac{\sqrt{(x^2+a^2)^3}}{3}+C$;

(32) $\int x^2\sqrt{x^2+a^2}\,dx=\frac{x}{8}(2x^2+a^2)\sqrt{x^2+a^2}-\frac{a^4}{8}\ln(x+\sqrt{x^2+a^2})+C$;

(33) $\int \frac{dx}{\sqrt{x^2+a^2}}=\ln(x+\sqrt{x^2+a^2})+C$;

(34) $\int \frac{dx}{\sqrt{(x^2+a^2)^3}}=\frac{x}{a^2\sqrt{x^2+a^2}}+C$;

(35) $\int \frac{x\,dx}{\sqrt{x^2+a^2}}=\sqrt{x^2+a^2}+C$;

(36) $\int \frac{x^2\,dx}{\sqrt{x^2+a^2}}=\frac{x}{2}\sqrt{x^2+a^2}-\frac{a^2}{2}\ln(x+\sqrt{x^2+a^2})+C$;

(37) $\int \frac{x^2\,dx}{\sqrt{(x^2+a^2)^3}}=-\frac{x}{\sqrt{x^2+a^2}}+\ln(x+\sqrt{x^2+a^2})+C$;

(38) $\int \frac{dx}{x\sqrt{x^2+a^2}}=\frac{1}{a}\ln\frac{|x|}{a+\sqrt{x^2+a^2}}+C$;

(39) $\int \frac{dx}{x^2\sqrt{x^2+a^2}}=-\frac{\sqrt{x^2+a^2}}{a^2x}+C$;

(40) $\int \frac{\sqrt{x^2+a^2}\,dx}{x}=\sqrt{x^2+a^2}-a\ln\frac{a+\sqrt{x^2+a^2}}{|x|}+C$;

(41) $\int \frac{\sqrt{x^2+a^2}\,dx}{x^2}=-\frac{\sqrt{x^2+a^2}}{x}+\ln(x+\sqrt{x^2+a^2})+C$.

F3.6 含有$\sqrt{x^2-a^2}$的积分

(42) $\int \frac{dx}{\sqrt{x^2-a^2}}=\ln\left|x+\sqrt{x^2-a^2}\right|+C$;

(43) $\int \frac{dx}{\sqrt{(x^2-a^2)^3}}=-\frac{x}{a^2\sqrt{x^2-a^2}}+C$;

(44) $\int \frac{x dx}{\sqrt{x^2-a^2}}=\sqrt{x^2-a^2}+C$;

(45) $\int \sqrt{x^2-a^2}\,dx=\frac{x}{2}\sqrt{x^2-a^2}-\frac{a^2}{2}\ln\left|x+\sqrt{x^2-a^2}\right|+C$;

(46) $\int \sqrt{(x^2-a^2)^3}\,dx=\frac{x}{8}(2x^2-5a^2)\sqrt{x^2-a^2}+\frac{3a^4}{8}\ln\left|x+\sqrt{x^2-a^2}\right|+C$;

(47) $\int x\sqrt{x^2-a^2}\,dx=\frac{\sqrt{(x^2-a^2)^3}}{3}+C$;

(48) $\int x\sqrt{(x^2-a^2)^3}\,dx=\frac{\sqrt{(x^2-a^2)^5}}{5}+C$;

(49) $\int x^2\sqrt{x^2-a^2}\,dx=\frac{x}{8}(2x^2-a^2)\sqrt{x^2-a^2}-\frac{a^4}{8}\ln\left|x+\sqrt{x^2-a^2}\right|+C$;

(50) $\int \frac{x^2 dx}{\sqrt{x^2-a^2}}=\frac{x}{2}\sqrt{x^2-a^2}+\frac{a^2}{2}\ln\left|x+\sqrt{x^2-a^2}\right|+C$;

(51) $\int \frac{x^2 dx}{\sqrt{(x^2-a^2)^3}}=-\frac{x}{\sqrt{x^2-a^2}}+\ln\left|x+\sqrt{x^2-a^2}\right|+C$;

(52) $\int \frac{dx}{x\sqrt{x^2-a^2}}=\frac{1}{a}\arccos\frac{a}{|x|}+C$;

(53) $\int \frac{dx}{x^2\sqrt{x^2-a^2}}=\frac{\sqrt{x^2-a^2}}{a^2x}+C$;

(54) $\int \frac{\sqrt{x^2-a^2}\,dx}{x}=\sqrt{x^2-a^2}-a\arccos\frac{a}{|x|}+C$;

(55) $\int \frac{\sqrt{x^2-a^2}\,dx}{x^2}=-\frac{\sqrt{x^2-a^2}}{x}+\ln\left|x+\sqrt{x^2-a^2}\right|+C$.

F3.7 含有$\sqrt{a^2-x^2}$的积分

(56) $\int \frac{dx}{\sqrt{a^2-x^2}}=\arcsin\frac{x}{a}+C$;

(57) $\int \frac{dx}{\sqrt{(a^2-x^2)^3}}=\frac{x}{a^2\sqrt{a^2-x^2}}+C$;

(58) $\int \frac{x dx}{\sqrt{a^2-x^2}}=-\sqrt{a^2-x^2}+C$;

(59) $\int \frac{x dx}{\sqrt{(a^2-x^2)^3}}=\frac{1}{\sqrt{a^2-x^2}}+C$;

(60) $\int \frac{x^2 dx}{\sqrt{a^2-x^2}}=-\frac{x}{2}\sqrt{a^2-x^2}+\frac{a^2}{2}\arcsin\frac{x}{a}+C$;

(61) $\int \sqrt{a^2-x^2}\,dx=\frac{x}{2}\sqrt{a^2-x^2}+\frac{a^2}{2}\arcsin\frac{x}{a}+C$;

(62) $\int \sqrt{(a^2-x^2)^3}\,dx=\frac{x}{8}(5a^2-2x^2)\sqrt{a^2-x^2}+\frac{3a^4}{8}\arcsin\frac{x}{a}+C$;

(63) $\int x\sqrt{a^2-x^2}\,dx=-\frac{\sqrt{(a^2-x^2)^3}}{3}+C$;

(64) $\int x\sqrt{(a^2-x^2)^3}\,dx=-\frac{\sqrt{(a^2-x^2)^5}}{5}+C$;

(65) $\int x^2\sqrt{a^2-x^2}\,dx=\frac{x}{8}(2x^2-a^2)\sqrt{a^2-x^2}+\frac{a^4}{8}\arcsin\frac{x}{a}+C$;

(66) $\int \frac{x^2 dx}{\sqrt{(a^2-x^2)^3}}=\frac{x}{\sqrt{a^2-x^2}}-\arcsin\frac{x}{a}+C$;

(67) $\int \frac{dx}{x\sqrt{a^2-x^2}}=\frac{1}{a}\ln\left|\frac{x}{a+\sqrt{a^2-x^2}}\right|+C$;

(68) $\int \frac{dx}{x^2\sqrt{a^2-x^2}}=-\frac{\sqrt{a^2-x^2}}{a^2 x}+C$;

(69) $\int \frac{\sqrt{a^2-x^2}\,dx}{x}=\sqrt{a^2-x^2}-a\ln\left|\frac{a+\sqrt{a^2-x^2}}{x}\right|+C$;

(70) $\int \frac{\sqrt{a^2-x^2}\,dx}{x^2}=-\frac{\sqrt{a^2-x^2}}{x}-\arcsin\frac{x}{a}+C$.

F3.8　含有 $a+bx\pm cx^2$ ($c>0$) 的积分

(71) $\int \frac{dx}{a+bx-cx^2}=\frac{1}{\sqrt{b^2+4ac}}\ln\left|\frac{\sqrt{b^2+4ac}+2cx-b}{\sqrt{b^2+4ac}-2cx+b}\right|+C$;

(72) $\int \frac{dx}{a+bx+cx^2}=\begin{cases}\frac{2}{\sqrt{4ac-b^2}}\arctan\frac{2cx+b}{\sqrt{4ac-b^2}}+C, b^2<4ac,\\ \frac{1}{\sqrt{b^2-4ac}}\ln\left|\frac{2cx+b-\sqrt{b^2-4ac}}{2cx+b+\sqrt{b^2-4ac}}\right|+C, b^2>4ac.\end{cases}$

F3.9　含有$\sqrt{a+bx\pm cx^2}$（$c>0$）的积分

(73) $\int \frac{dx}{\sqrt{a+bx+cx^2}}=\frac{1}{\sqrt{c}}\ln\left|2cx+b+2\sqrt{c}\sqrt{a+bx+cx^2}\right|+C$;

(74) $\int \sqrt{a+bx+cx^2}\,dx=\frac{2cx+b}{4c}\sqrt{a+bx+cx^2}-\frac{b^2-4ac}{8\sqrt{c^3}}\ln\left|2cx+b+2\sqrt{c}\sqrt{a+bx+cx^2}\right|+C$;

(75) $\int \frac{x\,dx}{\sqrt{a+bx+cx^2}}=\frac{\sqrt{a+bx+cx^2}}{c}-\frac{b}{2\sqrt{c^3}}\ln\left|2cx+b+2\sqrt{c}\cdot\sqrt{a+bx+cx^2}\right|+C$;

(76) $\int \frac{dx}{\sqrt{a+bx-cx^2}}=-\frac{1}{\sqrt{c}}\arcsin\frac{2cx-b}{\sqrt{b^2+4ac}}+C$;

(77) $\int \sqrt{a+bx-cx^2}\,dx=\frac{2cx-b}{4c}\sqrt{a+bx-cx^2}+\frac{b^2+4ac}{8\sqrt{c^3}}\arcsin\frac{2cx-b}{\sqrt{b^2+4ac}}+C$;

(78) $\int \frac{x\,dx}{\sqrt{a+bx-cx^2}}=-\frac{\sqrt{a+bx-cx^2}}{c}+\frac{b}{2\sqrt{c^3}}\arcsin\frac{2cx-b}{\sqrt{b^2+4ac}}+C$.

F3.10　含有$\sqrt{\frac{a\pm x}{b\pm x}}$的积分和含有$\sqrt{(x-a)(b-x)}$的积分

(79) $\int \sqrt{\frac{a+x}{b+x}}\,dx=\sqrt{(a+x)(b+x)}+(a-b)\ln(\sqrt{a+x}+\sqrt{b+x})+C$;

(80) $\int \sqrt{\frac{a-x}{b+x}}\,dx=\sqrt{(a-x)(b+x)}+(a+b)\arcsin\sqrt{\frac{x+b}{a+b}}+C$;

(81) $\int \sqrt{\frac{a+x}{b-x}}\,dx=-\sqrt{(a+x)(b-x)}-(a+b)\arcsin\sqrt{\frac{b-x}{a+b}}+C$;

(82) $\int \frac{dx}{\sqrt{(x-a)(b-x)}}=2\arcsin\sqrt{\frac{x-a}{b-a}}+C$.

F3.11　含有三角函数的积分

(83) $\int \sin x\,dx=-\cos x+C$;

(84) $\int \cos x\mathrm{d}x=\sin x+C$;

(85) $\int \tan x\mathrm{d}x=-\ln|\cos x|+C$;

(86) $\int \cot x\mathrm{d}x=\ln|\sin x|+C$;

(87) $\int \sec x\mathrm{d}x=\ln|\sec x+\tan x|+C=\ln\left|\tan\left(\frac{\pi}{4}+\frac{\pi}{2}\right)\right|+C$;

(88) $\int \csc x\mathrm{d}x=\ln|\csc x-\cot x|+C=\ln\left|\tan\frac{x}{2}\right|+C$;

(89) $\int \sec^2x\mathrm{d}x=\tan x+C$;

(90) $\int \csc^2x\mathrm{d}x=-\cot x+C$;

(91) $\int \sec x\tan x\mathrm{d}x=\sec x+C$;

(92) $\int \csc x\cot x\mathrm{d}x=-\csc x+C$;

(93) $\int \sin^2x\mathrm{d}x=\frac{x}{2}-\frac{1}{4}\sin 2x+C$;

(94) $\int \cos^2x\mathrm{d}x=\frac{x}{2}+\frac{1}{4}\sin 2x+C$;

(95) $\int \sin^nx\mathrm{d}x=-\frac{\sin^{n-1}x\cos x}{n}+\frac{n-1}{n}\int \sin^{n-2}x\mathrm{d}x$;

(96) $\int \cos^nx\mathrm{d}x=\frac{\cos^{n-1}x\sin x}{n}+\frac{n-1}{n}\int \cos^{n-2}x\mathrm{d}x$;

(97) $\int \frac{\mathrm{d}x}{\sin^nx}=-\frac{1}{n-1}\frac{\cos x}{\sin^{n-1}x}+\frac{n-2}{n-1}\int \frac{\mathrm{d}x}{\sin^{n-2}x}$;

(98) $\int \frac{\mathrm{d}x}{\cos^nx}=\frac{1}{n-1}\frac{\sin x}{\cos^{n-1}x}+\frac{n-2}{n-1}\int \frac{\mathrm{d}x}{\cos^{n-2}x}$;

(99) $\int \cos^mx\sin^nx\mathrm{d}x=\frac{\cos^{m-1}x\sin^{n+1}x}{m+n}+\frac{m-1}{m+n}\int \cos^{m-2}x\sin^nx\mathrm{d}x$

$=-\frac{\sin^{n-1}x\cos^{m+1}x}{m+n}+\frac{m-1}{m+n}\int \cos^mx\sin^{n-2}x\mathrm{d}x$;

(100) $\int \sin mx\cos nx\mathrm{d}x=-\frac{\cos(m+n)x}{2(m+n)}-\frac{\cos(m-n)x}{2(m-n)}+C(m\neq n)$;

(101) $\int \sin mx\sin nx\mathrm{d}x=-\frac{\sin(m+n)x}{2(m+n)}+\frac{\sin(m-n)x}{2(m-n)}+C(m\neq n)$;

(102) $\int \cos mx\cos nx\mathrm{d}x=\frac{\sin(m+n)x}{2(m+n)}+\frac{\sin(m-n)x}{2(m-n)}+C(m\neq n)$;

(103) $\int \frac{dx}{a+b\sin x}=\begin{cases}\frac{2}{\sqrt{a^2-b^2}}\arctan\frac{a\tan\frac{x}{2}+b}{\sqrt{a^2-b^2}}+C, a^2>b^2,\\ \frac{1}{\sqrt{b^2-a^2}}\ln\left|\frac{a\tan\frac{x}{2}+b-\sqrt{b^2-a^2}}{a\tan\frac{x}{2}+b+\sqrt{b^2-a^2}}\right|+C, a^2<b^2;\end{cases}$

(104) $\int \frac{dx}{a+b\cos x}=\begin{cases}\frac{2}{\sqrt{a^2-b^2}}\arctan\left(\sqrt{\frac{a-b}{a+b}}\tan\frac{x}{2}\right)+C, a^2>b^2,\\ \frac{1}{\sqrt{b^2-a^2}}\ln\left|\frac{\tan\frac{x}{2}+\sqrt{\frac{b+a}{b-a}}}{\tan\frac{x}{2}-\sqrt{\frac{b+a}{b-a}}}\right|+C, a^2<b^2;\end{cases}$

(105) $\int \frac{dx}{a^2\cos^2x+b^2\sin^2x}=\frac{1}{ab}\arctan\left(\frac{b}{a}\tan x\right)+C;$

(106) $\int \frac{dx}{a^2\cos^2x-b^2\sin^2x}=\frac{1}{2ab}\ln\left|\frac{b\tan x+a}{b\tan x-a}\right|+C;$

(107) $\int x\sin ax dx=\frac{1}{a^2}\sin ax-\frac{1}{a}x\cos ax+C;$

(108) $\int x^2\sin ax dx=-\frac{1}{a}x^2\cos ax+\frac{2}{a^2}x\sin ax+\frac{2}{a^3}\cos ax+C;$

(109) $\int x\cos ax dx=\frac{1}{a^2}\cos ax+\frac{1}{a}x\sin ax+C;$

(110) $\int x^2\cos ax dx=\frac{1}{a}x^2\sin ax+\frac{2}{a^2}x\cos ax-\frac{2}{a^3}\sin ax+C.$

F3.12 含有反三角函数的积分

(111) $\int \arcsin\frac{x}{a}dx=x\arcsin\frac{x}{a}+\sqrt{a^2-x^2}+C;$

(112) $\int x\arcsin\frac{x}{a}dx=\left(\frac{x^2}{2}-\frac{a^2}{4}\right)\arcsin\frac{x}{a}+\frac{x}{4}\sqrt{a^2-x^2}+C;$

(113) $\int x^2\arcsin\frac{x}{a}dx=\frac{x^3}{3}\arcsin\frac{x}{a}+\frac{1}{9}(x^2+2a^2)\sqrt{a^2-x^2}+C;$

(114) $\int \arccos\frac{x}{a}dx=x\arccos\frac{x}{a}-\sqrt{a^2-x^2}+C;$

(115) $\int x\arccos\frac{x}{a}dx=\left(\frac{x^2}{2}-\frac{a^2}{4}\right)\arccos\frac{x}{a}-\frac{x}{4}\sqrt{a^2-x^2}+C;$

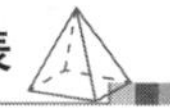

(116) $\int x^2\arccos\frac{x}{a}dx=\frac{x^3}{3}\arccos\frac{x}{a}-\frac{1}{9}(x^2+2a^2)\sqrt{a^2-x^2}+C$;

(117) $\int \arctan\frac{x}{a}dx=x\arctan\frac{x}{a}-\frac{a}{2}\ln(a^2+x^2)+C$;

(118) $\int x\arctan\frac{x}{a}dx=\frac{1}{2}(x^2+a^2)\arctan\frac{x}{a}-\frac{ax}{2}+C$;

(119) $\int x^2\arctan\frac{x}{a}dx=\frac{x^3}{3}\arctan\frac{x}{a}-\frac{ax^2}{6}+\frac{a^3}{6}\ln(a^2+x^2)+C$.

F3.13 含有指数函数的积分

(120) $\int a^x dx=\frac{a^x}{\ln a}+C$;

(121) $\int e^{ax}dx=\frac{e^{ax}}{a}+C$;

(122) $\int e^{ax}\sin bx dx=\frac{e^{ax}(a\sin bx-b\cos bx)}{a^2+b^2}+C$;

(123) $\int e^{ax}\cos bx dx=\frac{e^{ax}(b\sin bx+a\cos bx)}{a^2+b^2}+C$;

(124) $\int xe^{ax}dx=\frac{e^{ax}}{a^2}(ax-1)+C$;

(125) $\int x^n e^{ax}dx=\frac{x^n e^{ax}}{a}-\frac{n}{a}\int x^{n-1}e^{ax}dx$;

(126) $\int xa^{mx}dx=\frac{xa^{mx}}{m\ln a}-\frac{a^{mx}}{(m\ln a)^2}+C$;

(127) $\int x^n a^{mx}dx=\frac{x^n a^{mx}}{m\ln a}-\frac{n}{m\ln a}\int x^{n-1}a^{mx}dx$;

(128) $\int e^{ax}\sin^n bx dx=\frac{e^{ax}\sin^{n-1}bx}{a^2+b^2n^2}(a\sin bx-nb\cos bx)+\frac{n(n-1)}{a^2+b^2n^2}b^2\int e^{ax}\sin^{n-2}bx dx$;

(129) $\int e^{ax}\cos^n bx dx=\frac{e^{ax}\cos^{n-1}bx}{a^2+b^2n^2}(a\cos bx+nb\sin bx)+\frac{n(n-1)}{a^2+b^2n^2}b^2\int e^{ax}\cos^{n-2}bx dx$.

F3.14 含有对数函数的积分

(130) $\int \ln x dx=x\ln x-x+C$;

(131) $\int \frac{dx}{x\ln x}=\ln|\ln x|+C$;

(132) $\int x^n \ln x\mathrm{d}x = x^{n+1}\left[\frac{\ln x}{n+1} - \frac{1}{(n+1)^2}\right] + C$;

(133) $\int \ln^n x\mathrm{d}x = x\ln^n x - n\int \ln^{n-1} x\mathrm{d}x$;

(134) $\int x^m \ln^n x\mathrm{d}x = \frac{x^{m+1}}{m+1}\ln^n x - \frac{n}{m+1}\int x^m \ln^{n-1} x\mathrm{d}x$.

F3.15 定积分

(135) $\int_{-\pi}^{\pi} \cos nx\mathrm{d}x = \int_{-\pi}^{\pi} \sin nx\mathrm{d}x = 0$;

(136) $\int_{-\pi}^{\pi} \cos mx\sin nx\mathrm{d}x = 0$;

(137) $\int_{-\pi}^{\pi} \cos mx\cos nx\mathrm{d}x = \begin{cases} 0, m\neq n, \\ \pi, m=n; \end{cases}$

(138) $\int_{-\pi}^{\pi} \sin mx\sin nx\mathrm{d}x = \begin{cases} 0, m\neq n, \\ \pi, m=n; \end{cases}$

(139) $\int_{0}^{\pi} \sin mx\sin nx\mathrm{d}x = \int_{0}^{\pi} \cos mx\cos nx\mathrm{d}x = \begin{cases} 0, m\neq n, \\ \frac{\pi}{2}, m=n; \end{cases}$

(140) $I_n = \int_0^{\frac{\pi}{2}} \sin^n x\mathrm{d}x = \int_0^{\frac{\pi}{2}} \cos^n x\mathrm{d}x = \frac{n-1}{n}I_{n-2}$

$$= \begin{cases} \frac{\pi}{2}, & n=0, \\ 1, & n=1, \\ \frac{n-1}{n}\cdot\frac{n-3}{n-2}\cdot\cdots\cdot\frac{4}{5}\cdot\frac{2}{3}, & n\text{ 为大于 1 的奇数}, \\ \frac{n-1}{n}\cdot\frac{n-3}{n-2}\cdot\cdots\cdot\frac{3}{4}\cdot\frac{1}{2}\cdot\frac{\pi}{2}, & n\text{ 为正偶数}. \end{cases}$$

附录Ⅳ 几种常见的曲线

(1)三次抛物线

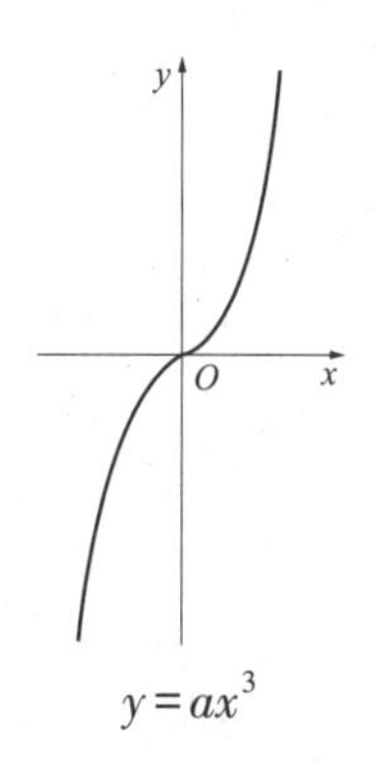

$y=ax^3$

(2)半立方抛物线

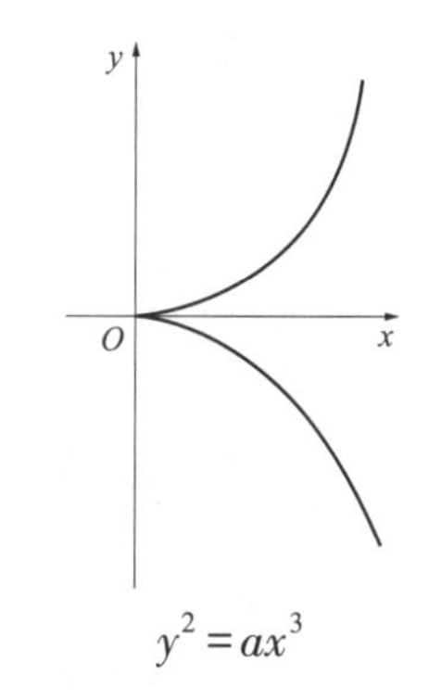

$y^2=ax^3$

(3)概率曲线

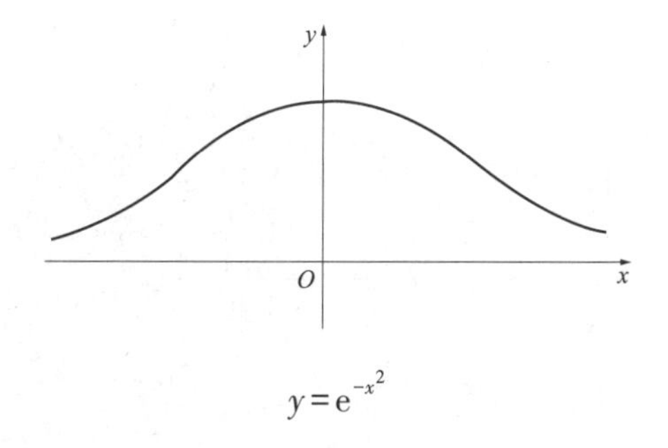

$y=e^{-x^2}$

(4)箕舌线

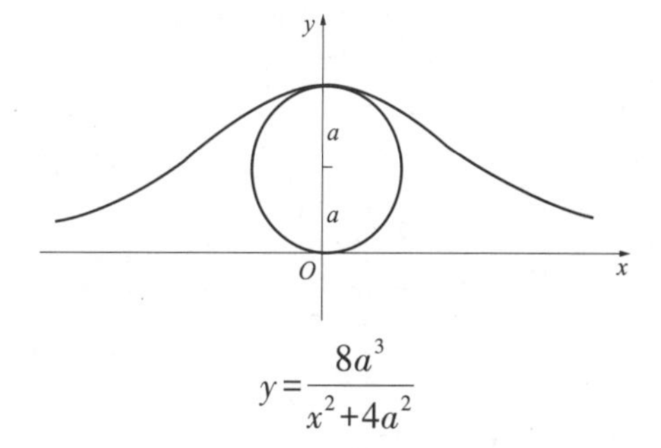

$$y=\frac{8a^3}{x^2+4a^2}$$

(5)蔓叶线

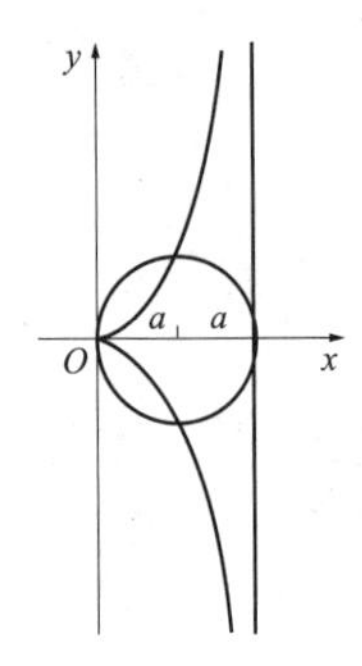

$y^2(2a-x)=x^3$

(6)笛卡尔叶形线

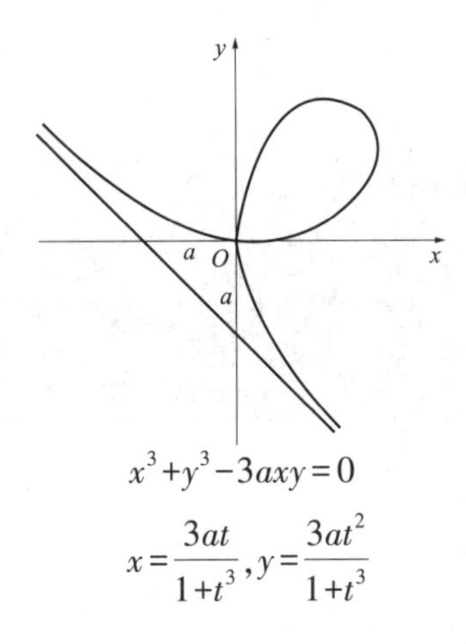

$x^3+y^3-3axy=0$

$x=\dfrac{3at}{1+t^3}, y=\dfrac{3at^2}{1+t^3}$

(7)星形线(内摆线的一种)

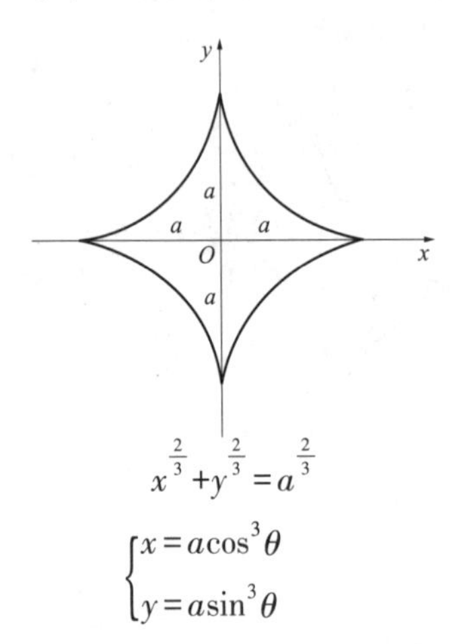

$x^{\frac{2}{3}}+y^{\frac{2}{3}}=a^{\frac{2}{3}}$

$\begin{cases}x=a\cos^3\theta\\y=a\sin^3\theta\end{cases}$

(8)摆线

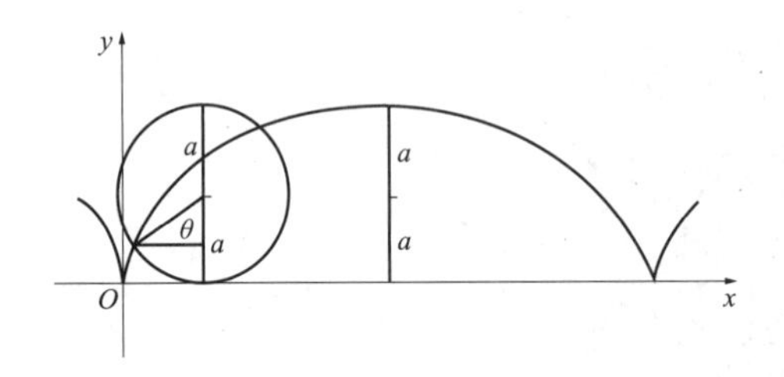

$\begin{cases}x=a(\theta-\sin\theta)\\y=a(1-\cos\theta)\end{cases}$

(9)心形线(外摆线的一种)

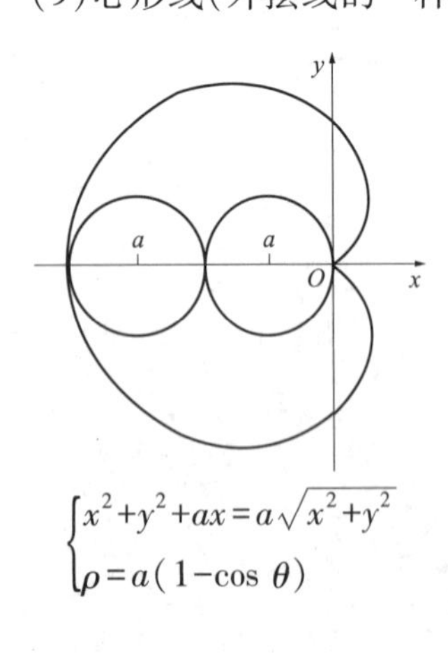

$\begin{cases}x^2+y^2+ax=a\sqrt{x^2+y^2}\\\rho=a(1-\cos\theta)\end{cases}$

(10)阿基米德螺线

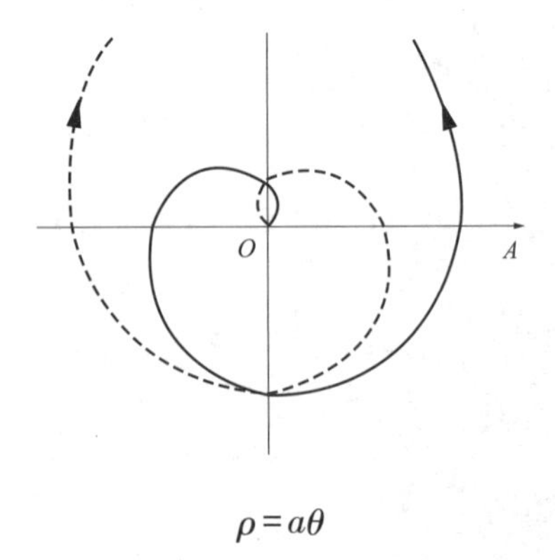

$\rho=a\theta$

(11)对数螺线

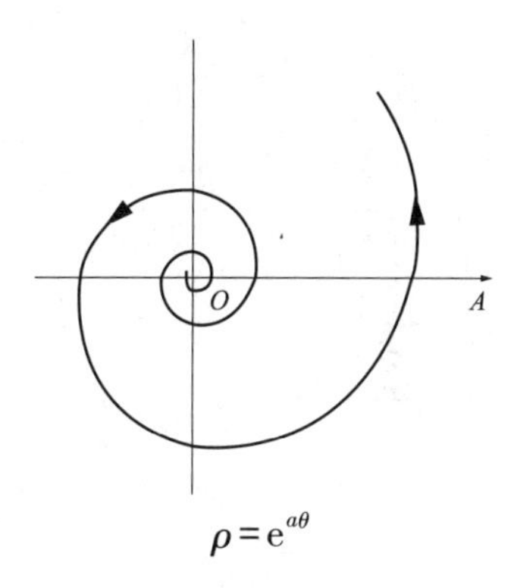

$\rho=e^{a\theta}$

(12)双曲螺线

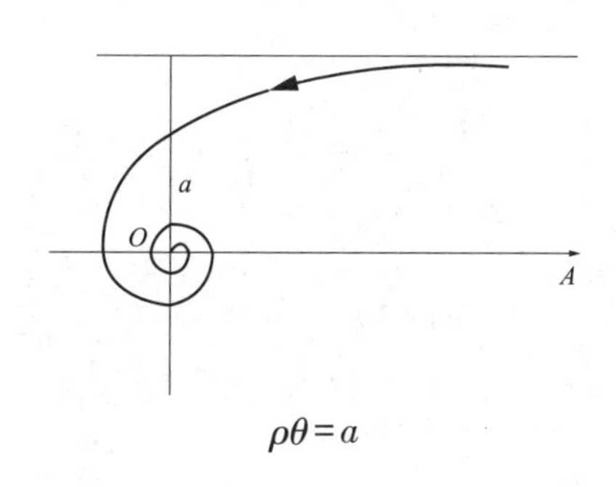

$\rho\theta=a$

(13)伯努利双纽线

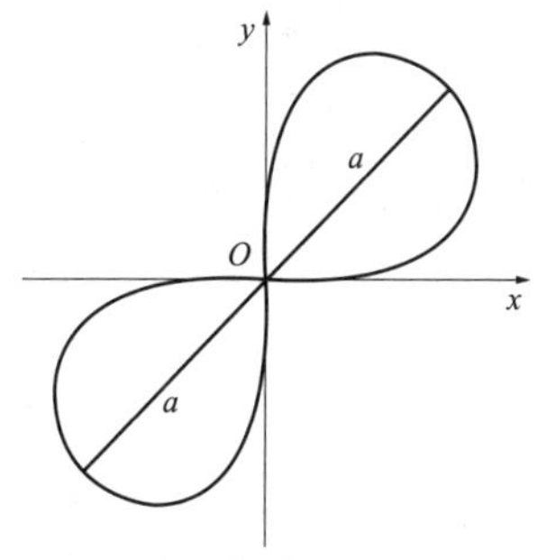

$(x^2+y^2)^2=2a^2xy$

$\rho^2=a^2\sin2\theta$

(14)伯努利双纽线

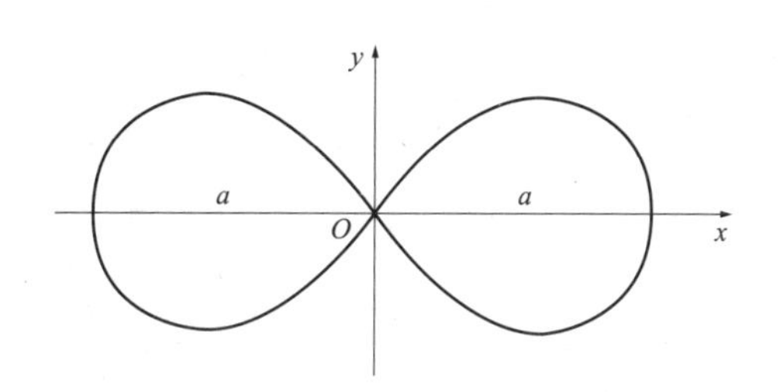

$(x^2+y^2)^2=a^2(x^2-y^2)$

$\rho^2=a^2\cos2\theta$

(15)三叶玫瑰线

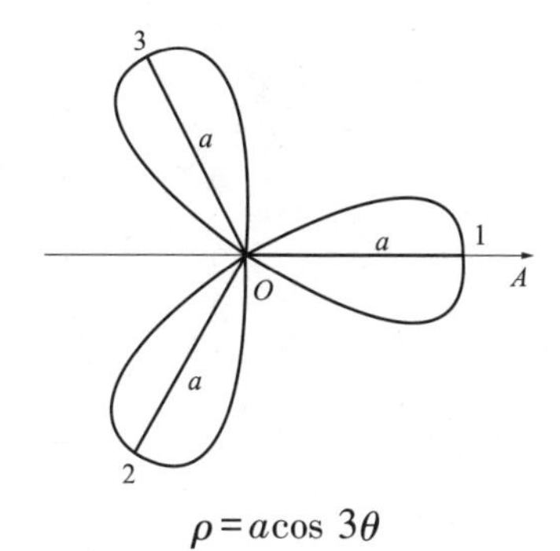

$\rho=a\cos 3\theta$

(16)三叶玫瑰线

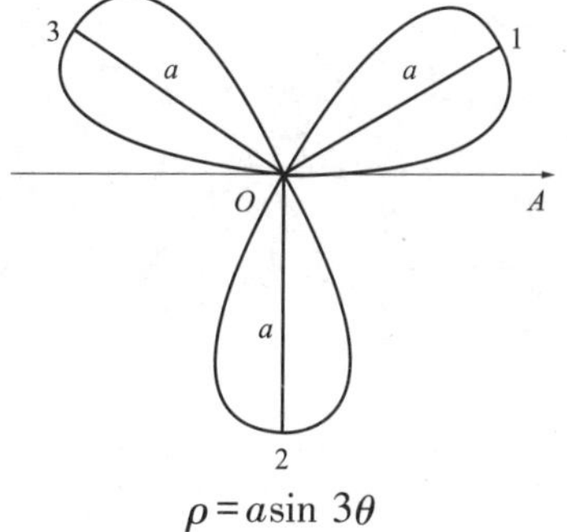

$\rho=a\sin 3\theta$

(17) 四叶玫瑰线

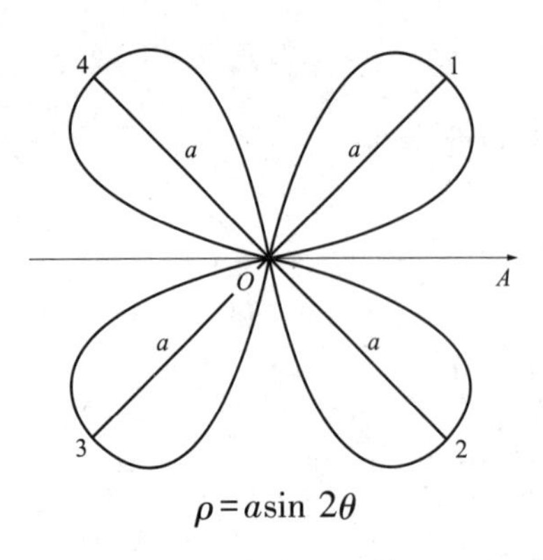

$\rho = a\sin 2\theta$

(18) 四叶玫瑰线

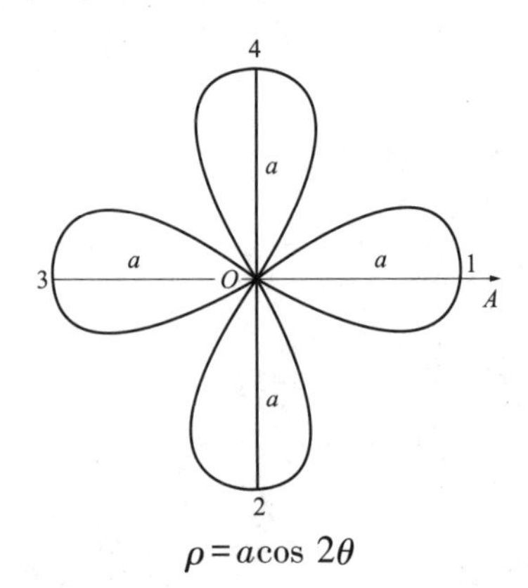

$\rho = a\cos 2\theta$

习题答案

第一章

习题 1.1

1. (1) $[-4,5)$; (2) $(-\infty,0)\cup(0,+\infty)$; (3) $[2,3)\cup(3,5)$; (4) $[0,+\infty)$; (5) $(-2,2)$.

2. $f(x-2)=2^{x^2-4x}-x+4$.

3. (1) $y=\sin^3 x$; (2) $y=\sqrt[3]{2+x^2}$; (3) $y=\ln(1+x^2)$; (4) $y=\mathrm{e}^{4x}$.

4. (1) $y=\cos u, u=x^2$; (2) $y=\mathrm{e}^u, u=\dfrac{1}{x}$; (3) $y=\mathrm{e}^u, u=v^3, v=\tan x$;

(4) $y=\arcsin u, u=\ln v, v=\sqrt{x}$.

5. (1) $\varphi[\varphi(x)]=1, x\in(-\infty,+\infty)$; (2) $\varphi[\psi(x)]=\begin{cases}1, & |x|=1,\\ 0, & |x|\neq 1.\end{cases}$

6. (1) $y=\dfrac{x-5}{3}$; (2) $y=\dfrac{x+1}{x-1}$; (3) $y=\mathrm{e}^{x-1}-2$;

(4) $y=\begin{cases}x, & x<1,\\ \sqrt[3]{x}, & 1\leqslant x\leqslant 8,\\ \ln x, & x>\mathrm{e}^2.\end{cases}$

习题 1.2

1. (1) 收敛,极限为 0;

(2) 收敛,极限为 1;

(3) 发散;

(4) 收敛,极限为$\dfrac{1}{2}$;

(5) 收敛,极限为 3;

(6) 发散.

2. 略.

3. (1)正确;

(2)错误,如:$\{1+(-1)^n\}$为有界数列,但发散;

(3)正确;

(4)错误,如:$\{1+(-1)^n\}$为发散数列,但有界.

习题 1.3

1. 略.

2. 略.

3. $\lim\limits_{x\to 2^-}f(x)=\lim\limits_{x\to 2^-}2x=4,\lim\limits_{x\to 2^+}f(x)=\lim\limits_{x\to 2^+}(x-1)=1.$

4. 略.

5. $\lim\limits_{x\to 0^-}f(x)=\lim\limits_{x\to 0^+}f(x)=1$,所以$\lim\limits_{x\to 0}f(x)=1$,$\lim\limits_{x\to 0^-}\varphi(x)=-1$,$\lim\limits_{x\to 0^+}\varphi(x)=1$,所以$\lim\limits_{x\to 0}\varphi(x)$不存在.

6. 略.

习题 1.4

1. (1)正确,如:$\lim\limits_{x\to +\infty}0=0$; (2)正确;

(3)错误,如:$\lim\limits_{n\to +\infty}n=+\infty$,$\lim\limits_{n\to +\infty}(-n)=-\infty$,但$\lim\limits_{n\to +\infty}[n+(-n)]=0$;

(4)错误,例如:函数$y=\dfrac{1}{x}\sin\dfrac{1}{x}$在区间$(0,1]$上无界,但这个函数不是$x\to 0^+$时的无穷大;

(5)正确.

2. 略.

3. 略.

4. (1)0; (2)0.

习题 1.5

1. (1)1; (2)5; (3)1; (4)3.

2. (1)$\dfrac{1}{2}$; (2)$\dfrac{1}{16}$; (3)2; (4)0; (5)$\left(\dfrac{2}{3}\right)^{10}$; (6)$\infty$; (7)$\infty$; (8)$-1$.

习题 1.6

1. (1)$\dfrac{2}{5}$; (2)1; (3)$\dfrac{9}{2}$; (4)x; (5)e^2; (6)e^4; (7)e^5; (8)e^{-3}.

2. 略.

习题 1.7

1. 略.

2. (1) $\frac{1}{2}$; (2) 1; (3) $\frac{1}{2}$.

3. $(1-\cos x)^2$.

4. $\ln(1+x^3)$.

5. 略.

习题 1.8

1. (1) 在 $x=0$ 处间断; (2) 在 $[0,2]$ 上连续.

2. (1) $a=2$; (2) $a=2, b=\frac{1}{2}$.

3. (1) $x=1$ 是第一类可去间断点, $x=2$ 是第二类无穷间断点;

(2) $x=0$ 是第二类振荡间断点;

(3) $x=1$ 是第一类跳跃间断点.

4. (1) $\frac{2}{\pi}$; (2) $\sqrt{3}$; (3) 1; (4) 1; (5) 2; (6) $-\frac{3}{4}$.

习题 1.9

1. 略.

2. 略.

3. 略.

第一章　自测题

1. (1) $[1,2)\cup(2,4)$; (2) $\frac{x}{1+x}$; (3) 5; (4) $\frac{1}{3}$; (5) $\frac{3}{2}$.

2. (1) C; (2) A; (3) B; (4) B; (5) D.

3. (1) 5; (2) $\frac{1}{2}$; (3) 1; (4) $\frac{4}{3}$; (5) -15.

4. 在 $x=0$ 处不连续.

5. 略.

6. $a=1, b=-1$.

7. 略.

8. 略.

第二章

习题 2.1

1. (1) $2x+1$；(2) $-\sin(x+3)$.

2. (1) $-f'(x_0)$；(2) $2f'(x_0)$；(3) $5f'(x_0)$；(4) $f'(x_0)$；(5) $f'(0)$.

3. 在 $x=0$ 处连续且可导.

习题 2.2

1. (1) $6x+\dfrac{4}{x^3}$；(2) $2x-\dfrac{5}{2}x^{-\frac{7}{2}}-3x^{-4}$；(3) $e^x(1+x)$；(4) $-\dfrac{2}{(x-1)^3}$；(5) $30x^2+4x-15$；(6) $-\dfrac{4x}{(x^2-1)^2}$.

2. (1) $-\dfrac{1}{18}$；(2) $f'(0)=\dfrac{3}{25}$；$f'(2)=\dfrac{17}{15}$.

习题 2.3

1. (1) $\dfrac{6x(2x^3-1)}{(x^3+1)^3}$；(2) $2\sec^2 x\tan x$；(3) $2xe^{x^2}(3+2x^2)$.

2. 77 760.

3. $19e^{3x}(3x^3+60x^2+380x+760)$.

4. $\dfrac{4}{e}$.

习题 2.4

1. (1) $\dfrac{y}{y-x}$；(2) $\dfrac{ay-x^2}{y^2-ax}$；(3) $\dfrac{y(x-1)}{x(1-y)}$；(4) $\dfrac{-e^y}{1+xe^y}$.

2. (1) $-\dfrac{1}{t}$；(2) $\dfrac{\cos\theta-\theta\sin\theta}{1-\sin\theta-\theta\cos\theta}$.

3. 切线方程为 $x+2y-4=0$，法线方程为 $2x-y=3$.

习题 2.5

1. (1) $2x+C$；(2) $\dfrac{3}{2}x^2+C$；(3) $\ln(1+x)+C$；(4) $-\dfrac{1}{2}e^{-2x}+C$；(5) $2\sqrt{x}+C$；(6) $\dfrac{1}{3}\tan 3x+C$.

2. (1) $2\tan(1+2x^2)\cdot\sec^2(1+2x^2)$；(2) $\dfrac{1}{2\sqrt{\cos x}}\cos\sqrt{\cos x}$.

第二章　自测题

1. (1) $f'(0)$; (2) $3\sin(4-3x)$; (3) e^x; (4) $\cos(1+2x^2)$; (5) $\frac{2x\cos 2x-\sin 2x}{x^2}$.

2. (1) A; (2) A; (3) B; (4) A; (5) A.

3. (1) $4x^3$; (2) $2x-\frac{5}{2}x^{-\frac{7}{2}}-3x^{-4}$; (3) $\frac{1}{\sqrt{|(x+2)(x+1)|}}$; (4) $e^{\frac{x}{2}}\left(\frac{1}{2}x^2+2x+\frac{1}{2}\right)$; (5) $\frac{1}{\sqrt{x^2+a^2}}$.

4. 切线方程为 $2x-y=2$ 或 $2x-y=-2$,法线方程为 $x-2y=1$ 或 $x-2y=-1$.

5. $\frac{y}{y-x}$.

6. 略.

7. $-\frac{2\sin 2x+\frac{y}{x}+ye^{xy}}{xe^{xy}+\ln x}$.

第三章

习题 3.1

1. $\xi=0\in\left(-\frac{\pi}{3},\frac{\pi}{3}\right)$.

2. 提示:即证函数在任意闭区间 $[a,b]$ 上应用拉格朗日中值定理求得 $\xi=\frac{a+b}{2}$.

3. $\xi=\frac{\pi}{4}\in\left(0,\frac{\pi}{2}\right)$.

4. 提示:先证左边函数为常数.

5. 提示:设函数 $f(x)=a_0x^n+a_1x^{n-1}+\cdots+a_{n-1}x$,在 $[0,x_0]$ 上应用罗尔中值定理证明.

6. 提示:在 $[0,1]$ 上先用零点定理证明存在性,再应用反证法利用罗尔中值定理证明唯一性.

7. 提示:设函数 $f(x)=x^n$,在 $[b,a]$ 上应用拉格朗日中值定理证明.

8. 提示:设函数 $F(x)=\sin xf(x)$,在 $[0,\pi]$ 上应用罗尔中值定理证明.

习题 3.2

1. $f(x)=-1-(x-1)+(x-1)^2$.

2. $f(x)=x+o(x^2)$.

3. (1) 3; (2) -12.

习题 3.3

1. (1) 0;(2) 2; (3) ∞ ;(4)1; (5) $-\frac{1}{4}$; (6)0;

(7) $\frac{1}{3}$; (8)3;(9) e^2;(10) e^{-1}; (11)1; (12) $e^{\frac{1}{2}}$.

2. (1)1;(2)0.

习题 3.4

1. 单调增加 .
2. 单调减少 .
3. (1)在 $(-\infty,-1]\cup[2,+\infty)$ 内单调增加;在 $[-1,2]$ 上单调减少;
(2)在 $(0,1]$ 上单调减少;在 $[1,+\infty)$ 内单调增加;
(3)在 $(-\infty,0]$ 上单调减少;在 $[0,+\infty)$ 内单调增加;
(4)在 $(-\infty,+\infty)$ 内单调增加 .
4. 略 .
5. 略 .
6. (1)凹区间为 $(0,+\infty)$;无拐点;
(2)凹区间为 $[-1,1]$,凸区间为 $(-\infty,-1]\cup[1,+\infty)$;
拐点为 $(-1,2\ln 2)$、$(1,2\ln 2)$.
7. $m=-2,n=6$.

习题 3.5

1. (1)极大值为 $f(-1)=11$,极小值为 $f(3)=-53$;
(2)极小值为 $f(0)=3$;
(3)极大值为 $f\left(\frac{\pi}{4}\right)=\frac{\sqrt{2}}{2}e^{\frac{\pi}{4}}$,极小值为 $f\left(\frac{5\pi}{4}\right)=-\frac{\sqrt{2}}{2}e^{\frac{5\pi}{4}}$;
(4)极大值为 $f(0)=-4$,极小值为 $f(1)=-5$.
2. $a=2$;取得极大值 $f\left(\frac{\pi}{3}\right)=\sqrt{3}$.
3. (1)最大值为 $f(-1)=3$,最小值为 $f(1)=1$;
(2)最大值为 $f(0)=3$,最小值为 $f(\pm1)=2$;
(3)最大值为 $f(-1)=12$,最小值为 $f(1)=-8$.
4. 长 12 cm,宽 24 cm.
5. 高 10 cm.

习题 3.6

1. 略 .

2. 略.

第三章　自测题

1. (1)$\frac{1}{3}$;(2)$[-1,1]$;(3)-1;(4)$\left(\frac{1}{2},e^{-2}\right)$;　(5)$\frac{\pi}{6}+\sqrt{3}$.

2. (1)B;　(2)B;　(3)A;　(4)C;　(5)B;
(6)A;　(7)B;　(8)B;　(9)C;　(10)D.

3. (1)提示:设函数 $F(x)=x^2f(x)$,在$[0,1]$上应用罗尔中值定理证明.

(2)提示:设函数 $F(x)=\frac{f(x)}{e^x}$,在$(-\infty,+\infty)$内应用推论 3. 1. 1 证明.

(3)提示:设函数$f(x)=\tan x$,在$[\alpha,\beta]$上应用拉格朗日中值定理证明.

(4)$f(x)=x-\frac{1}{3}x^3+o(x^4)$.

(5)(1)$-\frac{1}{2}$;(2)-1;(3)$\frac{1}{2}$;(4)$e^{-\frac{2}{\pi}}$.

(6)$[-1,1]$.

(7)凹区间为$(\infty,0]$,凸区间为$[0,+\infty)$,拐点为$(0,\sin 2)$.

(8)最大值为$f(2)=0$,最小值为$f(-1)=-108$.

(9)圆半径 $r=\frac{2}{8+\pi}$,长方形高 $a=\frac{8}{8+\pi}$,总面积最大.

第四章

习题 4. 1

1. (1)$\frac{6}{7}x^{\frac{7}{6}}+x+C$;(2)$-\frac{1}{x}+\arctan x+C$;(3)$e^x+x+C$;(4)$2x-5\cdot\frac{\left(\frac{2}{3}\right)^x}{\ln\frac{2}{3}}+C$.

2. (1)$-\cot x+\csc x+C$;(2)$\tan x-\cot x+C$ 或$-2\cot 2x+C$;
(3)$-\cot x-\tan x+C$;(4)$\sin x-\cos x+C$.

习题 4. 2

1. $\frac{1}{3}\sin^3x+C$.

2. $x+C$.

3. (1)$2\sin\sqrt{x}+C$;(2)$\frac{1}{3}\arcsin x^3+C$;(3)$-\frac{1}{6}\cot^6x+C$;(4)$\frac{2}{5}(\ln x)^{\frac{5}{2}}+C$;

(5) $\ln|\ln(\sin x)|+C$；(6) $\frac{(2x-3)^{11}}{22}+C$；(7) $-e^{-x}-x+\ln(1+e^{x})+C$；

(8) $\frac{3}{8}x+\frac{1}{4}\sin 2x+\frac{1}{32}\sin 4x+C$.

4. (1) $\sqrt{x^2-a^2}-a\left(\arccos\frac{a}{x}\right)+C$；(2) $2\arcsin\frac{x}{2}-\frac{x}{2}\sqrt{4-x^2}+\frac{x^3}{4}\sqrt{4-x^2}+C$；

(3) $-\frac{\sqrt{1+x^2}}{x}+C$；(4) $\frac{1}{5}\ln\left|x^5+\sqrt{x^{10}-2}\right|+C$.

习题 4.3

1. (1) $-x\cos x+\sin x+C$；　　　(2) $\frac{1}{2}x^2\ln x-\frac{1}{4}x^2+C$；

(3) $\frac{1}{2}(x^2+1)\arctan x-\frac{1}{2}x+C$；(4) $x\arctan x-\frac{1}{2}\ln(1+x^2)+C$.

2. (1) $\frac{1}{5}e^{2x}(\sin x+2\cos x)+C$；(2) $2\left(\sin\sqrt{x}-\sqrt{x}\cos\sqrt{x}\right)+C$；

(3) $x(\ln x-1)+C$；(4) $\sqrt{1+x^2}\ln\left(x+\sqrt{1+x^2}\right)-x+C$.

习题 4.4

1. $\frac{1}{2}x^2+x+2\ln|x-3|-\ln|x+1|+C$.

2. $\frac{1}{2}\ln|x^2-1|+\frac{1}{x+1}+C$.

3. $\ln|x|-\frac{1}{2}\ln(x^2+1)+C$.

4. $2\tan\frac{x}{2}-x+C$.

习题 4.5

1. $\sqrt{x^2-a^2}-a\left(\arccos\frac{a}{x}\right)+C$；

2. $2\arcsin\frac{x}{2}-\frac{x}{2}\sqrt{4-x^2}+\frac{x^3}{4}\sqrt{4-x^2}+C$；

3. $-\frac{\sqrt{1+x^2}}{x}+C$；

4. $\frac{1}{5}\ln\left|x^5+\sqrt{x^{10}-2}\right|+C$.

第四章　自测题

1. (1) $\frac{1}{x}+C.$

(2) $2(-\sqrt{x}\cos\sqrt{x}+\sin\sqrt{x})+C.$

(3) $\arcsin\frac{x-2}{2}+C.$

(4) $\int f(x)\,dx=\begin{cases}\frac{x^2}{2}-x+1+C_2, \mu\pm x\geqslant 1,\\ -\frac{x^2}{2}+x+C_2, \mu\pm x<1.\end{cases}$

2. (1) D; (2) B; (3) C; (4) D.

3. (1) $\frac{2}{3}(1+\ln x)^{\frac{3}{2}}-2\sqrt{1+\ln x}+C;$

(2) $\frac{2}{3}[\ln(x+\sqrt{1+x^2})+5]^{\frac{3}{2}}+C.$

4. (1) $\arcsin x+\frac{\sqrt{1-x^2}}{x}-\frac{1}{x}+C;$

(2) $-\frac{1}{97}(x-1)^{-97}-\frac{1}{49}(x-1)^{-98}-\frac{1}{99}(x-1)^{-99}+C.$

5. (1) $x(\arcsin x)^2+2\sqrt{1-x^2}\arcsin x-2x+C;$

(2) $\frac{1}{3}x^3\arccos x+\frac{1}{9}(1-x^2)^{\frac{3}{2}}-\frac{1}{3}\sqrt{1-x^2}+C.$

6. (1) $\frac{1}{2}\arctan x^2-\frac{1}{4}\ln(1+x^4)+C;$

(2) $x+\frac{1}{6}\ln|x|-\frac{9}{2}\ln|x-2|+\frac{28}{3}\ln|x-3|+C.$

7. (1) $\tan x-\sec x+C;$

(2) $\frac{\sqrt{3}}{3}\arctan\frac{\tan x}{\sqrt{3}}+C.$

8. $f(x)=\frac{x}{2}[(a+b)\sin\ln x+(b-a)\cos\ln x]+C.$

第五章

习题 5.1

1. (1) $\frac{2}{5}\leqslant I\leqslant\frac{1}{2}$; (2) $-\mathrm{e}\leqslant I\leqslant -1$.

2. (1) $\int_1^2 x^2\mathrm{d}x \leqslant \int_1^2 x^3\mathrm{d}x$; (2) $\int_0^1 \ln(1+x)\mathrm{d}x < \int_0^1 x\mathrm{d}x$.

习题 5.2

1. (1) $2x\sqrt{1+x^4}$; (2) $\frac{3x^2}{\sqrt{1+x^{12}}}-\frac{2x}{\sqrt{1+x^8}}$.

2. 略.

3. (1) $\frac{271}{6}$; (2) $\frac{\pi}{3a}$; (3) -1; (4) 4; (5) 8.

习题 5.3

1. (1) $2\sqrt{3}-2$; (2) $\frac{4}{3}$; (3) $\sqrt{2}-\frac{2\sqrt{3}}{3}$; (4) $\frac{5}{144}\pi^2$; (5) $1+\ln\frac{1}{4}$; (6) $2\sqrt{2}$.

2. (1) $\frac{3\pi}{2}$;　　(2) 0.

3. 提示：证明 $\int_a^{a+T} f(x)\mathrm{d}x = \left(\int_a^0 + \int_0^T + \int_0^a\right)f(x)\mathrm{d}x = \int_0^T f(x)\mathrm{d}x$.

4. 提示：令 $a+b-x=t$, $\mathrm{d}x=-\mathrm{d}t$.

5. (1) $4(\ln 4-1)$; (2) $\frac{\mathrm{e}}{2}(\sin 1-\cos 1)+\frac{1}{2}$; (3) $2\left(1-\frac{1}{\mathrm{e}}\right)$.

习题 5.4

1. $\frac{1}{a}$;

2. $\frac{\pi}{2}$.

习题 5.5

1. $\frac{3}{2}-\ln 2$.

2. $\frac{9}{4}$.

3. $2\pi a x_0^2$.

第五章　自测题

1. (1) $\frac{\pi^2}{4}$; (2) $f(x)-f(0)$; (3) 0; (4) 0; (5) $\frac{\pi}{8}$.

2. (1) B; (2) C; (3) D; (4) B; (5) D.

3. (1) $\frac{\pi}{4}$; (2) 0; (3) $\frac{\pi^2}{8}$; (4) $\frac{\pi}{16}$; (5) 2.

4. (1) $xf(x^2)$; (2) $\frac{1}{4}$.

5. $1-\frac{\pi}{4}$.

6. 略.

7. $x^2-\frac{4}{3}x+\frac{2}{3}$.

第六章

习题 6.1

1. (1) 一阶; (2) 二阶; (3) 一阶; (4) 一阶; (5) 三阶.

2. (1) 是; (2) 否; (3) 是.

3. (1) $C=\sqrt{2}$; (2) $C_1=1, C_2=-1$.

习题 6.2

1. (1) $y=e^{Cx}$; (2) $-e^{-y}=e^x+C$; (3) $\sin y\cos x=C$; (4) $\frac{y-1}{y}=Cx$.

2. (1) $y=Cx^2-x(C\neq 0)$; (2) $\frac{y}{x-y}=Cx(C\neq 0)$; (3) $\ln\frac{y}{x}=Cx(C\neq 0)$.

3. (1) $y=2+Ce^{-x^2}$; (2) $\rho=\frac{1}{\theta^2}\left(\frac{5}{4}\theta^4+C\right)$.

4. (1) $\ln|y|=\ln|x|-x+1$; (2) $y=\sin x+\cos x$; (3) $y=\frac{1}{x}\left(-\cos x+\frac{\pi}{2}\right)$.

5. $x=\frac{k}{a}\left(\frac{h}{2}y^2-\frac{1}{3}y^3\right)$.

习题 6.3

1. (1) $Y=C_1e^x+C_2e^{3x}$; (2) $Y=(C_1+C_2x)e^{\frac{x}{2}}$;

(3) $Y=e^{-x}(C_1\cos\sqrt{2}x+C_2\sin\sqrt{2}x)$; (4) $Y=C_1e^{-3x}+C_2e^{3x}$.

2. (1) $y=C_1e^{-3x}+C_2e^x-\frac{1}{2}e^{-x}$; (2) $y=C_1e^{-4x}+C_2e^x+\left(\frac{1}{10}x^2-\frac{1}{25}x\right)e^x$;

(3) $y=C_1e^x+C_2e^{-x}-2(\cos x+x\sin x)$; (4) $y=C_1e^{-3x}+C_2e^x-\frac{x}{2}e^{-3x}-\frac{5}{3}$.

3. (1) $y=2e^{-\frac{1}{2}x}-xe^{-\frac{1}{2}x}$; (2) $y=\frac{1}{2}-e^{-x}+\frac{1}{2}e^{2x}$;

(3) $y=-\cos x+\frac{1}{3}\sin x+\frac{1}{3}\sin 2x$.

4. $\alpha=-2,\beta=1,r=1$.

5. $\varphi=C_1e^{(-n-\sqrt{n^2-\omega^2})x}+C_2e^{(-n+\sqrt{n^2-\omega^2})x}$.

第六章　自测题

1. (1) $y=\frac{1}{2}x^2-2$; (2) $y=x$; (3) $y=\frac{1}{x}\left(\frac{1}{3}x^3+C\right)$; (4) -6, 5; (5) $y''-4y'+4y=0$.

2. (1) C; (2) A; (3) C; (4) D; (5) B.

3. (1) $\arcsin y=\arcsin x+C$; (2) $\cos\frac{y}{x}=Cx$; (3) $y=e^{\sin x}(x+C)$.

4. (1) $\arctan y=\frac{1}{3}e^{3x}+\frac{\pi}{4}-\frac{1}{3}$; (2) $y=x^2(\ln|x|+2)$.

5. (1) $y=C_1e^{3x}+C_2e^{4x}$; (2) $y=C_1e^{-4x}+C_2xe^{-4x}$; (3) $y=C_1e^{-2x}\cos x+C_2e^{-2x}\sin x$.

6. (1) $y=C_1e^{3x}+C_2xe^{3x}+2x^2e^{3x}$; (2) $y=C_1e^{-x}\cos x+C_2e^{-x}\sin x+\frac{1}{5}\cos x+\frac{2}{5}\sin x$.

7. $f(x)=\frac{1}{2}\cos x+\frac{1}{2}\sin x+\frac{1}{2}e^x$.

第七章

习题 7.1

1. 第Ⅲ卦限; 2. 5,3,4; 3. 略; 4. 点 P; 5. $\sqrt{29}$.

习题 7.2

1. $\sqrt{83}$;2. $(3,-2,-4)$, $(-24,-14,7)$;3. $\cos\alpha=\frac{1}{\sqrt{14}}$, $\cos\beta=\frac{2}{\sqrt{14}}$, $\cos\gamma=\frac{-3}{\sqrt{14}}$;4. $\boldsymbol{e}_a=\left(-\frac{1}{\sqrt{6}},\frac{2}{\sqrt{6}},\frac{1}{\sqrt{6}}\right)$.

习题 7.3

1. 32, $(-18,6,10)$;2. $\sqrt{2}$;3. (1)夹角为 $\arccos\frac{2}{3}$;(2)平行;(3)垂直.

习题 7.4

1. $3x-y+5z-11=0$;2. $5x-y-z-7=0$;3. $\frac{x}{1}=\frac{y}{2}=\frac{z}{3}$;4. $\frac{x}{5}=\frac{y+\frac{2}{5}}{2}=\frac{z-\frac{3}{5}}{-3}$;5. (1)垂直;(2)平行;(3)夹角为 $\arcsin\frac{3}{\sqrt{14}}$;6. 略.

习题 7.5

1. $(x+1)^2+(y+3)^2+(z-2)^2=9$;2. (1) $y^2+z^2=5x$;(2) $x^2+y^2+z^2=9$;3. 略.

习题 7.6

1. $x^2+2y^2=16$, $\begin{cases}x^2+2y^2=16,\\z=0.\end{cases}$ 2. 在 xOy 坐标面上的投影为 $\begin{cases}x^2+y^2\leqslant 4,\\z=0;\end{cases}$ 在 yOz 坐标面上的投影为 $\begin{cases}y^2\leqslant z\leqslant 4,\\x=0.\end{cases}$

第七章　自测题

1. (1) $B(18,17,-17)$;(2) $M\left(\frac{5}{3},\frac{1}{3},\frac{4}{3}\right)$;(3) $\pm\left(\frac{6}{11},\frac{7}{11},\frac{6}{11}\right)$;(4) $a_x=13$;(5) $\lambda=2$;

2. (1)C;(2) A;(3)C;(4)C;(5)C.

3. (1) $x+y-3z-4=0$;(2) $2x-y-3z=0$.

4. (1)直线与平面平行,但不在平面内;(2)直线与平面垂直;(3)直线在平面内;

5. 对称式方程为$\frac{x-1}{-2}=\frac{y-1}{1}=\frac{z-1}{3}$,参数式方程$\begin{cases} x=t, \\ y=-\frac{1}{2}t+\frac{3}{2}, \\ z=-\frac{3}{2}t+\frac{5}{2}. \end{cases}$

6. $\frac{x-1}{4}=\frac{y-1}{-2}=\frac{z-1}{1}$.

7. 夹角为0.

参考文献

[1]同济大学数学系. 高等数学(第八版)[M]. 北京:高等教育出版社,2023.

[2]复旦大学数学系. 数学分析[M]. 北京:高等教育出版社,1978.

[3]聂宏,阎慧珍,宫华. 高等数学[M]. 北京:北京理工大学出版社,2015.

[4]朱宝彦,戚中. 高等数学(建筑与经济类)[M]. 北京:北京大学出版社,2007.

[5]同济大学应用数学系. 高等数学附册学习辅导与习题选解(第五版(上下册合订本))[M]. 北京:高等教育出版社,2004.

[6]李秀珍. 高等数学(少学时)(第3版)(微课版)[M]. 北京:北京邮电大学出版社,2021.

[7]陈仲堂,靖新,刘玉柱. 高等数学学指导[M]. 长春:吉林科学技术出版社,2003.

[8]李汉龙,王金宝. 高等数学典型题解答指南[M]. 北京:国防工业出版社,2011.

[9]孙艳玲,付春菊,顾艳丽,等. 高等数学基础学习指导与习题精讲[M]. 北京:清华大学出版社,2016.